BERGeLEBEN

BEITRÄGE ZUR DISSIDENZ

Herausgegeben von Claudia von Werlhof

BAND 29

PETER LANG
EDITION

Ursula Scheiber

BERGeLEBEN

Naturzerstörung – Der Alptraum der Alpen

Eine Kritik des Tourismus im Tiroler Öztal

PETER LANG
EDITION

Bibliografische Information der Deutschen Nationalbibliothek
Die Deutsche Nationalbibliothek verzeichnet diese Publikation in der Deutschen Nationalbibliografie; detaillierte bibliografische Daten sind im Internet über http://dnb.d-nb.de abrufbar.

Gefördert von

Diese Publikation wurde mit finanzieller Unterstützung aus den Fördermitteln des Vizerektorats für Forschung der Leopold-Franzens-Universität Innsbruck gedruckt.

Gedruckt auf alterungsbeständigem,
säurefreiem Papier.

ISSN 0949-1120
ISBN 978-3-631-65157-5 (Print)
E-ISBN 978-3-653-04413-3 (E-Book)
DOI 10.3726/978-3-653-04413-3

Peter Lang Edition ist ein Imprint der Peter Lang GmbH.

Peter Lang – Frankfurt am Main · Bern · Bruxelles ·
New York · Oxford · Warszawa · Wien

Diese Publikation wurde begutachtet.

www.peterlang.com

Inhalt

You can't kill the spirit,
she is like a mountain
old and strong,
she goes on and on and on…

Vorwort

Vieles ist verändert worden im ursprünglich wilden und abgelegenen Bergtal, das in den letzten Jahrzehnten zur bekannten Tourismusdestination Ötztal mutierte. Das Angebot lässt keine Wünsche offen, es ist komplett und superlativ – ein alpiner Freizeitpark, der das ganze Jahr über mit Attraktionen und einer einzigartigen Bergwelt die Massen anlockt. Die Berge selbst finden sich in einem Alptraum wieder, der für sie zur Realität geworden ist. Neue touristische Projekte bedingen in ihrer Umsetzung die Ausbeutung, Bebauung, Transformation und Zerstörung der alpinen Natur. Sie wird als Objekt, Rohstoff, profitbringende Ware, Sportgerät und Kulisse behandelt – der „Logik" von Fortschritt und Moderne entsprechend. Die Wahrnehmung der Berge als Lebendige und Lebensgrundlage hingegen scheint in ihrer angeblichen „Antiquiertheit" obsolet geworden. An ihre Stelle tritt die Bewunderung für ihre neue, künstlich geschaffene, als „bessere" und „vollkommenere" propagierte Gestalt.

Berg zu sein ist eine Besonderheit. Weltweit gesehen bedecken Gebirge über 2000 Meter Seehöhe weniger als fünf Prozent der gesamten Erdoberfläche.[1] Bei näherer Betrachtung – abseits von Zahlen und Fakten – zeigen sich Bergregionen als vielfältige und spezifische Lebensräume. Gegenwärtig wird dieses Besondere jedoch zerstört, um konkurrenzfähige touristische Projekte zu realisieren und somit im kapitalistischen Wettbewerb mithalten zu können. Diejenigen, die diese Projekte planen und umsetzen, sind angetreten, um aus den Bergen möglichst rasch einen möglichst hohen Profit zu schlagen – koste es selbst die Grundlage für ein zukunftsfähiges Leben: die Bergnatur selbst. Durch die touristischen Projekte, die im Alpenraum im großen Stil realisiert wurden und werden, ist dieses naturfeindliche Verhalten gegenüber den Bergen bereits zur Spitze getrieben worden. In aufwendiger Propaganda wird es als „alternativlos" und „gut", da modern, fortschrittlich und wettbewerbsfähig dargestellt. „Größer, höher, weiter" lautet die Devise, denn dieses Vorgehen des „Immer-Mehr" bringt schnellen Profit für einige wenige und angeblich Wohlstand für alle. Die Allgemeinheit findet sich inmitten beschädigter Natur als Mitlaufende

1 Würtl, 2002, S. 17

im Fortschritt und Konsumierende der künstlich geschaffenen alpinen Tourismusangebote wieder.

Erst durch einen anderen Blick ist erkennbar, was sich in den neuen touristischen Projekten in den Alpen, konkret im Tiroler Ötztal, abspielt: Die brutale Transformation und dadurch Zerstörung der Bergnatur, geleitet durch Interessen des Fortschritts und des Kapitals. Der Ansatz der Kritischen Patriarchatstheorie erklärt dieses Vorgehen und zeigt seine Irrationalität auf: Die Unterwerfung der vorhandenen (Mutter) Natur (mater arché), ihre Transformation in angeblich Besseres, kapitalistisch Verwertbares und ihre versuchte Ersetzung durch Menschen-/Maschinengemachtes (pater arché). Ziel ist die Schaffung einer „besseren, paradiesischen" alpinen Freizeitwelt. Tatsächlich übrig bleibt am Ende jedoch die Zerstörung in Form von künstlichen Konstrukten, weggesprengten Gipfeln, geschmolzenen Gletschern und zubetonierten Talböden, die allesamt nicht mehr in ihren natürlichen Zustand zurückversetzt werden können. Durch die Kritik an einer „väterlichen, künstlichen Schöpfung", die sich gegen das Von-Natur-aus-Daseiende wendet und antritt, es für einen angeblich besseren Ersatz zu zerstören, verändert sich der Blick auf die Realität. Es zeigt sich die utopische, anti-natürliche und die natürlichen Gegebenheiten als Lebensgrundlage negierende „Logik" der gegenwärtigen Zivilisation als ebenso kapitalistischer als auch patriarchaler. Der Ansatz der „Kritischen Patriarchatstheorie", der diese beiden Ebenen zusammendenkt, erklärt die Geschehnisse konkret und vor Ort, er öffnet die Augen und lässt die Absurdität der herrschenden Zerstörungswut erkennen. Wollen wir diesem irrationalen Wahnsinn, der für historisch gesehen kurzfristige touristische Projekte und einige wenige Profiteure nicht nur weltweit sondern zusehends auch lokal und in nächster Nähe die natürlichen Grundlagen für immer zerstört, weiter widerstandslos zusehen?

Eine berg- und naturfreundliche Lebensweise als die den Bergen wirklich entsprechende hat es in der Region Ötztal sowie in den Alpen über längere Zeiträume gegeben. Sie ist auch die einzige zukunftsfähige und langfristige Perspektive für das BERGeLEBEN und die hier Lebenden. Es gilt daher aufzuwachen aus den (Männer-)Träumen eines unendlichen Fortschritts und der Schaffung einer besseren, schönen neuen Bergwelt – dem sich realisierenden Alptraum der Naturzerstörung der Alpen. Vielmehr ist die Frage zu stellen: Ist eine zukunftsfähige Lebensweise in einer beschädigten Bergnatur überhaupt noch möglich? Dies können wir nur herausfinden, wenn wir uns wider die Zerstörung wieder den Bergen als immer noch lebendigen zuwenden.

Teil I
Über die Zerstörung des BERGeLEBEN

Einleitung
Am Abgrund angekommen[2]

Sich Gedanken über die Zukunft des Lebens in den Bergen zu machen ist ein schwieriger Weg, bedeutet es doch, den Mainstream, die Hauptstraße zu verlassen und auf oft einsamen Bergpfaden zu wandern. Die Entscheidung, mich mit den gegenwärtigen Entwicklungen in jener Bergregion zu befassen, die mir Heimat ist, zog als Konsequenz mit sich, einen Weg gegen den Strom zu gehen und innezuhalten, um die wirkliche Situation in diesem Bergtal in den Alpen zu erkennen. Es ist eine Wirklichkeit, die zusehends von einem achtlosen und zerstörerischen Umgang mit der Natur bestimmt wird. Diese Erkenntnis ist schmerzhaft; sie bedeutet, dass das bisherige, unhinterfragt übernommene Bild einer „heilen" Bergwelt und einer „heilsversprechenden" Tourismuswirtschaft zu bröckeln beginnt. Es ist alles andere als leicht, einen diesen Entwicklungen gegenüber kritisch eingestellten Weg einzuschlagen, den schnelles Geld verheißenden Versuchungen zu widerstehen und mit einer Sichtweise standhaft zu bleiben, welche die Zukunftsfähigkeit der eingeschlagenen Richtung in Frage stellt. Wer den Mut hat, öffentlich gegen die Zerstörung aufzutreten, findet sich in einem Konflikt mit den Machern und Machthabern wieder, als „Einzelkämpfer_in" gegenüber der Masse an Mitläufer_innen.[3] Das Mitlaufen und Mitmachen in der Tourismusmaschinerie hingegen verheißt schnelles Geld für die Menschen im Tal. In bunten und kostspieligen Broschüren wird jede neue touristische oder wirtschaftliche Investition als unumgänglich dargestellt, jede Naturzerstörung verharmlost, beziehungsweise als notwendiges Mittel zum Zweck präsentiert. All dies sei überlebensnotwendig, es gäbe keine andere Wahl, keinen Ausweg zum bereits eingeschlagenen Weg, nur so sei der finanzielle Reichtum für alle garantiert. Kritisches Hinterfragen und der Hinweis auf mögliche

2 Bei diesem Text handelt es sich um eine überarbeitete und erweiterte Version folgenden Beitrags: Scheiber, Ursula: AUS – der Zerstörung – WEG!? Aktuelle Formen des Naturumgangs in den Ötztaler Alpen und das sinnliche Wahrnehmen als Wegweiser in ein naturfreundliches Leben in und mit den Bergen, in: Projektgruppe „Zivilisationspolitik", 2011, S. 149-178.

3 Der Philosoph Günther Anders meinte schon vor beinahe 50 Jahren, dass *„eine Kritik der Technik heute bereits eine Frage von Zivilcourage"* ist. Anders, 1968, S. 3

Alternativen haben wenig Platz und bekommen kaum Aufmerksamkeit. Wer dennoch öffentlich kritisiert, wird entweder als „Spinner_in" beschimpft oder als „unvernünftig" hingestellt, da er oder sie gegen die angeblich sichere touristische Zukunft des Lebens im Tal aufzutreten vermag. Er oder sie sei ein_e Romantiker_in, ohne entsprechende Kenntnis der Realität, denn jede und jeder sei doch vom Tourismus abhängig und brauche ihn, inklusive seiner kapitalistischen Wirtschaftsweise, die auf ein ständiges Wachstum ausgerichtet ist.[4] Als Mitmachende[5] und Mit*laufende* dieser Tourismusmaschinerie sind wir Konkurrierende[6], die dazu angeleitet werden, dem eigenen Profit nachzulaufen sowie diesen in den Mittelpunkt des Denkens und Handelns zu stellen. Wir wurden auf eine große Maschine gesetzt und fahren, ohne nach links oder rechts, oben oder unten zu schauen, immer schneller geradeaus, dem Abgrund entgegen, der den Namen „Wachstum und Fortschritt" trägt und vor dem es kein Innehalten zu geben scheint. Die aktuelle Entwicklung geht in eine Richtung, die eigentlich das Gegenteil von dem ansteuert, was das Überleben im Tal seit Generationen sichert. So entsteht eine Verkehrung der Verhältnisse und Verhaltensweisen: Naturzerstörung statt Kooperation mit der Natur, Beton, Asphalt und Naturersatz statt Gärten, Felder und Wildnis, Zukunftslosigkeit statt generationenübergreifende Zukunftsperspektive, Ausweglosigkeit und Einbahnstraße statt Wege in eine lebensfreundliche Zukunft. Die Maschinisten heizen den Motor dieser Megamaschine weiter an und ignorieren dabei, dass es kein unendliches „Weiter" auf einer endlichen Erde mit endlichen Ressourcen geben kann.

Inzwischen hat die Zerstörung der natürlichen Lebensgrundlagen weltweit gesehen unvorstellbare Dimensionen angenommen[7] und dieser Weg wird nicht als Irrweg erkannt, mögliche Umwege nicht in Erwägung gezogen. Im Gegenteil, wir steuern ungebremst der eigentlich das Überleben bedrohenden, letzten Phase dieser modernen westlichen Zivilisation zu. Diese Endphase zeigt

4 So oder ähnlich die Reaktionen auf kritische Aussagen die Zukunft dieses „Systems" betreffend. Vgl. dazu: AutorInnengemeinschaft, 2003.

5 Dabei wird jegliche Moral in der Art von Wirtschaft, an der wir mitwirken, ausgeblendet. Vgl. Anders, 1968, S. 286 und 292

6 Eigentlich handelt es sich bei „laufende Konkurrenten" um eine Tautologie, in konkurrieren steckt das lateinische Wort „currere" für laufen. Ich verwende die beiden Begriffe gemeinsam, um die Bedeutung und Geschwindigkeit, die damit impliziert wird, deutlicher hervortreten zu lassen.

7 Man denke zum Beispiel an die Rodung der Regenwälder, an die Luftverschmutzung, an die Ausbeutung der Böden, die Verschmutzung der Gewässer, das Artensterben, an den Klimawandel und die Gletscherschmelze.

bereits ihr krisenhaftes Gesicht, ihre Zukunftslosigkeit wird in den verschiedenen katastrophalen Geschehnissen und Veränderungen deutlich. Sie alle haben eines gemeinsam, nämlich, dass sie Phänomene der *„Krise der allgemeinsten Lebensbedingungen“*[8] sind. Durch diese Krise ist die Zukunft allen (Über-) Lebens auf Erden gefährdet[9], da dessen Grundlage, die Natur, unwiderruflich und vielerorts zerstört wird.

Moment! Aufnahmen von Naturzerstörung in den Alpen

Der Blick auf die Bergnatur vor Ort, lässt vier *Topoi/Orte* erkennen, an denen ganz konkret und aktuell Natur verändert und zerstört, ausgebeutet und zu ersetzen versucht wird:

Am Topos *Gletscher* ist es eine neu entwickelte Schneemaschine, die aufgestellt wird, um selbst bei hohen Temperaturen noch Kunstschnee herstellen zu können und damit den natürlich gefallenen Schnee zu ersetzen. Unweit davon wurde ein Areal für den größten Speichersee Tirols ausgebaggert und der See-Boden asphaltiert, eine Neuheit, was die Dimension und Auswahl des extremen Standortes auf fast 3000 m Seehöhe betrifft. Gefüllt wird dieser See unter anderem aus Gletscherwasser, das in Zeiten des Klimawandels und der rasant dahin schmelzenden Gletscher (noch) ausreichend vorhanden ist.

Oben verortet, auf einem der höchsten Gipfel, steht eine neue Liftstation, futuristisch „designed“ und in Windeseile gebaut, denn der Sommer ist in den Bergen kurz und Zeit wird in Geld gemessen. Die Station ist der materialisierte „Höhepunkt“ einer Denkweise, die von einem ständigen Wachstum der Tourismuswirtschaft ausgeht. Sie besetzt den Gipfel und begegnet allen möglichen natürlichen Veränderungen, wie etwa dem Auftauen des Permafrostes, vorbeugend mit modernster Hydraulik-Maschinentechnik.

Im *Berginneren*, einem weiteren Topos des Berges, schlummern Ressourcen, die als Heilwasser genutzt werden, jedoch plötzlich nicht mehr frei zugänglich sind, sondern „exklusiv“ gegen Bezahlung zur Verfügung stehen. Nur so bringt der Wellness-Geld-Tempel in Kathedralen-Architektur[10] Profit. Es ist eine angeblich nie versiegende, sogar wachsende (Geld-)Quelle, die wiederum Ausbau,

---

8 Vgl. Behmann in: Projektgruppe Zivilisationspolitik, 2009, S. 108

9 Macy/Young Brown, 2007, S. 104 und 19.

10 Die Art der Architektur solcher Wellness-Anlagen ist tatsächlich mit den Kuppeln in Kirchen oder Kathedralen-Bauten vergleichbar, was sich im konkreten Falle sogar im Namen „Aqua Dome“ („Wasser-Kuppel“, „Wasser-Dom“) widerspiegelt. Siehe Kapitel „Topos Berginneres“ im ersten Teil dieser Arbeit.

Zubauten und noch mehr Wasser erfordert. Andernorts befindet sich eine weitere Ressource, die plötzlich als wertvoller Rohstoff gilt, um sie vermarkten und so im touristischen Wettbewerb mitlaufen zu können. Es wird geplant und verhandelt, das anfängliche Fehlen von für die Kurhotel-Infrastruktur nötigem Grund und Boden stellt dabei kein Hindernis dar. Die Grundbesitzer werden vor die Entscheidung gestellt: schnelles *Geld* durch Verscherbeln fruchtbaren Bodens *oder* Beibehaltung der Grundlage für ein mögliches subsistenzorientiertes Kleinbauern-*Leben*? So können die in den Bergen begrenzt vorhandenen Gründe in bester und sonnigster Lage, nachdem sie in einem ersten Schritt von der Gemeinde angekauft und dadurch kurzzeitig zu Gemeindegut werden, das heißt allen gehören, schlussendlich in neoliberaler Manier einem auswärtigen Investor kostenlos zur Verfügung gestellt und damit privatisiert werden.

Am Topos *Tal* dehnt sich eine künstliche Spaß-Welt aus, durch deren (Aus-) Bau Kulturlandschaft zerstört wird. Mit dieser Gegenwelt inmitten der Berge wird das eigentlich überall mögliche Naturerlebnis ausgeklammert und zu ersetzen versucht. Das Resultat bietet als eingezäuntes Areal künstliche Kletterwände statt Fels, sowie Beton, Asphalt und künstlich angelegten Sandstrand statt Wiesen, Wald und Feld, Events und „Spaßkultur" statt Agrikultur.

Außen am Gletscher, *oben* auf dem Gipfel, im Berg*inneren* sowie *unten* im Tal: vier Orte und Beispiele eines zerstörerischen Naturumgangs, der vor Ort und gegenwärtig Realität wird. Angeblich ist dieser Prozess der Naturzerstörung sowie das ständige Streben nach Wachstum und innovativen Angeboten für den Massentourismus notwendig, um im globalen Wettbewerb mitlaufen zu können. In diesem tödlichen „Spiel" geht es darum, die Konkurrenz zu besiegen und für sich den größten Profit herauszuschlagen, koste es selbst die Zerstörung der wirklichen Grundlage für das zukünftige Leben im Tal, die Zerstörung der Bergnatur.

Um die gegenwärtige Zivilisation als patriarchale und ihre Utopie einer *Schöpfung aus Zerstörung* in ihren versuchten Materialisierungen vor Ort zu erkennen sowie in Folge die gegenwärtige Krise als *„Krise der allgemeinsten Lebensbedingungen"*[11], ist es notwendig, mit der Frage zu beginnen: Wie ist das Verhältnis zur Natur beschaffen? Diese Frage ist an den Anfang zu stellen, handelt es sich beim Naturverhältnis doch um die grundlegende und alles bestimmende Beziehung im zivilisatorischen Zusammenleben, das nach Renate Genth[12] insgesamt in fünf Verhältnissen geschieht: dem zur Natur, zwischen den

11 Vgl. Behmann in: Projektgruppe Zivilisationspolitik, 2009, S. 108

12 Genth in: Projektgruppe Zivilisationspolitik, 2009

Generationen, den Geschlechtern, dem politischen sowie dem Transzendenz-Verhältnis. Die Art und Weise wie eine Zivilisation mit der Natur umgeht, gibt die Richtung vor, an der sich die übrigen Verhältnisse orientieren.[13] Das Naturverhältnis umfasst das Tun, das Tätig-Sein in der Natur und damit die Wahrnehmung von Natur beziehungsweise die Art von Kultur, die sich aus der Erfahrung im Umgang mit der Natur bildet und in einer bestimmten Form von Ökonomie und Technik mündet. Je nachdem wie sich dieser Umgang mit der Natur gestaltet, ob es ein freundlich-kooperierender oder feindlich-zerstörerischer ist, ist die jeweilige Zivilisation als matriarchale oder patriarchale zu charakterisieren.[14] Dementsprechend gestalten sich die übrigen Verhältnisse: die Ordnung des gemeinschaftlichen Zusammenlebens im politischen Verhältnis ist egalitär und auf das Gemeinwohl ausgerichtet oder hierarchisch und zum Nutzen einiger weniger sowie von Machtgier geprägt. Der Umgang zwischen den Generationen respektvoll, freundlich und anerkennend oder ausklammernd, entfremdet und individualisiert. Männer und Frauen begegnen sich im Geschlechterverhältnis kooperativ, wertschätzend oder getrennt und diskriminierend. In einem matriarchalen Transzendenzverhältnis werden die Fragen nach dem Woher und Wohin des Lebens aus dem wahrnehmend-freundlichen Umgang mit der Natur sowie der Erkenntnis der Verbundenheit alles Seienden[15] beantwortet.

Um die Tragweite der Art und Weise, wie das Naturverhältnisses gestaltet ist, verstehen zu können, erscheint es sinnvoll, sich zuallererst der etymologischen Bedeutungen der Begriffe zuzuwenden. Dies ist eine aufschlussreiche Methode, ermöglicht sie es doch, die Denk- und Lebensweise, welche zur Formung eines Begriffes führten und sich in diesem konzentrieren, zu erkennen. Die Entstehung der Begriffe und Namen ist nie beliebig, sondern konkret, in ihr drückt sich das aus, was im Tätig-Sein sinnlich wahrgenommen wurde[16]. Wenden wir

---

13 Diese Sichtweise basiert auf einer umfassenden ökofeministischen Perspektive, die davon ausgeht, dass der Umgang mit der Natur und der soziale Umgang miteinander verbunden sind. Siehe Mies/Shiva, 1995, S. 415

14 Dabei handelt es sich um die beiden grundlegenden Gestaltungsbewegungen, die in ihrer „reinsten" Form nur noch selten (Matriarchate) bis gar nicht (Patriarchate) vorkommen. Letzteres, ein „reines" Patriarchat, ist sogar unmöglich zu erreichen, siehe Werlhof in: Projektgruppe „Zivilisationspolitik", 2009, S. 15. Zur These der beiden Gestaltungsbewegungen siehe Genth in: Projektgruppe „Zivilisationspolitik", 2009, S. 35.

15 Behmann in: Projektgruppe „Zivilisationspolitik", 2009, S. 140

16 Kultur und Sprache gehören zusammen, ein Wandel in der Sprache drückt immer auch einen kulturellen Wandel aus, Wertvorstellungen und Begrifflichkeiten sind miteinander verknüpft. Siehe Merchant, 1994, S. 21

uns der etymologischen Herkunft des Begriffes „Natur“ zu, so erkennen wir, dass damit „geboren werden“[17] gemeint ist und das Wort „Geburt“ in begrifflicher Nähe dazu steht. Ebenso steht „Berg“ in begrifflicher Verwandtschaft mit „gebären“ und „Geburt“.[18] Die Geburt ist das grundlegende, anfängliche und sich ständig wiederholende Ereignis für das menschliche[19] Fortbestehen des Lebens auf Erden, die Protagonist_innen dieses Geschehens sind die Mutter und ihr Kind. Es lassen sich also mehrere Bedeutungen erkennen, die in diesem einen Wort „Natur“ gebündelt sind: das Verbunden-Sein durch die Mutter-Kind-Beziehung - *„die engste und wichtigste aller menschlichen Verbindungen überhaupt“*[20] - der Ursprung oder Anfang und das Leben, die Lebendigkeit. Dies alles ist mit gemeint, wenn Natur ihrer ursprünglichen Begriffsbedeutung entsprechend wahrgenommen wird.

Wie gestaltet sich nun daraus ein entsprechendes, freundliches Verhältnis zur Natur? Wird Natur in einer Gesellschaft ihrer etymologischen Herkunft nach als der Ursprung allen Lebens wahrgenommen und richtet sich danach das gemeinschaftliche Zusammenleben in den übrigen zivilisatorischen Verhältnissen aus, handelt es sich um eine *matriarchale* Zivilisation. Natur wird hier als eine Mutter (mater) betrachtet, die den Anfang/Ursprung (arché) und die Grundlage des Lebens bildet: aus „mater arché“ wird „matriarchal“. Alle Lebewesen sind in Folge ebenbürtige, da aus der gleichen Mutter (Natur) geborene Geschöpfe.[21] Die zivilisatorischen Verhältnisse werden aufgrund dieser natürlichen Ebenbürtigkeit egalitär, kooperativ und lebensfreundlich gestaltet, alle Lebewesen sind miteinander verbunden, es gibt keine Hierarchien oder Trennungen. Das Transzendenzverhältnis orientiert sich an der Auffassung von der *„Verbundenheit alles Seienden“*[22] und einem zyklischen Leben-Tod-Leben-Kreislauf. Die dazugehörige Kultur, die sich aus dem tätigen Umgang, aus der alltäglichen Kooperation

---

17 Der Begriff „Natur“ leitet sich von dem lateinischen Wort „natus” – „geboren werden“ ab.

18 Vgl. Peskoller, 1997, S. 9. Der Bedeutungszusammenhang zeigt sich auch in anderen Sprachen, etwa in Hebräisch „Hara“ für „heiliger Berg“ und „schwangerer Bauch“, siehe Krammer-Stark, 2004, S. 240.

19 Werlhof spricht von der *„Abhängigkeit des Lebens vom Geborenwerden“* und verweist auf Hanna Arendts „conditio humana“ der Natalität, siehe Werlhof in: Projektgruppe „Zivilisationspolitik“, 2009, S. 68

20 Siehe Werlhof in: Projektgruppe „Zivilisationspolitik“, 2009, S. 61

21 Vgl. Behmann in: Projektgruppe „Zivilisationspolitik“, 2009, S. 138

22 Behmann in: Projektgruppe „Zivilisationspolitik“, 2009, S. 140

mit der Natur bildet, pflegt[23] die Lebensfreundlichkeit und sorgt sich um den Weiterbestand des Lebens und der Natur. Eine solche Kultur orientiert sich an der Lebendigkeit der Natur mit ihren Jahreszeiten und Kreisläufen sowie an der Gestalt der Landschaft[24]. Ein naturverbundenes Leben in den Bergen ist demnach geprägt vom Respekt vor der Natur und der Akzeptanz, dass nur bestimmte Gebiete für die menschliche Nutzung zur Verfügung stehen und andere nicht für ein dauerhaftes Leben geeignet sind. So werden Äcker, Felder und Gärten etwa dort angelegt, wo es von Natur aus am sinnvollsten erscheint; für Menschen ungünstige Gebiete, die durch Steinschlag, Überschwemmung oder Lawinen gefährdet sein könnten, werden so gut es geht gemieden. Natur, Berg, Mutter, Matriarchat, sie alle gehören ihrer ursprünglichen Bedeutung nach zu ein und demselben Begriffsfeld. Erst später wird aus „arché" die „Herrschaft"[25], in der Verbindung mit „pater" entsteht so die Herrschaft des Vaters und Mannes über die Natur, die Frauen und Mütter, und, wie es im Zuge dieser Forschungsarbeit nachzuweisen gilt, auch über die Berge.

Damit richtet sich der Blick auf die zweite Gestaltungsbewegung der Verhältnisse einer Zivilisation, die die Kritische Patriarchatsforschung von der matriarchalen unterscheidet[26], sie ist die patriarchale oder naturfeindliche. Anders als ihrer Begriffsherkunft nach werden die Natur und die Mutter (mater) hier nicht als Ursprung (arché) des Lebens wahrgenommen, sondern der Vater (pater) und/oder seit der Moderne die von ihm geschaffene Maschine an ihre Stelle gesetzt[27]. Statt Kooperation mit der Natur ist es die Herrschaft über sie, welche den Umgang mit der Natur bestimmt. Der Natur wird ihre Fähigkeit, das Leben hervorzubringen/zu gebären[28] abgesprochen, sie wird nicht mehr als lebendiger Organismus wahrgenommen, sondern zur leblosen, toten Materie[29] degradiert. Das Verhältnis zu ihr ist demnach ein objektivierendes, feindliches

23 Kultur stammt von dem lateinischen Wort „cultura" ab, das unter anderem „pflegen" bedeutet.

24 Zur Bedeutung der Landschaft für eine Kultur siehe die Forschungen des Begründers der Landschaftsmythologie Kurt Derungs.

25 Vgl. Werlhof in: Projektgruppe „Zivilisationspolitik", 2009, S. 64

26 Siehe Genth in: Projektgruppe „Zivilisationspolitik", 2009, S. 35

27 Genth spricht von der Maschinisierung oder maschinenlogischen Formierung, die mit Erfindung der Maschinen fortan das zivilisatorische Zusammenleben prägen. Siehe Genth, 2002, S. 14 und 91f.

28 „Natura naturans", die hervorbringende, gebärende Natur als Bezeichnung für die eine Seite der Natur, die gleichzeitig auf der anderen Seite der Medaille auch eine „natura naturata", also eine hervorgebrachte, geborene Natur ist.

29 Merchant, 1994

und entfremdetes, es ist zunehmend gestört und von Zerstörung bestimmt, kriegerisch[30] und gewalttätig. Nicht das achtende Miteinander und die Sorge um ein zukunftsfähiges, „gutes Leben"[31] für alle prägen in Folge die übrigen zivilisatorischen Verhältnisse zwischen Geschlechtern und Generationen, die Politik und die Vorstellung von Transzendenz. Deren Gestaltung orientiert sich viel mehr am Prinzip des „Teile und Herrsche"[32], an der Macht über andere, an der versuchten Trennung und Individualisierung und an der Lebensfeindlichkeit. Die Verbindung zur Natur sowie die Wahrnehmung der „Verbundenheit alles Seienden" sind gestört.

Wir erkennen: Die Wahrnehmung dessen, was Natur ist, verhält sich im Patriarchat gegensätzlich zu jener im Matriarchat. Das patriarchale Handeln entspricht der begrifflichen Bedeutung von Natur und den Erfahrungen, die ursprünglich im Umgang mit der Natur gemacht wurden, nicht. Die Bewusstwerdung der Begriffsbedeutung lässt aber auch die Schlussfolgerung zu, dass es vor dem gegenwärtigen zerstörerischen Naturumgang ein anderes, freundlich-kooperierendes Verhältnis zur Natur gegeben haben muss. Dieses Verhältnis wurde in einem Prozess der Naturentfremdung und -zerstörung verändert, manipuliert und gestört. Durch die Perspektive der Kritischen Patriarchatstheorie und die soeben erarbeiteten Begriffe ist es möglich, die Veränderung des Verhältnisses zur Natur von einem freundlich-verbundenen zu einem feindlich-entfremdeten als einen kontinuierlichen Prozess[33] der Patriarchalisierung zu analysieren, der sich systematisch und in allen Bereichen durch die Jahrhunderte zog, bis zur gegenwärtigen überlebensbedrohenden Krise, in der sich die moderne westliche Zivilisation befindet.[34]

---

30 Werlhof analysiert den Krieg als von Beginn an zum Patriarchat gehörend, die patriarchale Zivilisation als „Kriegssystem", Werlhof in: Projektgruppe „Zivilisationspolitik", 2009, S. 13 und S. 15

31 Der Begriff des „guten Lebens" kommt vom Grundsatz des „bien vivir" der lateinamerikanischen indigenen Kulturen. Demnach werden die eigenen Handlungen danach ausgerichtet, ob sie ein gutes Leben für alle Lebewesen ermöglichen. Siehe dazu auch Mies in: Projektgruppe „Zivilisationspolitik", 2011, S. 209-220

32 Werlhof, 2010a, S. 97

33 Patriarchale zivilisatorische Verhältnisse entstanden über einen langen Zeitraum, in einem Prozess, der vor ca. 5000 Jahren begann und nicht abgeschlossen ist, sondern den neuzeitlichen Kapitalismus sowie die gegenwärtigen Entwicklungen der Naturzerstörung miteinschließt. Zu dieser „Periodisierung" des Patriarchats siehe Werlhof in: Projektgruppe „Zivilisationspolitik", 2009, S. 64ff.

34 Vgl. dazu die Beiträge von Werlhof und Behmann in: Projektgruppe „Zivilisationspolitik", 2009 sowie Werlhof, 2010c

Der Prozess der Patriarchalisierung findet auch im Alpenraum statt. Dies zu erkennen ist möglich, wenn man sich der Begriffe und Thesen der Kritischen Patriarchatstheorie bedient und diese auf die historischen sowie gegenwärtigen Entwicklungen anwendet.[35] Vor allem letzteres, die patriarchatskritische Analyse derzeitiger Geschehnisse, soll in der vorliegenden Arbeit im Mittelpunkt stehen. Ein erster Überblick aus der Perspektive der Kritischen Patriarchatstheorie zeigt die Methoden, mit welchen die Entfremdung und Zerstörung von Natur durchgesetzt wurden und werden. Sie ermöglichten es der modernen westlichen Zivilisation mit ihrer kapitalistischen Ökonomie und ihrem maschinentechnisch geprägten Umgang mit der Natur selbst in den entlegenen Tälern, im Schoß der Berge, Fuß zu fassen.[36] Die ehemals als lebendig, heilig und mütterlich wahrgenommene Natur[37] wurde dadurch auch für die Menschen in den Alpentälern zu einem entfremdeten Objekt: im Prozess der Auslöschung des Erfahrungswissens über sorgsame Formen im Umgang mit der Natur, etwa im Zuge der Hexenverfolgung[38]; in der Wertlosmachung und Verdrängung von Subsistenztätigkeiten und kleinbäuerlichen Wirtschaftens durch Industrialisierung und kapitalistische „Verwertung" allen Lebens in Geld[39]; im Prozess der Objektivierung und Neueroberung der Berge durch die modernen Naturwissenschaften[40] und den Alpinismus[41]; in der durch maschinentechnische Errungenschaften rasant gesteigerten Naturtransformation und –zerstörung bis hin zur Kapitalisierung von Natur und

---

35 Zur patriarchatskritischen Analyse historischer Entwicklungen im Alpenraum siehe Krammer-Stark, 2004 und Auer, 2007.

36 Göttner-Abendroth sieht den Beginn der Patriarchalisierung Mitteleuropas in der *„Zerstörung der matriarchalen Kultur Mitteleuropas durch das hereinbrechende Kriegerpatriarchat"*. Indoeuropäische Eindringlinge verdrängten die matriarchale Urbevölkerung, die in die Wälder, Täler und Berge floh, bis sie schließlich auch dort von den patriarchalen Umwälzungen eingeholt wurde. Vgl. Göttner-Abendroth, 2005, S. 159f. Andere Autoren sprechen von einer Verdrängung der paläolithischen Urbevölkerung Mitteleuropas in den Alpenraum durch neolithische Stämme, vgl. Bätzing, 1986, S. 9 und Haid in: Lugar/Inman, 1995, S. 159.

37 Was sich in diversen Ritualen, Kultstätten oder Flurnamen noch erkennen lässt. Für den Alpenraum vgl. dazu die Forschungsarbeiten von Auer, 2007 sowie Kurt Derungs.

38 Vgl. Federici, 2004

39 Auf die kapitalistische Verwertung allen Lebens in Geld und die Ausbeutung von Subsistenztätigkeiten machen u.a. die Begründerinnen der Subsistenzperspektive bereits seit den 1970er Jahren in ihren Forschungen und Publikationen aufmerksam: Veronika Bennholdt-Thomsen, Maria Mies und Claudia von Werlhof.

40 Vgl. Merchant, 1994

41 Vgl. Peskoller, 1997

Kultur als profitbringende Waren. Letzteres geschieht in den Alpen gegenwärtig unter anderem durch die kapitalistische Tourismuswirtschaft mit ihren aktuellen Auswüchsen, der tatsächlichen versuchten Realisierung der patriarchalen Utopie einer Schöpfung aus Zerstörung, etwa in der Kunstschnee-Produktion. Ziel dieser Methoden ist es, letztlich und *end*gültig ein neues „Leben" unabhängig von der Natur und den Müttern zu schaffen. Das natürliche Leben, die Natur, genügt angeblich den Ansprüchen der kapitalistischen Wachstumsideologie nicht mehr und kann ihr gar nicht genügen, da es kein unendliches Wachstum auf einer endlichen Erde geben kann. Natur müsse daher verbessert, transformiert und schließlich durch einen kontrollierbaren, maschinentechnisch hergestellten Naturersatz ausgewechselt werden. Letzteres, die wirkliche Ersetzung der Natur durch Maschinen und Kunstwelten, durch eine „Zweite Natur"[42], wäre die Verwirklichung der Utopie des „pater arché", eines Lebens aus dem Vater und/oder der Maschine, unabhängig von Frauen und (Mutter) Natur. Diese Vorstellung ist deswegen als utopisch zu bezeichnen, da ihre endgültige Umsetzung letztendlich nicht möglich ist. Es würde die totale Zerstörung und Abstraktion von jedem konkreten Ort/Topos sowie von der Natur bedeuten. Der Weg zur Umsetzung dieser patriarchalen Utopie einer Unabhängigkeit von der Natur ist allerdings längst eingeschlagen, die Umsetzungsversuche zeigen bereits ihre zerstörerischen Folgen[43], auch in den Bergen.

Der Berg als Objekt der Transformation, Zerstörung und Profitgewinnung

Der erste Teil der vorliegenden Arbeit hat zum Ziel, anhand der Begrifflichkeiten und Thesen der Kritischen Patriarchatstheorie, die Geschehnisse vor Ort neu und anders zu betrachten, indem sie als konkrete Umsetzungen der patriarchalen Utopie einer Naturersetzung und *„Schöpfung aus Zerstörung"*[44] erkannt und als solche aufgedeckt werden. Es geht um die Beantwortung der Frage, inwieweit der Prozess der Patriarchalisierung bereits fortgeschritten ist, ehe in einem zweiten Teil die Erarbeitung von möglichen Auswegen aus dieser „Sackgasse" erfolgt. Die Vorgehensweise des dieser vorliegenden Arbeit vorangegangenen Forschungsprozesses erstreckte sich dabei vom bereits erwähnten

---

42 Unter dem Begriff „Zweite Natur" ist die Maschine oder maschinentechnisch Hergestelltes als Naturersatz zu verstehen, vgl. Werlhof, 1991, S. 179f.

43 Werlhof nennt die Zerstörung, welche auf die versuchte Umsetzung der Utopie folgt, „Dystopie". Siehe Werlhof in: Sitter-Liver, 2007, S. 426 ff.

44 Werlhof, 2010c, S. 13

Ausgangspunkt der eigenen Lebensgeschichte, die an einem markanten Ort inmitten hoher Berge wurzelt, hin zu vier verallgemeinerten Topoi/Orten und konkreten Szenarien, die den Berg mit den Zuschreibungen „oben – unten – innen – außen" charakterisieren sollen. Diese vier ausgewählten Topoi/Orte und das dort stattfindende Geschehen sind nicht als abgetrennte und für sich stehende Schauplätze beziehungsweise Vorkommnisse zu sehen. Vielmehr sind sie Manifestierungen und Konkretisierungen eines übergreifenden Prozesses, dem der patriarchalen Naturentfremdung, sowie eines umfassenden Topos: dem Berg. Mit „oben" ist der Gipfel gemeint, „unten", das ist das Tal, „innen", darunter fällt der Umgang mit den Naturschätzen im Berginneren, und „außen", das ist der Gletscher. Insgesamt ergibt dies vier Orte und unzählige Beispiele von Naturzerstörung, -besetzung, -eroberung, -transformation und versuchter Naturersetzung. Es sind ausgewählte Szenarien, an denen die Erkenntnisse der Kritischen Patriarchatstheorie hier, vor Ort sichtbar gemacht werden, ehe die Beantwortung der Frage nach möglichen neuen und alten, anderen Wegen in ein zukünftiges naturfreundliches Leben in den Bergen erfolgt. An diesen vier Orten und an den konkreten Beispielen wird deutlich, dass sich die verschiedenen Entwicklungen und Prozesse, die auf der Makro-Ebene stattfinden[45], auch im lokalen, regionalen Raum durchzusetzen beginnen. Anhand der Kritischen Patriarchatstheorie ist es möglich, die Vorgehensweise, die diesen Beispielen zugrunde liegt, beziehungsweise das Denken, welches die Umsetzung derselben erst ermöglicht, in seiner gesamten Dimension zu erkennen, als die patriarchale Utopie einer *Schöpfung aus Zerstörung* und deren bereits begonnene, versuchte Materialisierung. Indem sich der Blick ändert und eine andere Perspektive eingenommen wird, die versucht, sich auf die Seite der Natur[46] zu begeben, werden folgende utopische Geschehnisse an den vier Berg-Topoi sichtbar, die hier kurz präsentiert und im anschließenden ersten Teil eine intensive Betrachtung erfahren werden:

Der Berg als tote Ressource für die Maschinen-Schöpfung aus Zerstörung

Mit der Erfindung der Maschine[47] beginnt ein neues Kapitel moderner Naturbeherrschung und -transformation. Durch maschinentechnische Errungenschaften

45 Vgl. Werlhof, 2010c

46 Carolyn Merchant nennt diese Methode *„die ökologische Perspektive"*, aus der die Geschehnisse *„von Grund aus"* betrachtet werden. Merchant, 1994, S. 54

47 Mumford, 1977; Genth, 2002; Werlhof in: Projektgruppe „Zivilisationspolitik", 2009, S. 86

potenziert sich die menschliche Kraft und Möglichkeit, Natur über das auf Kooperation und Lebensfreundlichkeit ausgerichtete Maß hinaus zu transformieren. Die patriarchale Utopie einer Ersetzung der Natur wird in der Tat umzusetzen versucht[48], indem ein besseres, maschinenhergestelltes „Leben" an ihre Stelle tritt. Dieser Prozess hatte und hat Auswirkungen auf das Denken und Handeln, veränderte den Umgang mit Natur und damit die Gestaltung der übrigen Verhältnisse einer Zivilisation, wie Genth es im umfassenden Begriff der Maschinisierung[49] allgemein gültig ausdrückt. Auch die Wahrnehmung von Natur wird zusehends vom Umgang mit und Einsatz der Maschine geprägt.[50] Sie wird zum idealen „Vorbild", immer verfügbar, kontrollierbar, von Menschenhand geschaffen, von Naturzyklen unabhängig und stets zu seinen Diensten bereit. Natur muss auf einmal der Maschine entsprechen[51], sie wird an der Maschinenlogik gemessen.[52] Da sie die Kriterien der künstlich hergestellten Maschine nicht erfüllt, gilt sie als knapp, karg[53] und unkontrollierbar, was ihre Ersetzung durch das kontrollierte, abrufbereite Maschinenprodukt, die „bessere", „zweite Natur"[54], erst recht rechtfertigen soll.

Am konkreten Ort, dem Topos Gletscher, ist es eine neu entwickelte Schneemaschine, die von Menschenhand geschaffen das herstellt, was von Natur aus unmöglich ist: Kunstschnee selbst bei Temperaturen weit über dem Gefrierpunkt als maschinell hergestellten Schnee-Ersatz anstelle natürlich gefallener Schneekristalle. Kunstschnee ist angeblich besser, haltbarer und in Zeiten des Klimawandels zukunftsfähiger. Er ist ein Produkt der Neuschöpfung, der menschlichen Schöpfung aus Zerstörung, denn das Wasser, das in Kunstschnee

---

48 Behmann unterscheidet einen „patriarchalen Idealismus" von einem „patriarchalen Materialismus", letzterer wird durch neuzeitliche und maschinentechnische Errungenschaften zu realisieren versucht. Siehe Behmann in: Projektgruppe „Zivilisationspolitik", 2009, u.a. S. 165ff.

49 Genth, 2002

50 Genth spricht von „*maschinell verdinglichten Umgangsformen*", die unsere Verhältnisse prägen. Genth, 2002, S. 16

51 Werlhof nennt es einen „*maschinellen Naturbegriff*", siehe Werlhof, 2010a, S. 111.

52 Dies entspricht dem mechanistischen Weltbild, das den Menschen über die Natur stellt und die Natur als Maschine betrachtet. Siehe Merchant, 1994 und Shiva, 1989, S. 32

53 Gerade diese Beschreibungen werden oft für die Bergnatur verwendet, sie folgen dem bereits erwähnten mechanistischen Weltbild von Natur, das sie als mangelhaft kategorisiert, siehe Werlhof, 1991, S. 174.

54 Die Maschine als bessere „Natur" wird an die Stelle der ursprünglichen Natur gesetzt. Vgl. Genth, 2002 und Werlhof, 2010a, S. 108f.

umgewandelt wird und damit „verschwindet", kommt aus dem Schmelzwasser des Gletschers, der seinerseits durch den von Menschen verursachten Klimawandel[55] zerstört wird und (ver)schwindet.

Der Berg als profitbringende Ware für die kapitalistische „Verwertung"

Der Kapitalismus, nicht nur als die Ökonomie der modernen-patriarchalen Zivilisation[56], sondern als *„das zentrale Projekt patriarchaler Verwirklichung"*[57], hat den Umgang mit Natur dahingehend verändert, dass sie als profitbringender Rohstoff, als potentielle Ware wahrgenommen und transformiert wird[58]. Sie ist aus dieser Perspektive gesehen käuflich erwerbbar und Objekt der Aneignung, ihre Transformation in Geld und Kapital[59] rechtfertigt angeblich ihre Ausbeutung und Zerstörung. Alles Leben, das nicht in die kapitalistischen Verwertungsmühlen gelangt, gilt als „wertlos", da es nicht in Geld- oder Kapitalwert gemessen und nicht angeeignet werden kann. Der Aufstieg des Kapitalismus stützte sich auf die veränderte Wahrnehmung von Natur als Objekt und die Ausbeutung der natürlichen Ressourcen als Waren.[60] Was bedeutet dies hinsichtlich des Berg-Topos *„Innen"*?

Die im Berginneren schlummernden Heilquellen werden nicht mehr als Lebensquellen wahrgenommen, als ein Geschenk der Natur, das allen zur Verfügung steht. Das Wasser aus dem Berg wird zur auszubeutenden Ressource, zur Ware, deren Wert ausschließlich an monetären Kriterien gemessen wird.[61] Das Tun und Tätig-Sein in und mit der - oder in diesem Falle eigentlich gegen die - Natur wird durch kapitalistische Profit- und Wachstumskriterien bestimmt. Die Menschen vor Ort werden vom Boden getrennt[62], indem sie ihn angesichts

55 Vgl. Werlhof in: Projektgruppe „Zivilisationspolitik", 2009, S. 11

56 Werlhof spricht vom *„kapitalistischen Patriarchat"*, siehe Werlhof, 2010c, S. 81

57 Werlhof in: Projektgruppe „Zivilisationspolitik", 2009, S. 59

58 Die Methode dazu ist die *„Transformation von Natur in Produktionsfaktoren"*, siehe Werlhof in: Bammé, 2009, S. 827 und 853.

59 Ziel des Kapitalismus ist die Verwandlung allen Lebens auf Erden in „Kapital", siehe Werlhof, 2010c, S. 72.

60 Merchant, 1994, S. 81

61 Vandana Shiva spricht allgemein von globalen, alles in Waren verwandelnden Prozessen, die es dem westlichen Patriarchat ermöglichen, Frauen, Natur und andere Kulturen auszubeuten. Siehe Shiva, 1989, S. 185 und 188 sowie S. 14

62 In einem Prozess der *„fortgesetzten ursprünglichen Akkumulation"* als immer noch stattfindende Aneignung und Verwertung von Natur als Rohstoff, wie sie im

der Versprechungen vom schnellen Geld leichtfertig verkaufen. „Gewinner“ des Ganzen sind allerdings nicht die Allgemeinheit, sondern nicht lokale, nicht verortete, private Investoren, die keinen Bezug zu dem haben, was vor Ort zu einem wirklichen „guten Leben“[63] führt.

Der Berg als Objekt und Sportgerät sowie als „Vorbild“ für die ihn ersetzende Kunstwelt

Erst die Objektivierung der Natur durch die modernen Naturwissenschaften und damit ihr Tod[64] als lebendige Mutter/Materie öffnete die Schranken für eine umfassende und alle Bereiche des zivilisatorischen Zusammenlebens prägende Verformung und Zerstörung, Überwindung und versuchte Ersetzung von Natur. Als angeblich totes Objekt, getrennt vom menschlichen (Mit-)Empfinden, kann Natur „beliebig“ zerstört werden, ihre Bedeutung als eigentliche Grundlage des Lebens wird ausgeklammert und negiert. Da Natur den kapitalistischen Ansprüchen von Profitmaximierung und Wachstum nicht genügt, wird an ihre Stelle von Menschenhand und durch Maschinentechnik unterstützt eine bessere, künstlich hergestellte „Zweite Natur“ geschaffen.

So gesehen entsteht „unten“, im Tal, eine künstliche Spaß-Welt, welche Kulturlandschaft zerstört und als Gegenwelt inmitten der Berge das eigentlich dort überall mögliche Naturerlebnis ignoriert und zu ersetzen versucht. Behmanns Analyse des kapitalistisch-patriarchalen Naturtransformationsprojektes mit dem Ziel, die Natur *„letztlich in ihr exaktes Gegenteil, ein maschinentechnisch produziertes `Schlaraffenland` für Konsumbedürfnisse“*[65] zu transformieren, trifft es hier auf den Punkt. In der künstlich hergestellten Spaß-Welt, dem „Adrenalin-Schlaraffenland“, werden die Erlebnisse als die „Highlights“, also als „höherwertig“ dargestellt denn jene in und mit der Natur. Auch diese Spaß-Welt ist *u-topisch*, da sie überall und nirgends, nirgend-wo, also ohne Bezug zum Ort und Topos, geschaffen werden kann. Die Besucher dieser künstlichen Spaß-Welt

---

beginnenden Kapitalismus etwa mit der Privatisierung von Allmenden und Gemeingut geschehen ist. Zur fortgesetzten ursprünglichen Akkumulation vgl. Werlhof in: Bammé, 2009, S. 826. Zum Thema Wasser als Ware vgl. Oberhöller, 2006; zur Kapitalisierung der Wirtschaft in den Alpen: Krammer Stark, 2004, S. 6ff. Zum Prozess der ursprünglichen Akkumulation, durch den die Natur der *„Monopolgewalt“* (S. 155) des Kapitals unterworfen wurde siehe Werlhof, 1991, S. 124 und S. 155.

63 Vgl. Mies in: Projektgruppe „Zivilisationspolitik“, 2011

64 Vgl. Merchant, 1994

65 Behmann in: Zivilisationspolitik, 2009, S. 109

brauchen eigentlich gar nicht mehr mit der umgebenden Natur, dem Topos und der mit ihm immer noch verbundenen Kultur in Verbindung zu treten, da sie im abgeschotteten Areal[66] alles vorfinden, was ihrem durch Werbung geweckten oberflächlichen Konsumbedürfnis nach Events und „Spaß-Kultur" entspricht. Auch hier, unten im Tal, ist die geldbestimmte Vereinnahmung als Raub, die „fortgesetzte ursprüngliche Akkumulation" durch das kapitalistische Patriarchat zu erkennen, beispielsweise in der Aneignung riesiger Flächen an vormals für alle kostenlos zugänglichem, daher freiem Erholungs- und Naturraum durch einige wenige und zum Spaß von wenigen. Sie müssen für das Erlebnis in der durch Naturzerstörung geschaffenen Kunstwelt sogar Eintritt bezahlen.

Der Berg als zu eroberndes Objekt für die maschinentechnische Erschließung

Die Objektivierung von Natur als beliebigen Ort geschieht hinsichtlich der Berge unter anderen mit der Methode der Verleumdung[67] einer vormaligen Wahrnehmung von einer mütterlichen Natur[68] und der Zuschreibung von neuen Charaktereigenschaften wie karg, gefährlich[69] und feindlich[70]. Der Gipfel, ehemals heiliger Ort, wird entsakralisiert[71] und in Folge eine Zeit lang noch personalisiert als „Feind"[72] wahrgenommen, den es mit dem aufkommenden Interesse der

---

66 Im Namen dieses Ortes „Area 47" steht die Zahl für die geografischen Koordinaten des Ortes.

67 Behmann analysiert das Leugnen einer matriarchalen Naturauffassung als einen Schritt im Entwicklungsprozess des abendländischen Patriarchats. Siehe Behmann in: Projektgruppe „Zivilisationspolitik", 2009, S. 141

68 Eine Wahrnehmung, die sich heute noch beispielsweise in Sagen, Flurnamen und Bergnamen widerspiegelt. Siehe Teil II

69 Auch das ist eine patriarchale Verleumdung. *„Die Gewaltigkeit [der Natur] wird als eine Gewalttätigkeit uminterpretiert."* Werlhof, 1991, S. 181

70 Diese Zuschreibungen gehen mit einer Denkgewalt einher, welche dem gewalttätigen, zerstörerischen Handeln voraus geht und dieses angeblich rechtfertigt. Siehe Werlhof, 2010a, S. 98

71 Vgl. dazu die einzelnen Phasen der patriarchal-alchemistischen Vorgehensweise mit ihrer *„resolutiv-kompositiven"* Methode bei Behmann in: Projektgruppe „Zivilisationspolitik", 2009, S. 166

72 Die abwertende Zuschreibung des feindlichen und geizigen Charakters der Natur finden wir auch in anderen Bereichen wieder, wie im Bergbau, siehe dazu Böhme, 1988, S. 69f. sowie S. 78f. und Merchant, 1994, S. 44f., aber auch im Alpinismus, siehe Peskoller, 1997, S. 57.

modernen Naturwissenschaften an den Bergen auch alpinistisch[73] zu erobern gilt. In einem weiteren Schritt der Objekt-Setzung[74] stellt sich der Forscher, der Alpinist, also das Subjekt, über die Natur[75] als die nun nicht mehr personalisierte, tote Materie. Wahrgenommen wird der Gipfel erst wieder als „guter" und „wertvoller" Ort, indem er besetzt[76] und als neuer Bedeutungsort „aufgewertet" wird. Dies geschieht christlich-religiös geprägt durch das Aufstellen von Gipfelkreuzen, subjektzentriert durch die Wahrnehmung als „Gerät" und Ziel diverser alpinistisch-sportlicher Betätigungen oder kapitalistisch verwertend als Kulisse für die touristische Bewerbung. Der Gipfel wird schließlich zum elitären und exklusiven Aufenthaltsort für Skifahrer_innen, denen er für kurze Zeit ein schnell erreichbares, teures Konsumvergnügen ermöglicht. Allen anderen wird der Gipfel in seiner ursprünglichen Form und Bedeutung entzogen, indem er besetzt, verformt und bebaut - buchstäblich kolonisiert[77] - wird.

Die neue Liftstation „oben", am konkreten Topos Gipfel, vereinnahmt diesen, überformt ihn und bildet einen neuen Aufbau, durch den mit Maschinentechnik auf „bessere", schnelle und bequeme Art und Weise den Menschen die Berge „näher" gebracht werden sollen. Maschinentechnische Erschließungen wie die erwähnte und im Weiteren noch ausführlich zu betrachtende Seilbahnstation sind eine maschinenlogische Formierung[78] im wahrsten Sinne des Wortes, indem auf dem Gipfel eine maschinentechnisch hergestellte Form gestellt wird. Die Station wird somit zum materiell gewordenen „Höhepunkt" der touristischen Wachstumsideologie. Sie besetzt den Gipfel und begegnet möglichen Naturveränderungen im Zuge des auftauenden Permafrostes, eine Auswirkung

---

73 Zum Zusammenhang von Naturwissenschaften und Alpinismus siehe Stalla, 2001, S. 32

74 Der Prozess der Objekt-Setzung geht mit dem der Subjektzentriertheit einher, wie Helga Peskoller in ihrer umfassenden Analyse des Bergsteigens erkannt hat. Das Bergsteigen ist demnach eine *„Subjekt-Objekt-Setzung"*, siehe Peskoller, 1997, S. 105f. Merchant beschreibt die Veränderung der Wahrnehmung von Natur als Objekt als einen Prozess des Wandels von einem organischen zum mechanischen Weltbild. Siehe Merchant, 1994

75 Das *„Subjekt siegt historisch über Natur"*, siehe Peskoller, 1997, S. 12

76 Peskoller spricht von der „Besetzung der Höhe" als patriarchale Methode. Peskoller, 1997, S. 9

77 Kolonisieren leitet sich in der Begriffsbedeutung nämlich von lateinisch „colonia", eine Ableitung von lateinisch „colonus" her, was „Ansiedler, Bebauer" bedeutet. Kluge, 2002, S. 511.

78 Genth versteht darunter die Auflösung, Zerstörung und Neuformierung sowie ökonomische Verwertung vor allem von Natur. Genth in: Projektgruppe „Zivilisationspolitik", 2009, S. 37, siehe auch Genth, 2002, S. 14

des weltweiten Klimawandels in den Alpen, präventiv mit modernster Hydrauliktechnik. Die Gipfel beginnen zu bröckeln? Kein Problem! „*We are making a new top of the mountain.*"[79] – Wir, die Macher, erschaffen uns die Bergspitzen selbst, sollten diese zerfallen. Ein neuer, von Menschenhand geschaffener Gipfel, das wäre die totale Umsetzung der patriarchalen Naturersetzungsutopie von diesem Topos und an diesem Ort.

Die Beispiele des gegenwärtigen Naturumgangs an den vier Berg-Topoi zeigen durch den Wechsel der Perspektive[80] plötzlich ihr wahres, zerstörerisches Gesicht, machen betroffen und führen schmerzhaft vor Augen, wie sehr wir uns von einer lebensfreundlichen und die Natur achtenden Kultur entfernt haben. Diese Entfremdung ist Resultat des Prozesses der Patriarchalisierung, der durch verschiedene Methoden umgesetzt werden konnte: der Verleumdung der Natur als Grundlage allen Lebens, ihrer Objektivierung, Eroberung und Besetzung, ihrer Verformung und Zerstörung, ihrer maschinentechnischen Erschließung und schließlich ihrer Überwindung und versuchten Ersetzung durch Neuschöpfungen. Die Auswirkungen der Entfremdung von der Natur und der ursprünglichen Kultur bis in die Gegenwart und die aktuellen Szenarien eines darin enthaltenen, die Natur versachlichenden, zerstörerischen und entfremdeten Naturumganges sind es, die eigentlich befremden (müssten). Die Zukunft des Lebens in den Bergen scheint ausweglos, alternativlos und einspurig zu sein.

---

79 So lautete die entlarvende Aussage eines Professors für Bauingeneurwesen als Antwort auf das Problem des Permafrostes. Durch dessen Auftauen – eine Folge des Klimawandels – können Berggipfel destabilisiert werden und Teile in Bewegung geraten bzw. sogar abbrechen, was etwa eine Gefahr für die Stabilität von Seilbahnstationen auf den Gipfeln darstellen kann. Der halbe Gipfel des Gaislachkogels bei Sölden drohte im Zuge des Baus der neuen Bergstation, welche die weggesprengte andere Hälfte ersetzt, zu zerbröckeln und musste durch Netze und Betonierungen stabilisiert werden. Vgl. dazu das übernächste Kapitel „Topos Gipfel"

80 Siehe von Werlhof in: Sitter-Liver, 2007, S. 424 und 425

Außen

Topos Gletscher

Schwindende Ressource für die Schnee-Schöpfung aus Zerstörung

1. Szenario / Verortung I: „Es werde Schnee."

Tirol
Ötztaler Alpen
Pitztaler Gletscher
ca. 2840 m über dem Meer

Die ultimative Maschine ist auf dem Gletscher angekommen. Endlich kann mit der Umsetzung der patriarchalen Utopie begonnen werden, die darauf abzielt, die Natur letztlich zu überwinden. Die Maschine stellt einen Versuch dar, diesem utopischen Ziel näher zu kommen, und stellt einen Naturersatz her, konkret in Form von Kunstschnee. Es handelt sich um eine beispiellose, neuartige Schneeherstellungsmaschine, die selbst bei hohen Temperaturen noch Schnee erzeugen kann, beinahe unabhängig von den natürlichen Bedingungen. Da die Natur den natürlichen Schnee angeblich nicht (mehr) ausreichend produziert, ist es nun das maschinentechnische Produkt, das zum neuen, scheinbar unbegrenzt verfügbaren weißen Gold für die Tourismusindustrie wird. Die Maschine und ihr Produkt würden die Zukunft des Tourismus in der Region sichern, langfristig gesehen sogar das Überleben der Menschen im Tal, trotz oder gerade wegen der gegenwärtigen Krise, die bei näherer Betrachtung als eine der *„allgemeinsten Lebensgrundlagen"*[81] zu erkennen ist, verursacht durch die permanente Zerstörung der Natur als Grundlage allen Lebens.

„Schneeherstellung unabhängig von Temperatur, Luftfeuchtigkeit und Wind"[82], mit diesem Werbeslogan wird die *„technische Weltneuheit"*[83] beworben. Die Maschine und ihr maschinell Hergestelltes befreien angeblich von der nicht mehr zeitgemäßen Last[84] und der Begrenztheit des Natürlichen und sind Ausdruck

81 Behmann in: Projektgruppe „Zivilisationspolitik", 2009, S. 108
82 www.pitztaler-gletscher.at/service/news/index.htm?id=986 (30.09.09)
83 Ebda.
84 Vgl. Anders, 1968

des Versuchs, sich von der Natur unabhängig zu machen und dadurch die Krisensituation zu überwinden. Die Maschine ist die moderne Schnee- und Geld-erschaffende „Erlöserin".

> *„SCHNEE. Ob zum Guten oder Schlechten, war bis jetzt auch dasjenige Element, das Skigebietsbetreiber und -besitzer nicht wirklich kontrollieren konnten. Der IDE All Weather Snowmaker verändert dieses Konzept und bringt das unter Kontrolle, was vorher nicht kontrolliert werden konnte."*[85]

Die Maschine setzt sich über die natürlich existierenden Rahmenbedingungen hinweg. Sie kann daher als ein Beispiel für die *„materielle Realisierung patriarchaler Vorstellungen von Natur*überwindung"[86] erkannt werden, denn der Kunstschnee, den diese Maschine herstellt, entsteht unabhängig von Wetter und Jahreszeiten, unabhängig von den Naturzyklen sowie unabhängig vom Ort. Die versuchte Natur-Ersetzung in Form der Kunstschnee-Herstellung geschieht demnach konkret verortet, am Topos Gletscher, abstrahiert aber gleichzeitig von eben diesem Ort und seinen natürlichen Gegebenheiten, indem sie den Topos zerstört. Die Abstraktion vom konkreten Ort, dem Topos Gletscher, der von Natur aus ein Ort für Schnee ist, kann als buchstäblich *u-topisch*[87] bezeichnet werden. Nun scheint der Schnee überall machbar zu sein, auch an klimatisch und geografisch gesehen nicht typischen und nicht natürlichen Schneeorten.[88]

2. Der Gletscherschwund als ein Phänomen der globalen Klimakrise

Die Schneeherstellungsmaschine ist angebliche „Heilsbringerin" in einer Notsituation, die sich in den Alpen gegenwärtig beobachten lässt, unter anderem in dem Phänomen des Gletscherrückganges. Die Gletscher schwinden, das heißt sie gehen zurück und verlieren immer mehr an Masse. Der Gletscherschwund ist eine Manifestation der globalen Klimakrise[89] und betrifft nicht nur einzelne

85 Übersetzung U. Sch. von: „*SNOW. For better or worse, it is also the one element that, until now, resort operators and owners could not reliably control. IDE´s All Weather Snowmaker alters this concept and brings under your control what previously could not be controlled!*" So die Bewerbung auf der Homepage der Herstellerfirma dieser neuen Schneemaschine: www.ide-snowmaker.com (30.09.09)

86 Werlhof: Das Patriarchat …, in: Projektgruppe „Zivilisationspolitik", 2009, S. 76

87 „Utopisch" im Sinne der Herkunft von griechisch „u-topos" für „Nicht-Ort".

88 Der Snowmaker wurde etwa in Israel, bei 30 Grad Celsius getestet, siehe www.ide-snowmaker.com (30.09.09)

89 Siehe Behmann in: Projektgruppe „Zivilisationspolitik", 2009, S. 108

Bergregionen und deren Bewohner, er zieht weit reichende Konsequenzen mit sich und kann als eine Art alpines *„Frühwarnsystem“*[90] vor der ökologischen Krise, die sich zusehends verschärft, bezeichnet werden. Aufgrund der natürlichen Gegebenheiten treten die Auswirkungen dieser Krise in den Alpen beschleunigt und verstärkt auf.[91] Was zuerst in den höchsten Bergregionen zerstört wird, zieht eine Kette von Reaktionen bis in das Flachland mit sich.[92] Die Abhängigkeiten von dem in Eis und Schnee gebundenen Wasser in den Bergen sind weit reichend und haben Konsequenzen für das Überleben fast aller Lebewesen.[93] Darin zeigt sich: „oben“ und „unten“, Höhe und Ebene, Gletscher und Tal können nicht getrennt voneinander betrachtet werden, sie sind miteinander verbunden.[94]

> *„Fast die Hälfte der gesamten Weltbevölkerung ist in unterschiedlicher Weise von der Bergökologie und der Schädigung der Wassereinzugsgebiete betroffen. Etwa 10 Prozent der Menschen dieser Erde leben in den steilen Hochlagen von Berggebieten, während etwa 40 Prozent in den Mittel- oder Tieflagen der angrenzenden Wassereinzugsgebiete wohnen.“*[95]

Die Ursache dieser Krise ist in der Störung des ökologischen Gleichgewichtes zu finden. Aus der patriarchatskritischen Perspektive betrachtet bedeutet dies, dass das Naturverhältnis als das grundlegende Verhältnis einer Zivilisation gestört ist sowie in Folge das Zusammenleben, gestaltet in den übrigen zivilisatorischen Verhältnissen. Anstatt Nähe und Annäherung, die bewusste Verbindung und Kooperation mit der Natur bestimmen Entfremdung, Trennung und Konkurrenz zu ihr das gegenwärtige zivilisatorische Leben. Auch in den Alpen ist der Wandel von einer naturverbundenen Lebensweise hin zu einer von der Natur entfremdeten Zivilisation, die sich zusehends von ihren Grundlagen entfernt, erkennbar. Auf den Topos Gletscher angewendet könnte man sogar in einer neuen Wortbildung von einer *„Ent-Fernerung“* sprechen, als eine Verbindung der Begriffe „Entfernen“ oder „Entfernung“ – für ein distanziertes, entfremdetes Naturverhältnis – und die versuchte Abschaffung/Entfernung der „Ferner“[96]. „Ferner“ ist ein anderer Begriff für Gletscher, wie er beispielsweise auch im

---

90 Formayer/Clementschitsch/Hofstätter/Kromp-Kolb, 2008, S. 12

91 Vgl. Bätzing, 2009, S. 337

92 Vgl. Formayer/Clementschitsch/Hofstätter/Kromp-Kolb, 2008, S. 12

93 Zur Bedeutung der Alpen als „Wasserschloss“ Europas vgl. Bätzing, 2005, S. 190ff.

94 Auer spricht von Polarität, vgl. Auer, 2007, S. 35

95 Aus der Studie „Bewirtschaftung empfindlicher Ökosysteme: Nachhaltige Bewirtschaftung von Berggebieten“, www.agrar.de/agenda/agd21k13.htm (06.09.10)

96 Ferner steht in Zusammenhang mit Firn, was „vorjähriger Schnee, Altschnee“ bedeutet – siehe Kluge, 2002, S. 295

Ötztal verwendet wird. Die *„Ent-Fernerung"*, konkret der Gletscherschwund, ist ein sichtbares, wahrnehmbares Phänomen dieser Krise des modernen westlichen Patriarchats, einer Zivilisation, die durch den Prozess der Naturentfremdung, -zerstörung und versuchten -ersetzung gerade dabei ist, ihre natürlichen Grundlagen auszulöschen, zu entfernen.[97] Dieser Zivilisation und dem damit zusammenhängenden maschinentechnologischen Fortschritt[98] sowie der kapitalistischen (Tourismus-)Wirtschaft schmelzen im wahrsten Sinne des Wortes die Ressourcen[99] ihres Plünderungssystems dahin. Ganz konkret, vor Ort; ist es der Gletscher.

Die möglichen Auswirkungen des Gletscherschwundes auf das Leben in den Alpen, insbesondere auf die Bereiche Landwirtschaft, Wasserversorgung, Energieversorgung und Tourismus sind nicht absehbar und können lediglich in denkbaren Szenarien angedeutet werden[100]:

> *„Die rapide Gletscherschmelze der letzten Jahrzehnte ist in Tirol eine hinlänglich bekannte und beobachtete Auswirkung des Klimawandels. Bei einer Erhöhung der Durchschnittstemperatur von 5° C werden alle Gletscher Österreichs weggeschmolzen sein, europaweit ca. 90 Prozent der Gletscher. Das könnte bis zum Ende dieses Jahrhunderts eintreten."*[101]

Auch wenn Tirol mit seinen rund 637 Gletschern noch zu den gletscherreichsten Gebieten dieser Erde gezählt werden kann[102] und sich in den Ötztaler Alpen die größte vergletscherte Fläche der Ostalpen befindet, zeigen sich in den Alpen die Auswirkungen der globalen ökologisch-zivilisatorischen Krise besonders deutlich. Die Gletscher gehen massiv zurück, verlieren beständig und unaufhaltbar an Masse und Substanz.

---

97 Lokal sind dies die Gletscher, die dahin schmelzen, global sind es die Zerstörung ganzer Landstriche und Meeresgebiete, etwa durch radioaktive Verseuchung, und sogar des Planeten Erde selber, siehe www.pbme-online.org (22.04.11).

98 Vgl. Genth, 2002

99 Ressource bedeutet übersetzt „Bestand an Naturprodukten, Geldmitteln", eine Bezeichnung, die sich im 18. Jahrhundert aus „resourdre" für „sich erheben, erholen" entwickelte, siehe Kluge, 2002, S. 760. Die ursprüngliche Bedeutung der Ressource als Natur, in der Erholung möglich ist, wird später profitorientiert gedacht und einer In-Wert-Setzung unterworfen, als Ware und Geld-Einnahmequelle.

100 Formayer/Clementschitsch/Hofstätter/Kromp-Kolb, 2008

101 Global2000: „Tirol im Klimawandel", Presseinformation zur Studie Formayer/Clementschitsch/Hofstätter/Kromp-Kolb, 2008. Andere Studien sprechen von einem möglichen Verschwinden von drei Viertel der alpinen Gletscher www.sonnenseite.com/Aktuelle+News,Alpen+verlieren+immer+schneller+ihre+Gletscher,6,a18062.html (31.01.11)

102 Stadler in: Holzner/Walde, 2005, S. 236

„Gletscher sind sensitive Indikatoren des Klimawandels. Ihre Spuren wie Seitenmoränen und Schotterterrassen sind nicht nur Zeugen vergangener, drastischer Klimaänderungen zwischen Eiszeit und Warmzeit, sondern sie geben durch ihr rasches Zurückschmelzen auch Auskunft über den sich aktuell vollziehenden Klimawandel seit der Mitte des 19. Jahrhunderts.“[103]

Ein Blick zurück zeigt, dass es im Laufe der Geschichte nicht nur einen höheren, sondern bereits einen geringeren Gletscherstand in den Alpen gegeben hat als heute. Vor ca. 5300 Jahren etwa, zu Zeiten des sogenannten „Ötzi“, der 1991 entdeckten „Gletscherleiche“ am Tisenjoch, waren die mit „ewigem“ Eis[104] und Schnee bedeckten Flächen in den Ötztaler Alpen deutlich kleiner. Dabei handelte es sich um Erscheinungen eines zyklisch-natürlichen Klimaverlaufes von Wärmephasen und Kälteperioden, Gletscherrückzügen und -vorstößen. Die aktuelle Krise hingegen ist alles andere als natürlich und zyklisch zu bezeichnen, sie ist künstlich hervorgerufen, von Menschenhand gemacht.[105] Die Maschinisierung des Umgangs mit dem Gletscher bringt eine ungeheure Potenzierung der menschlichen Kraft[106] mit sich, die Megamaschine Massentourismus potenziert Naturtransformation und -zerstörung ins Unermessliche. Zwar haben Menschen von Beginn der Besiedelung der Alpen an die Natur transformiert und gestaltet, sie gepflegt und sich an ihr orientiert und somit Bedingungen geschaffen, um hier überhaupt dauerhaft leben zu können. Das Ausmaß an Transformation konnte jedoch erst durch das Phänomen der Maschinisierung derart zerstörerische und zukunftsgefährdende Dimensionen annehmen. Der Rückzug der Gletscher ist daher nicht als Ausdruck einer im Vergleich zur Maschinentechnik mangelhaften[107], knappen und geizigen Natur zu deuten, sondern eine Auswirkung des

103 Aus der Ankündigung des Vortrags „GLETSCHER ADE?“ von Dr. Ludwig Braun am 15.09.07 in Vent.

104 Diese Bezeichnung, die lange Zeit auch für die Gletscher in den Ötztaler Alpen Gültigkeit zu haben schien, bezieht sich auf eine historische Landkarte von Walmund Ylg aus dem Jahre 1605, archiviert im Landesmuseum Ferdinandeum, in der beim Eintrag „Ötztaler Alpen“ der Zusatz „Glacies continua et perpetua“ (das ununterbrochene und ewige Eis) geschrieben steht.

105 Vgl. Projektgruppe „Zivilisationspolitik“, 2009, S. 11 und S. 79 sowie die Informationen über mögliche Zusammenhänge zwischen Wetterphänomenen, Klimawandel und Militärtechnologien auf www.pbme-online.org (31.03.11). Den menschlichen Einfluss als Grund für die Klimaerwärmung nennen auch Formayer/Clementschitsch/Hofstätter/Kromp-Kolb, 2008, S. 42f.

106 Mumford, 1977, S. 221

107 In der durch die Maschinisierung veränderten Wahrnehmung von Natur gilt diese als mangelhaft und ungenügend. Vgl. Werlhof, 1991, S. 174.

menschlichen Eingreifens in die natürlichen Werdegänge, bis hin zur versuchten Ersetzung der Natur durch eine maschinell produzierte „Zweite *Natur*"[108], den Kunstschnee. Der über Jahrhunderte vollzogene Wandel von einem ehemals organischen Weltbild, das die Natur als lebendiges Wesen respektierte, zur naturentfremdeten Wahrnehmung von Natur als Objekt ging mit dem technischen Fortschritt, der Industrialisierung, Mechanisierung und Kapitalisierung von Natur[109] von statten. Er hat in den Alpen zu dem geführt, was wir heute vorfinden: dem Umgang mit dem Gletscher als auszubeutende Ressource, transformierbaren Rohstoff und als profitbringende Ware, die allerdings zusehends entschwindet. Die angebliche Knappheit, resultierend aus jener Wahrnehmung von einer mangelhaften Natur, die durch das Vorherrschen eines mechanistischen Weltbildes geprägt wurde, ist in Wirklichkeit eine Folge des menschlichen Einflusses durch Ausbeutung und Zerstörung, wird der Natur jedoch weiterhin als eine Charaktereigenschaft zugeschrieben. Dies dient der Legitimation und Argumentation fortschreitender und fortschrittlich-technischer Methoden der Naturbeherrschung bis zu ihrer versuchten Ersetzung. Das maschinentechnisch beeinflusste, kapitalistisch-patriarchale Denken leugnet die menschliche Abhängigkeit von der Natur im Allgemeinen und etwa den Gletschern im Besonderen und propagiert stattdessen – die menschliche Vernunft im Kunst-Schneegestöber verwirrend – die Utopie einer Maschinen-Zukunft frei von allen natürlichen Grundlagen.

3. Zum alchemistisch-patriarchalen Umgang mit dem Gletscher: Die Natur kontrollieren, transformieren und ersetzen, „damit der Winter pünktlich beginnt"[110]

Wie konnte es zur gegenwärtigen Krise und ihren Auswirkungen kommen? Um diese umfassende Frage zu beantworten, ist es notwendig, sich dem gegenwärtigen Umgang mit der Natur zu widmen. Es gilt zu erkennen, um welche Art des Naturverhältnisses es sich hierbei handelt, ob dieses auf Verbundenheit oder Entfremdung beruht, beziehungsweise, wie und warum dieses Verhältnis sich im Laufe der Jahrhunderte veränderte.[111]

---

108 Vgl. Genth, 2002 und Werlhof, 2010a, S. 108f.

109 Vgl. Merchant, 1994, S. 17 und S. 34

110 *„Unser Ziel ist es, die Natur dahin gehend zu beeinflussen, dass wir einen pünktlichen Beginn des Skibetriebs garantieren können."* Bergbahnen Sölden, 2008, S. 9

111 Zur Methode, Geschichte anhand des ökologischen Wandels zu betrachten, siehe Merchant, 1994, S. 80

Das Naturverhältnis im vorhin beschriebenen, gegenwärtigen Umgang mit dem dahinschwindenden Gletscher ist geprägt von der versuchten Entfremdung, Loslösung, Veränderung und Zerstörung[112] von Natur. Dazu gehören auch die natürlichen Erscheinungen am Gletscher, etwa in Form von Wetterphänomenen, Schneefall, jahreszeitlichen Temperaturveränderungen und Erosion. Die Loslösung und Entfremdung von den natürlichen Gegebenheiten ist als patriarchale Haltung zu bezeichnen. Die Mutter (mater) Natur mit all ihren Phänomenen und Ausformungen, im konkreten Fall in Form von Eis, Wasser und Schnee, wird nicht mehr als Anfang (arché) allen Lebens respektiert.[113] An ihre Stelle soll ein anderer, männlich-väterlicher (pater) oder in diesem Fall von Männern geschaffener Ursprung (arché) treten: die Schnee-Maschine. Am konkreten Topos Pitztaler Gletscher ist es der snowmaker, also der Schnee-Macher, der angeblich besser, effizienter, kontrollierbar und „auf Knopfdruck", dem Kommando der Ingenieure folgend, den Schnee erzeugt. Aus einem matriarchalen, die Natur als mütterlich-gebende wahrnehmenden „*Sie* lässt es schneien" – noch zu erkennen etwa in dem Bild von Frau Holle, die ihre Betten ausschüttelt – wird ein objektiviertes „*Es* schneit" und schließlich ein utopisch-patriarchales „*Er* (der Schnee-Erzeuger) beschneit".

Eine der Lebensquellen im Alpenraum ist der Gletscher. Hier wird das Wasser in Form von Schnee und Eis gespeichert und in den heißen Sommermonaten wieder abgegeben, als Schmelzwasser, das in Quellen, Bächlein und Bächen zu Tal rinnt und dort, unter anderem, die für die Agrikultur so wichtigen Wiesen, Felder und Äcker speist.[114] Die Wahrnehmung dieses Lebenszusammenhangs lässt den Gletscher als erste, natürlich gegebene und gebende Natur erkennen, die als schöpferische Natur – als natura naturans – das Leben hervorbringt beziehungsweise dieses ermöglicht.[115] Nun soll diese Natur durch eine künstlich hergestellte, „bessere", „zweite Natur" ersetzt werden, am Gletscher durch den

112 Dies entspricht den patriarchal-alchemistischen Methoden der Abstraktion, Extraktion, Transformation und Mortifikation, mit dem Ziel der Neu-Schöpfung aus Zerstörung. Vgl. Werlhof Projektgruppe „Zivilisationspolitik", 2009, S. 75f.

113 In matriarchalen Mythen zum Beispiel ist es die mütterlich-gebende Frau Holle, die den Schnee schenkt. Zum Ursprung des Märchens von Frau Holle in den alten Göttinnen-Mythen siehe Göttner-Abendroth, 2005

114 Die Landwirtschaft vor allem in den inneralpinen Tälern, wie dem Ötztal, braucht das Gletscherwasser. Siehe Würtl, 2002, S. 61

115 Diese Wahrnehmung drückt sich auch in Sagen und Erzählungen von der Anderswelt im Gletscher aus, dem Ort des Übergangs zwischen Tod und Wiedergeburt. Mehr dazu im Teil II dieser Arbeit, Kapitel Topos Gletscher.

Kunstschnee, der seit der Erfindung der Schnee-Maschine unabhängig von natürlichen „Einschränkungen", wie den Jahreszeiten, und Erscheinungen, wie dem Wetter, hergestellt werden kann. Hier zeigt sich jene Logik der patriarchalen Utopie deutlich, die Werlhof wie folgt beschreibt:

> *„Schliesslich gehört zur mutterlosen Welt auch die Schaffung einer generell naturunabhängigen, naturlosen oder postnatürlichen Welt. Denn die Natur wirkt selbst mütterlich, indem sie stets eigenmächtig neues Leben hervorbringt. Der Charakter als selbstschöpferische, ‚erste', «wilde», gebärende und geborene Natur – natura naturans/natura naturata – soll nun der gesellschaftlich beherrschten, durchkontrollierten, durchtechnisierten, quantitativ und qualitativ beliebig ausdehnbaren «Produktion» einer «zweiten», gesellschaftlich gemachten, künstlichen und völlig neu konzipierten Natur weichen. Deren Merkmal ist, dass sie an keine Schranken oder Widerstände, wie Zyklen oder Endlichkeiten, mehr stossen soll."*[116]

Schnee und Gletscher werden zwar auch in der kapitalistisch-patriarchalen Sichtweise noch als für die Zukunft notwendige Faktoren angesehen, das zeigt sich etwa darin, dass Schnee als das „weiße Gold" oder als *„dieser weiße Geldbringer"*[117] bezeichnet wird. Es ist jedoch eine völlig verdrehte Wahrnehmung, die nicht das Leben und die Verbundenheit, sondern den Faktor Geld und somit die Ausbeutung der Natur als Ware in den Mittelpunkt stellt. Gletscher, Eis und Schnee werden von der natürlichen Lebensquelle zur auszubeutenden Ressource und profitbringenden Ware für den Skitourismus, einem Wirtschaftssektor innerhalb des das Leben und die Natur zerstörenden, kapitalistischen Patriarchats.

Wie konnte es zu dieser verdrehten Wahrnehmung des Gletschers vom Wasser und damit Lebens spendenden Ort zur auszubeutenden Ressource und schließlich ersetzbaren Materie kommen? Ausgang nimmt diese Entwicklung bereits im 16. Jahrhundert mit der Veränderung in der Wahrnehmung der Natur von einem lebendigen Organismus hin zum leblosen Objekt.[118] Zu Beginn dieses Wandels[119] steht die Behauptung Natur sei böse und menschenfeindlich[120]. Am Topos Gletscher zeigt sich diese neue Wahrnehmung von Natur etwa anhand eines

116 Werlhof in: Sitter-Liver, 2007, S. 443

117 Haid, 1990, S. 230

118 Vgl. den Übergang vom organischen zum mechanistischen Weltbild, analysiert in: Merchant, 1994, S. 13ff

119 Carolyn Merchant bezeichnet ihn als den Großen Wandel von einem organischen zu einem mechanischen Weltbild, der zwischen 1500 und 1700 in Europa vollzogen wurde. Merchant, 1994, S. 277

120 Vgl. auch Böhme, 1988, S. 78

konkreten Beispiels in den Westalpen: Der Glacier de Trient wird dort in einer Schrift aus dem 18./19. Jahrhundert als *„unersättlicher, landschaftsfressender Moloch“*[121] beschimpft, eine Art Ungeheuer, das nicht aufzuhalten ist und droht, den Bewohnern im Tal ihre mühsam bebauten, landwirtschaftlich genutzten Flächen wegzunehmen. Auch Dante argumentiert in seiner Göttlichen Komödie in eine ähnliche Richtung, wenn er schreibt: *„Eis ist böse, ein lebensfeindliches Prinzip“*[122]. Zwei Beispiele einer beginnenden Veränderung der Naturwahrnehmung, die unter dem Begriff der *Dämonisierung* zusammengefasst werden können. Im Gegensatz dazu steht die vorpatriarchale, naturfreundliche und egalitäre Naturwahrnehmung.[123] Aber auch aktuelle naturwissenschaftliche Forschungen über das vielfältige Leben im Gletscher, Schnee und Eis[124] widersprechen der angeblichen „Lebensfeindlichkeit“. Die matriarchale Wahrnehmung erkennt den Gletscher als Organismus, der ebenso wie alles übrige Leben einem Kreislauf und Zyklen unterworfen ist. Der Topos Gletscher ist zwar kein direkter, dauerhafter Lebensort für die Menschen, als zum Berg gehörig ist er aber untrennbar mit den anderen Bergorten verbunden. In Jahrtausenden formte er die Täler[125], er speichert das Wasser in Form von Schnee, Eis und Firn.[126] Durch die Abgabe des Schmelzwassers verbindet sich der Topos Gletscher mit den anderen Topoi, dem Berginneren und dem Tal. Oben und unten gehören zusammen, Eingriffe und Transformationen an einem Ort haben Auswirkungen auf den gesamten Kreislauf im sensiblen Ökosystem der Berge[127], da alle Naturerscheinungen miteinander verbunden sind.[128]

Das patriarchale Naturverhältnis richtet sich gegen die matriarchale Erinnerung an ein gutes Leben mit der Natur, versucht diese in Resten noch vorhandene Wahrnehmung zu negieren und zu transformieren: Natur sei in ihrem natürlichen Zustand ungenügend und mangelhaft[129], ein gutes Leben in der

121 Haid, 2004, S. 41

122 Darauf weist Robert Stalla hin in: Stalla, 2001, S. 16

123 Vgl. Teil II, Kapitel Topos Gletscher

124 Vgl. Sattler Brigit: Life and Ice, in: Koryphäe, 2002, S. 16

125 und darüber hinaus den gesamten Naturraum, siehe Würtl, 2002, S. 46

126 Firn bedeutet „alter Schnee“, davon kommt der Name „Ferner“ für Gletscher.

127 *„Berge sind enorm anfällig für Störungen des ökologischen Gleichgewichts durch anthropogene Eingriffe und natürliche Ursachen.“* www.agrar.de/agenda/agd21k13.htm (06.09.10)

128 Vgl. Behmann in: Projektgruppe „Zivilisationspolitik“, 2009, S. 138 und S. 146 sowie das Konzept der „Verbundenheit alles Seienden“, S. 147.

129 Hegel spricht vom ästhetischen Mangel des Naturschönen und seiner Vollendung in der Kunst. Siehe Seel, 1991, S. 52

kargen und „geizigen“ Bergnatur hätte es nie gegeben.[130] Nach Genth kann der Vorgang der Subjektivierung der Natur, was sich in der Zuschreibung der Begriffe „bedrohlich“, „gefährlich“, „feindlich“ und „Ungeheuer“ ausdrückt, als eine krankhafte Transformation, sie spricht von *„Pathologisierung“*[131], der ursprünglich lebensfreundlichen, sich der Natur anverwandelnden Mimesis erkannt werden. Die ursprüngliche, matriarchale Mimesis orientiert sich am *„Grundbild der menschlichen Mimesis“*[132], dem Mutter-Kind-Verhältnis. Der pathologischen, da verdrehten Vorstellung nach, ist Natur zwar noch ein Subjekt, wird jedoch mit nicht-matriarchalen[133] Eigenschaften, wie „feindlich“, „ungeheuerlich“ und „(lebens)gefährlich“, versehen.

Die religiöse Dämonisierung hat zum Ziel, *„die Natur ihrer Heiligkeit zu berauben, um dadurch erst die Grundvoraussetzung ihrer ‚legitimen‘ Ausbeutung zu gewährleisten“*[134]. Sie ist, so wie die wissenschaftliche Objektivierung der Natur, Methode auf dem Weg zur versuchten Verwirklichung der patriarchalen Natur-Ersetzungsutopie. Die Objektivierung der ehemals mütterlichen, lebendigen Natur im Zuge der Herausbildung eines mechanistischen Weltbildes und der modernen Naturwissenschaften beginnt in Europa mit der Neuzeit im 16. Jahrhundert[135]. Sie fußt auf der Behauptung, Natur sei leblos, passiv, ein Objekt[136], während sich gleichzeitig der Mensch anthropozentrisch in den Mittelpunkt allen Geschehens und über die Natur stellt[137]: *„‚Natur‘ wurde mit dem Sieg des ‚Ich‘ über sie ihrer Eigenständigkeit, selbst Leben hervorzubringen (Subjektcharakter), beraubt.“*[138]

Parallel dazu ändert sich das Naturverhältnis hin zu einem kontrollier- und manipulierbaren[139], transformierenden Umgang. Die modernen Naturwissenschaften entwickeln sich mit dem Vorhaben, der Natur ihre Geheimnisse

---

130 Dieser Argumentation begegnete die Autorin häufig zusammen mit dem Vorwurf der Romantisierung der „guten, alten Zeit“.

131 Genth, 2002, S. 39 und 41

132 Ebda.

133 Unter „matriarchal“ ist der Ausgangspunkt von einem natürlichen, ungestörten und nicht patriarchal beeinflussten Mutter-Kind-Verhältnis gemeint, das sich an der Sorge um den Erhalt und Fortbestand des Lebens orientiert.

134 Behmann in: Projektgruppe „Zivilisationspolitik“, 2009, S. 165

135 Siehe Merchant, 1994, S. 113

136 Das entspricht dem mechanistischen Denken von Natur, vgl. Merchant, 1994, S. 116

137 Oder wie es Peskoller in der Analyse des Bergsteigens ausdrückt: *„Subjekt siegt historisch über die Natur“*, siehe Peskoller, 1997, S. 12.

138 Ernst in: Werlhof, 1996, S. 86

139 Merchant, 1994, S. 190 und 231

zu entreißen[140] und sie gefügig zu machen für die naturwissenschaftliche Erforschung, die der Beherrschung, Bearbeitung und Ausbeutung sowie später der Verwertung als Ware im kapitalistischen Wirtschaftssystem den Weg ebnen soll. Dieses Vorhaben gelangt ab der Neuzeit zu seiner Materialisierung[141] und mit der Verbreitung der Maschinentechnik ab dem 18. Jahrhundert zur in Potenz, Gewalttätigkeit und Geschwindigkeit gesteigerten Umsetzung. Die Tatsache, dass die modernen Naturwissenschaften bereits in ihren Anfängen zu Beginn der Neuzeit die Utopie einer Ersetzung von Natur anstrebten und dies durchaus als das zu erreichende Endziel galt, beweist ihren patriarchalen Charakter. Einer ihrer Gründungsväter, Francis Bacon, schreibt in seiner Utopie von einer neuen Welt – „Nova Atlantis" – schon im 16. Jahrhundert die Vorstellung einer künstlichen Beeinflussung des Wetters, unter anderem des Schnees, nieder.[142]

Die Methoden der Dämonisierung und Objektivierung im allgemeinen Umgang mit der Natur lassen sich historisch betrachtet auch im Umgang mit dem Topos Gletscher erkennen: Die Dämonisierung des Gletschers zeigt sich vor Ort anhand der Reaktionen auf sogenannte „Naturkatastrophen"[143], wie es sie im Ötztal etwa in Form von Ausbrüchen der Gletschereis-Seen im 17., 18. und 19. Jahrhundert gegeben hat. Vorgänge in der Natur, die dem natürlich-zyklischen Werden/Ausbreiten und Vergehen/Zurückziehen entsprechen, wurden zur Bedrohung mit katastrophalen Auswirkungen, da sie menschliche Kultur gefährdeten und zerstörten. Durch Vorstöße des Vernagtferners im Ventertal sowie des Gurgler Ferners stauten sich die Gletscherabflüsse zu Seen auf, bis diese schließlich ausbrachen und in Form eines enormen Wasserschwalls Spuren der Verwüstung durch das gesamte Tal zogen. Der Versuch der Bändigung und Besänftigung der wilden, „dämonischen", menschenfeindlichen Gletscher durch Prozessionen, heilige Messen und Wallfahrten kann als eine kulturelle Reaktion auf dieses Naturereignis bezeichnet werden. Diese christlichen Methoden der Naturbekämpfung missbrauchten wahrscheinlich ehemals heilige, aus der Verbundenheit entstandene Rituale in der Natur, die etwa Dankbarkeit und

140 Siehe die Utopien von Francis Bacon, dem „Vater der modernen Naturwissenschaften" in Merchant, 1994, S. 177ff.

141 Behmann in: Projektgruppe „Zivilisationspolitik", 2009, S. 138

142 Siehe Merchant, 1994, S. 188

143 Die Diskussion darüber zu führen, inwieweit Naturkatastrophen natürlich sind oder von Menschen gemacht oder beeinflusst, also demnach „Kulturkatastrophen" sind, würde an dieser Stelle zu weit führen.

die Verehrung der heiligen Lebensquellen auszudrücken versuchten.[144] Als signifikantes Beispiel dazu ist die Prozession zum und Messe am „Steinernen Tisch" in der Nähe des Gurgler Ferners zu erwähnen – womöglich ein vormals verehrter Ort des Lebens[145], der nun in einem christlich-transformierten Ritual[146] aufgesucht wurde, als Ort des Unheils, den es christlich zu „ent-dämonisieren" galt. In Zeiten der Inquisition wurden Sündenböcke als Schuldige für den Gletschervorstoß festgemacht. So ist belegt, dass einem *„gottlosen Bub"*, mit Namen Thomann Jöchl, der *„Wettermacher-und Hexenprozess"* gemacht wurde, bis man ihn schließlich 1679 in Meran hinrichtete, weil er *„durch zauberei und des teifels hilf den fernen den ausbruch und in lengenfelder thal ein wetter gemacht."*[147]

Auf Dämonisierung und „Ent-Dämonisierung" des Topos Gletscher folgt die naturwissenschaftliche „Entdeckung" und Erforschung als Untersuchungsobjekt. Noch vor den ersten Alpinisten sind es Naturwissenschaftler, die von den Städten in die Berge kommen, um die Gletscher zu erkunden. Ihre Vorarbeiten und Berichte erwecken das Interesse der städtischen Eliten an den Bergen und Gletschern[148] und steigern die „Attraktivität" der Alpen, die bis dahin und seit der erfolgten Dämonisierung als wild, unbekannt und gefährlich wahrgenommen wurden. Die Berge werden in einem hierarchisch-elitären[149] Zugang neu „entdeckt". Die Ferner im Ötztal sind dabei eine der ersten Gletscher der Ostalpen, die in das Blickfeld der Forschung rücken. 1847 führen die Brüder Schlagintweit am Marzellferner bei Vent die erste ostalpine Gletschermessung durch, 1856 wird der Gurglerferner vermessen.[150] Die aus einem gebildeten Münchner Elternhaus stammenden Brüder besteigen im Zuge ihrer Gletscherforschung im Ötztal auch einige der höchsten umliegenden Gipfel, wie den Similaun und die

144 In den Alpen ist einer dieser Reste der ehemals naturfreundlichen Wahrnehmung des Gletschers in jenen Überlieferungen zu sehen, die das Gletschereis als Heilmittel verwenden und einen Aufenthalt beim Gletscher als heilend empfehlen. Vgl. dazu den Bericht von Johann Nepomuk Ritter von Alpenburg in: Haid, 2002, S. 18ff.

145 Haid, 2004, S. 33 und S. 36f. Derungs sieht den matriarchalen Steinkult als unmittelbar mit der Verehrung von heiligen Bergen verbunden, siehe Derungs, 2006, S. 100.

146 Sibylle Auer erkennt die Christianisierung von Kultplätzen in Tirol ab 850 n. Chr. als eine Phase des Patriarchalisierungsprozesses in den Alpen. Vgl. Auer, 2009, S. 369ff.

147 Alle Zitate aus: Haid, 2004, S. 70.

148 Zum Zusammenhang von naturwissenschaftlicher und alpinistischer Eroberung der Berge siehe Stalla, 2001, S. 32

149 Das Bergsteigen war zu Beginn in den Alpen nur einer Elite vorbehalten, die sich dieses „Freizeitvergnügen" finanziell und zeitlich leisten konnte. Vgl. Runggaldier in: Koryphäe, S. 28. Vgl. dazu heutige elitäre Tätigkeiten wie Skifahren, Golfen, Wellness.

150 Vgl. Santer, 2011, S. 1

Wildspitze. Sie sind personifizierte Beispiele einer alpinistischen Forscherelite, die zu dieser Zeit aufbricht, um die Alpen und darüber hinaus auch entlegenere Berggebiete zu „entdecken" und zu erforschen. Diese Forscher und ersten Alpinisten stammen aus einer akademischen Bildungsschicht und einem urbanen Umfeld[151], ihre Tätigkeiten in den abgelegenen Alpentälern und in der „wilden" Bergnatur werden als Pionierleistungen gesehen, die handelnden Personen als *Erst*besteiger und Entdecker heroisiert. Hier zeigen sich auffallende Ähnlichkeiten zu den zeitgleich in den fernen Ländern in Übersee auftretenden Kolonisatoren und Forschern.

Aus dem wissenschaftlich-objektivierenden Umgang entsteht eine abstrahierte Wahrnehmung von Natur, die sich an Messzahlen und Vermessungsstandorten orientiert, losgelöst von einem über Generationen gewachsenen und weitergegebenen Natur-Erfahrungswissen, das sich in der lokalen Kultur widerspiegelt.[152] Die in den Bergen wohnenden Menschen dieser Zeit lebten einen anderen Umgang mit dem Gletscher. Indem mit der Natur gearbeitet und diese als Kulturlandschaft gepflegt wurde, nahmen sie den Gletscher alles andere als Objekt wahr, sondern als Ort des Lebens und Überlebens, wo das lebenswichtige Wasser herstammt. Diese andere Wahrnehmung und dieses andere Naturverhältnis spiegeln sich etwa in matriarchalen Resten, wie Sagen und Überlieferungen, wider, aber beispielsweise auch in Kulturtechniken zur landwirtschaftlichen Bewässerung und Bebauung, die dem jahreszeitlichen Zyklus der Natur und hier insbesondere auch den Gletscherwasser führenden Bächen folgten.[153] Die naturwissenschaftliche Erforschung hingegen basiert auf einer Wahrnehmung von außen, von nicht ständig vor Ort lebenden Menschen. Die verortete und vor Ort gewachsene Kultur inklusive deren Naturverhältnis wird außer Acht gelassen, beziehungsweise die Naturerfahrungen der vor Ort lebenden Menschen als nichtwissenschaftlich ignoriert. Diese Wahrnehmung von außen deklariert

---

151 Der Zusammenhang von naturkundlichen Erforschungen der Alpen sowie Expeditionsreisen in die Kolonien ist in den Gebrüdern Schlagintweit personifiziert worden. Wenige Jahre nach ihrer ostalpinen Gletschervermessung brachen sie auf Ratschlag von Alexander von Humboldt und im Auftrag der „East Indian Company" nach Indien und in den Himalaja auf, um dort kartographische und glaziologische Erkenntnisse zu gewinnen. Zum Hinweis Ötztal vgl.: Santer, 2011, S. 1 sowie allgemein: www.schlagintweit.de/brueder.htm (24.05.12)

152 Zur naturwissenschaftlichen Vermessung von Grund und Boden im Alpenraum vgl. Schweighofer, 1996, S. 299.

153 Zu diesem anderen Umgang mit dem Gletscher siehe Teil II dieser Arbeit, Kapitel Topos Gletscher.

den Gletscher zum „rein"-weißen und unbekannten Forschungsobjekt[154], den es, von aller Projektion „bereinigt", als eine Art „tabula rasa"[155] pionierhaft zu erforschen und neu zu beschreiben gilt.[156] Der moderne Naturwissenschaftler kommt von außen und erobert, entdeckt, erkundet das von ihm getrennte Forschungsobjekt.[157] Er misst es, quantifiziert es durch Messungen und Untersuchungen, versucht der Natur ihre Geheimnisse zu entlocken, sie zu enträtseln, sie zu standardisieren und damit zu entsakralisieren und zu entzaubern. Durch seine Forschungstätigkeit schafft er die Voraussetzungen dafür, den Gletscher als die vorerst noch als wild und unberechenbar geltende Natur, durch naturwissenschaftliche Methoden zu beherrschen und zu kontrollieren[158]. Es sind Vorarbeiten, die in einem weiteren Schritt die Ausbeutung, maschinentechnische Transformation und Erschließung des Gletschers als totes Objekt vorwegnehmen, bis zu seiner Unterwerfung an die kapitalistische Verwertungsmaschinerie.[159] Letzteres, die Kapitalisierung des Gletschers, findet gegenwärtig statt und ist im Zusammenhang mit der Monetarisierung, also der „In-Geld-Wert-Setzung" von Natur zu sehen. Der eigentliche Wert, im Sinne der ursprünglichen Begriffsverwandtschaft von „Wert" und „Würde"[160], was einen respektvollen Umgang mit der Natur anleitet, wird dem Topos abgesprochen. Der Geldwert tritt an seine Stelle, ein abstrakter, nicht am Leben und am natürlich Gegebenen

---

154 *„In Gestalt des experimentierenden Naturwissenschaftlers zerlegt, klassifiziert und entmythologisiert er die Natur."* Benner, Hauke: Radikale Technikkritik, Artikel auf: www.gen-ethisches-netzwerk.de/gid/195/benner/radikale-technikkritik (30.09.10)

155 Lateinischer Ausspruch für „geschabte Wachstafel", der inzwischen in der Bedeutung „unbeschriebenes Blatt" oder „reinen Tisch machen" verwendet wird.

156 Vgl. dazu den patriarchal-alchemistischen Prozess der Mortifikation, der darauf abzielt, eine getötete und gereinigte materia prima zu erhalten, zerstörte Natur, aus der schließlich die alchemistische Neuschöpfung entstehen kann. Vgl. Werlhof in: Projektgruppe „Zivilisationspolitik", 2009, S. 75

157 Naturwissenschaftliches Wissen entsteht durch Trennung und Entfremdung von Natur. Vgl. Böhme, 1988, S. 154

158 Die Zähmung und Kontrolle der angeblich chaotischen und wilden Natur sowie der Frauen durch Technik und Experimente sind Methoden, welche in der Aufklärung entstanden. Vgl. Merchant, 1994, S. 148 und 164.

159 Dass die Vorarbeiten für eine technische Bearbeitung und kapitalistische Beherrschung und Ausbeutung in den aufkommenden modernen Naturwissenschaften bereits im 16. Jahrhundert geleistet wurden, beweist Merchant, 1994, S. 188f. Von einem Zusammenhang moderner Naturwissenschaften und Kapitalismus spricht auch Benner, siehe http://www.gen-ethisches-netzwerk.de/gid/195/benner/radikale-technikkritik (30.09.10)

160 Kluge, 2002, S. 985

orientierter, sondern auf Profitmaximierung und Ausbeutung der Natur ausgelegter Zusammenhang.

In den Ötztaler Alpen erfolgten die Kapitalisierung des Gletschers, und damit zusammenhängend seine Ausbeutung als Rohstoff, nach dem Zweiten Weltkrieg, mit der Erfindung der maschinentechnischen Möglichkeiten für die Erschließung und der Aufbringung der dafür notwendigen finanziellen Mittel. Die Ausbeutung und Kapitalisierung des Gletschers wird erst durch eine bestimmte Maschinentechnik und Infrastruktur ermöglicht, durch die das Gebiet erschlossen werden kann. Einfluss auf die skitouristische Erschließung des Gletschers hatten Entwicklungen in den städtischen europäischen Räumen der Ebene, wie Kapitalisierung, Industrialisierung und Urbanisierung. Durch die Vereinnahmung, Eroberung und Erschließung der alpinen Natur und der dazugehörigen Subsistenzkultur[161] versuchte die städtische Bevölkerung das wiederzuerlangen, was in ihrem fortgeschritten, industrialisierten, maschinisierten und kapitalisierten Umfeld bereits zerstört beziehungsweise unmöglich geworden war: Erholung in „unberührter" Natur.[162] Die Entwicklungen der Modernisierung und Urbanisierung[163] gelangen schließlich auch in die Berge und transformieren bzw. zerstören diese mitsamt der dazugehörigen, spezifischen Kultur. Der Zugang zum Topos Gletscher wird durch Lifte, U-Bahnen[164] und Zufahrtsstraßen erschlossen, ausgebaut und maschinisiert. Eine modern-städtische Infrastruktur entsteht, die neuerdings sogar Fließbänder und Rolltreppen auf die Berge bringt.[165]

Die Kapitalisierung des Gletschers fußt auf der Transformation von Natur, Schnee und Eis, natürlich entstandenen und ursprünglich kostenlos für alle zur Verfügung stehenden Gaben, in Waren, die wiederum in Geld verwandelt und durch das Geld bewertet werden. Ein Kubikmeter Kunstschnee kostet rund

161 Wie sehr die Tourismuswirtschaft auf der lokalen, nicht-monetären Subsistenzwirtschaft fußte und immer noch fußt, zeigt sich etwa an der konkreten Tatsache, dass der Motor für den ersten Sessellift in Sölden im Jahre 1948 u.a. mit Ötztaler Butter bezahlt wurde.

162 Vgl. Bätzing, 2009, S. 179

163 Werner Bätzing spricht von der Verstädterung der Alpen als eine Tendenz neben der Verödung der Alpen in anderen, nicht touristisch erschlossenen Gebieten. Bätzing, 2009, S. 181, siehe auch: Bätzing, 1988, S. 12

164 Auf den Pitztaler Gletscher führt eine unterirdische Bahn, der sogenannte Gletscher Express.

165 Etwa in Sölden am Giggijoch, dort bringen Rolltreppen die Skitouristen von der Piste direkt ins Bergrestaurant.

drei Euro[166], hier wird die Monetarisierung eines in seiner ursprünglichen Form eigentlich natürlich gegebenen und daher kostenlosen Produktes deutlich. Dieser einerseits relativ billige, jedoch was die wahren Kosten von Energie, Wasser und Naturzerstörung betrifft absolut gesehen teure Kunstschnee wird als besseres, notwendiges Produkt dargestellt. Er ist das neue „Allheilmittel" und Voraussetzung für den Erhalt des touristisch-kapitalistischen Systems, auch wenn dafür letztlich ein hoher Preis, nämlich die Zerstörung der alpinen Natur, bezahlt werden muss.

Die bisherige Betrachtung der verschiedensten Vorgänge, die zu einem veränderten Naturverhältnis am Gletscher führten, lässt die beiden immer wieder auftretenden patriarchalen Methoden der Trennung und Neubesetzung/Zusammensetzung erkennen. Erst die Veränderung der Beziehung Kultur-Natur hin zu einem dualistischen, getrennten Verhältnis ermöglichte den Aufstieg der westlichen modernen patriarchalen Zivilisation.[167] Mathias Behmann spricht von einer „resolutiv-kompositorischen Methode"[168], also einer trennenden und neu zusammensetzenden Vorgehensweise, durch welche die patriarchal-alchemistische Utopie einer „Schöpfung aus Zerstörung"[169] realisiert werden soll. Am konkreten Topos Gletscher zeigt sich die Veränderung hin zu einem entfremdeten, trennenden Naturverhältnis in der Entsakralisierung und „Entseelung" oder „Entlebendigung" beziehungsweise Tötung der Natur[170], indem der Gletscher nicht mehr als Ort des lebensspendenden Wassers sondern als totes Objekt wahrgenommen wird. Dieser Prozess beginnt, wie bereits dargestellt wurde, mit der Denunzierung und Dämonisierung des Gletschers, um später als „reines" Forschungsobjekt von den aufstrebenden modernen Naturwissenschaften neu „entdeckt" zu werden.[171] In einem nächsten Schritt, möglich gemacht durch Industrialisierung und den maschinentechnischen Fortschritt, erfolgt die Transformierung und Neubesetzung des Gletschers durch direkte menschliche Eingriffe im Zuge von skitechnischen und verkehrstechnischen Erschließungen. Aktuell wirken indirekte menschengemachte Einflüsse wie der Klimawandel und direkt die Neuzusammensetzung beziehungsweise

---

166 Siehe: Die Bahnen – Journal der Bergbahnen Sölden, Ausgabe 5, Jänner 2010, S. 7

167 Vgl. Merchant, 1994, S. 116

168 Vgl. Behmann in: Projektgruppe „Zivilisationspolitik", 2009, S. 166

169 Vgl. Werlhof in: Projektgruppe „Zivilisationspolitik", 2009, S. 74f.

170 Böhme, 1988, S. 78

171 Einer dieser modernen Naturwissenschaftler, welche die Enträtselung durch die Erforschung der Natur mit dem Ziel ihrer Beherrschung postulierten, ist Francis Bacon. Vgl. Merchant, 1994, S. 45

Neuschaffung des Gletschers durch die Kunstschnee-Erzeugung auf den Topos. Die maschinentechnisch-kapitalistische Natur-/Gletscher-/Schnee-Ersetzung findet konkret und vor Ort gegenwärtig statt. Die dabei angewandte Methode verdeutlicht in ihrer nun folgenden näheren Betrachtung den naturzerstörerischen Charakter der patriarchalen Utopie.

3.1. Der Versuch der Verwirklichung der patriarchalen Utopie durch die Maschine

Nach dieser Übersicht auf die Entstehung eines transformierten, entfremdeten Naturverhältnisses, die durch den anderen, patriarchatskritischen Blick[172] möglich gemacht wurde, folgt nun eine Fokussierung auf die letzte Phase des patriarchalen Naturumgangs am Topos Gletscher. Sie zielt durch die Methode der maschinentechnisch potenzierten Transformation darauf ab, die Utopie einer endgültigen Trennung und Ersetzung von Natur zu realisieren. Von der patriarchalen Vorstellung einer zweiten „Natur" kommt es zu einer tatsächlichen Herstellung derselben. Die Umsetzung erfolgt durch die Maschinisierung[173] der zivilisatorischen Verhältnisse. Nicht mehr die Natur ist es nun, die das Leben hervorbringt, sondern die Maschine als der patriarchale Ausdruck technischer Neuschöpfung des „Lebens". Das Produkt der Maschine, die von Menschen geschaffene, technisch gemachte Ersatz-Natur, wird in der dementsprechenden Wahrnehmung als die bessere Natur angesehen. Ihre Aufgabe ist, mit den Worten von Claudia von Werlhof gesprochen, die *„Ersetzung der realen <<Mater>> durch die Schaffung einer patriarchalen <<Mater-ie>>."*[174]

Am konkreten Topos ist es die Ersetzung der selbstschöpferischen (natura naturans) und geborenen (natura naturata[175]) Natur in Form von Gletscher, Eis, Schnee und Schmelzwasser durch den maschinentechnisch hergestellten Kunstschnee. Dieser Rohstoff ist eine patriarchale Schöpfung, entstanden aus der Maschine und damit möglichst unabhängig von den natürlichen Gegebenheiten. Die Maschine, die neue „Lebensgebärerin", ist von Menschen gemacht und zielt darauf ab, eine kontrollierte, naturunabhängige, künstliche Ersatznatur herzustellen, die schließlich als Naturersatz akzeptiert wird. Das Hergestellte aus der Maschine wird selbst(verständlich) als Natur wahrgenommen und benützt, am Kunstschnee stößt sich letztlich keiner/kein Schifahrer mehr.

---

172 Vgl. Werlhof in: Sitter-Liver, 2007, S. 424 und 425

173 Vgl. Genth, 2002

174 Werlhof in: Sitter-Liver, 2007, S. 442

175 Zu diesen Begrifflichkeiten vgl. auch Merchant, 1994, S. 16

Mit der Erfindung der Maschine ändert sich die auf die Natur angewandte Technik. Es entsteht eine „maschinisierte Kultur", die sich von der Natur distanziert, diese objektiviert, erobert, ausbeutet, zerstört und zu ersetzen versucht. Dabei ist „Technik" eigentlich eine lebensbejahende Kulturform, die als *techné* ursprünglich die Kunst, die Nachahmung der Natur bezeichnete, in ihrem Anfang also Ausdruck eines mimetischen, nachahmenden Verhältnisses zur Natur ist, das die Lebensweise und Kultur der Menschen an der Natur ausrichtet.[176] In weiterer Folge dehnte sich der Technik-Begriff aus und meinte auch die Verbesserung der Natur, technische Errungenschaften wurden als höherwertig[177] betrachtet und über die Natur gestellt, die Natur damit degradiert. Die spezielle Ausformung als Maschinentechnik ist *„Mittel zur Naturbeherrschung"*[178] und beruht auf dem Teile-und-Herrsche-Prinzip.[179] Maschinen entstehen nicht aus einem lebensfreundlichen Naturverhältnis, sondern sind in ihrem „Wesen" auf Beherrschung, Transformation und Ersetzung des Naturgemachten aus.

„Dabei wird angeblich das Beispiel der Natur nachgeahmt und darüber hinaus ihre Überwindung angestrebt."[180]

Damit dieses patriarchale, auf Ersetzung ausgelegte Naturverhältnis erst möglich ist, bedarf es der Technik und zwar einer ganz konkreten, der Maschinentechnik. Sie ist die praktische Umsetzung des utopisch-patriarchalen Denkens der Neuschöpfung des „Lebens".[181] Jede auf Natur angewandte Technik, die auf die Beherrschung und Ersetzung der Natur abzielt, ist als patriarchal zu bezeichnen, da sie nicht auf jener Kultur beruht, welche aus einem wortwörtlich *„pflegenden"*[182] Naturverhältnis wächst, das sich um das Leben kümmert und auch Sorge für den Fortbestand dieses Lebens trägt und daher mit der Natur in mimetischer Verbundenheit kooperiert. Patriarchale Technik hat zum Ziel, sich

---

176 Dazu gehört die Magie, als das Vermögen und Erkennen der Verbundenheit alles Seienden, vgl. Werlhof, 2010a, S. 288 und Auer, 2009, S. 32 und S. 189, sowie die Mimesis, als die kreative Anverwandlung an die Natur. Genth, 2002, S. 24 und S. 38 und Werlhof in: Projektgruppe „Zivilisationspolitik", 2009, S. 60 sowie Werlhof, 2010a, S. 112.

177 Vgl. Collard, 1988, S. 36

178 Genth, 2002, S. 91

179 Vgl. Werlhof, 2010c, S. 74

180 Werlhof in: Projektgruppe „Zivilisationspolitik", 2009, S. 71

181 Die Kritik der Technik kann sogar so weit gehen, dass *„jede auf Natur angewandte Technik eine Technik der Naturbeherrschung"* sei. Siehe Seel, 1991, S. 279

182 Kultur stammt etymologisch gesehen von lateinisch „cultura" und „colere" für u.a. „pflegen" ab.

zur Natur in Konkurrenz und Trennung zu stellen, sich gegen sie und schließlich statt ihrer als Ersatz zu positionieren. Das Kunstschnee-Gestöber, dieser *„Quasi-Naturprozeß“*[183], der kontrollierbar und menschengemacht ist, bleibt jedoch ein scheinbarer Naturprozess, eine Nachahmung, die zwar mimetisch ist, jedoch nicht mimetisch-lebensfreundlich. Als quasi natürlich versucht die Kunstschnee-Herstellung den Ursprung, den Ausgang ihrer Nachahmung, nach und nach abzuschaffen: die (Mutter) Natur.

Das *„mütterliche Prinzip in Lebenszyklen und -prozessen wird ermordet, indem es ohne technologische Hilfe unmöglich gemacht wird.“*[184]

Mit welchen Mitteln dies vonstatten geht zeigt den wahren Charakter dieses Prozesses, denn die Verwirklichung der patriarchalen Utopie ist alles andere als eine friedliche, naturfreundliche Angelegenheit. Das Patriarchat ist ein dauernder Kriegszustand[185] gegenüber der Natur, das patriarchale Naturverhältnis mit seiner Verfügungsgewalt über die Natur und das Leben ist gewalttätig und kriegerisch. Die Entstehung der Maschine selbst hängt mit dem Krieg zusammen.[186] Das Patriarchat beginnt nicht nur mit Gewalt und Krieg, so die These, sondern übernimmt den Krieg auch als Modell für die scheinbare Nach- oder Nicht-Kriegszeit.[187] Wendet man sich den Begriffen zu, und das ist eine erkenntnisreiche Methode, denn die Namensgebung der Dinge hat ihren Sinn, dann wird der kriegerische Zusammenhang auch in der Kunstschneeproduktion deutlich: Es sind die Schnee-*Kanonen*, Snow*guns* (Schnee-*Gewehre)*[188] und *Lanzen*, die den Schnee herstellen auf einem Gletscher, der geizig und feindlich sei, da er sich zurückzieht und sich damit einer weiteren Ausbeutung und Monetarisierung durch die Tourismuswirtschaft entzieht. Die technischen Gerätschaften zur Kunstschneeherstellung stehen wie eine *„Besetzungsarmee im Feindesland“*[189].

---

183 Genth, 2002, S. 153

184 Collard, 1988, S. 145

185 Dies drückt sich in der Vernichtung der natürlichen Lebensgrundlagen aus, siehe Behmann in: Projektgruppe „Zivilisationspolitik“, 2009, S. 110.

186 Genth, 2002, S. 94

187 Werlhof in: Göttner-Abendroth, 2006, S. 11. *„Fremdenverkehr ist sowieso Krieg. Im weitesten Sinne ist es ja Besatzung.“* So die Künstlerin Marlene Streeruwitz, siehe Tiroler Tageszeitung, 29.10.10.

188 *„Die MTS (Manual Tower Snowgun) ist ein händischer Schneeerzeuger“*, so die Beschreibung des „Schneegewehrs“ der Firma Technoalpin. Zusätzlich stellt die Firma auch noch die MMS (Manual Mobile Snowgun) her. http://www.technoalpin.com/Faszination_Technik/Schneeerzeuger/Propellermaschinen/MTS.html (08.02.13)

189 Ernst Bloch zitiert nach Böhme, 1989, S. 30

„Auf Knopfdruck Schnee feuern“[190], heißt es, wenn die Beschneiungssaison beginnt, gefeuert wird auf den Feind, den Gletscher. Hier drückt sich in den Begrifflichkeiten vor Ort das aus, was Claudia von Werlhof allgemein beschreibt: Die *„globale Verwandlung von Mensch und Natur in Kapital ist der Weltkrieg von heute.“*[191]

Die Betrachtung der neueren Begrifflichkeiten lässt eine weitere Logik erkennen, denn nun ist es nicht mehr die Schnee-*Kanone*, die ganz plakativ den Kunstschnee in die Landschaft schießt, sondern der Schnee-*Macher* (snowmaker), der es ermöglicht, den Schnee selber zu schaffen, möglichst ohne auf die Natur angewiesen zu sein. Die Ingenieure und Techniker werden dadurch zu Herren über das Geschehen, über ihre Schöpfung. Aus den Schnee-*Kanonen* werden die Schnee-*Erzeuger*, da selbst den Technikern und Unternehmern die schlechte Werbewirksamkeit von kriegerischen Bezeichnungen für ihre Maschinen bewusst wird. Wenn nun von Schnee-Erzeugern die Rede ist, die das weiße Gold schaffen, dann entlarven sich der patriarchale „Hintergedanke“ sowie der nächste Schritt in der Verwirklichung der patriarchalen Utopie auf das Deutlichste: Kunstschnee wird ab nun durch phallusartige Maschinen *erzeugt*, die der schöpferische und schöpfende Ausdruck patriarchaler Technikleistung sind. Endlich ist das utopische Ziel erreicht, es gibt sie, die immer funktionierende und einsetzbare Schneemaschine, die das „weiße Gold“ für den Wintertourismus „gebiert“, *„die angeblich funktionierende patriarchale Gebärmaschine.“*[192] Der Schnee-Erzeuger ist ein konkretes Beispiel für eine *„Vater-Gebärmutter“*[193], er ist beinahe Mutter-, Frauen-, Gletscher- und naturunabhängig und dazu geschaffen, die patriarchale Utopie als ein *„anti-mütterliches Pseudo-Gebärprojekt“*[194] zu realisieren. Die Wahrnehmung von der matriarchal-göttlichen „Frau Holle“, die uns reich beschenkt und es im Winter in einer künstlich nicht nachzuahmend möglichen Vielfalt[195] schneien lässt, hat ausgedient, an ihre Stelle treten phallusförmige Schneekanonen und -maschinen. Sie versuchen die Gebärfähigkeit der Natur zu usurpieren und sind die angeblich „besseren“ „Gebärer“. Immer

190 Titel eines Artikels über den bevorstehenden Ski-WM-Auftakt am Rettenbachferner im Ötztal. Tiroler Tageszeitung, 24.09.10, 66.Jahrgang, Nr.263, S. 27

191 Werlhof, 2010a, S. 49

192 Werlhof: Das Patriarchat ..., in: Projektgruppe „Zivilisationspolitik“, 2009, S. 76

193 Werlhof in: Göttner-Abendroth, 2006, S. 1

194 Werlhof: Einleitung: Sieben Jahre im freien Fall, in: Projektgruppe „Zivilisationspolitik“, 2009, S. 19

195 Jede Schneeflocke ist in ihrer Form einzigartig. Hinweis aus einem Artikel in: „neugieriger Leben“, Nummer 51, 21.02.10

einsatzbereit, auf Knopfdruck und kontrolliert einsetzbar und beinahe zu jeder Jahreszeit erzeugen sie das weiße Gold/Geld, das angeblich einzig und allein das Überleben in den Alpentälern sichern kann. Der Gletscher ist zur inhaltslosen Form geworden, ein empfangendes, getötetes Gefäß, das den Kunstschnee aus den Schneekanonen aufnimmt und dadurch angeblich „am Leben" erhalten wird.

Noch ein Aspekt der Maschinisierung des Lebens kann in den Bergen erkannt werden, Genth bezeichnet ihn als „*Animismus der Maschinen*"[196]. Nachdem die Natur entsakralisiert und objektiviert wurde, ist es nun die Maschine, der als personalisierter „Heilsbringerin" der Subjekt-Status zugesprochen wird. Die passiven Schneekanonen werden dieser Logik nach zu aktiven Schnee-Erzeugern, die noch dazu mit Namen wie beispielsweise „Nessy" oder „Baby"[197] versehen werden. Diese Benennungen sind Ausdruck einer Verniedlichung und Verharmlosung des tatsächlich stattfindenden Naturersetzungsprozesses beziehungsweise gleichzeitig einer Demonstration von Herrschaft und Macht, was sich etwa im „snowmaker", dem großen Macher widerspiegelt. Ein weiteres Beispiel für den Animismus der Maschinen ist der „Pisten-Bully"[198] als ein Markenname für die Schneemaschinen, welche zur Präparierung der Skipisten auch am Gletscher eingesetzt werden. Es ist also dem eingedeutschten Namen nach der Bulle, der Stier, den der Pisten-Bully-Fahrer „reitet", indem er ihn lenkt, manövriert und unter seine Kontrolle bringt. Die Kraft der Maschine potenziert seine eigenen Möglichkeiten, darin sitzend wird er zum Herren über die Schneemassen, kann sie beliebig in Form bringen, verschieben und niederwalzen, beherrschen. Die Konsequenzen seines Tuns mit der und durch die Maschine, den Pisten-Bully, sind potenziert und werden daher unüberschaubar und unbegreifbar.[199] Er, der Fahrer, der vormals oder immer noch (Nebenerwerbs-)Bauer war/ist, hat nun statt mit echten Bullen, Stieren und Tieren mit der animalisierten Maschine zu tun. Mit ihr bearbeitet er „Kunstschnee-Felder", auf denen zwar nichts Essbares wächst, die aber viel mehr Profit abwerfen, als es sich seine Vorfahren in ihrem

---

196 Genth, 2002, S. 69

197 Die Benennung einer Kunstschnee-Maschine als „Baby" erinnert an den Namen der ersten Atombombe „Little Boy", die am 6.8.1945 über Hiroshima abgeworfen wurde. Das Maschinen-Baby ist geboren, die patriarchale Maschinenschöpfung gelungen.

198 Angeblich das meist verkaufte Pistenfahrzeug weltweit, laut dem Magazin Seilbahn International, April 2010. Den Vergleich verdanke ich der augenscheinlichen Gegenüberstellung in dem Bildband „Hinter den Bergen". Hechenblaikner, 2009

199 Die Auswirkungen der Maschinentechnik überschreiten unser Fassungsvermögen und die Fähigkeit zu fühlen. Anders, 1968, S. 17

Tätig-Sein als subsistenzorientierte Bergbäuerinnen und -bauern je erträumen ließen. In seinem neuen Tun tauchen sogar landwirtschaftlich geprägte Begriffe auf, etwa das „Snowfarming". Darunter wird eine Tätigkeit verstanden, die wohl mit der Heuernte in der wirklichen Bergbauernarbeit verglichen werden könnte: Das Heu der Bergwiesen wurde im Sommer bei idealem Wetter geerntet und angehäuft in der Scheune, im Stadel und im „Pille"[200] gelagert, um es später, im Winter, dort wieder hervorzuholen und den Tieren zu verfüttern. Durch diese agrikulturelle Vorgehensweise kümmerte sich die Bäuerin/der Bauer nicht nur um die Versorgung der Tiere sondern in Folge auch um die Sicherung der ganzjährigen Ernährungskette für die Menschen. Statt der oder zusätzlich zur Heuernte stellt der Bergbauer in seiner Funktion als Pistenarbeiter nun im Zuge des „Snowfarming" den Kunstschnee bei idealen Bedingungen her, schiebt ihn mit dem Pisten-Bully zu Haufen zusammen, um ihn anschließend durch Abdeckungen mittels Sägemehl oder Folien zu konservieren.[201] Bei Bedarf, später im Winter, unter den Folien hervorgeholt und mit dem Pisten-Bully auf den Skipisten verteilt dient der Kunstschnee als „Futter" für die Skitouristen, damit die Versorgung durch den „Geldstrom" für die Menschen im Tal auch weiterhin fließe. Abgeschottet von Kälte, Wind, Dunkelheit und Schneegestöber sitzt der Bergbauer von heute in seiner Fahrerzelle des Pisten-Bully und nimmt weder die Außenwelt noch die zerstörerischen Konsequenzen des Maschinenhandelns am Gletscher wahr, da sie die menschlichen Erfahrungen und die bisherige Wahrnehmung von Natur längst überschritten haben.[202] Auch der Ingenieur als der „Schneemacher" steuert die technische Beschneiung abgetrennt vom Gletscher in seinem Büro sitzend vom Schreibtisch und per Mausklick aus. Von der unmittelbaren Naturerfahrung getrennt geht das Gefühl für einen lebensfreundlichen Naturumgang in der Abstraktion und Utopie verloren. Es hat hier, in dieser komplett anderen (Maschinen-)Welt als die der Vorfahren, keinen Platz, keinen Ort, keinen Topos mehr.

Die Herstellung von Kunstschnee geschieht mit einer Maschinentechnik, die darauf abzielt, Natur zu ersetzen, beziehungsweise diesen als einzigen

200 Alter Ausdruck für einen kleinen Heustadel in den Feldern oder auf den Bergwiesen. Diese Holzhütten dienten der Heuaufbewahrung von der sommerlichen Ernte bis zum Winter, denn es war vorteilhafter, das Heu auf einem Schlitten über den Schnee ins Tal zu ziehen.

201 Lang, 2009

202 Vgl. dazu die Analyse von Günther Anders, nach der sich die zusehends menschlich-maschinell hergestellte Welt *„durch ihr Übermaß unserer Vorstellung und unserem Fühlen entzieht"*. Anders, 1968, S. 273

zukunftsfähigen Ersatz für den durch den Klimawandel immer knapper werdenden natürlichen Schnee präsentiert. Die enge Verknüpfung mit der Maschine zeigt sich daran, dass Kunstschnee neuerdings „Technischer Schnee“ genannt wird, um das „Künstliche“, den künstlichen „Beigeschmack“ zu vermeiden. Technik- und patriarchatskritisch[203] betrachtet ist der Begriff „Technischer Schnee“ jedoch umso entlarvender, da er die Naturbeherrschung und versuchte -abschaffung durch die (Maschinen-)Technik mit transportiert. Betreffend einen Typus dieser Schneemaschinen, den snowmaker, argumentiert die Herstellerfirma konkret:

> *„Mit mehr als sechs Milliarden Einwohnern auf unserem Planeten ist es essentiell, alternative Prozesse zu schaffen, welche die natürlichen Prozesse ersetzen.“*[204]

Die Natur mit ihren Zyklen und Eigenheiten genügt nun angeblich nicht mehr, sie muss nicht mehr nur verändert, angepasst oder verbessert, sondern in einem nächsten Schritt sogar ersetzt werden.

Unweit vom Standort des snowmaker entfernt, ebenfalls auf dem Gletscher[205], werden jährlich bis zu 75.000 m³ Schnee[206] künstlich von Schnee-Erzeugern auf knapp 3000 m Höhe hergestellt. Dieser Aufwand ist angeblich notwendig, um die Skisaison zu sichern, damit der Winter pünktlich beginnt.[207] Wie sich an diesem Beispiel zeigt, ist es nicht mehr die Natur mit ihren zyklischen Jahreszeiten und den dementsprechenden Wetterbedingungen, die als Orientierung für das Handeln, Arbeiten und Leben der Menschen ernst genommen wird. Durch die Maschine ist es den Machern möglich geworden, sich von dieser angeblich „altmodischen“[208] Naturabhängigkeit zu befreien und sich solche Bedingungen zu schaffen, die dem am ständigen Wachstum ausgerichteten Profitdenken entsprechen, unabhängig von der Natur und immer verfügbar. Diese angebliche

---

203 Zur Patriarchatskritik gehört eine moderne Technikkritik, denn erst so lässt sich der umfassende und kontinuierliche Prozess der Patriarchalisierung erkennen.

204 Übersetzung von U.Sch. von: „*With over six billion people inhabiting our planet, it is essential to create alternative processes to replace the natural processes*“, siehe www.ide-snowmaker.com (30.09.09).

205 Es handelt sich dabei um den Rettenbachferner in Sölden, wo jährlich bereits Ende Oktober die Skisaison mit dem ersten Ski-Weltcup-Rennen startet.

206 Nach einem Zeitungsartikel in der Tiroler Tageszeitung, 21.10.08, S. 31

207 „*Unser Ziel ist es, die Natur dahin gehend zu beeinflussen, dass wir einen pünktlichen Beginn des Skibetriebs garantieren können.*“ Bergbahnen Sölden: Die Bahnen – Journal der Bergbahnen Sölden II/08, Sölden, 2008, S. 9

208 Günther Anders spricht von der Antiquitiertheit des Menschen im Vergleich zur modernen Maschine. Anders, 1968

Freiheit verdeckt eine weitaus folgenschwerere Abhängigkeit, die buchstäblich in Kauf genommen wird, denn es ist die Unterwerfung im touristischen Wettbewerb und damit auch unter die kapitalistische Wachstums- und Zerstörungsmaschinerie, die nun passiert. Dieser Wettbewerb verlangt angeblich nach ständig neuen Investitionen, Pistenerschließungen und Schnee-Erzeugern und nach einem alles andere als jahreszeitlich-natürlichen Winter-Skibeginn mitten im Herbst.[209]

3.2. Kunstschnee-Erzeugung als patriarchal-alchemistische Schöpfung aus Zerstörung

Der Kunstschnee kann als ein „transzendentaler" Schnee-Ersatz bezeichnet werden, da er jenseits[210] des natürlich gewachsenen Schnees und Eises hergestellt wird, diese überdeckt und im konkurrierenden Gegensatz dazu steht. Als Ersatz für den Naturschnee ist der Kunstschnee eben nicht Produkt einer natürlichen Schöpfung sondern eines künstlichen, maschinentechnischen Prozesses, der mit der Ausbeutung und Zerstörung des Gletscherschnees als Natürlich-Geborenen einhergeht.[211] Der Unterschied zwischen Kunst- und Naturschnee liegt in der maschinentechnischen Herstellung anstelle der natürlichen Produktion.[212] Doch die angestrebte Jenseitigkeit und Unabhängigkeit von den irdischen Gegebenheiten hat ihre Grenzen. Kunstschnee ohne jegliche natürliche Grundlage zu schaffen wäre die totale Umsetzung der patriarchalen Utopie. Diese Utopie kann (noch) nicht zur Gänze realisiert werden, da selbst die Kunstschnee-Herstellung abhängig von der natürlichen Lebensproduktion ist, unter irdischen Bedingungen passiert und auf Naturgüter angewiesen ist.[213] Noch braucht es das Schmelzwasser des (Gletscher-)Schnees als Ausgangsmaterial, es braucht eben

209 *„Im Ötztal beginnt der Winter bereits am 25. und 26. Oktober"*, wird der Ski-Weltcupauftakt beworben. www.oetztal.com/main/DE/WI/news_events/events/fis_skiweltcup/index.html (23.10.08). *„Im Herbst 2013 konnte das Winterskigebiet [Sölden, Anm. U. Sch.] als erstes in Österreich und so früh wie noch nie in der Geschichte Söldens in Betrieb genommen werden."* Die Bahnen, Auflage 11, 2013, S. 15

210 Die lateinische Vorsilbe „trans" wird mit „durch", „über" oder „jenseits" ins Deutsche übersetzt.

211 Vgl. Werlhof in: Sitter-Liver, 2007, S. 427

212 Produktion von lateinisch pro-ducere für „führen; hervorbringen" inkludiert die Wahrnehmung von Natur als schöpferische, hervorbringende Natur, als die Fülle, die nichts maschinell Hingestelltes, Gemachtes zu ihrer Vollendung braucht.

213 Ohne Natur ist ein Leben auf dieser Erde nicht möglich. Vgl. Werlhof: Das Patriarchat ..., in: Projektgruppe Zivilisationspolitik, 2009, S. 69

den Gletscher selbst sowie seine weitere Plünderung, obwohl er gleichzeitig im fortlaufenden Klimawandel weg zu schmelzen droht. Es scheint jedoch so, dass der Gletscher-Mord in das Konzept einer utopischen alpinen Kunstschnee-Welt passt, in der es keine Abhängigkeit von natürlichen Schwankungen und Prozessen mehr geben soll. Die totale Beschneiung der Pisten ist keine Utopie mehr, sie wird in die Planung für die Zukunft des Skitourismus bereits mit einberechnet.[214]

Die nähere Betrachtung der Kunstschnee-Herstellung lässt diese als eine Neuschöpfung aus verschiedenen Bestandteilen erkennen, wobei der wichtigste unter ihnen das Gletscherwasser oder Schmelzwasser ist. Dieses wird in gigantischen, von aufgeschütteten Dämmen geformten und/oder aus dem Berg gesprengten Becken[215] aufgefangen und damit dem natürlichen Wasserkreislauf entzogen, beziehungsweise wird der Eintritt in denselben verzögert.[216] Das Füllen der Speicherseen ist in Zeiten wie diesen, in denen die Gletscher aufgrund des Klimawandels ungewöhnlich rasch dahin schmelzen, kein Problem. Der gegenwärtige Gletscherschwund ist jedoch ein künstlicher, durch den von Menschen verursachten Klimawandel hervorgerufener Tod.[217] Die Kunstschnee-Technik baut demnach auf den Konsequenzen einer Entwicklung auf, die durch die patriarchale Naturzerstörung in Gang gehalten wird.

„Natur als Lebensgrundlage und als <<Material>>, mit dessen Plünderung die Moderne aufgebaut wurde, schwindet dahin und zwar in den meisten Bereichen irreversibel.“[218]

Marketingwirksam wird der Bau von Speicherseen und Schneemaschinen als Mittel zur Stabilisierung, das heißt zur „Rettung“ des dahin schwindenden Gletschers präsentiert, da man diesen dadurch in Zukunft mit mechanisch hergestelltem Schnee Masse zufügen kann.[219] Es entsteht ein regelrechter Wettlauf zwischen Zerstörung und „Produktion“[220], indem die letzten (Schnee-)Reste

214 Siehe Bergbahnen Sölden: Die Bahnen – Journal der Bergbahnen Sölden, Ausgabe 5, Jänner 2010, S. 6. Anderorts gibt es bereits zu 100 Prozent beschneite Pistenabschnitte, etwa in Südtirol.

215 Einer dieser Speicherseen entstand in den letzten Jahren am Tiefenbachferner in Sölden. Er hat ein unvorstellbares Fassungsvolumen von 405.000 Kubikmetern.

216 Die Störungen im Wasserhaushalt und Wasserkreislauf sind signifikant, vgl. Hahn, 2004, S. 13

217 Vgl. die menschlichen Einflüsse auf den Klimawandel. Siehe dazu Formayer/Clementschitsch/Hofstätter/Kromp-Kolb, 2008 sowie www.pbme-online.org

218 Werlhof, 2010a, S. 18

219 So die Argumentation in: Die Bahnen. Das Journal der Bergbahnen Sölden, Ausgabe 7, Jänner 2011, S. 3

220 Werlhof in: Göttner-Abendroth, 2006

des Gletschers als Rohstoff für die Methode der Kunstschnee-Herstellung ausgebeutet werden. So wird, einem Teufelskreis gleich, aus der sterbenden Natur (Gletscher) der letzte Lebenssaft (Schmelzwasser) herausgepresst, um immer größere Mengen einer künstlichen Ersatz-Natur (Kunstschnee) zu schaffen, welche die weitere Zerstörung und Plünderung in Form von Pistenaktivitäten, den Ausbau der Skilifte und den Wachstum des Skitourismus ermöglicht. Ziel dieses Wettlaufs ist es, weiterhin und immer mehr, angeblich „ewig“ Profit aus dem „ewigen“ Eis zu schlagen.

Der neue, künstlich hergestellte Schnee wird als der „bessere“ Schnee präsentiert, da er unabhängig von Temperatur und den meisten natürlichen Bedingungen entstehen kann. Er entspricht damit der utopisch-patriarchalen Vorstellung, das zu schaffen, was von Natur aus nicht möglich ist, nämlich Schnee bei nicht für Schnee geeigneten Verhältnissen, wie etwa warmen Temperaturen. Dadurch wird eine andere Realität geschaffen, gegensätzlich zur bestehenden, natürlichen Wirklichkeit. Die Methode, die hinter diesem Schaffungsprozess steckt, kann in ihrer *„Schöpfung aus Zerstörung“*[221] als eine patriarchal-alchemistische Methode[222] erkannt werden:

Die patriarchale Alchemie *„hat das Ziel, die lebendige Materie, ja das Leben selbst in ihrer Entstehung durch ein experimentelles ‚Standardverfahren‘ so zu beeinflussen, dass dabei eine Transformation zu einer ‚höheren‘ Materie und einem ‚höheren‘ Leben bzw. ‚Seinszustand‘ geschieht. Dabei wird angeblich das Beispiel der Natur nachgeahmt und darüber hinaus ihre Überwindung angestrebt.“*[223]

Das, was zerstört wird, ist der Gletscher, eine der natürlichen Grundlagen für das Leben im Tal. Das Produkt dieser Zerstörung, die noch lebendige Materie Gletscherschmelzwasser, aber auch Wasser aus anderen Quellen, wird in einem Transformationsprozess in „Schmelzöfen“, wie der bereits erwähnten Maschine snowmaker, getrennt und neu zusammengesetzt, um daraus eine bessere Natur, den Kunstschnee, zu schöpfen. Es ist die Trennung und Neuzusammensetzung einer vormals lebendigen Materie, Behmann bezeichnet dies als resolutiv-kompositive Methode.[224] Ganz konkret wird die Resolution, also die Trennung oder Auflösung, und die Komposition, also die Zusammensetzung, im snowmaker selbst vollzogen und dadurch die Ersetzung durch eine maschinentechnisch geschaffene, „bessere“ zweite Natur, den Kunstschnee, möglich gemacht:

221 Werlhof: Einleitung: Sieben Jahre im freien Fall, in: Projektgruppe „Zivilisationspolitik“, 2009, S. 16

222 Vgl. Werlhof, 2003

223 Werlhof: Das Patriarchat ..., in: Projektgruppe „Zivilisationspolitk“, 2009, S. 71

224 Vgl. Behmann in: Projektgruppe „Zivilisationspolitk“, 2009, S. 166

„Dieses Gemisch wird aus dem ‚Freezer‘ in einen ‚Schnee-Seperator‘ (sic!, U.Sch.) gepumpt, der das Wasser von den Schneekristallen trennt – hochqualitativer Schnee wird extrahiert.“[225]

In der Beschreibung des Prozesses, wie er im snowmaker stattfindet, lässt sich die resolutiv-kompositive Methode als angewandtes patriarchal alchemistisches Prinzip oder anders ausgedrückt, als *„<<alchemistisch>> transformierende“*[226] Methode der Maschinentechnik erkennen: trennen und neu zusammensetzen, teilen und herrschen.[227] Wobei sich wiederum die Beschäftigung mit der Bedeutungsherkunft der Begriffe als erkenntnisreich erweist, denn resolutiv leitet sich von lateinisch „resolvere“ ab, was auflösen, losbinden bedeutet. Im Zusammenhang mit „nivem“ bedeutet „resolvere“ genau das, was auf dem Gletscher passiert, nämlich den *„Schnee schmelzen“.*[228] Das alchemistische *„solve et coagula“* passiert hier tatsächlich: die Schmelzung und Schwächung (*solve*) des Gletschers/Schnees sowie seine Auflösung im snowmaker und (*et*) schließlich neu Zusammensetzung (*coagula*) als Kunstschnee.[229]

Neben dem snowmaker, der selbst bei hohen Temperaturen noch Schnee erzeugen kann, kommen noch andere Technologien in der Kunstschnee-Herstellung zur Anwendung, auch am Gletscher. Einer dieser neuen Schnee-Erzeuger wird auf verniedlichende Art und Weise „Nessy“[230] genannt. Der Prozess, der in der Maschine „Nessy“ von statten geht ist allerdings alles andere als „niedlich“ oder harmlos, wie sich zeigt. Seine Ähnlichkeiten zu den Methoden der patriarchalen Alchemie[231] sind unleugbar: „Nessy“, die Schnee-Maschine, ist eine Art künstliche Gebärmutter oder als Schnee-Erzeuger der väterliche, maschinentechnisch hergestellte „Ersatz“, in der die Herstellung des Kunstschnee passiert. Eine Nukleatordüse versprüht den sogenannten „Keim“, auch „nucleus“ also Kern genannt, dieser kann aus verschiedensten Materialien bestehen, unter anderem aus Eis. Gleichzeitig gelangt durch eine Wasserdüse das Schmelzwasser in die Maschine. Dieses ist sozusagen der Rohstoff, die „materia

---

225 Beschreibung des Schneeherstellungsprozesses im „IDE All Weather Snowmaker“ auf www.ide-snowmaker.com (30.09.09)

226 Werlhof in: Sitter-Liver, 2007, S. 435

227 Vgl. Werlhof, 2010c, S. 74

228 Stowasser, 1994, S. 442

229 Lateinisch „solvere“ für losbinden, erlösen, auflösen, schmelzen (sic!), schwächen und beenden, Stowasser, 1994, S. 475; und „coagula“ aus „co-agere“ für sammeln, zwingen, zusammentreiben, -bringen, vereinigen, Stowasser, 1994, S. 95.

230 Seilbahnen International, April 2010, 29.Jhg., Eugendorf, S. 36ff.

231 Vgl. dazu und zu den folgenden Ausführungen Werlhof, 2010b, S. 155f.

prima", für die Schneeherstellung, entstanden aus dem aufgelösten, geschmolzenen und damit getöteten Gletschereis. Auf diesen bereits vorher geschehenen ersten Schritt, in dem deutlich die alchemistische Methode der Mortifikation erkannt werden kann, folgt im Schnee-Erzeuger selbst die Transformation und Neuzusammensetzung. Der „männliche" Eiskern/-keim wird dem „weiblichen" Schmelzwassertropfen „einverleibt". Die Herstellerfirma nennt diese Methode „Einkeimung", „Animpfen" oder bezeichnenderweise „seeding"[232], also Besamung. Patriarchatskritisch betrachtet bedeutet dies: Die getötete *Mater*-ie aus dem Gletscherschmelzwasser muss, um Teil der zweiten Natur zu werden und damit um höherwertig zu sein, erst von der Maschine, dem männlichen Erzeugnis besamt, also „verbessert" und neu „belebt" werden. Um diesen angeimpften, bekeimten oder besamten Wassertropfen bildet sich im weiteren Verlauf das Eis beziehungsweise der Kunstschnee. Die pervertierte „heilige Hochzeit"[233] oder Neuschöpfung aus Zerstörung ist vollzogen. Das patriarchal-alchemistische Erzeugnis bleibt allerdings von der (getöteten) Natur, dem Wasser als Rohstoff, abhängig, die Herstellung von „reinem" Kunstschnee eine nicht realisierbare Utopie. Neben dem im Schnee-Erzeuger „Nessy" verwendeten Eiskeim („nucleus") als den „männlichen" Teil der „Zeugung" gibt es noch andere Schnei-Zusätze. Einer von ihnen trägt den Namen Snomax und wird in ähnlich funktionierenden Schnee-Erzeugermaschinen eingesetzt:

> *„Der Wirkstoff von SNOMAX ist das Bakterium Pseudomonas syringae, welches in speziellen Tanks gezüchtet, gefriergetrocknet und durch Sterilisation laut Hersteller vollständig abgetötet wird. Die Bakterien dienen als Eiskeime und bewirken einen schnelleren, bereits bei höheren Temperaturen einsetzenden Kristallisationsprozess. Schnee kann so bei Temperaturen produziert werden, bei denen wirkstofffreies Wasser nicht gefrieren würde."*[234]

Die Mikroorganismen, die im Snomax enthalten sind, werden durch Bestrahlung in ihrer DNS beschädigt und sind somit nicht mehr teilungsfähig, sie werden getötet. Angeblich haben die Mikroorganismen in diesem Zustand keinerlei Auswirkungen auf die natürlichen Kreisläufe. Es gibt aber auch Bedenken, vor allem seitens Umweltschutzorganisationen, dass nicht alle Bakterien in Snomax abgetötet werden und diese über das Schmelzwasser in den Wasserkreislauf gelangen beziehungsweise die alpine Flora beeinflussen können.[235] Diese Art von Kunstschnee ist aus ehemals Lebendigem gemacht, aus getöteten Bakterien

232 Seilbahnen International, April 2010, 29.Jhg., Eugendorf, S. 36ff.
233 Vgl. Werlhof, 2010b, S. 156
234 Hahn, 2004, S. 3. In Tirol ist die Verwendung von Snomax verboten.
235 Hahn, 2004

sowie aus dem Schmelzwasser, das *„geronnenes, vergangenes Leben“*[236] ist. Transformiert (getötet), zerstückelt (getrennt) und neu zusammengesetzt wird das ehemalige Lebendige zur „toten“ Ware, um schließlich in der profitbringenden Verwertung und In-Wert-Setzung zu neuem „Leben“, in Form von Geld und Kapital, und damit zu Höherwertigem zu werden.

> *„Mit frisch gefallenem Schnee hat das nichts zu tun.“*[237]

Der Kunstschnee, der im snowmaker auf dem Pitztaler Gletscher hergestellt wird, gelangt wie ein toter Brei auf einer Rutsche aus der Schneemaschine ans Tageslicht, wo er schwerfällig zu Boden fällt. Es ist ein Einheitsbrei, der sich im Vergleich mit frisch gefallenem Naturschnee in seiner Vielfalt an Schneekristallen und Schneeformen gravierend unterscheidet.[238] Jedes Schneekristall im natürlichen Schnee ist einzigartig in seiner Form, ein Unikat. Kunstschnee hingegen besteht aus uniformen Eiskügelchen.

> *„Dieser Schnee, wie immer er auch genannt wird, hat jedoch eine grundsätzlich andere Kristallstruktur als natürlicher Schnee. Er ist kompakter, luftundurchlässiger und weniger wärmedämmend als Naturschnee.“*[239]

> *„Ihnen [den patriarchalen Neuschöpfungen, Ergänzung U. Sch.] haftet der Makel der vorangegangenen Verbrechen und Zerstörungen an: Sie haben einen nekrophilen Charakter. Daher kann auch keine Rede davon sein, dass der Naturwissenschaftler-Alchemist dadurch einen höheren Seins-Zustand bewirkt und erreicht, oder ihm dieser bzw. gar göttliche Befugnisse zustehen. Denn die Kunst, die er anwendet, kommt aus dem Krieg und ist Kriegskunst, sie ist ein Krieg gegen die lebendige Materie.“*[240]

Das künstlich Hergestellte kann dem natürlich Gewachsenen – Schneekristalle wachsen um einen Kern herum – nicht das Wasser reichen. Die technisch reproduzierte Natur ist mit der Aura[241] und der ästhetischen Erscheinung der natura naturata, also der natürlich geschöpften/geborenen Natur nicht gleichzusetzen. Die Reduktion von Komplexität, die auch im Vergleich Kunstschnee

---

236 Werlhof über die maschinellen Warenprodukte und das Geld, siehe Werlhof, 2010c, S. 75.

237 Roland Psenner in: wissenswert, 2009, S. 9

238 Die Vereinheitlichung im Sinne einer maschinenhaft produzierten Ganzheit analysiert Behmann, indem er das patriarchale Projekt als den Versuch benennt, die ursprüngliche gegebene „Natur-Viel-Fältigkeit“ restlos zu ersetzen. Behmann in: Projektgruppe „Zivilisationspolitik“, 2009, S. 121

239 Hahn, 2004

240 Werlhof, 2012, S. 32

241 Vgl. Böhme, 1992, S. 118

und Naturschnee erkennbar ist, ist dem Maschinenbegriff von Beginn an eingeschrieben, wie Renate Genth analysiert.[242] Ähnliches gilt für die Ware und den Klon, beides Abbilder der Natur, die sich vom natürlichen Vorbild jedoch deutlich unterscheiden.

In der Kunstschnee-Herstellung und der damit zusammenhängenden Naturwahrnehmung findet eine Verkehrung statt: nicht mehr die Natur ist mimetisches Vorbild für die Gestaltung der zivilisatorischen Verhältnisse, nun sind es das Maschinenprodukt und die Maschine selbst, die zum Ideal erhoben werden. Die Veränderung der Wahrnehmung von Natur geschieht durch die immer größer werdende maschinelle (Kunstschnee-)Produktion und den immer stärker werdenden Einfluss der Maschinentechnik auf das Naturverhältnis. Nach Genth kann von einer Maschinisierung[243] des Lebens gesprochen werden. Natur muss der Maschine entsprechen[244], das heißt ihren Kriterien der Machbarkeit, Kontrollierbarkeit, Verfügbarkeit und Haltbarkeit. Dieser Prozess und Anspruch verändert die Wahrnehmung von Natur. Da der Gletscher den Kriterien der immer funktionierenden Schneemaschine zwar de facto das (Schmelz-)Wasser für die Kunstschnee-Herstellung reicht, doch im übertragenen Sinne eben nicht das Wasser reichen kann, gilt er als geizig, karg[245], unkontrollierbar und schließlich entbehrlich. Seine versuchte Ersetzung durch das kontrollierte, abrufbereite Maschinenprodukt, den Kunstschnee als die „bessere“, zweite Natur[246], ist damit angeblich gerechtfertigt.

3.3. Die Utopie von einer Gletscher-losen alpinen Kunstschnee-Landschaft

Die Kunstschneeproduktion folgt, ähnlich dem kapitalistischen Wirtschaftsdenken, dem sie unterworfen ist, einer Wachstumslogik. Die Anzahl der Schneemaschinen wird jedes Jahr erhöht, was weitere Konsequenzen mit sich zieht, wie den Bau von neuen Speicherteichen, die das Wasser für die Schneeherstellung liefern, aber auch von Leitungen, Kabeln, Zufahrtsstraßen und Infrastruktur für die Energiezufuhr. Der erhöhte Stromverbrauch hat wiederum Folgen für

---

242 Genth, 2002, S. 115

243 Genth, 2002

244 Werlhof nennt es einen „maschinellen Naturbegriff“, siehe Werlhof, 2010a, S. 111.

245 Diese Beschreibungen werden oft für die Bergnatur verwendet, sie folgen dem bereits erwähnten mechanistischen Weltbild von Natur, das sie als mangelhaft kategorisiert. Siehe Werlhof, 1991, S. 174.

246 Da die Maschine als bessere „Natur“ an die Stelle der ursprünglichen Natur gesetzt wird. Vgl. Genth, 2002 und Werlhof, 2010a, S. 108f.

die Stromgewinnung, lässt den Ruf nach neuen Kraftwerken und noch mehr Naturzerstörung lauter werden. Die Konsequenzen des Verhaftet-Bleibens in diesem destruktiven Wachstums-Teufelskreis werden ausgeblendet, der Wasser- und Energieverbrauch etwa, den die Kunstschnee-Herstellung mit sich bringt, ist enorm. *„Je nach Außentemperatur benötigen moderne Anlagen für die Schnee-Erzeugung zwischen 1 und 5 Kilowattstunden Strom und ca. 400 Liter Wasser pro Kubikmeter Schnee." „Rund 2,5 Millionen Kubikmeter Wasser werden in Tirol jährlich für die Beschneiung benötigt."*[247] Dies kann zu saisonalen und lokalen Engpässen in der Wasserversorgung führen und es stellt sich die Frage, *„ob die Schäden für die Natur und Landschaft in irgendeinem Verhältnis zum Nutzen stehen."*[248]

Die Zukunftshoffnung wird dennoch in den Mythos Maschine[249] gesteckt, sie ist quasi Heilsbringerin und Erlöserin aus der bisherigen Abhängigkeit von der angeblich kargen und geizigen Bergnatur. All das, was für ihr Funktionieren „geopfert" werden muss, wird verschwiegen. Das Ausmaß an benötigtem Wasser und an Energie etwa erfährt die Öffentlichkeit normalerweise nicht, die Beeinflussung der Maschine auf die veränderte Wahrnehmung von Natur wird ausgeklammert. Bei näherer Betrachtung entlarvt sich der „Kult" um die Schneeproduktionsmaschinen als eine der letzten Phasen auf dem Weg zur Realisierung der patriarchalen Naturersetzungsutopie am Topos Gletscher. Das Endziel ist die Realisierung der patriarchalen Utopie, die Loslösung vom konkreten Ort und seinen natürlichen Bedingungen. Das *„virtuelle Hochgebirge"*[250] ist bereits Realität, geschaffen durch die „heldenhaft männliche"[251] Tüchtigkeit der Skigebietsbetreiber. Künstliche Skiwelten fern ab der Alpen machen das Unmögliche möglich, bieten *„Alpenfeeling im Flachland"*, wo man *„nicht von Wind und Wetter behindert wird"* und das Motto gilt: *„Wir machen uns unser Wetter quasi selbst."*[252]

> *„Die Tiroler Berge kommen nach Hamburg ... 6 LKW-Ladungen voll Echtschnee oder 150 Tonnen direkt vom Weltcup-Gletscher."*[253] *„Man bringt alpines Erlebnis in Form einer Skihalle zu den Menschen."*[254]

247 wissenswert. Magazin der Leopold-Franzens-Universität Innsbruck, Nr. 5, Innsbruck, 2009, S. 9

248 Ebda.

249 Mumford, 1977

250 Bergbahnen Sölden: Die Bahnen – Journal der Bergbahnen Sölden II/08, Sölden, 2008, S. 11

251 „virtuell" kommt von lateinisch „vir" für Mann, aber auch Held.

252 Alle drei Zitate aus: Die Bahnen, Magazin der Bergbahnen Sölden, 2013, S. 19

253 Eigenwerbung Sölden, 2001, zitiert in: Haid, 2002, S. 200

254 Die Bahnen, Magazin der Bergbahnen Sölden, 2008, S. 11

Das ist die tatsächliche *U-topie* also die *Ent-ortung* des Gletschers. Hier zeigt sich: Der Gletscher ermöglicht selbst dann noch Profit, wenn er fern von seinem tatsächlichen Ort u-topisch inszeniert wird, kopiert, virtualisiert, kontrollierbar und gänzlich von Menschen/Maschinen gemacht. In den Alpentälern selber geht der Prozess ebenso weiter, *„es läuft auf eine hundertprozentige Beschneiung der Pisten hinaus, da brauchen wir uns nichts vormachen“*[255], blicken die Schneemacher in die Zukunft des Skitourismus. Das wäre ein totales oder wohl eher totalitäres, also alles beanspruchendes und unterwerfendes, maschinentechnisch hergestelltes weißes „Paradies“ – oder vielmehr eine weiße Hölle – in der die Skifahrer_innen zu jeder Jahreszeit ihre „Natursehnsucht“ auf oberflächliche Konsum-Art und Weise befriedigen können. Ziel der kapitalistischen Naturbearbeitung ist es, ein *„maschinentechnisch produziertes ‚Schlaraffenland‘ für Konsumbedürfnisse“*[256] zu schaffen, wo der (Schnee-)Konsum jederzeit möglich ist, koste es, was es wolle. Auf der Seite der Macher und Profiteure wird weiterhin die Schaffung einer zweiten Natur durch Kunstschnee-Erzeugung mittels Schneekanonen umgesetzt, *„obwohl immer deutlicher wird, dass diese die ausbleibenden Schneefälle in Zukunft nicht ersetzen können.“*[257]

> *„Am Ende würde eine Art ewiges Paradies stehen, das von den Lebens-spendenden (und Schnee spendenden, U. Sch.) Kräften, von Frauen und Natur (Gletscher und Berg; U. Sch.) bzw. allen Elementen der – allerdings negierten – älteren matriarchalen <<mütterlichen Ordnung>> (und somit natürlichen Ordnung, z. Bsp. den Jahreszeiten, Naturzyklen, Schneephasen; U. Sch.) unabhängig sei, diese also letztlich vollständig und durch etwas neues und weiter Entwickeltes ersetzt habe.“*[258]

Die Utopie einer gänzlich kunstbeschneiten Alpenlandschaft ist patriarchal und daher letztlich nicht realisierbar. Matriarchate kennen keine Utopien, da sie sich – beginnend mit mater arché, als dem Anfang des Lebens in der Mutter – an der Natur, am Gegebenen, am Topos orientieren, *„dem konkreten Hier und Jetzt als Ort innerhalb des All(e)s“*.[259] Dieses mater arché wird zum pater arché als dem irrealen „Am Anfang der Vater“, ein utopisches, nicht konkretes, nicht in der Natur vorgesehenes Schöpfungsprojekt, das mit allen Mitteln, bis zu Krieg

---

255 Hannes Parth, Vorstand der Ischgler Bergbahnen in: Bergbahnen Sölden: Die Bahnen – Journal der Bergbahnen Sölden, Ausgabe 5, Jänner 2010, S. 6. Manche Skigebiete haben die totale Beschneiung bereits realisiert, siehe Hahn, 2004, S. 2 und S. 8

256 Behmann in Projektgruppe „Zivilisationspolitik“, 2009, S. 109

257 Szene Alpen. Das Themenheft der CIPRA, Nr. 92, CIPRA (Hrsg.), Schaan, 2009, S. 6f.

258 Werlhof in: Sitter-Liver, 2007, S. 423

259 Werlhof in: Sitter-Liver, 2007, S. 427

und Gewalt, zu realisieren versucht wird. Werlhof vermutet einen *„Zusammenhang zwischen der Existenz patriarchaler Gesellschaften und dem Auftauchen von Utopien“*.[260] Dem Patriarchat ist demnach bereits in seinen Grundzügen die Verwirklichung der Utopie eingeschrieben, eine zweite, bessere Natur zu erschaffen, unabhängig von der „unvollständigen“, „geizigen“ ersten Natur, ein Leben unabhängig vom mütterlichen Anfang, von mater arché. Wie sich im Folgenden zeigt, führt die Realisierung der Utopie einer naturunabhängigen zweiten „Natur“ allerdings nicht zum Schnee-*Paradies* sondern zur „Kunstschnee-Hölle“, zur Dystopie.

3.4. Von der Utopie zur beginnenden Dystopie Die weitere Transformation und Zerstörung des ohnehin schon schwindenden Gletschers

Das maschinentechnisch-kapitalistische Patriarchat ist als jene Phase auf dem Weg zur Realisierung der patriarchalen Utopie zu erkennen, in welcher der Übergang vom utopischen Idealismus zum utopischen Materialismus[261] vollzogen wird. Die tatsächliche, materielle Umsetzung patriarchaler Vorstellungen von Naturüberwindung und -ersetzung und damit die utopische Unabhängigkeit von der Natur finden konkret in ihrer Transformation in Waren und Geld sowie in der Ersetzung durch Maschinen und deren Produkte statt. Doch die versuchte Realisierung dieser Utopie verschafft keine paradiesischen Zustände, im Gegenteil, sie wird zur Dystopie.[262] Diese Dystopie, als das zerstörerische Resultat der versuchten Realisierung der patriarchalen Utopie, ist deshalb „logische“ Konsequenz, da ihre Vorläuferin, die Utopie selbst, mit ihrer Prämisse der „Schöpfung aus Zerstörung“ bereits auf der Vernichtung der irdischen Lebensbedingungen aufbaut. Der zerstörerische Charakter der patriarchalen Utopie wird als Dystopie für diejenigen, welche die Augen offenhalten und das Mitgefühl für die Natur noch nicht gänzlich verloren haben, zusehends augenscheinlicher und sinnlich spürbar. Die tatsächlich bereits begonnenen *Versuche* der Umsetzung der Utopie bedeuten die kontinuierliche Zerstörung des Topos, die tatsächliche, utopische *Realisierung* der Utopie hingegen würde die endgültige Auslöschung des Topos bedeuten. Doch dies ist in Wirklichkeit nicht möglich, es bleibt utopisch, da der

260 Werlhof in: Sitter-Liver, 2007, S. 425

261 Zu diesen Begriffen siehe Werlhof in: Sitter-Liver, 2007, S. 442. Von einem patriarchalen Idealismus auf den ein patriarchaler Materialismus folgt spricht Behmann in: Projektgruppe „Zivilisationspolitik“, 2009, S. 120

262 Werlhof: Das Patriarchat…, in: Projektgruppe „Zivilisationspolitik“, 2009, S. 79

Gletscher nach wie vor der Ort ist, wo das Geschehen stattfindet, auch jenes der versuchten Naturersetzung. Gletscherskilauf ohne Gletscher selbst wäre ein absurdes Unterfangen, darauf läuft das patriarchal utopische Projekt in seiner letzten denkbaren Konsequenz allerdings hinaus. Die utopischen Vorstellungen einer reinen Kunstschnee-Landschaft, in der es das ganze Jahr möglich wäre Ski zu fahren, unabhängig von Wetter und Natur, entfernen und zerstören ihren eigenen Grund, konkret den dahin schmelzenden Gletscher. Die Kunstschnee-Herstellung ist demnach kein Ausweg aus der Krise sondern verschärft diese zusehends, indem sie noch mehr Natur und Gletscher zerstört.

„Kunstschnee ist keine Lösung. Durch Einsatz von Kunstschnee auf großen Flächen wird der Wasserhaushalt von Gebirgsbächen, der beschneiten Flächen selbst, sowie von hangabwärts liegenden Flächen massiv verändert. Die sensible alpine Vegetation weist irreparable Schäden auf. Nichtsdestotrotz wird im gesamten deutschen Alpenraum die künstliche Beschneiung kurzfristigen ökonomischen Interessen folgend massiv ausgebaut.“[263]

Der Blick auf die Details zeigt weitere Schädigungen an der Natur, etwa die Verschmutzung des Gletschers durch Öle und Fette aus den Schneepräparierungsmaschinen. Aber auch der Prozess der Industrialisierung im Alpenvorland zeigt seine Auswirkungen, eine Tatsache die wiederum die im Zusammenhang mit der Wahrnehmung des Gletschers als Wasser- und damit lebensspendenden Ort erwähnte Verbundenheit von „unten“ und „oben“, Ebene und Berg zeigt, in guten wie in schlechten Zeiten. Die Schadstoffe aus den Industriebetrieben und Verkehrssystemen in der Ebene können über weite Strecken von Luftströmen transportiert werden und sich im „ewigen“ Eis ablagern. Schmelzen die Gletscher, so fließen diese Schadstoffe, Chemikalien, Öle und Fette mit dem Schmelzwasser in den nächsten Gletschersee und/oder ins Tal.[264] Die ehemals Leben spendende „Gletschermilch“ wird zum schädlichen „Industrie-Cocktail“. Es ist ein zerstörerischer (Wasser-)Kreislauf aus dem es buchstäblich kein Entrinnen gibt.

Die Naturzerstörung am Gletscher ist gerade deshalb derart gravierend, da das alpine Ökosystem relativ labil und sensibel ist. Es braucht daher einen *„besonders sorgfältigen und überlegten Umgang mit der Natur“*, wenn der Mensch sich das Ökosystem Berg, zu dem der Gletscher gehört, als Lebensraum erhalten will. Geschieht dies nicht, dann zeigen sich *„kleinste Veränderungen und Störungen im Verhältnis Mensch-Natur sofort sehr deutlich im*

---

263 Aus: „Der Berg ruft! Um Hilfe.“ Broschüre Alpen, Bündnis 90/Die Grünen Bundestagsfraktion (Hrsg.), Berlin, ohne Jahresangabe

264 Vgl. Ergebnisse der Studie „Environmental Science and Technology“, auf: www.news.admin.ch/message/?lang=de&msg-id=29485 (06.11.09)

Landschaftsbild".[265] Der Massentourismus mit all seinen „Notwendigkeiten" zerstört eine Basis des Lebens in den Alpen, den Gletscher, mitsamt seinem lebenspendenden Wasser in Form von Schnee und Eis. Durch diese Zerstörung der eigenen Grundlagen sägt das kapitalistische System an seinem eigenen Ast, nämlich am ökologischen Gleichgewicht der (alpinen) Natur. Damit wird gerade nicht die Zukunft der nächsten Generationen garantiert, sondern ein entfremdetes, getrenntes Generationenverhältnis durchgesetzt sowie die Basis eines zukunftsfähigen Lebens in den Alpen zerstört oder wie es Bätzing ausdrückt: „*Die (massentouristische) Entwicklung ruiniert ihre eigene Grundlage und Voraussetzung.*"[266]

> *„Vor diesem Hintergrund (dem Klimawandel) mutet die Aufrüstungswelle mit Schneekanonen geradezu absurd an ... Die künstliche Beschneiung fördert die Illusion von weitgehender Machbarkeit. Schneereiche Winter, die vor allem durch Energieverschwendung immer seltener werden, sollen für eine Übergangszeit durch weitere Energieverschwendung zurückgekauft werden."*[267]

Selbst jene Maßnahmen, welche zum angeblichen Schutz des Gletschers getroffen werden, sind in Wahrheit Teil des zerstörerischen Ausbeutungsprozesses: Mit Planen und Abdeckungen in Form von weißem Kunststoff-Vlies werden in den Sommermonaten die Reste des dahin schmelzenden Gletschers zugedeckt und so vor der Sonneneinstrahlung „geschützt". Dieser Gletscher-"Schutz" stellt sich jedoch nicht auf die Seite der Natur, er vertritt die Interessen des herrschenden Systems und soll die Weiterführung der „Schöpfung aus Zerstörung" ermöglichen. Vom sterbenskranken Patienten Gletscher wird versucht so viel wie möglich an letzter Materie zu erhalten, um ihn weiterhin als billige Naturressource für den schnellen Profit ausbeuten zu können. Das weiße Vlies wird damit zum „goldenen Vlies", denn es hat die Aufgabe, das „weiße Gold" Schnee und damit seine Verwertung in Geld auch in Zukunft zu sichern. Der Gletscher ist in dieser Wahrnehmung lediglich auszubeutendes Wasser-, Energie[268]- und Ski-Reservoir. Dieser „Naturschutz" entspricht keiner naturfreundlichen, sorgenden Denkweise, sondern ist nutzen- und profitorientiert, der angebliche Schutzbedarf des Gletschers wird als Argumentationsschiene für ökonomisch-kapitalistische

265 Beide Zitate aus: Bätzing, 1986, S.I, siehe auch www.agrar.de/agenda/agd21k13.htm (06.09.10)

266 Bätzing, 1986, S. 108

267 Doering/Hamberger, 1996

268 Zu den Auswirkungen der Gletscherschmelze auf den Energiesektor siehe Formayer/Clementschitsch/Hofstätter/Kromp-Kolb, 2008, S. 13f.

Interessen missbraucht. Er wird nur deshalb geschützt, um auch in Zukunft als Ressource und Objekt der Ausbeutung zur Verfügung zu stehen. Dieser Art von Naturschutz[269] liegt kein lebensfreundliches[270], egalitäres Naturverhältnis zugrunde, der Schutz gilt der „schwachen", „machtlosen" Natur als dem Menschen unterworfenes Objekt. Ökologische Verantwortung und Rücksichtnahme haben in der sich steigernden Wachstums- und Zerstörungsmentalität des globalen Kapitalismus keinen Platz, sogar die totale Vernichtung des Topos wird buchstäblich in Kauf genommen. Das ist die eigentliche Unvernunft der angeblich „vernünftigen" und zukunftsfähigen, patriarchalen Utopie: Sie schafft ihre eigene Lebensgrundlage ab[271], in einem Prozess permanenter Schöpfung aus Zerstörung, durch den auf lange Sicht gesehen mehr vernichtet als geschaffen wird.

4. Es gibt keine Alternative!? Die Darstellung des patriarchalen Naturumgangs am Gletscher als einzig zukunftsfähigen Weg

Angesichts der Erkenntnisse, die sich durch die patriarchatskritische Perspektive auf das gegenwärtige Geschehen am Gletscher ergeben, stellt sich vor allem eine Frage: Wie kann es sein, dass dieses Geschehen immer noch als einziger gangbarer Weg in die Zukunft propagiert und relativ kritik- und widerstandslos hingenommen wird?[272] Dies ist nur möglich, so die These, indem bewusste Methoden eingesetzt werden, die mit der von Renate Genth hinsichtlich der Maschinisierung der Verhältnisse erarbeiteten Analyse des *„Fundamentalismus der säkulären Industriegesellschaften"*[273] in Verbindung gebracht werden können. Im Folgenden sollen diese Methoden aufgezeigt und näher erläutert werden.

Hinsichtlich der Erfindung der Maschine und ihrer Produkte sowie der Maschinisierung der Verhältnisse bis zur Analyse des herrschenden Systems als Megamaschine[274] kann die „Tabuisierung" als Methode erkannt werden. Diese Methode versucht ein Hinterfragen und Kritik von Beginn an auszuschließen.

269 Zu den wahren Interessen, die hinter dem Naturschutz stecken, siehe die Ausführungen von Werlhof in: Werlhof, 1991, S. 165-177.

270 Einziger „sorgsamer" Hinweis ist der Verweis darauf, dass dieses Vlies atmungsaktiv sei und damit für die Lebewesen im Gletschereis nicht schädlich.

271 Vgl. Peskoller, 1997, S. 170

272 Die Anzahl an kritischen Analysen und kritisch-wissenschaftlicher Literatur zum Thema Naturverhältnis und Alpenraum ist äußerst gering.

273 Genth, 2002, S. 124

274 Mumford, 1977

Über das wirkliche „Wesen" der Megamaschine Kapitalismus, seine Naturfeindlichkeit sowie seine Utopie von einem unbegrenzten Wachstum, wird ein Diskussionstabu gestellt, das jede aufkommende Kritik in ihrem Keim zu ersticken versucht. Die Megamaschine ist angeblich alternativlos, ein Austreten aus dem System[275] steht aufgrund der Totalität dieses Systems nicht zur Debatte. Genth spricht im Zusammenhang mit der Maschinisierung wie bereits erwähnt von einem „Fundamentalismus"[276], durch den die Maschine kritikfest gemacht wird. Dieser Fundamentalismus ist auch ein Totalitarismus, indem er sämtliche Verhältnisse umfasst und vereinnahmt, einschließlich des Denkens, Fühlens und der Wahrnehmung.

Die Vereinnahmung der Kommunikation und der Verlust der Kommunikationsfähigkeit mit der Natur sind Zeichen der eigentlichen Unvernunft des patriarchalen Naturverhältnisses, das von einem fehlenden Vernehmen[277] geprägt ist, das heißt von einer fehlenden naturverbundenen Wahrnehmung. Unvernunft herrscht aber auch hinsichtlich der Krisenhaftigkeit, Problematik und Ernsthaftigkeit des gegenwärtigen Umgangs mit dem sterbenden Gletscher. Es stellt sich die Frage nach dem Grund für die patriarchale Unvernunft. Eine erste plausible Erklärung findet sich in folgendem Zitat:

> *„Wie die geplante Abschaffung der Mutter, so ist die – angeblich mögliche – Abschaffung der Natur wieder mit keinen Ängsten verknüpft (Dahl 1989). Das verweist auf einen bestimmten paradoxen Phantasiemangel vieler Utopisten: Sie wissen gar nicht (mehr), dass die Natur eine lebendige Ordnung ist, auf die wir im wahrsten Sinne natürlich gar nicht verzichten können, ob uns das passt oder nicht."*[278]

Die Unwissenheit und Ignoranz der Utopisten basiert auf der fehlenden Wahrnehmung der Verbundenheit mit der lebendigen Natur, die in Wirklichkeit alles andere als ein totes Objekt ist. Letztere Zuschreibung ist Teil der patriarchalen Darstellung von Realität, wie anhand der Analyse der Methode der Objektivierung von Natur bereits aufgezeigt wurde. Hier lässt sich ein Zusammenhang mit Hannah Arendts These der „Banalität des Bösen"[279] erkennen. Die damit gemeinte Ignoranz und Unempfindlichkeit gegenüber dem eigenen Tun und dessen Auswirkungen resultiert aus einem verlorenen Bezug zur Wirklichkeit:

---

275 Veronika Bennholdt-Thomsen spricht von einem notwendigen „jump out of the picture" als Weg aus der gegenwärtigen Krise. Siehe ihren Beitrag in: Projektgruppe „Zivilisationspolitik", 2011

276 Genth, 2002, S. 124

277 Vernunft ist eine Abwandlung von „vernehmen", Kluge, 2002, S. 955

278 Werlhof in: Sitter-Liver, 2007, S. 444

279 Vgl. Genth in: Projektgruppe „Zivilisationspolitik", 2009, S. 31

Sowohl die Wahrnehmung der Verbindung zur Natur als auch die Verbundenheit zum Topos, dem konkreten Ort und der dort gebildeten Kultur sind gestört. Diese Entfremdung von der Natur führt zu einem „Nicht-Erkennen-Können" oder „-Wollen" der wahren Konsequenzen des zerstörerischen Verhältnisses zu ihr. Ein Grund dafür kann in der Maschinisierung der Verhältnisse gesehen werden, was sich hinsichtlich des Umgangs mit der Natur etwa in der bereits erörterten Objektivierung ausdrückt. Die Maschine selbst ist es aber auch, die zur Entfremdung führt, indem sie die unmittelbare Naturerfahrung besetzt und sich zwischen Natur und Menschen schiebt. Natur wird dann maschinell, durch und über die Maschine erfahren, wie das Beispiel des Ingenieurs zeigt, der von seinem Büro aus per Knopfdruck die Kunstschnee-Erzeugung steuert. Das Tun der Macher dieser Maschinen und derer, die sie in den Bergen installieren, ist „banal"[280] in dem Sinne, dass über die umfassenden Konsequenzen für Mensch und Natur nichts gesagt wird, sie werden bewusst ausgeklammert beziehungsweise vertuscht und verschwiegen. Die Sichtweise hinter diesem Tun ist keineswegs eine weit gefasste, sich an den Bedürfnissen und am Nutzen aller orientierende, was der ursprünglichen Bedeutung von „banal" als „gemeinnützig" entsprechen würde; vielmehr ist sie eine enge, auf die Interessen einiger weniger ausgerichtete, die auf den schnellen Profit und die kurzfristige „Lösung" der aktuellen Probleme, wie Schneemangel und Gletscherschmelze, abzielt. Sie dreht sich um das „Wohl" einer Elite, der wenigen, die bereits im Herbst zum Skifahren auf den Gletscher kommen (können) und derjenigen, die durch diesen Tourismus schnelles Geld kassieren. Macher und Konsumierende blenden die Auswirkungen ihres Tuns aus, sie können und wollen die Konsequenzen nicht wirklich wahrnehmen und nachempfinden, ihre Wahrnehmung und ihre Sensibilität sind durch die Totalität sowie die Heilsversprechungen der patriarchalen Utopie vereinnahmt.

> *„Denn es wird weiterhin an das utopische Versprechen des Patriarchats geglaubt. Deshalb wird die laufende Annihilation des Lebens auf der Erde nicht ernst genommen, und es wird ihr kein Einhalt geboten."*[281]

Neben der „Banalität des Bösen" lassen sich noch andere Methoden als Erklärung für die fehlende Kritik am zerstörerischen Umgang mit dem Gletscher erkennen. Angelehnt an Hannah Arendts Formulierung kann nicht nur von einer Banalität,

280 Banal ist ihr Tun nur dahingehend, dass es der modernen Bedeutung des Begriffes entspricht, die Kluge als „nichtssagend" anführt. In seiner ursprüngliche Bedeutung meint banal „gemeinsam, gemeinnützig", später wird es über die Bedeutung „normal" zu „nichtssagend". Kluge, 2002, S. 85

281 Werlhof in: Sitter-Liver, 2007, S. 424

sondern auch von einer *Banalisierung des Bösen* gesprochen werden, als die bewusste Verharmlosung und „Normalisierung“[282] des naturzerstörerischen Tuns. Der feindliche Umgang mit dem Gletscher sowie die Schöpfung einer zweiten Natur in Form von Kunstschnee werden durch die Häufigkeit ihres Vorkommens zur „normalen“ und angeblich alternativlosen Vorgehensweise. Kunstschnee wird durch seine Quantität zur Normalität, wenn der Großteil der Skipisten wenig oder kaum mehr aus Naturschnee besteht. Hinzu kommt die Darstellung und Vermarktung der Kunstschnee-Herstellung, die sie zum „Normalfall“ werden lässt. Dies zeigt sich etwa in der Verwendung der Begrifflichkeiten. An die Stelle der Bezeichnungen „Kunstschnee“ oder „künstlicher Schnee“ werden die Ausdrücke „technischer Schnee“ oder sogar „Kulturschnee“[283] gesetzt. Das Künstliche soll demnach Kultur sein, eine neue Form von Kultur, die nicht den sorgsam pflegenden und lebensfreundlichen Umgang meint, sondern den maschinellen, naturfeindlichen Umgang durch die Schaffung einer künstlichen, technischen Ersatz-Natur.

Eine weitere Methode ist die Verdrehung oder Verkehrung des zerstörerischen Naturumgangs, wenn davon die Rede ist, dass es eigentlich um den Schutz und Erhalt des Gletschers ginge. Die Argumentation lautet: Kunstschnee-Produktion am Gletscher ist Gletscherschutz.

> *„Denn jüngste wissenschaftliche Versuchsreihen geben berechtigten Anlass zur Hoffnung, dass gerade die Seilbahnwirtschaft den Gletscherschutz massgeblich vorantreiben kann.“*[284] *„Je früher wir den Teich [405.000 Kubikmeter großer Speicherteich am Tiefenbachferner bei Sölden auf 3000 Meter Höhe, zur Wasserentnahme für die Kunstschneeproduktion im Winter, Anm. U.Sch.] fertig haben, desto schneller können wir dem Gletscher das zurückgeben, was er braucht. Nämlich das Wasser, das am Gletscher im Sommer schmilzt. Wir tragen es im Winter als Schnee wieder auf.“*[285] *„Uns geht es darum, unsere Philosophie der nachhaltigen ökologischen und ökonomischen Nutzung dieses einmaligen Skigebietes fortzuführen.“*[286]

Auch der durch den snowmaker gewonnene Schnee käme der Erhaltung des Gletschers zu nutzen, so das Argument: *„Der produzierte Schnee kann gerade im Frühherbst dazu eingesetzt werden, wie eine schützende Decke über die Substanz*

---

282 Vgl. hier die ältere Bedeutung von banal als „normal“, Kluge, 2002, S. 85

283 Hahn, 2004, S. 3

284 Bergbahnen Sölden: Die Bahnen – Journal der Bergbahnen Sölden II/08, Sölden, 2008, S. 9

285 Eberhard Schultes, Gebietsleiter der Bergbahnen Sölden in: Bergbahnen Sölden: Die Bahnen – Journal der Bergbahnen Sölden Ausgabe 5, Jänner 2010, S. 10.

286 Hans Rubatscher, Geschäftsführer der Gletscherbahnen in einer Presseaussendung, www.pitztaler-gletscher.at (29.03.10)

unseres Gletschers gelegt zu werden."[287] Eine Kunstschneedecke, die, wie das vorhin erwähnte weiße Vlies, als notwendige Maßnahme und als „Heilmittel" präsentiert wird. Beide Bedeckungen können aber auch als Leichentücher für den sterbenden Gletscher gesehen werden.

Eine weitere Vorgehensweise, die zur fehlenden Kritik am patriarchalen Naturumgang mit dem Gletscher führt, ist jene der Ausblendung und Verheimlichung seiner Auswirkungen sowie des tatsächlichen Zustandes der Natur. So wird etwa jene Wirklichkeit ausgeblendet, die zeigt, dass Schneemangel und Gletscherschmelze keine kurzfristigen Erscheinungen eines schnell lösbaren Problems sind, sondern Ausdruck einer tiefen Krise der natürlichen Lebensbedingungen. Da es die Erfindung der Maschinen, ihre Logik und die Maschinisierung der Verhältnisse selbst sind, welche unter anderem diese Krise verursachen, ist es absurd zu denken, die Lösung für die Zukunft liege in der (Schnee-) Maschine und ihres Produktes Kunstschnee. Die Auslöser des Problems können nicht seine Lösung sein.

Der Blick auf die Darstellung und touristische Vermarktung der Kunstschnee-Herstellung zeigt ebenso den bewussten Einsatz der Methoden der Verheimlichung und Ausblendung. Geworben wird mit Bildern einer heilen, unberührten Natur, mit dem Gletscher als weiße Wildnis, die nur so viel beziehungsweise so wenig an menschlichen Spuren aufweist, wie notwendig sei. Naturschnee ist lediglich Dekoration und Teil der schönen Hintergrundkulisse für die Werbebilder. So kommt der benötigte Schnee für die Piste der Skirennen des jährlich bereits Ende Oktober stattfindenden Weltcup-Auftakts am Rettenbach-Gletscher nur mehr aus den Schneekanonen.[288] Der Kunstschnee sei angeblich besser präparier-, also kontrollier- und transformierbar. Um den Untergrund „rennfit" zu machen, werden Gletscherspalten mit Gletscherschnee, der unter den weißen Vlies-Planen den Sommer über „geschützt" wurde, zugeschüttet und Unebenheiten geglättet. Man richtet sich den Gletscher so, wie man ihn braucht, das Endprodukt ist eine „schöne", „schneeweiß-geschminkte" Leiche, die allerdings von den wenigsten als solche wahrgenommen wird. Das Ausmaß an vor Ort tatsächlich sichtbarer und unsichtbarer[289] Infrastruktur, Bearbeitung und Zerstörung von Natur, die es braucht, um die Kulisse für den Gletscherskilauf herzustellen, wird nicht gezeigt, so wenig wie die daraus entstehenden Folgen

287 Rubatscher, www.pitztaler-gletscher.at (29.03.10)

288 Siehe Bergbahnen Sölden: Die Bahnen – Journal der Bergbahnen Sölden, Ausgabe 11, Jänner 2013, S. 10f.

289 Hier sei etwa auf die Leitungen, Kabel und Rohre verwiesen, die für die Kunstschneeherstellung unterirdisch verlegt werden müssen.

und Schäden, etwa durch Verkehr, Abwasser und Müll. Nach außen hin wird eine Kulisse, ein Trugbild vor die Wirklichkeit geschoben[290], die des perfekten, unberührt weißen Gletschers. Die negativen Auswirkungen werden dahinter versteckt und unter den „Kunstschnee-Teppich" gekehrt. Die Darstellung des Gletschers als Ort der Erholung und der Zu-Flucht aus dem kapitalistisch geprägten Alltag wird angesichts der fortlaufenden Naturzerstörung zum Trugbild. Seine Nutzung als Kulisse für Events und Großveranstaltungen schiebt sich vor die brutale Realität, die weitere Ausbeutung und Naturzerstörung im Sinne der touristisch-kapitalistischen Profitmaximierung. An der Stelle der tatsächlichen Tragödie wird durch das perfekt inszenierte und gestaltete Kunstschnee-Bühnenbild eine scheinbare Komödie inklusive „Spaß-" und „Fun-Ski-Kultur" vorgespielt. Hier knüpft die Analyse der nächsten Methode, jener der Vernebelung und Blendung an, die mit der Methode der Ausblendung und Verheimlichung zusammenhängt. Die Unterhaltung und Stillhaltung der Massen durch „Brot und Spiele" ist als herrschaftliche Taktik am Topos Gletscher angekommen. Heilsversprechungen und schnelles Geld werden als angeblicher Beweis dafür, dass es nur die kapitalistische Tourismuswirtschaft ermöglicht, im Tal zu überleben, wie „Brot" an die Menschen verteilt, „Spiele" in Form von Events und Wettbewerben in der Gletscherarena inszeniert. Der dadurch geschaffene „*Schneekult als wahrhaftigen Religionsersatz*"[291] zeigt sich beispielsweise an den Spektakeln rund um den Skirennsport, die auch auf dem Gletscher durchgeführt werden und zu denen Tausende von Menschen hin „pilgern".[292] Hier wird die Erinnerung und Sehnsucht an die alte kultische Verehrung des Gletschers[293] sowie die Reste einer naturfreundlichen, älteren Kultur missbraucht und transformiert. Es ist jedoch nicht die lebensspendende Eigenschaft des Gletschers, die im modernen Schneekult „verehrt" wird, sondern seine Verwertung als Ware für die kapitalistische Tourismusmaschinerie. Mit Vergleichen wie die „*Gletscher sind die*

290 „Kulisse" kommt von „verschieben", Kluge, 2002, S. 545. Es ist also etwas, das keinen fixen Ort hat und damit u-topisch ist.

291 Haid, 1990, S. 230

292 „*Hochkarätige DJ- und Live-Acts in alpiner Kulisse erleben – Sölden macht's möglich*", lautet die Bewerbung des „Electric Mountain Festival" im Skigebiet von Sölden. Vgl. Die Bahnen, das Magazin der Bergbahnen Sölden, 2013, S. 6.

293 In den Anden etwa und im Himalaja finden heute noch Wallfahrten zu Gletschern statt, in denen diese als Lebensspender verehrt werden. Reste dieser matriarchalen Kultur finden sich im Alpenraum etwa in diversen Sagen wieder, mehr dazu im Teil II, Kapitel Topos Gletscher.

Weizenfelder"[294] wird bewusst an die matriarchale Wahrnehmung des lebenspendenden Gletschers angeknüpft. Es handelt sich dabei jedoch um eine Perversion, denn diese „Felder" bringen ein „Brot", das man nicht essen kann - den Profit für einige wenige. Welch groteske Formen die „Zirkusspiele" am Topos Gletscher sowie seine Inszenierung als Kulisse annehmen, zeigt das alle zwei Jahre im April stattfindende Spektakel „Hannibal" am Rettenbachferner in Sölden: Ein Spektakel, bei dem Hubschrauber, Pistenraupen, Schneemaschinen und bei seiner Premiere sogar echte Elefanten unter großem technischen Aufwand die Alpenüberquerung des römischen Feldherren Hannibal darstellen sollen.

> *„Eine Alpeninszenierung, wie es die Welt noch nie gesehen hat ... Tobender Applaus inmitten der Stille der Bergwelt auf fast 3000 m Höhe ... und das pyrotechnische Feuerwerks-Spektakel am Gletscherhorizont."*[295]

> *„Im Laufe der letzten zwei Jahrhunderte verwandelten sie die unberührte Bergwelt in eine High-Tech-Eventlandschaft, die den höchstmöglichen Gewinn erbringen soll."*[296]

Das ehemals wahrgenommene „*Wunder der Natur (wird) ersetzt durch das Wunder der Technik*"[297]. Der ehemals wahrgenommene Gletscher als wunderbare Anderswelt, in der die seligen Saligen Fräulein[298] wohnen, ist zur „wunderbaren" Maschinenwelt geworden, in der die unseligen Macher an ihrer Utopie einer Kunstschnee-Welt eifrig weiter werkeln.

„Die ‚heile' Welt der Saligen steht in scharfem Kontrast zur brutalen Eroberung bzw. Erschließung der Gletscher für den Massentourismus, den Skilauf, die spektakulären Events der Touristiker von Sölden. Die geheimnisvolle ‚Anderswelt' wird zur Ware."[299]

Mit den bisher dargestellten und patriarchatskritisch betrachteten Methoden gelingt es den Mächtigen und Verantwortlichen beinahe kritik- und widerstandslos mit der Zerstörung der Lebensgrundlage für alle fortzufahren. Ein Innehalten ist nicht vorgesehen, weiterlaufen im Konkurrenzsystem des kapitalistischen Patriarchats lautet die Devise, getrieben von der Gier nach Gewinnmaximierung und der Utopie einer schönen, neuen (Kunstschnee-)Welt.

---

294 So die Worte eines politischen Vertreters bei der Einweihung einer neuen Gletscher-Seilbahn, Zitat aus: Haid, 1990, S. 235

295 Eigenwerbung Sölden, Tourismuszeitung 2001, zitiert nach Haid, 2002, S. 199

296 „Back Stage of Reality / Blick hinter die Kulissen der Wirklichkeit", Parkett No. 81, 2007

297 Frömming, 2005, S. 182

298 Vgl. dazu den zweiten Teil dieser Arbeit

299 Haid in: Alpenvereinsjahrbuch Berg 2004, S. 52

Kurzfristige Profit-Interessen werden dabei über das langfristige Wohl aller Lebewesen gestellt. Den Gewinn des zerstörerischen Tuns kassieren einige wenige, die wahren Kosten und Konsequenzen für die Natur und die zukünftigen Generationen werden der Allgemeinheit aufgebürdet.

> *„Mutter und Mutter Natur [werden] heute immer mehr so behandelt, als ob sie demnächst verschwunden wären [was auf die Alpen-Gletscher tatsächlich zutrifft, Anm. U.Sch.] oder sein könnten, ohne, dass dies ein Problem für das Leben darstellen würde.“*[300]

„*Wir basteln an einem neuen Highlight: Über die Jahre wollen wir einen mächtigen Starthügel aufbauen*“, präsentiert der Pressesprecher des Söldener Skiweltcup-Rennens die Zukunftsaussichten im Jahr 2011.[301] Wenn der Gletscher schmilzt, dann wird eben ein neuer, künstlicher geschaffen, durch Kunstschnee-Aufschüttungen, das Zuschütten der Gletscherspalten und einen künstlich-utopischen, deplatzierten Schneeberg/Starthügel mitten auf dem Gletscher. Die versuchte Ersetzung des Gletschers als ein Topos des Berges hat bereits begonnen. Dass dieser Prozess auch an den anderen Topoi erkennbar ist und auf welche spezifische Art und Weise er sich an den jeweiligen Verortungen zeigt, werden die nun folgenden Ausführungen zeigen. Die bereits am Topos Gletscher dargestellten patriarchal-alchemistischen Methoden sind auch an den anderen Topoi zu erkennen. Um einer umfassenden patriarchatskritischen Betrachtung des Ist-Zustandes auch an den anderen Berg-Orten gerecht zu werden, ist die erneute Herausarbeitung dieser Methoden und ihrer spezifischen Anwendungen am jeweiligen Topos unerlässlich.

---

300 Werlhof: Das Patriarchat …, in: Projektgruppe „Zivilisationspolitik“, 2009, S. 69

301 „Das Rennen aus der Kanone“, Tiroler Tageszeitung, 08.10.11, S. 31

Oben
Topos Gipfel
Zerbröckelnder Höhepunkt Natur unterwerfender Eroberung und Besetzung

1. Szenario / Verortung II: Die Kolonisierung[302] des Gipfels

Tirol
Ötztaler Alpen
Gaislachkogel
ca. 3040 m über dem Meer

Eine neue Bergstation wölbt sich kuppelartig geformt über den Gipfel. Das Konstrukt aus Beton, Stahl und Kunststoffplanen vereinnahmt den Ort und zieht die Aufmerksamkeit auf sich. Es lässt die natürliche Erscheinung des Topos in den Hintergrund rücken. Jener Teil, der (noch) nicht verbaut wurde und als natürlicher Felsaufbau den oberen Bereich des Gipfels bildet, scheint ein Übriggebliebenes von Natur zu sein. Dem Anschein nach wird dieser Teil nur deswegen noch in seiner ursprünglichen Form geduldet, um als „Sockel" für ein Gipfelkreuz zu fungieren – ein Fotomotiv knapp oberhalb einer Höhe von 3000 m, das den massenhaft[303] herauf transportierten (Ski-)Tourist_innen aus aller Welt perfekt ins Urlaubsbild passen soll. Der größere Anteil des ehemaligen Gipfelaufbaus hingegen zeigt sich maschinentechnisch verändert, er wurde abgetragen, geebnet, betoniert sowie bebaut, und auch der übriggebliebene Rest an natürlichem Fels musste mit Netzen stabilisiert und betoniert werden, da er als Folge der Baumaßnahmen zu zerbrechen drohte. Diese Veränderungen führen dazu, dass der Gipfel – die wortwörtliche Fels*kuppe*[304] – nicht mehr als

302 „Kolonialisierung" im ursprünglichen und tatsächlich stattfindenden Sinne als eine Bebauung des Gipfels, das Wort stammt von lateinisch „colonus" für „Ansiedler, Bebauer", siehe Kluge, 2002, S. 511.

303 Die neue Bahn kann bis zu 3600 Personen pro Stunde auf den Gipfel transportieren. Sölden – Hotspot der Alpen, 2011, S. 5

304 Der Begriff Gipfel hängt etymologisch mit „Kuppe" zusammen, siehe Kluge, 2002, S. 358.

solche erkennbar ist.[305] Die natürliche, lebendige Wölbung aus Fels, Schnee und Eis wurde durch eine *kuppel*artige, künstliche, inhaltslose[306] und tote Form aus Beton, Stahl und Kunststofffolien ersetzt. Es handelt sich dabei zum Einen um eine maschinenlogische Formierung im übertragenen Sinne: Natur wird durch das kapitalistisch-patriarchale Naturverhältnis in eine *„maschinenlogische, ökonomische Verwertungsressource"*[307] transformiert, deren „Wert" an der Logik des Geldes und der Maschine gemessen wird. Die touristisch-kapitalistische Natur-in-Geld-Verwertungsmaschinerie ist auf dem Gipfel ihres Schaffens angelangt. Zum Anderen findet aber auch eine maschinenlogische Formierung im buchstäblichen Sinne statt als tatsächliche maschinentechnische Um- und Überformung des ursprünglichen natürlichen Topos Gipfel durch eine neue, künstlich hergestellte Form.

> *„Mit der organischen Form lehnen wir uns am Gipfel an, die Bahn ist so ein Teil der Landschaft, fügt sich nahtlos ein und fungiert nicht als Störfaktor."*[308]

Diese Aussage macht die Argumentation der Kolonisatoren, also der Bebauer, deutlich: Das maschinentechnisch Hergestellte tritt auf, um der Natur zu entsprechen. Es füge sich derart in die Umgebung ein, dass schließlich kaum mehr eine Unterscheidung zwischen dem künstlich Konstruierten und dem von Natur aus Entstandenen getroffen werden könne.[309] Das Ausmaß an Naturzerstörung durch den Bau der neuen Kuppelform wird ausgeblendet und banalisiert[310], das Endprodukt als „natürlich" hingestellt. Die Natur wird nachgeahmt[311], diese Nachahmung entspricht jedoch nicht einer naturfreundlichen, mütterlichen

---

305 Ein extremes Beispiel der Verunstaltung eines Gipfels bildet die Zugspitze an der Grenze zwischen Tirol und Bayern. Die Veränderung von Natur bis zur Unkenntlichkeit lässt sich auch in anderen Bereichen erkennen, siehe Collard, 1988, S. 104.

306 Diese Form enthält keine Natur mehr und ist demnach eine inhaltslose Form, wie die Maschine. Vgl. Werlhof, 1991, S. 36

307 Genth in: Projektgruppe „Zivilisationspolitik", 2009, S. 37

308 Architekt Johann Obermoser in: Sölden-Hotspot der Alpen, Magazin, Jänner 2010, Innsbruck, S. 10. Die Architektur der neuen Bergstation ist eigentlich als Anti-Architektur zu bezeichnen, da sie sich gegen das ursprünglich Gegebene (arché) wendet, dieses zerstört und ersetzt. Im Begriff Architektur steckt arché.

309 Vgl. Werlhof, 1991, S. 202

310 Vgl. hier die Ausführungen zur Methode der „Banalisierung des Bösen" im vorherigen Kapitel Gletscher.

311 Ziel der Nachahmung oder Simulation von Natur ist ihre Ersetzung durch die Maschine. Vgl. Werlhof, 1991, S. 12

Mimesis[312], sondern ist Natur transformierend-alchemistisch. Hier, am Topos Gipfel, ist es das Ziel der Bebauer, die (Mutter) Natur nachahmend zu ersetzen oder sie ersetzend nachzuahmen. In dieser Methode drückt sich eine realisierende Fortführung jener Denkweise aus, die zu Beginn der Neuzeit aus der naturfeindlichen Haltung der patriarchalen Utopisten hervorging. So ebnet beispielsweise Francis Bacon in seiner Utopie „Nova Atlantis" späteren Umsetzungen eines patriarchalen, zerstörerischen Naturverhältnisses den Weg, indem er etwa schreibt, dass *„natürliche Umwelt durch Technik künstlich nachzuerschaffen"* sei.[313] Diese Utopie wird nun, Jahrhunderte später, und hier, am konkreten Topos Gipfel, Realität. Das maschinentechnisch Hergestellte ist pseudo-lebendig[314], es wird zur *„Quasi-Natur"*[315], die mit der wirklichen Natur verschmilzt, denn, so die weitere Behauptung der modernen Kolonisatoren: *„Der markante Baukörper der Bergstation legt sich harmonisch über den Gipfel."*[316] Die Argumentation von der künstlichen Form, die beinahe natürlich-organisch sei und sich in die natürlichen Gegebenheiten einfüge, gleichzeitig aber auch als markant, architektonisch spektakulär und aufsehenerregend beworben wird, zeigt die ihr inne liegende Widersprüchlichkeit und bringt die dahintersteckenden Methoden zum Vorschein, die da wären: Verdrehung – Natur ist leblos, das Maschinengemachte ist natürlich – und gleichzeitig Vertuschung beziehungsweise Verblendung durch den „schönen" architektonischen Schein. Das Ausmaß an Zerstörung beziehungsweise die wirklichen Konsequenzen dieses Naturumgangs mit dem Topos sowie die Maschinenhaftigkeit als die Leblosigkeit – der *„Makel des Toten als gesellschaftlich produziertem Totem"*[317] – werden durch die „schöne Form" verdeckt.[318] Der aufdeckende Blick zeigt die Wirklichkeit, wie sie ist: Das künstlich Hergestellte zerstört Natur und kann der lebendigen Naturform nie entsprechen, da ihm die Lebendigkeit, die Natürlichkeit sowie das Eingebunden-Sein in der Verbundenheit alles Seienden fehlt. Genth formuliert es so: *„Die maschinelle Quasi-Welt ist nur dem Schein nach Naturprozeß"*[319].

Ein weiterer Begriff aus der Genth'schen Analyse der Maschinisierung der Verhältnisse lässt sich erkennen, wenn vom technisch Gebauten als organische

312 Vgl. Genth, 2002 sowie Genth in: Projektgruppe „Zivilisationspolitik", 2009
313 Zitiert nach Merchant, 1994, S. 186
314 In Anlehnung an Behmann in: Projektgruppe „Zivilisationspolitik", S. 119.
315 Genth, 2002, S. 153
316 Die Bahnen – Journal der Bergbahnen Sölden, Ausgabe 7, Sölden, Jänner 2011, S. 5
317 Werlhof, 1991, S. 202
318 Vgl. Werlhof, 1991, S. 169
319 Genth, 2002, S. 159

Form die Rede ist. Mit dieser Argumentation wird dem maschinentechnisch Hergestellten eine Natürlichkeit zugesprochen, die unter die These des Animismus[320] des Maschinengemachten fällt als die „Beseelung“ und damit der Versuch der „Naturalisierung“ der Maschine und ihrer Produkte. Die Maschine sei angeblich beinahe Natur und ermögliche Naturwahrnehmung, sie bringe die Menschen der Bergnatur näher. „*Im Sommer hören Sie hier das Gras wachsen*“, lautet dem entsprechend einer der Werbesprüche auf den Gondeln der neuen Bahn, die auf den Gipfel führt. Abgeschottet in einer Kabine sitzen die Tourist_innen und sausen in Wirklichkeit in den wenigen Minuten, die es nun nur mehr braucht, um vom Tal auf den Gipfel zu gelangen, an den wenigen Grasresten vorbei, die nicht betoniert, planiert oder im Winter künstlich beschneit werden, um im Sommer wiederum kunstgedüngt zu wachsen. Naturwahrnehmung inmitten einer maschinentechnisch verformten und vereinnahmten Welt sei trotz oder gerade durch die Maschine quasi immer noch möglich, so die Behauptung. Das Erreichen des Gipfels geschieht jedoch beinahe losgelöst vom Berg, bodenlos und in luftiger Höhe, zudem beschleunigt, in wenigen Minuten Fahrzeit. Die Beschleunigung[321] hat ihren Sinn und ist gleichzeitig sinnlos beziehungsweise die Sinne los, denn die sinnliche Naturwahrnehmung wird durch die Beschleunigung beinahe verunmöglicht. Sie ist Methode, um eine wirkliche Be-*Sinn*ung zu verhindern, durch die das tatsächliche Ausmaß und die wirkliche Bedeutung dieses naturfeindlichen Umganges mit dem Berg wahrgenommen und erkannt werden könnten. Es ist nur dem Schein und den Werbeslogans nach eine sinnlich-annähernde Naturwahrnehmung, die in der naturzerstörerischen, beschleunigten Maschine sitzend passiert.

Auf dem Gipfel angekommen lässt der andere Blick, der sich nicht von der maschinentechnischen und werbetechnischen Verblendung beeinflussen lässt, die Seilbahnstation auf dem Gipfel wie einen Fremdkörper in der Landschaft erkennen. Das Fundament bildet eine nicht der Charakteristik dieses Bergtopos entsprechende, *ebene* Fläche aus Beton, der Aufbau besteht aus Kunststoff und Stahl. Es braucht Seile und Verankerungen um das Gebäude am Berg „festzuhalten“. Die Bahnseile und Stützen sind die Verbindung der Bergstation zum Tal, eine technisch-maschinelle, leblose Verknüpfung von „oben“ und „unten“, der verschiedenen Bergtopoi, die mit ihrer natürlichen Verbindung, etwa durch das lebensspendende Element Wasser, nichts mehr zu tun hat. Die architektonisch

320 Genth, 2002, S. 69f.

321 Genth sieht die Beschleunigung als eine Methode um die Maschine vor Kritik zu schützen. Vgl. Genth, 2002, S. 124

schöne Form der Seilbahnstation soll den Blick auf den dem Topos zugefügten Schaden ablenken und ihn, einem kosmetischen[322] „Make Up“ gleich, überdecken. Der natürliche Gipfel wird in seinem Stadium als zerstörter und getöteter Naturtopos aufgeputzt und „schön gemacht“, maschinentechnisch ästhetisiert.

Wie bereits im Untertitel dieses Kapitels angedeutet, kann der Umgang mit dem Gipfel als eine maschinentechnische Kolonisierung erkannt werden, die Kolonialisten sind im wahrsten Sinne des Wortes die Bebauer dieses Topos.[323] Der Gipfel wird bearbeitet und bebaut, buchstäblich kolonialisiert. Hier stellt sich die Frage nach der Art von Kultur, die sich aus diesem Naturumgang ergibt, denn sowohl „kolonisieren“ als auch „Kultur“ leiten sich ihrer ursprünglichen Bedeutung nach von lateinisch „colere“ für pflegen, bebauen ab. Die „Pflege“, welche die Bebauer dem Topos zukommen lassen, ist keine naturfreundliche, die Natur und das Leben umsorgende Kultur, die auf den Erhalt des Gipfels als Naturtopos ausgerichtet ist. Nicht die Verbindung und Abhängigkeit, so wie es etwa dem matriarchalen Verbundenheitsdenken entspricht, leitet dieses Tun an, vielmehr wird der Topos im Zuge einer entfremdeten, naturfeindlichen, maschinentechnisch geprägten „Kultur“ bebaut. Ziel ist die kapitalistisch-ökonomische Verwertung und schließlich Ersetzung dieses Naturortes. Die Seilbahnstation ist der in Form gebrachte Höhepunkt einer bereits mit der naturwissenschaftlichen und alpinistischen Eroberung sowie später maschinentechnologischen Erschließung der Berge begonnenen versuchten Realisierung patriarchaler Naturersetzungsutopie. Die künstlich hergestellte Form wird auf den Gipfel gestellt und als infrastrukturelle Notwendigkeit für die Zukunft des Überlebens im Tal dargestellt. Sie gilt als zukunftsweisend, auch deshalb, da sie bestimmten Auswirkungen der globalen Klimakrise, die in nächster Zeit vermehrt auftreten können, bereits technisch (aus)gerüstet begegnet.

2. Und er bewegt sich doch
Den Veränderungen des Berges maschinentechnisch begegnen

Die Auswirkungen durch die zu einem großen Teil von Menschen verursachte[324] gegenwärtig stattfindende Veränderung des Klimas, etwa in Form des Ansteigens

322 Ich lehne meine Argumentation hier an die Werlhof'sche These von der *„kosmetischen Verschönerung“* von Natur durch Landschaftsplanung und Naturschutz an, siehe Werlhof, 1991, S. 170.

323 „Kolonialisierung“ und „Kolonisator“ stammen von lateinisch „colonus“ für Ansiedler, Bebauer ab, siehe Kluge, 2002, S. 511.

324 CIPRA (Hrsg): CIPRA info, Nr. 80, Juli 2006, Schaan, S. 4

der durchschnittlichen Jahrestemperatur, sind im Alpenraum besonders deutlich und früher[325] als andernorts feststellbar. Eine der spezifischen natürlichen Erscheinungsformen in den Bergen ist der Permafrost. Damit wird der ganzjährig gefrorene Zustand von Böden ab bestimmten Höhenlagen bezeichnet, was eine verbindende und stabilisierende Auswirkung auf das Gestein hat. Das Auftauen des Permafrostes über das natürlich-zyklische Maß hinaus, das im Sommer bei entsprechend hohen Temperaturen nur die Oberfläche, aufgrund der Klimaerwärmung jedoch zusehends auch tiefere Gesteinsschichten betrifft, gilt als eine der größten Herausforderungen in alpinen Regionen.[326] *„Mit zunehmendem Schwund des Dauerfrostbodens findet eine Destabilisierung des Untergrundes statt.“*[327] Der Berg bewegt sich, der Untergrund verändert sich, Felsbrocken können abbrechen und es kommt vermehrt zu Steinschlägen, Fundamente von Bauten können verschoben werden.[328]

Am konkreten Topos Gipfel beziehen die Planer und Bebauer mögliche auftretende Probleme durch die Veränderungen des Permafrostes bereits in die Konstruktion der Seilbahnstation mit ein. Die Fundamente der Bergstation werden permanent technisch durchlüftet, die dadurch erzielte künstliche Kühlung soll ein Auftauen des umliegenden Permafrostes verhindern. Das Verschwinden des natürlichen Perma*frost*es wird mit einer künstlichen, *perma*nenten *Gefrierung*[329] zu ersetzen versucht. Verändert sich der Felsaufbau des Gipfels dennoch, kann technisch-hydraulisch reagiert und die Fundamente leicht bewegt werden. Der gesamte Gipfelbereich unterhalb des Baus befindet sich unter ständiger Kontrolle, jede Bewegung wird mittels elektronischer Messgeräte überwacht.

---

325 Zur Bezeichnung der Alpenregion als „Klimafrühwarnsystem“ siehe Formayer u.a., 2008, S. 12

326 Abschmelzen des Permafrostes, Gletscherrückgang und Ansteigen der Waldgrenze sind die hauptsächlichen Auswirkungen des globalen Klimawandels in Tirol, siehe Formayer u.a., 2008, S. 9

327 Formayer u.a., 2008, S. 12

328 *„Oberhalb von 3000 Meter taut inzwischen der Permafrost, das bringt Stützmauern von Bergstationen und Liftanlagen zum Bröckeln oder gar zum Einsturz – eine dramatische Entwicklung, der man in aller Eile versucht, mit Unmengen von Beton Herr zu werden, die meist nur mit dem Helikopter hinaufbefördert werden können.“* Siehe http://www.br-online.de/bayerisches-fernsehen/unter-unserem-himmel/oetztaler-alpen-zwischen-schoenheit-und-zerstoerung-oesterreich-ID1202303923161.xml?_requestid=1051202 (26.03.08)

329 Die Begriffe „Frost“ und „Gefrierung“ stammen etymologisch betrachtet vom selben Verb „frieren“ ab. Kluge, 2002, S. 316

„Die Stütze 3 [der Seilbahn, Anmerkung U. Sch.] wird auf Permafrost gegründet. Wegen der zu erwartenden Setzungen und Verschiebungen des vereisten Bodens wurden die Fundamente der Stütze 3 in den Richtungen längs und quer zur Bahnachse um jeweils 60 cm verschiebbar gebaut. Zusätzlich sind die sechs Fundament-Teile einzeln um bis zu 60 cm anhebbar.“[330]

Hier zeigt sich ein patriarchal-technisches Machbarkeitsdenken, das die Maschine über die Natur stellt, diese kontrolliert und „verbessert“, unter dem Vorwand, Lösungen für die möglichen problematischen Auswirkungen der sogenannten Klimakrise bereit zu stellen. An dieser Methode lässt sich ein weiterer Schritt im utopisch-patriarchalen Prozess der Beherrschung und versuchten Ersetzung der Natur entlarven, mit dem Versuch, durch ein größeres Maß an Maschinentechnik, Bebauung und Naturtransformation sowie Kontrolle der „wankelmütigen“, instabilen und „schwächelnden“ Natur zu begegnen.

3. Zum patriarchalen Umgang mit dem Gipfel Die Natur dämonisieren, erobern, besetzen und verformen

Die gegenwärtige Situation am Topos Gipfel kann als vorläufiger „Höhepunkt“ der versuchten Realisierung der patriarchalen Natur-Ersetzungsutopie erkannt werden. Nun stellt sich die Frage nach der Genese dieses feindlichen Umgangs mit der Natur. Welche Schritte in der Veränderung des Verhältnisses zum Topos Gipfel wurden im Laufe der Geschichte vollzogen, um die Abtragung, Verformung, Bebauung und schließlich die geplante Ersetzung des Gipfels als „normalen“ Verlauf der Geschichte relativ widerstandslos hinzunehmen? Welche Art des Naturverhältnisses spiegelt sich darin wieder, und wie veränderte sich dieses im Laufe der letzten Jahrhunderte?[331]

Der Gipfel ist aufgrund seiner natürlichen Gegebenheiten kein Topos für die Menschen im Sinne eines permanenten Lebens- und Aufenthaltsortes. Er wurde im Laufe der Zeit jedoch zu *dem* Sehnsuchtsort am Berg, etymologisch betrachtet buchstäblich zum *Topos*, in seiner Bedeutung als der *„Ort, wo man hingelangt oder hin will.“*[332] Wer auf dem Gipfel steht, befindet sich auf dem Haupt-/Scheitelpunkt des Berges. Dieser Akt ist einer matriarchalen Wahrnehmung des Berges als Leib der Göttin folgend eine heilige Handlung oder sogar tabu. Später wird

330 Informationsfolder zum Bau der neuen Gaislachkogelbahn. Bergbahnen Sölden (Hrsg.), Sölden 2010

331 Die Methode, Geschichte anhand des ökologischen Wandels zu betrachten orientiert sich an: Merchant, 1994, S. 80

332 Pokorny, 1959, S. 1088

die Gipfelbesteigung zum Akt der Macht- und Überlegenheitsdemonstration für alpinistische Eroberer, die den Berg als Feind personifizieren und schlussendlich zum Akt der Besetzung und Maschinisierung, durch das Aufstellen von Symbolen, Gebäuden und technischen Installationen. Das Naturverhältnis im Umgang mit dem Topos lässt sich demnach als eines charakterisieren, das ursprünglich auf Respekt und Verehrung, später auf Dämonisierung, Eroberung und Besiegung, schließlich auf der Objektivierung, Besetzung und versuchten Ersetzung des Gipfels beruht. Wurden und werden die Berge in der vorpatriarchalen Vergangenheit und gegenwärtig noch vorhandenen matriarchalen Restkultur[333] als mütterlich und göttlich betrachtet - der Gipfel als Haupt der Göttin und heiliger Ort[334] -, so erfolgte im Laufe der Zeit eine Verleugnung und Umkehr dieser Betrachtungsweise. Die Alpengipfel galten plötzlich als gefährlich, feindlich[335] und dämonisch, in einem nächsten Schritt als Objekte, die es zu erforschen, kontrollieren und beherrschen galt, bis hin zur maschinentechnischen Ausbeutung, Besetzung und kapitalistischen Verwertung als tote Naturressource.[336]

3.1. Der Berg als Feind: Die Dämonisierung des Gipfels

Zu Beginn der Veränderung der Naturwahrnehmung des Gipfels von einem organischen hin zum mechanistischen Bild[337] steht seine Dämonisierung. Der vormals göttliche, lebendige Topos, Sitz der Göttin beziehungsweise Haupt des Göttin-Berges selbst, wird gedanklich transformiert. Dem Berg wird seine Göttlichkeit und Heiligkeit abgesprochen, indem er als dämonisch und gefährlich wahrgenommen wird, ein Feindbild entsteht, das es zu erobern, besiegen und zu beherrschen gilt. Diese Vorgehensweise der Verkehrung und Umdeutung der ursprünglichen Wahrnehmung von einer heiligen, lebendigen, mütterlich-gebenden Natur ist ökofeministisch betrachtet eine gängige patriarchale Methode, die im Laufe der Geschichte wiederholt ihre Anwendung sowohl auf die

---

333 Zum Matriarchat als Zweite Kultur siehe Genth in: Werlhof u.a., 1996, S. 17-38, Derungs, 2006 sowie Derungs in: Tagungsband, 2011

334 Auf diese Wahrnehmung komme ich im Teil II dieser Arbeit zurück.

335 Als feindlich und geizig wurde die Natur auch im Bergbau wahrgenommen, wie das Kapitel Berginneres zeigen wird, siehe dazu Böhme, 1988, S. 69f. sowie S. 78f. und Merchant, 1994, S. 44f.

336 Die Vorgehensweisen der Kontrolle, Zähmung, Formung, Züchtigung und Bekämpfung der angeblich chaotischen und feindlichen Natur nennt Werlhof in der Beschreibung des Verhältnisses zur Natur seit der Neuzeit. Siehe Werlhof, 1991, S. 13

337 Vgl. Merchant, 1994. Zum organischen Bild des Topos Gipfel siehe Teil II dieser Arbeit.

Natur als auch auf Frauen fand und findet.[338] Beide, Natur und Frauen, wurden und werden im Zuge der Patriarchalisierung der zivilisatorischen Verhältnisse dämonisiert und unterworfen, da sie, so die Behauptung, gegensätzliche Konzepte zum angeblich geistig Rationalen, guten Männlichen oder einer von Männern geschaffenen zweiten Natur darstellen. Aus der Mutter(-Göttin) wird die Hexe, die bestrafte, böse Frau, aus der heiligen, beseelten Natur die dämonische, gefährliche Natur[339], aus dem heiligen Gipfel ein schrecklicher[340], feindlicher Ort.

In den Bergen findet diese patriarchale Vorgehensweise gezielt ihre Umsetzung, ausgehend von den herrschenden Eliten und durch das Herrschaftsinstrument der Schrift. Von der *„Scheußlichkeit der Alpen"* schreibt der römische Schriftsteller Plinius[341], die durch ihn geprägte Zuschreibung „montes horribiles" – schreckliche Berge –, beeinflusste die Wahrnehmung der Alpengipfel bis ins 18. Jahrhundert.[342] Die Denunzierung zur Zeit der römischen Eroberung der Alpenregionen betraf nicht nur die Natur sondern auch die Menschen, die hier lebten. Sie, die Alpenbewohner, galten als „Barbaren"[343], die *„Wildheit der Bergnatur und ihrer Bewohner als Rechtfertigung für römische Eroberungen zur ‚kulturellen Domestizierung'"*[344]. Laut diesem, die Natur sowie die angeblich nicht vorhandene Kultur abwertenden Blick von außen und oben, seitens der Herrschenden, sind die Alpengipfel abstoßend und schrecklich, solange sie nicht unterworfen und kulturell als auch technisch beherrschbar gemacht und damit aufgewertet werden.

Unter die Methode der Abwertung und Dämonisierung fällt auch jene Unterscheidung, die der Heilige Augustinus vornimmt, indem er um 400 n. Chr. zwischen „montes Dei" – Bergen Gottes – und „montes saeculi" unterscheidet, also den schlechten Bergen, deren Haupt/Spitze/Gipfel das Böse, wörtlich (*„quibus*

338 Vgl. dazu Merchant, 1994 sowie Federici, 2004 aber auch Mies/Shiva, 1995 und Werlhof, 1991, S. 156.

339 Vgl. dazu die Sage von Frau Hitt in Fuchs/Krapf, 2009, S. 18 und ihre Deutung als transformierte und dämonisierte Bergmutter bei Rohrecker, 2005, S. 92. Zur Methode der Dämonisierung ehemaliger Kultplätze in Tirol siehe Auer, 2007 und 2009.

340 Zur Wahrnehmung der Schrecklichkeit der Berge noch im 18. Jahrhundert siehe den kurzen historischen Abriss bei Roos, 2008.

341 Zitiert nach Rollinger in: Holzner, Walde, 2005, S. 49, vgl. dazu auch Scharfe, 2007, S. 183

342 Vgl. Bätzing, 2005, S. 13f.

343 Vgl. Bätzing, 2005, S. 13f.

344 Siehe Rollinger in: Holzner, Walde, 2005, S. 49

caput diabolus") der Teufel, sei.[345] Der Gipfel ist von nun an entweder dämonisch-schlecht oder christlich-göttlich-gut[346], eine Aufteilung und Verdrehung jener ursprünglichen Naturwahrnehmung, die keine Unterscheidung zwischen „guten" und „bösen" Gipfeln kannte, da alle Natur als heilig wahrgenommen wurde. Diese Vorgehensweise der Verdrehung und Dämonisierung sowie der christlichen Aufwertung kann auch an anderen (Kult-)Plätzen, gerade im Alpenraum[347], erkannt werden. Die Ambivalenz, die sich in diesen Zuschreibungen widerspiegelt, ist als ein Zuspruch an die ehemals vorpatriarchale Wahrnehmung einer lebendigen Natur zu erkennen, die weiblich-mütterlich erfahren wurde, der Abwertung von Frauen und Natur entsprechend nun jedoch als dämonisch und schlecht angesehen wird. Die Berge und Gipfel wurden in einem sich über die Jahrhunderte ziehenden Prozess mit den Zuschreibungen feindlich, gefährlich, dämonisch und schrecklich versehen, was zu einer gezielten Veränderung der Naturwahrnehmung führte, die der Vorbereitung der weiteren Schritte in der versuchten Umsetzung der patriarchalen Utopie diente: der Unterwerfung, Beherrschung, Besetzung und schlussendlich der versuchten, möglichst weitgehenden Ersetzung von Natur.

Nach Renate Genth ist die Verkehrung, konkret die Subjektivierung des Gegenübers als bedrohlichen und gefährlichen Feind, eine Form der Pathologie der Mimesis[348] oder negative Mimesis[349]. Diese verkehrte Form der Mimesis geht von der Trennung, statt der Verbundenheit aus und schafft Gegensätze, indem sie das Gegenüber negiert[350] beziehungsweise abwertet. Die eigenen zivilisatorischen Probleme oder Fehler werden auf das subjektivierte Gegenüber projiziert.[351] Die Rückprojektion von Herrschaft als angebliche Eigenschaft der Natur gilt wiederum der Legitimierung der eigenen Herrschaft über die Natur[352] als

345 Die Original-Zuschreibung auf Lateinisch lautet: „*montes saeculi, quibus caput diabolus*". Stalla, 2001, S. 15, Fußnote 7.

346 Vgl. den Hinweis auf die Schriften von Hippolyt Guarinoni bei Würtl 2002, S. 139. Zur patriarchalen Unterscheidung von guter und böser Natur siehe Werlhof, 1991, S. 33 sowie S. 167.

347 Auer hat ähnliche Vorgehensweisen für diverse Kultplätze in Tirol als patriarchale Transformierung ehemaliger matriarchaler Orte herausgearbeitet. Auer, 2007 und Auer, 2009

348 Genth, 2002, S. 39f.

349 Genth, 2002, S. 42

350 Die Negation ist wiederum Methode der patriarchalen Alchemie, siehe Werlhof, 2010c, S. 123

351 Vgl. Genth, 2002, S. 40. Siehe auch Werlhof, 1991, S. 8

352 Ernst in: Werlhof u.a., 1996, S. 104f.

notwendigen „Schutz“ der Menschen vor der gefährlichen Natur. Der Berg ist gewalttätig und feindlich, also muss er durch Gewalt erobert, besiegt, beherrscht und kontrolliert werden.[353]

„Das Eigene ist das Normale und setzt die Norm, von der sich dann ableiten lässt, wie mit dem Anderen, dem Fremden umgegangen wird. Dem Fremden geschieht die Definition, somit wird am Fremden Macht(-definition) ausgeübt. Das Fremde wird zu dem gemacht, was das Eigene sehen und wahrnehmen will. Das Fremde wird vom Eigenen fremdbestimmt und somit für das Eigene kontrollierbar.“[354]

Dämonisierung und Abwertung des Topos Gipfel zum gefährlichen Ort und der Berge zur „wilden“, im Sinne von feindlichen und bösen Natur[355], sind methodische Verortungen eines allgemein stattfindenden Prozesses der Transformation der Naturwahrnehmung. Beginnend mit der Neuzeit wird aus der gewaltigen, wilden Natur die gewalttätige, menschenfeindliche Natur[356], die es zu beherrschen und kontrollieren gilt und die – nicht ohne ihr in einem weiteren Schritt jegliche Lebendigkeit abzusprechen[357] – als totes Objekt der männlichen Verfügungsgewalt unterworfen wird.

3.2. Die wissenschaftliche Eroberung des Gipfels als Objekt

Die Voraussetzung für die *Eroberung* der Berge durch das erst wissenschaftlich, dann subjektiv-individualistisch motivierte „sich auf und über den Gipfel Stellen“ ist die Anwendung der hierarchisierenden Methode der Objektivierung. Diese allgemeine modern-wissenschaftliche Vorgehensweise erfährt ihre Durchführung am Topos Gipfel durch die konkreten naturwissenschaftlichen Arbeitsweisen der Vermessung und Kartographie, mit dem Ziel, die wilde und gefährliche Natur zu kontrollieren und zu zähmen. Damit wird ein weiterer

353 Das zeigt sich ganz konkret in den Bergen am Beispiel des Alpinismus, der im Laufe seiner Geschichte wiederholt die Eroberung und „Besiegung“ der Berge als dem Alpinisten feindlich gesinnte Natur zum Ziel hatte. Dazu im Folgenden mehr, vgl. aber auch Peskoller, 1997 sowie Scheiber, 2005 und Mantl, 1967, S. 129 und 204

354 So drückt Isabelle Derungs den Vorgang der Projektion des eigenen Tuns auf das Andere, um dieses zu kontrollieren und Macht auszuüben, aus. Derungs, Isabelle in: Projektgruppe „Zivilisationspolitik“, 2011, S. 280

355 Diese Sichtweise war vor allem eine klerikal-christliche und bezog in die Abwertung der Bergnatur die dort lebenden „heidnischen“ und „ketzerischen“ Menschen mit ein. Dies wiederum bildete Argumentationsgrundlage für deren Verfolgung, Auslöschung oder Missionierung. Vgl. Zucca in: Centro di Ecologia Alpina (Hrsg.), 1998

356 Vgl. dazu Werlhof, 1991, S. 138f.

357 Vgl. Merchant, 1994

Schritt in der Veränderung des Naturverhältnisses von einem organischen hin zu einem mechanistischen Weltbild vollzogen; die naturwissenschaftliche Bearbeitung von Natur ist Teil des utopisch-patriarchalen Natur-Ersetzungsprojekts der Neuzeit. Aus der qualitativ erfassbaren[358] und sinnlich begreifbaren, lebendigen Natur wird die quantitativ messbare, objektivierte und daher vom menschlichen Subjekt angeblich getrennte und ihm untergeordnete Natur. Durch die Bereinigung der Berge von der vormaligen, aus der Kooperation mit der lebendigen Natur gewachsenen Wahrnehmung und Kultur, erfolgt die Tötung und anschließend Neubesetzung. Die erst dämonisierten, dann ent-dämonisierten Gipfel erhalten als zu entdeckendes „Neuland" eine neue, bessere, da messbare und wissenschaftliche Bedeutung. Auch dieser Topos gerät – ähnlich wie bereits am Topos Gletscher dargestellt[359] – als die sprichwörtliche „tabula rasa", das heißt als unbeschriebenes Blatt, zum idealen Forschungsobjekt. Karten und Aufzeichnungen mit Zahlen, Höhenangaben, Messdaten und teilweise auch neuen, aus der Vermessungstätigkeit resultierenden Bezeichnungen[360] entstehen. Sie sehen von verorteten, in und mit der Natur erlebten Erfahrungen und der darauf aufbauenden Namensgebung als Ausdruck der lokalen Subsistenzkultur ab.[361] Die neuen, naturwissenschaftlichen Zuschreibungen sind sichtbare Zeichen der auf die Bereinigung und Trennung folgenden Beherrschung – ganz im Sinne des „Teile und Herrsche"[362] – und sind nach Werlhof als Vorgehensweisen einer patriarchal-alchemistischen Methode zu bezeichnen.[363] Die Rechtfertigung für die Kontrolle und Beherrschung der Natur wird aus ihrer Abwertung abgeleitet[364]: Natur ist gefährlich und schlecht, ein Chaos, sie muss daher geordnet,

358 Vgl. Behmann in: Projektgruppe „Zivilisationspolitik", 2009, S. 142

359 Vgl. dazu das vorherige Kapitel „Topos Gletscher"

360 Zwei Beispiele dieser Umbenennung sind die Himalaja-Berge K2 und Mount Everest. Die Bezeichnung K2 entstammt einer Auflistung der Gipfel im Karakorum-Gebirge durch einen britischen Vermessungsingenieur. Georg Everest war im Auftrag der britischen Krone als Landvermesser in Indien unterwegs, nach ihm wurde der Mount Everest benannt und damit die Namen der lokalen Bevölkerung für den Berg ignoriert bzw. verdrängt. Dass Bergen teilweise gänzlich neu erfundene Namen zugeschrieben und diese in Karten eingetragen wurden beschreibt Scharfe, 2007, S. 118f.

361 Von der „*Abstraktion von Subsistenzkultur und lokaler kulturell-historischer Geographie*" im Zuge der Modernisierung schreibt Schweighofer, 1996, S. 299.

362 Vgl. Werlhof, 2010c, S. 109

363 Werlhof, 2010c, S. 108f.

364 Merchant spricht von der Abwertung, Erforschung und schließlich mechanischen Bearbeitung von Natur. Merchant, 1994, S. 179

bereinigt, kontrolliert und gezähmt werden[365], so die patriarchale Behauptung. Als objektivierter Forschungsgegenstand wird ihr jegliche Lebendigkeit abgesprochen, sie ist von nun an tote, zu Verfügung stehende Materie.[366] Sowohl den Naturwissenschaften als auch später der maschinentechnischen Erschließung und kapitalistischen Verwertung wird dadurch der Weg zum Gipfel *geebnet*.

Die naturwissenschaftliche Eroberung der Berge und Gipfel ist eng mit ihrer alpinistischen „Entdeckung" verknüpft.[367] So mancher Alpinist des frühen 19. Jahrhunderts besteigt die Gipfel mit Barometer und Messgeräten ausgerüstet. Peter Grupp bezeichnet Kartographie und Landvermessung sogar als die „*Geburtshelfer des Alpinismus*"[368] und spricht vom „*wissenschaftlichen Bergsteigen*"[369] oder „*alpinisme à baromètre*"[370]. Martin Scharfe zählt das Messen und Vermessen zu den „*zentralen Aktivitäten des frühen Alpinismus*"[371]. Die Akademiker und Naturwissenschaftler, welche die Gipfel zu dieser Zeit bestiegen, hatten neben dem wissenschaftlichen Interesse durchaus auch alpinistische Bestrebungen beziehungsweise entwickelten diese im Laufe ihrer Tätigkeit in den Bergen. Hinter der wissenschaftlichen Entdeckung der Alpen stecken aber auch militärische, strategische und schließlich kapitalistische Interessen: das Gebiet zu überschauen und zu inspizieren, es für mögliche Kriegspläne strategisch zu erkunden und auf Karten festzuhalten. Vermessungstätigkeiten und die Erforschung der Berggebiete wurden seitens der Herrschenden bewusst gefördert und in Auftrag gegeben. Dies zeigt, wie eng moderne technische Entwicklungen und naturwissenschaftliche Forschungsprojekte mit dem Militärwesen und der Kriegsplanung zusammenhängen, eine Verknüpfung, die sich bis in die Gegenwart erkennen lässt.[372]

Ein Großteil der Alpengipfel wurde im Zuge von Vermessungstätigkeiten im 18. und 19. Jahrhundert (erst-)bestiegen[373], als Teil eines systematisch

365 Vgl. Werlhof, 1991, S. 13. Dass dieser Umgang mit der Natur auch auf die Frauen ausgeweitet wurde, zeigt Merchant, 1994, S. 144 und 148.

366 Vom Tod der Natur durch mechanistische Ordnung, Herrschaft und Kontrolle spricht Merchant, 1994, S. 188. Für Hegel waren die Berggipfel im Berner Oberland, die er im Zuge seines Aufenthaltes in der Schweiz bereiste, nichts als tote Massen, die ihn langweilten. Vgl. sein Tagebuch der Reise in die Berner Oberalpen in: Hegel, 1986, S. 618

367 Vgl. Stalla, 2001, S. 32 und Grupp, 2008, S. 114

368 Grupp, 2008, S. 116

369 Grupp, 2008, S. 93

370 Grupp, 2008, S. 94

371 Scharfe, 2007, S. 249

372 Vgl. dazu Bertell, 2011.

373 Grupp, 2008, S. 295. Die Bezeichnung „Erstbesteigung" bezieht sich allerdings auf erstmals dokumentierte Besteigungen, denn es ist anzunehmen, das eine Vielzahl

angelegten, staatlich-militärischen Projektes der Totalvermessung der Alpen, das institutionalisiert und politisch motiviert verfolgt wurde.[374] In den Ötztaler Alpen waren militärische Landvermesser nachweislich ab 1850 unterwegs. Die im Auftrag der Monarchie tätigen Vermessungsingenieure bestiegen im Zuge ihrer Erkundungs- und Vermessungstätigkeiten einige Gipfel im Ötztal.[375] Ein Bericht über die *„Ersteigung der hohen Wildspitze im Oetzthale"* erscheint 1863 in den *„Mittheilungen der K.K. Geographischen Gesellschaft in Wien"*[376], hier lässt sich wiederum die enge Verknüpfung von alpinistischen, naturwissenschaftlichen und politischen Interessen erkennen.

Die kritische Betrachtung von Kartographie und Landvermessung als Vorläufer der modernen Geographie sowie als naturwissenschaftliche Methoden der Umsetzung der patriarchalen Natur-Ersetzungsutopie zeigt in der Auffächerung des Phänomens folgende Aspekte:

Die Vermessung ist eine naturwissenschaftliche Methode der Moderne, da sie als *„neuartige und großartige wissenschaftliche Leistung"*[377] die ursprüngliche, vormoderne Wahrnehmung von Natur(-Verbundenheit) verdrängt und diese durch ein beherrschendes und kontrollierendes Naturverhältnis ersetzt. Natur wird objektiviert und zum Forschungsgegenstand gemacht, der angeblich ähnlich einer Maschine funktioniert, bearbeitet und in Teile zerlegt werden kann. Diese moderne naturwissenschaftliche Sichtweise wird durch technische Errungenschaften wie Messgeräte in der Praxis umsetzbar. Angesichts des dabei stattfindenden Wandels von einem organischen zu einem mechanistischen Weltbild[378] ist die Vermessung der Gipfelhöhen auch eine Methode der Maschinisierung; Berechenbarkeit, Messbarkeit und Quantifizierung hängen mit dem Maschinenbegriff zusammen.[379] „Naturwahrnehmung" geschieht nach dieser modernen Naturauffassung und -erfassung über technische Messgeräte und Messverfahren, welche die vormals sinnlich-leibliche, unmittelbare Naturwahrnehmung ersetzen.

---

der, vor allem relativ leicht erreichbaren, Gipfel bereits vorher von der einheimischen Bevölkerung im Zuge der Jagd, der Schaf- und Ziegenweidung und von Ritualen aufgesucht wurden.

374 Nach Scharfe gab es ab dem 19. Jahrhundert sogar staatliche topografische Büros, in denen militärische Offiziere die Vermessungen koordinierten. Scharfe, 2004, siehe auch Scharfe, 2007, S. 250

375 Vgl. Pinzer, 1998, S. 63

376 Scharfe, 2007, S. 286, Fußnote 91

377 Scharfe, 2004

378 Vgl. Merchant, 1994

379 Vgl. Genth, 2002, S. 111 und 113 sowie Werlhof, 1991, S. 58

„Es war das Ende der phänomenologischen Betrachtung der Erde, wie es dann in den mathematisierten Naturwissenschaften mit ihren technischen Messverfahren auftrat, in denen die Maschinen die entscheidende Auskunft über das geben, was fortan Natur genannt wird.“[380]

„Mittlerweile sind die Naturwissenschaften an die Stelle getreten und erheben den Anspruch, die gültige für alle verbindliche Weltdeutung zu übernehmen.“[381]

Die Vermessung der Gipfel ist Teil der Eroberung dieses Naturtopos – Scharfe nennt sie sogar die *„Hauptwaffe im großen Projekt der Aneignung der Alpen*“[382] – und nimmt die später folgenden Besetzungen vorweg. Als sichtbares Zeichen der Eroberungstat sowie der erfolgten Einordnung des Gipfels in naturwissenschaftliche Kategorisierungen werden Stein-Obelisken errichtet und/oder Vermessungszeichen in Form von Punkten und Stangen oder Fahnen aufgestellt. Sie sollen den Sieg über das wissenschaftliche Objekt sichtbar machen und den Topos markieren, noch bevor die Gipfel etwa durch das Aufrichten von Kreuzen vereinnahmt werden. Mancherorts kommt es sogar zu einer Verschmelzung beider Eroberungsmethoden, wie das Beispiel des Großglockners zeigt, auf dessen Gipfel ein Kreuz inklusive Barometer, Windspiel und Blitzableiter aufgerichtet und der Gipfel dadurch quasi zu einer naturwissenschaftlichen Messstation umfunktioniert wird.

Die Vermessung der Natur kann als Methode ihrer Beherrschung erkannt werden, indem versucht wird, die vorher als gefährlich und dämonisch vorgestellte Natur unter Kontrolle zu bringen. Martin Scharfe nennt eine anhand von Vermessungen erstellte Landkarte ein *„Dokument der Zähmung der Wildnis*“[383]. Der Berg wird durch das Ergebnis der Messung kategorisiert und einer naturwissenschaftlichen *Einteilung* unterworfen. Von der durch und mit dem Berg gewachsenen lokalen Kultur wird abgesehen, der Gipfel als Forschungsobjekt aus der kulturellen Verbundenheit herausgetrennt und mit abstrakten Zahlenzuordnungen versehen. Als Zeichen des Sieges über den gezähmten Topos gelten, einer „Trophäe“[384] gleich, die Messdaten und neuen naturwissenschaftlichen Aufzeichnungen. Durch Messergebnisse und kartografische Darstellungen wird ein abstrahiertes Modell aus Zahlen und geometrischen Linien über die Gipfel

380 Genth erkennt hier das Ende der Geozentrik und damit eines mimetisch-mütterlichen und erdverbundenen Naturverhältnisses am Beginn der europäischen Neuzeit. Genth in: Projektgruppe „Zivilisationspolitik“, 2011, S. 64

381 Genth in: Projektgruppe „Zivilisationspolitik“, 2009, S. 47

382 Scharfe, 2007, S. 249

383 Mündliches Zitat von Scharfe, 2004

384 Diese Bezeichnung verwendet Scharfe, 2007, S. 249.

gelegt und ein Abbild, in Form der Landkarte geschaffen. Es handelt sich dabei um eine Vereinfachung der Naturgegebenheiten, die mit einer Art Gleichschaltung und Unterwerfung in ein erdachtes, vereinfachendes Zahlensystem einhergeht. Alle Gipfel sind als naturwissenschaftliche Objekte gleich zu behandeln, ohne ihre natürlichen Besonderheiten und die jeweiligen damit verknüpften kulturellen Ausprägungen in die Forschung mit einzubeziehen. Aus der Vielfalt an Berggipfeln in der Einheit der Natur[385] wird die Einfalt an gemessenen Daten in der Trennung und Abstraktion. Die *Gleichmachung* auf der Karte ist patriarchal und entspricht keineswegs dem matriarchalen *Gleichheits*sinn, wie ihn Genth als einen der fünf Sinne nennt, an denen sich lebensfreundliche zivilisatorische Verhältnisse orientieren.[386] Demnach ist Gleichheit untrennbar mit der Freiheit[387] verknüpft sowie mit der Vielfalt der Naturerscheinungen, die in ihrer jeweiligen Eigenart akzeptiert werden und gleich frei sind, ohne den Methoden von Unterwerfung, Kontrolle und Einordnung ausgesetzt zu sein. Diese natürliche Vielfalt geht in der Vermessung des Topos verloren, sie wird zu einer Einfalt, in der die Beschreibung der Gipfel nur mehr vereinfacht über Zahlen und andere naturwissenschaftliche Zuschreibungen geschieht.[388]

Der Alchemie-These von Werlhof[389] folgend sind die Auslöschung der Besonderheit jedes einzelnen Gipfels, seine Unterwerfung als wissenschaftliches Objekt sowie seine Gleichschaltung durch die Zuschreibung von Zahlen Vorgehensweisen, die der Methode der alchemistischen Mortifikation ähnlich sind. Damit ist die Vermessung der Berge als eine patriarchal-alchemistische Methode zu charakterisieren, in der sich ein Naturverhältnis ausdrückt, das den Berg nicht als egalitären Partner, sondern als unterworfenes, zu eroberndes Forschungsobjekt behandelt. Es ist ein hierarchisches Denken, das sich darin zeigt: Der Naturwissenschaftler steht einem Entdecker und Eroberer gleich auf und damit über dem Gipfel und schafft sich ein neues, objektives und aus einer distanzierten Betrachtungsweise geschaffenes Bild, das von nun an die allgemeine Wahrnehmung der Berge beeinflusst. Die Worte von Susan Griffin über den patriarchalen Umgang mit Frau und Natur können ebenso auf die Tätigkeit des Vermessers der Berge übertragen werden:

385 Siehe dazu Behmanns Konzept der „*Viel-Fältigkeit am Zusammenhang selbst*", Behmann in: Projektgruppe „Zivilsationspolitik", S. 113. Vgl. dazu auch ebda., S. 121

386 Vgl. Genth in: Projektgruppe „Zivilisationspolitik", 2009, S. 42

387 Ebda. S. 40f.

388 Zur Simplifizierung von Natur durch Zahlen siehe Griffin, 1987, S. 218f.

389 Vgl. Werlhofs Thesen zur Alchemie als eine Schöpfung aus Zerstörung u.a. in: Projektgruppe „Zivilisationspolitik", 2011, S. 81ff. sowie in: Werlhof, 2012

> *„Er erhält als erster Kenntnis, und er benennt, was er sieht. Er hält die Existenz der Dinge fest. Er plant, diese Augenblicke für die Nachwelt zu bewahren. Er zeichnet eine Karte seines Weges über dieses Land. Und er zeichnet die Form des Geländes ein.“*[390] *„Er ist der Eroberer. [.....] Er hat die verhangenen Berge durchstoßen, ist auf den Flüssen geritten, hat das Tal durchquert, die Schlucht durchmessen: er hat entdeckt. Nun ist nichts an diesem Ort mehr unbekannt, und durch sein Wissen ist dieses Land auf immer und ewig verändert.“*[391]

Die aus dieser kritischen Betrachtung folgende Erkenntnis begreift die naturwissenschaftliche Eroberung des Topos Gipfels als eine Methode auf dem Weg zur Realisierung der patriarchalen Natur-Ersetzungsutopie. Natur wird objektiviert, indem sie untersucht und mit Zahlenzuschreibungen versehen wird, die besondere Eigenschaft/Qualität der Natur wird durch technisch machbare Größe/Quantität ersetzt.[392] Dieser Prozess materialisiert sich mit der Erstellung von dreidimensionalen Bergmodellen für militärische Zwecke. Sie dienen später auch als Werbemittel für jene elitären Bevölkerungsgruppen in den Städten, bei denen dadurch das alpinistische Interesse an den Bergen geweckt wird. Sowohl Modell als auch Karte sind Abbilder der Natur. Sie entstehen aus einem entfremdeten Naturverhältnis, das nicht aus dem alltäglichen Leben und Wirken in und mit der Bergnatur wächst, sondern das aus der naturwissenschaftlichen Distanz zwischen Forschersubjekt und erforschtem Objekt entsteht.

3.3. Der Gipfel als Ort der Macht – Die Eroberung der Berge aus Herrschaftsinteresse

> *„Der gesellschaftliche Bedeutungswandel der Berge führte dazu, dass es nicht nur genügte, die Grenzen des Reiches zu festigen, für den Herrscher war es unabdingbar geworden, die Grenzen seines Territoriums auch nach oben hin zu untermauern. Die höchsten Gipfel des Imperiums zu besteigen und dort die Insignien der Herrschaft, meistens in Form einer Fahne oder eines Wappens, zu hinterlegen, war eine symbolische Demonstration von Macht, Erhabenheit und Gottähnlichkeit.“*[393]

Mit dem Entsenden von Vermessungsingenieuren in die Berge steigert sich das militärisch-strategische und machtpolitische Interesse an der Besteigung der

---

390 Griffin, 1987, S. 65

391 Griffin, 1987, S. 66

392 Vgl. dazu die etymologische Herkunft von „Qualität“ aus lateinisch „qualitas“ für „Eigenschaft, Beschaffenheit“ und von „Quantität“ aus lateinisch „quantitas“ für „Größe, Menge“. Kluge, 2002, S. 734f.

393 Scheiber, 2005, S. 33

Gipfel. Auf die naturwissenschaftliche Eroberung folgt die politische, beeinflusst von nationalistischen aber auch imperialistischen Motivationen. Bereits 1492, im Jahr der sogenannten „Entdeckung Amerikas“ und damit mit dem Beginn der kolonialen Eroberung der Welt, beauftragt der französische König Karl VIII. die Erstbesteigung und Eroberung des Mont Aguille in den Westalpen.[394] Beide Ereignisse desselben Jahres können als Startschuss für eine Vielzahl von Eroberungen und Expeditionen gesehen werden, die im Auftrag des weltlichen und geistlichen Adels[395] in den folgenden Jahrhunderten in den Alpen und weltweit finanziert und beauftragt wurden. Auch der Alpinismus dehnt sich, nach der Eroberung der West- und später Ostalpengipfel, auf andere Gebirge der Welt aus. Es entsteht ein regelrechter Wettlauf und Wettkampf zwischen den Monarchien und später Nationalstaaten um die Erstbesteigung der höchsten Gipfel der jeweiligen Territorien, mit der Intention, durch „Gipfelsiege“ international Macht und Überlegenheit zu demonstrieren.[396] Man kann in Anbetracht dieser Tatsachen von einer *vertikalen Kolonisierung* sprechen. Nachdem die Welt durch die jeweiligen Kolonialmächte bereits horizontal erobert, vereinnahmt und ausgebeutet worden war, folgte die Ausdehnung der Herrschaftsbereiche in die Höhe beziehungsweise wurde die umfassende politische und wirtschaftliche Machtausübung durch den Aufstieg auf die höchsten Gipfel demonstriert.[397] Alpinismus, Imperialismus, Kolonialismus und Nationalismus hängen geschichtlich gesehen eng zusammen, „*Alpingeschichte ist eine Herrschafts- und Kolonialgeschichte*“[398]. Die dahinter stehenden Motive sind klar als patriarchal zu erkennen: Es geht um die Demonstration von Überlegenheit, um die Festsetzung der Grenzen des Territoriums und damit um Trennung sowie um die Eroberung und Beherrschung der Natur. Die Geschichte des Alpinismus kann als „*Teil der Europäisierung der Welt*“[399] bezeichnet werden, sie ist in ihrer die Natur unterwerfenden Einstellung aber auch Teil der *Patriarchalisierung der Welt*.

---

394 Ziak, 1956, S. 34

395 Die Schriftstellerin Elfriede Jelinek spricht davon, dass die Alpen im frühen Alpinismus aristokratisiert wurden, zum Besitz weniger und das Besteigen derselben zu einem elitären Erlebnis. Vgl. Jelinek, 2002, S. 253

396 Vgl. Scheiber, 2005, S. 36

397 Die Erstbesteigung des Kilimandjaro in Ostafrika etwa, der seitens des patriotischen deutschen Erstbesteigers kurzzeitig dem Namen des deutschen Monarchen nach in Kaiser-Wilhelm-Spitze umbenannt wurde, fällt unter diese vertikale Ausdehnung von Kolonialherrschaft. Vgl. Scheiber, 2005, S. 38

398 Scheiber, 2005, S. 34

399 Grupp, 2008, S. 10

Wie bereits in der Betrachtung der Vermessung der Berge erkannt wurde, hängt die Eroberung der Berge nicht nur eng mit politischen, sondern auch mit militärischen Interessen zusammen. Dies zeigt sich etwa in der Entwicklung der Ausrüstungsgegenstände der Alpinisten, aber auch in der verwendeten Terminologie.[400] Die in der alpinistischen Sprache am häufigsten auftretenden Begrifflichkeiten finden sich in der Kriegsterminologie wieder und umgekehrt. So werden beispielsweise die alpinistischen Unternehmungen am Berg mit einem Kampf verglichen, der Berg ist der Feind, den es zu besiegen gilt. Wettlauf und Wettkampf bestimmen das Unterfangen, ist der Gipfel erreicht, dann ist dies ein Gipfelsieg, der mit dem Aufstellen einer Siegesfahne sichtbar gemacht wird. Auf dem Weg gilt es Entbehrungen in Kauf zu nehmen, und es sind Opfer zu beklagen, die jedoch für eine höhere Aufgabe sterben und als Helden verehrt werden. Ebenso gelten die Rückkehrer vom Gipfel als heldenhaft, da sie als ideale patriarchale Männer, die „feindlichen" Mächte der weiblichen Natur erfolgreich bekämpft und besiegt haben.[401] Oft genug werden sie inklusive der ihnen zugesprochenen Eigenschaften wie Mut, Kraft, fehlende Todesangst und Überlegenheit als Vorbild für den idealen Soldaten missbraucht[402], das Bergsteigen gilt als ideale Vorbereitung auf den Krieg.[403] Einen Höhepunkt dieser Gleichschaltung von Alpinist und Soldat erreichte die Verknüpfung von Alpinismus, Militär und Politik im Nationalsozialismus.[404] *„Die nationalsozialistische Kriegspropaganda benützte das alpine Erlebnis als Spiegelbild des Krieges, indem der Berg zum Feind mutierte, den der Bergsteiger besiegen musste.*"[405] Die Grundlagen dafür, nämlich die Dämonisierung und „Feind-Zuschreibung" des Gipfels wurden, wie bereits erläutert, schon früher geschaffen. Im Nationalsozialismus dienten alpinistische Tätigkeiten der Vorbereitung für Kriegstätigkeiten, sie wurden durch die nationalsozialistische Propaganda vereinnahmt und missbraucht. Die Erziehung von Soldaten erfolgte unter anderem in der Ausübung alpinistischer Sportarten.[406]

---

400 Scharfe, 2004 und Scharfe, 2007, S. 94

401 Zum patriarchalen Kampf und Sieg über die Natur vgl. auch Collard, 1988, S. 181

402 Zum Zusammenhang von alpinistischer Sprache und Kriegsterminologie vgl. Scheiber, 2005, S. 36

403 Scheiber, 2005, S. 53ff

404 Ausführlicher zu diesem Zusammenhang: Scheiber, 2005

405 Scheiber, 2005, S. 57

406 Scheiber, 2005, S. 60. Auch heute noch gibt es im österreichischen Bundesheer speziell alpinistisch ausgebildete Soldaten, die sogenannten Gebirgsjäger, die auf mögliche Kämpfe im Hochgebirge vorbereitet werden. Ihr Abzeichen ist das Edelweiß. Eine der wichtigsten militärisch-alpinistischen Ausbildungsstätten im nationalsozialistischen System befand sich in den Ötztaler Alpen: das in den 1930er Jahren neu und

Nach dem Zweiten Weltkrieg kam es zu einer weiteren Phase nationalstaatlich motivierter alpinistischer Eroberungen und Expeditionen, nachdem der Eroberungsalpinismus der 1920er und 1930er Jahre, der sich auf die Region des Himalaya konzentriert hatte, durch den Kriegsbeginn und -verlauf erfolglos geblieben war. Nach 1945 gelang es, die „8000er-Gipfel" des Himalaya-Gebirges in einem Wettlauf der Nationen der Reihe nach erst zu besteigen und dadurch, ohne Rücksicht auf mögliche kulturell bedingte lokale Betretungstabus, für die politische Machtdemonstration zu missbrauchen. Durch die Methode der Naturunterwerfung wurde somit, ähnlich wie die Alpen in den Jahrhunderten zuvor, das höchste Gebirge der Welt erobert, „entdeckt" und patriarchal vereinnahmt, und dadurch eine Region, deren Bevölkerung mehr noch als jene der Alpen ein enges Verhältnis zu den Bergen lebt und pflegt. Die lokalen Namen für die höchsten Berge sind Ausdruck eines in Resten noch vorhandenen vorpatriarchalen, matriarchalen Naturverhältnisses dieser Menschen, als Beispiele seien an dieser Stelle kurz „Annapurna" – „die nahrungsspendende Göttin der Fülle" – und der tibetanische Name des „Mount Everest" „Qomolangma" – „Mutter des Universums" – angeführt.

3.4. Der Gipfel als alpinistisches Ziel – Das Subjekt stellt sich auf und über den Berg

Die alpinistischen (Erst-)Besteigungen der höchsten Gipfel und damit das immer wieder auftretende Motiv des Gipfelsieges als Sieg über die Natur, sei es aus monarchischen, klerikalen, nationalstaatlichen oder individuellen Interessen, können als Teil des umfassenden Projektes der Naturaneignung[407] und ihrer Unterwerfung erkannt werden. Die damit zusammenhängende Naturfeindlichkeit bezeugt den patriarchalen Charakter des Alpinismus bereits in der Betrachtung der individuellen Tat, bei der sich das Subjekt auf und damit hierarchisch über den Berg, als die Frau/die Göttin/die Natur stellt. Alpinistisches Bergsteigen[408] ist somit eine Subjekt-Objekt-Setzung[409], die auf einer

anstelle der alten Samoarhütte errichtete Hermann-Göring-Haus im Niedertal bei Vent. Nach dem Zweiten Weltkrieg wurde es in Martin-Busch-Hütte umbenannt.

407 Vgl. dazu Scharfe, 2007, S. 93 und Bätzing, 1986, S. 103f.

408 „Alpinistisches Bergsteigen" ist, anders als „Bergsteigen", eine Form des „auf den Berg Steigens", die ideologisch motiviert ist, nämlich jener des Alpinismus folgt. Alpinistisches Bergsteigen ist demnach Bergsteigen, das durch den Alpinismus und seine Interessen vereinnahmt wird, die sich in einem Ziel bündeln: die Alpen zu erschließen, worin sich die Vorwegnahme des naturfeindlichen Umgangs mit den Bergen zeigt. Vgl. dazu die Differenzierung von Alpinismus und Bergsteigen bei Peskoller, 1995

409 Vgl. Peskoller S. 105

Trennung der ehemals erlebten Verbundenheit alles Seienden und damit auch der Egalität aller Lebewesen beruht. In der Unterwerfung des Gipfels zu einem bezwingbaren Objekt stellt das alpinistische Bergsteigen einen naturfeindlichen Herrschaftsakt dar.[410] Die Erstbesteigungen werden von der Wirklichkeit absehend[411], einem Schöpfungsakt gleich als historische, von heldenhaften Alpinisten durchgeführte Ereignisse dargestellt, der Berg wird zum Schauplatz des Geschehens, zur Kulisse[412]. Das Ich stellt sich über die Natur[413], der Alpinist[414] er*ober*t im wahrsten Sinne des Wortes[415] den Gipfel, indem er ihn besiegt und dadurch die *Ober*hand über die Natur behält.[416] Dabei wird das männliche Prinzip, das bereits in einer vorlaufenden patriarchalen Trennung des Denkens/Geistes von den Gefühlen/dem Leib schließlich dem Geistigen zugeordnet wurde, über die Natur/den Berg gestellt.[417] Als Reinigung des Geistes von *„niederen und irdischen Gefühlen"*[418] wird das Besteigen der Bergeshöhen beispielsweise von Rousseau beschrieben, auch hier zeigt sich eine patriarchale Denkweise, die das Bild von einer schlechten, dämonischen Welt weiterführt und die Besteigung der Berge als eine Art Weltflucht propagiert. Der Gipfel ist dieser Ansicht nach als Ort zwischen Himmel und Erde bereits ein Ort des Übergangs zum Transzendenten, ein utopischer, da nicht-mehr-weltlich gedachter Topos. Diese Trennung von oben und unten[419] sowie die Diffamierung von letzterem als irdisch-minderwertig

---

410 Peskoller 1997, S. 106

411 In Wirklichkeit waren vor den Erstbesteigern sicher auch bereits Hirt_innen, Jäger und andere Menschen in den Bergen unterwegs und betraten auch Gipfel. Vgl. Scheiber, 2005, S. 15

412 Peskoller erkennt das aufkommende Konkurrenzdenken im alpinistischen Wettbewerb als Grund dafür, dass die Berge in den Hintergrund geraten, zur Kulisse werden. Vgl. Peskoller, 2008, S. 30

413 Ernst nennt dies „Ich-Setzung", vgl. Ernst in: Werlhof u.a., 1996, S. 81, Vernunftsubjekt und Naturbeherrschung sind eine gemeinsame Entwicklung meint Böhme, H., 1988, S. 131.

414 Ich spreche hier bewusst von Alpinist und nicht von Bergsteiger_in.

415 Laut Kluge meint „erobern" ursprünglich *„der Obere bleiben, die Oberhand behalten"*, Kluge, 2002, S. 256.

416 Peskoller drückt es in ihrer umfassenden kulturwissenschaftlichen Betrachtung des Bergsteigens so aus: *„Subjekt siegt historisch über Natur."* Siehe Peskoller 1997, S. 12

417 Vgl. Grupp, 2008 und Peskoller 1997, S. 91

418 Grupp, 2008, S. 38

419 Vgl. Peskoller 1997, S. 9

können als weitere patriarchale Methoden des alpinistischen Bergsteigens erkannt werden.

In Form eines kurzen Exkurses sei an dieser Stelle erwähnt, dass das Motiv der Weltflucht im Verlauf der Alpinismusgeschichte wiederholt auftritt wenn von einer neuen Ästhetik der Berge als erhabene, schöne und reine Natur, als Idylle[420] die Rede ist. Auf die Gipfel zu steigen wird zum Ziel des urbanisierten und industrialisierten Menschen, der dadurch zumindest in seiner Freizeit dem modernen städtischen Leben zu entfliehen versucht. Der Alpinismus, der sich aus dieser Haltung entwickelt, wird zu einer Massenbewegung. Das Aufkommen von modernen, maschinentechnischen Erschließungen der Berge durch Eisenbahnstrecken, Hütten und erste Seilbahnen machen diese Entwicklung möglich, bringen aber gleichzeitig genau jene städtische Infrastruktur, von der man sich zu entfernen versucht, in die Berge. Das alpinistische Bergsteigen wird zur modernen und urbanen gesellschaftlichen Betätigung, die den Gipfel wiederum getrennt sieht: vom übrigen, angeblich schlechten Leben im Tal sowie in den verstädterten Gebieten im Alpenvorland.

Doch zurück zur vorhin erwähnten Subjekt-Objekt-Setzung im Umgang mit dem Berg. Diese geht sogar soweit, dass der Gipfel zwar als der wichtigste Ort des Berges festgesetzt wird, da er buchstäblich das höchste Ziel der alpinistischen Sehnsüchte darstellt, die eigentliche Wahrnehmung als Topos, als lebendiger Naturort, wird jedoch ausgeklammert, was zählt sind allein Leistung und Tatendrang des individualistischen Bergsteigers. Helga Peskoller erkennt diesen Prozess als eine Entbindung von der Materie[421], die durch den Aufstieg auf den Gipfel und die Zentriertheit auf das eigene Tun geschieht. Nicht mehr die Verbundenheit mit und Angewiesenheit auf (Mutter) Natur bestimmen das alpinistische Tätig-Sein am und auf dem Berg. Der Alpinist lebt nicht dauernd hier, er betreibt weder Subsistenztätigkeiten in Verbindung mit der Natur, noch ein kulturelles, im Sinne eines das Leben und die Natur pflegenden Tuns. Er kommt in seiner Freizeit in die Berge, das Leben hier ist nicht sein Alltag, sein tägliches Überleben hängt nicht von der Bergnatur ab. Seine Naturwahrnehmung fußt auf einer Betrachtung von außen und resultiert aus der nur kurzzeitigen, subjektzentrierten „Annäherung“ an den Berg, die in Wirklichkeit eine Entfremdung von der Natur als lebendige ist. Natur wird aus der dabei stets beibehaltenen Distanz heraus bezwingbar, der Berg wird zum Freizeitobjekt, Sportgerät oder

420 Vgl. dazu die patriarchale Zuschreibung gesellschaftlicher Probleme auf die Natur, siehe Werlhof, 1991, S. 8.
421 Peskoller 1997, S. 211

Sportplatz für alpinistische Kurzzeitaufenthalte.[422] Die Subjektzentriertheit des Alpinisten zeigt sich besonders in extremen Ausprägungen alpinistischer Sportarten wie dem Klettern, in denen die Wahrnehmung des Berges als allumfassendes Ganzes durch die totale Konzentration auf den eigenen Körper, die Kletterroute und die extreme Situation eingeschränkt wird. Der Körper wird zur Maschine[423], mit Zahlen und Daten wird seine Leistung gemessen in geschafften Schwierigkeitsgraden, zurückgelegten Höhenmetern und Zeit. Waren es erst die Naturwissenschaftler, die mit Messgeräten auszogen, um den Berg zu erforschen und kategorisieren, so tragen die Sportler_innen nun Puls-Messgeräte an ihren Körpern, um die eigene Leistung am Berg zu messen. Zur Objektivierung und Maschinisierung des Gipfels kommt jene des Bergsportlers selbst, der auf ihn steigt.

Auch der ästhetische Blick der Wissenschaftler, Künstler, Schriftsteller und Touristen[424], die nur kurzzeitig in die Alpen kommen, ist als eine Betrachtung von außen zu erkennen, die mit jener sinnlich-leiblichen Wahrnehmung der alltäglichen, beispielsweise kleinbäuerlichen Tätigkeit und Zusammenarbeit mit dem Berg nicht zu vergleichen ist. Der Blick von außen spiegelt sich etwa in der umfangreichen bildnerischen Kunst wider[425], in der die Berge teilweise idealisiert, teilweise abschreckend-feindlich dargestellt werden, mit einem stets der Wirklichkeit nicht umfassend entsprechenden Ausschnitt und Abbild des Berglebens.

Angesichts der Erkenntnis, dass das alpinistische Bergsteigen patriarchale Züge aufweist, verwundert es nicht, dass es im Laufe der Geschichte überwiegend den Männern vorbehalten war, auf die Gipfel zu steigen.[426] Die erste überlieferte weibliche Gipfelbesteigung mündete in einer Bekämpfung von Frau und Natur, wie es zu jener Zeit vorherrschende Methode war: Die Bergsteigerin wird nach ihrer Rückkehr ins Tal auf dem Scheiterhaufen verbrannt.[427] In den

422 Vgl. dazu den kritischen Beitrag von Winkler, 2008

423 Vgl. dazu die Arbeit von Silvia Federici, die in ihren Forschungen über die Veränderungen in der beginnenden Neuzeit in Europa, den menschlichen Körper als erste Maschine erkennt, den es zu disziplinieren galt. Federici, 2004.

424 *„Besonders viel und hart arbeiten müssen die Bauern in Tirol … Sie können darum die … Begeisterung der Touristen (Reisenden) für die Tiroler Berge und andere Naturschönheiten gar nicht begreifen.“* Schöpf, 1856, S. 79

425 Siehe die Ausstellung „Berge, eine unverständliche Leidenschaft“ in Innsbruck und den dazu erschienenen Ausstellungskatalog: Felsch, 2007

426 Zu einer ausführlichen Betrachtung des Frauenbergsteigens siehe Runggaldier, 2011

427 Siehe Rungaldier in: Koryphäe, S. 27

weiteren Jahrhunderten bis zum Ersten Weltkrieg bleibt das alpinistische Bergsteigen eine elitäre und männliche Sportart. Die Argumentation reichte sogar zur medizinisch-wissenschaftlichen Behauptung, das Bergsteigen sei für Frauen ungesund, da es *„die Gebärfähigkeit beeinträchtigen würde“*[428]. Dadurch wird den Frauen der Topos Gipfel mehrfach entzogen: als heiliger Ort, durch die Dämonisierung des Topos, aber auch als neu interpretierter Sehnsuchtsort und Ziel alpinistischer Vorstellung, der nur den Männern vorbehalten ist. Die Verbindung von Frau und Natur sowie die patriarchale Verzerrung dieser ursprünglichen Verbindung zeigen sich in der Wahrnehmung des Berges als weiblich und jungfräulich. Die Besteigung und Eroberung wird folglich als eine Art Entjungferung dargestellt[429], eine Heldentat, die den Berg vom Feind zur Feindin, aber auch zur Liebhaberin werden lässt. Hier ist die Methode der Abwertung von Natur und Frau zu erkennen, die, so wie in anderen gesellschaftlichen Bereichen, im Laufe der patriarchalen Geschichte auch im Alpinismus als Herrschaftsmethode eingesetzt wurde: *„Das Erklimmen des Gipfels gilt als Zeichen des Herrschens über das Weibliche, als Sieg der Männlichkeit über die Natur.“*[430] Wie vielschichtig diese Methode ist, zeigt sich daran, dass es umgekehrt auch zu einer Wahrnehmung des Berges als männlichen Ort und „Mannersatz“ kam, dem die wenigen Frauen, die ihn trotz aller Widerstände bestiegen, als Bräute zugeordnet wurden. Ein Beispiel dafür ist Henriette d'Angeville, eine berühmte Bergsteigerin des 19. Jahrhunderts, die als *„Braut des Mont Blanc“*[431] in die alpinen Geschichtsbücher einging. Was sich in dieser Benennung ausdrückt, ist allerdings nicht die vorpatriarchale Zugehörigkeit zur Natur, sondern wiederum die patriarchale Abwertung und Verniedlichung der Frau und ihrer alpinistischen Leistungen. Wenn *sie* den Gipfel betritt, ist dies im Gegensatz zur Tat des männlichen Bergsteigers kein Sieg, keine Demonstration von Macht. *Er* herrscht über die Spitze des Berges, die er besteigt, die Frau wird durch diesen Akt zur Braut des teuflisch-dämonischen Berges, zu seinem Eigentum, eine Projektion der patriarchalen Vorstellungen von Unterwerfung der Frau unter den Mann auf die Natur.

Die bisher vollzogene Auffächerung des Phänomens Alpinismus als gesellschaftliche Bewegung bringt seinen patriarchalen Charakter in vielfältiger Weise zum Vorschein.[432] Damit zeigt sich, dass der Alpinismus nicht getrennt

428 Siehe Rungaldier in: Koryphäe, S. 29

429 Scharfe bringt einige Auszüge aus Bergberichten, die diese Tatsache untermauern. Vgl. Scharfe, 2007, S. 95

430 Scheiber, 2005, S. 22. Vgl. dazu auch Peskoller, 2001, S. 40f.

431 Vgl. Runggaldier in: Koryphäe, S. 31

432 Vgl. Scheiber, 2005, S. 21

von anderen gesellschaftlichen Entwicklungen gesehen werden kann, in ihm spiegeln sich allgemeine kulturelle Tendenzen und Veränderungen wieder.[433] Als „*Phänomen von großer gesellschaftlicher Tragweite*“[434] trug der Alpinismus zur „*alltagskulturellen Formung des Alpenraumes*“[435] bei und beeinflusste auch die wirtschaftliche Tätigkeit der Alpenbewohner_innen. Als Beispiel dafür sei die im 19. Jahrhundert beginnende Tätigkeit der Bergbauern als Bergführer für Alpintourist_innen erwähnt, die es den Bewohnern vor Ort erstmals ermöglicht, mit den Bergen Geld zu verdienen. Der Gipfel selbst wird damit zwar noch nicht direkt zur Ware, jedoch indirekt durch das Führen auf den Gipfel gegen Bezahlung monetarisiert. Die Auswirkungen, die diese neue Männer-Erwerbstätigkeit für die zivilisatorischen Verhältnisse mit sich brachte, können hier nur angedeutet werden: Es kam zu Veränderungen im Geschlechterverhältnis und zu einer neuen Aufteilung der verschiedenen Subsistenztätigkeiten, die sich durch die Abwesenheit der Männer zu Lasten der Frauen verschob. Der Einzug des kapitalistisch-konkurrierenden Denkens in die bergbäuerliche Kultur sowie die Abwertung der Subsistenzwirtschaft hinsichtlich des Gelderträges waren mögliche Folgen. Damit wird deutlich, dass die Auswirkungen des Alpinismus durchwegs nicht nur als fortschrittlich-positive zu beschreiben sind[436], sondern es gilt, sie in ihrer Kapitalisierung und Kommerzialisierung des Naturverhältnisses und der anderen zivilisatorischen Verhältnisse kritisch zu betrachten.

Neben der soziokulturellen Veränderung kommt es durch den Alpinismus zu einer zunehmenden Transformation der alpinen Natur. Alpinistische Tätigkeiten nahmen spätere Entwicklungen, wie den modernen Tourismus, voraus und setzten durch erste Erschließungen, beispielsweise im Wege- und Hüttenbau, den Grundstein für die spätere maschinentechnische Vereinnahmung und Besetzung/Bebauung des Berges. Wie eng der Alpinismus mit den weiteren Entwicklungen bis hin zur massentouristischen Ausbeutung der Berge zusammenhängt und gerade am Topos Gipfel nachfolgende Prozesse bis hin zur maschinentechnischen Ersetzung vorbereitete, zeigt sich bereits in den Anfängen. Eine der ersten Definitionen beschreibt den Alpinismus als eine gesellschaftliche

433 Vgl. dazu Scharfe, 2007, S. 20

434 Tschofen, 1999, S. 229

435 Tschofen, 1999, S. 52

436 Wie es etwa immer wieder im Zusammenhang mit dem Wirken des Gletscherpfarrers Franz Senn und seiner Leistungen geschieht, indem er den Alpinismus und Tourismus in den entlegenen Tälern förderte und die Einheimischen zu Bergführern ausbildete.

Bewegung mit dem Zweck, die Alpen zu erschließen.[437] Die Eroberung und Unterwerfung der Berge in der aufgeklärt-bürgerlichen Frühphase des Alpinismus im 18. und 19. Jahrhundert[438] bildete die Voraussetzung für das Entstehen des heutigen Umgangs mit dem Topos Gipfel. Später waren es moderne Entwicklungen und technische Erfindungen, die den Alpinismus beeinflussten und eine Infrastruktur ermöglichten, die wiederum einer breiten Masse den Zugang zu den Bergen eröffnete.[439] Dies zeigt, dass der Alpinismus, in Kombination mit verschiedenen modernen Errungenschaften, die patriarchale Eroberung der alpinen Natur als Objekt voran trieb und die Grundsteine für die Besetzung des Gipfels bis hin zur touristischen Inanspruchnahme und kapitalistischen Ausbeutung in der Gegenwart legte.

3.5. Die Besetzung des Topos

In der bisherigen patriarchatskritischen Betrachtung des veränderten Naturverhältnisses am Topos Gipfel zeigte sich die Dämonisierung und Leugnung[440] beziehungsweise Denunzierung des vormals als göttlich und heilig wahrgenommenen Ortes. Dies war Voraussetzung und diente der Legitimierung, um ihn in einem nächsten Schritt zu bereinigen, das heißt, um ihn von seiner ehemaligen Bedeutung zu trennen und zu lösen, indem er als neutrales Objekt der wissenschaftlichen *Unter*suchung *unter*worfen wurde. In dieser Vorgehensweise lässt sich klar und deutlich die von Matthias Behmann als allgemeine Methode der patriarchalen Utopie bezeichnete resolutiv-kompositorische Vorgehensweise erkennen, die in patriarchal-alchemistischer Art und Weise aus Trennung und Neuzusammensetzung[441] besteht beziehungsweise am Topos Gipfel aus Trennung und Neu-Besetzung[442]. Mit Behmanns Worten, ergänzt durch Anmerkungen der jeweils konkreten Geschehnisse, lässt sich die resolutiv-kompositive Methode geschieht wie folgt beschreiben:

---

437 Vgl. Zebhauser, 1985, S. 31

438 Vgl. dazu Scharfe, 2007, S. 42

439 Scheiber, 2005, S. 44, vgl. auch Amstädter, 1996, S. 328f.

440 Behmann erkennt allgemein die Leugnung der matriarchalen Naturauffassung als Teil des Entwicklungsprozesses des abendländischen Patriarchats, worauf als nächste Methode die Manipulation und *„maschinentechnische Naturtransformation"* folgt. Siehe Behmann in: Projektgruppe „Zivilisationspolitik", 2009, S. 141

441 Vgl. Behmann in: Projektgruppe „Zivilisationspolitik", 2009, S. 110

442 Peskoller spricht in der Analyse des Alpinismus von der „Besetzung der Höhe" als patriarchale Methode. Peskoller, 1997, S. 9

> *„zuerst wird die Wirklichkeit ihrer Heiligkeit beraubt* (der Gipfel wird dämonisiert, Anm. U. Sch.), *d.h. gedanklich auf ihr quantifizierbares ‚Substrat' reduziert* (durch die Vermessung des Gipfels und die Zuschreibung von Zahlen, Anm. U. Sch.), *dann zu einer geheimnislosen, banalen ‚Paradewelt' ‚wissenschaftlicher Objektivität' zusammengestellt* (in Form von Karten und Modellen, Anm. U. Sch.), *und anschließend planerisch-handelnd transformiert* (maschinentechnische Erschließung und Bebauung, Anm. U. Sch.) *und durch ‚zweite', gänzlich von Menschenhand erzeugte ‚Natur' substituiert* (siehe zum Beispiel die eingangs erwähnte neue Seilbahnstation mit ‚organischer' Form, Anm. U. Sch.).“[443]

Die neuen Besetzungen werten den Ort auf, hauchen ihm quasi nach seiner Objektivierung und Tötung[444] neues Leben in Form von neuen Bedeutungen ein. Der Neu-Besetzung und weiteren Ausbeutung voran geht die Ermordung des Lebewesens Berg: Den Gipfel des Berges, als sein Scheitel, Stirn oder Haupt gilt es zu unterwerfen, als Zeichen der Unterwerfung und Besetzungsakt wird ein Pflock oder eine Stange in den Fels hineingebohrt, das Haupt des Berges gleichermaßen gewaltsam gespalten. Diese Beschreibungen sind tatsächlichen Schilderungen von alpinistischen Bergbesteigungen entnommen und untermauern die Gewalttätigkeit, die in der beginnenden Besetzung des Topos durch Vermessungsstangen, Gipfelfahnen und -kreuzen inne wohnt.[445] *„Am Ende ist das Gebirge dann besetzt und gespickt mit Zeichen seiner Unterwerfung.“*[446]

Es sind von Menschen gemachte Bedeutungen, die den Topos neu besetzen: Der Gipfel als kapitalistisch verwertbares Ziel für Tourist_innen, ein alpinistischer Sehnsuchtsort, Ort der Machtdemonstration, eine christlich-heilige Stätte. Zu letzterer Bedeutung sei hinzugefügt, dass die Aufwertung des Gipfels durch das Christentum nicht auf dessen Bedeutung als Erdentopos gründete, sondern auf einer Wahrnehmung, die den Gipfel dem Himmel nahe sah, als beinahe himmlischen, transzendentalen Ort festsetzte, der über der Welt gelegen und weltfremd zum wahrhaft u-topischen Ort wurde. Dies zeigt sich etwa daran, dass bestimmte Gipfel als Altare gesehen wurden[447], das Bergsteigen demnach zu einer Art christlichen Wallfahrt oder Prozession mutierte.[448] In diesem Zusammenhang sei die interessante Deutung von Sibylle Auer erwähnt, die den Hochalter

---

443 Behmann in: Projektgruppe „Zivilisationspolitik“, 2009, S. 166

444 Alchemistisch ausgedrückt ist es die Methode der Mortifikation.

445 Vgl. Scharfe, 2007, S. 95

446 Scharfe, 2007, S. 106

447 Der Gipfel des Berges mit dem Namen Serles bei Innsbruck trägt den Beinamen „Altar Tirols“, es könnte sich dabei aber auch um ein Überbleibsel einer älteren, vorpatriarchalen Zuschreibung handeln, nach der Altäre Sinnbilder für den weiblichen Schoß waren. Siehe dazu Walker, 1993, S. 26

448 Vgl. Scharfe, 2007, S. 129.

in Kirchen mit dem Berg vergleicht: Gottvater sitzt auf der Spitze/dem Gipfel, dieser wird zum Sitz des männlichen Schöpfergottes, zum Vater“schoß“[449], der alles Leben unter sich birgt. Hier findet eine Verdrehung der ursprünglichen Bedeutung des Berges und Gipfels als mütterlich-weiblichen Ort[450] statt. Die christlich-patriarchale Methode dämonisiert und entsakralisiert die matriarchalen Kultorte, um sie in einem weiteren Schritt als christliche (Wallfahrts-)Orte wieder „heilig“ zu machen und aufzuwerten.[451] Es ist dies die Erhöhung ehemals bereits heiliger, doch dann zwischenzeitlich dämonisierter, erniedrigter Natur. Der Topos wird durch die patriarchalen Zuschreibungen zum höheren und bessern[452], vom weiblichen zum männlichen (Natur-)Ort.

Neben den ideologischen, immateriellen Besetzungen sind es aber auch sichtbare, materielle Zeichen, die die Unterwerfung des Topos Gipfel augenscheinlich werden lassen. Zu Beginn werden vor allem Fahnen als Siegeszeichen auf den höchsten Punkt aufgestellt, häufiger und früher als die heute in Tirol dominierenden Gipfelkreuze. Ihr militärischer und kriegerischer Ursprung[453] zeigt die gewalttätige Intention, die hinter dem Aufstellen, Einbohren und Einrammen der Fahnen- und Vermessungsstangen in den Eis-, Schnee- oder Felsaufbau des Gipfels steckt. „Steinmänner“ und -pyramiden, die in dieser Zeit errichtet werden, sind Abbilder des Berges, die der Alpinist schafft, also von Menschenhand geschaffene Berge im Miniaturformat[454]. Ihre Errichtung ist als ein erster Versuch zu erkennen, den Berg nachzuahmen und zu ersetzen, die Steinpyramide überragt den Berg sogar, sie steht auf dem Gipfel. In diesem Zusammenhang sei die historische Tatsache erwähnt, dass Erzherzog Johann von Österreich zu Beginn des 19. Jahrhunderts anordnen ließ, auf dem Ortler als dem damals höchsten Gipfel der Monarchie eine gigantische, acht bis neun Meter hohe Steinpyramide zu errichten.[455] Der Versuch misslang zwar, die

449 Auer, 2009, S. 173

450 Vgl. Teil II, Kapitel Topos Gipfel

451 Vgl. Voss, 1988, S. 238

452 Mantl sieht in der Christianisierung der Gipfel als neue heilige Orte eine *„Konzession an den uralten Volksglauben“*, in dem er durchaus matriarchale Ideen herausarbeitet, diese allerdings nicht als solche benennt. Mantl, 1967, S. 130 Dieselbe Methode der Christianisierung wurde im Alpenraum an Steinen und Menhiren angewandt – ‚heidnische‘ Steine/Menhire wurden im Christentum mit Kreuzen versehen, siehe Mantl, 1967, S. 70/71 – sowie an anderen Kultplätzen vorgenommen, vgl. Auer, 2009.

453 Scharfe, 2007, S. 259f.

454 Diese Erklärung deutet auch Scharfe an, vgl. dazu Scharfe, 2007, S. 256.

455 Vgl. Scharfe, 2007, S. 257

Beweggründe sind klar in der Demonstration von Macht und Überlegenheit sowie Unterwerfung der Natur zu erkennen. Die gegenwärtige Dominanz von Gipfelkreuzen täuscht eine lange Praxis der Gipfelbesetzung vor, eigentlich sind diese Zeichen jedoch eine Erscheinung des 20. Jahrhunderts[456] und wurden vorher nur vereinzelt aufgestellt. Als erstes Gipfelkreuz in den Alpen gilt jenes, das 1799 auf dem Kleinglockner errichtet wurde. Bereits dieses erstmalige war, so wie die neuzeitlichen Gipfelkreuze *„Zeichen der Eroberung und Unterwerfung des Berges“*[457].

Kurz seien noch zwei Beispiele von politisch motivierten Besetzungen erwähnt, die ebenso die Aneignung und Unterwerfung des Topos Gipfels zeigen: Es ist zum einen jene Tatsache, dass *„vor dem Einmarsch der NS-Truppen in Österreich 1938 auf dem Großglockner eine Hakenkreuzfahne deponiert wurde“*[458], inklusive der bewussten propagandistischen Bekanntmachung dieser Aktion durch Fotografien und Berichte in den Medien. Die Aneignung eines ganzen Landes begann somit demonstrativ auf seinem höchsten Punkt, von oben nach unten. Das zweite historische Beispiel ist die Platzierung einer Büste des diktatorischen Herrschers Josef Stalin auf dem bereits in der Namensgebung auffälligen Pik Stalin, dem höchsten Gipfel der damaligen Sowjetunion, ein Jahr zuvor, 1937.[459] Dadurch überragte das Abbild des Herrschers tatsächlich alle Natur, indem es hierarchisch am höchsten Punkt angesiedelt beziehungsweise noch über diesen gestellt wurde.

Die in den darauffolgenden Jahrzehnten in den Alpen durchgeführten maschinentechnischen Besetzungen fallen unter einen Prozess, der als Kapitalisierung des Gipfels erkannt werden kann und aufgrund seiner Tragweite in einem eigenen, nun folgenden Kapitel behandelt wird.

3.6. Kopf und Zahl – Die Kapitalisierung des Gipfels

Die Vereinnahmung der Alpengipfel durch das touristisch-kapitalistische System erfolgte nach dem Zweiten Weltkrieg durch eine massive Eroberungs- und Erschließungswelle des Topos Gipfel, mit dem Ziel, diesen als Ware für die kapitalistische Wirtschaft zu verwerten. Erste Seilbahnen wurden in den Westalpen bereits in der „Belle-Époque-Phase“ des alpinen Tourismus zu Beginn des 20. Jahrhunderts errichtet, sie dynamisierten und modernisierten das

456 Vgl. Scharfe, 2007, S. 268f.

457 Scharfe, 2007, S. 270

458 Scheiber, 2005, S. 49

459 Siehe Scheiber, 2005, S. 41, vgl. auch Perfahl, 1984, S. 156f.

Bergerlebnis.[460] Die beiden Weltkriege stoppten diesen Fortschritt und das fortschreitende seilbahntechnische Erschließen der Gipfel. Nach 1945 kam es zu einer Wiederanknüpfung an bereits getätigte Infrastrukturen sowie zur Realisierung von neuen Projekten[461], ein Prozess, der sich in den 1950er bis 1980er Jahren zur Entwicklung des alpinen Tourismus zum Massentourismus steigerte, wobei der Wintertourismus mit seiner modernen Form des Pistenskifahrens immer mehr in den Vordergrund tritt. Fahrwege und Straßen bis hinauf in die höchsten Bergregionen wurden gebaut, Gletscher verkehrstechnisch und wie die Gipfel seilbahntechnisch erschlossen und mit Panoramarestaurants, Aussichtsplattformen und Antennen besetzt. Urbane Infrastruktur erreichte bis dahin wilde und unerschlossene Natur und veränderte den Blick auf die Landschaft.[462] Die kapitalistische Wachstums(un)logik erfordert einen ständigen Ausbau dieser Infrastruktur, der damit angezapfte angeblich nie endende Geldfluss wird zum Treibstoff für den Motor für weitere maschinentechnische Erschließungen, das heißt für die weitere Naturzerstörung. Die touristische Geldmaschinerie muss nicht nur weiter laufen/konkurrieren[463], sondern auch vergrößert und beschleunigt werden, so das Credo der kapitalistischen Heilsversprechungen, durch den Ausbau der Lifte und Kapazitäten, die schnellere Beförderung auf den Gipfel und noch mehr Infrastruktur.

Die Vermarktung des Topos Gipfel als wichtige Methode der touristisch-kapitalistischen Ökonomie, die dazu dient, das Konsumbedürfnis in noch mehr potentiellen Skitourist_innen zu wecken, erfolgt hingegen mit beschönigten Bildern von „unberührter", wilder Natur. In Werbebroschüren und Internetauftritten[464] glänzen großformatige Fotos von nicht bebauten Gipfeln, beworben wird das „einzigartige" Panorama, das sich vom touristisch erschlossenen Gipfel aus bietet, jedoch gerade dem nicht entspricht, was die ursprüngliche Wortherkunft meint: Panorama als das *„alles Sehen"*[465]. Vielmehr ist das „Gipfelpanorama" ein abstrahierter Ausblick, der die dazu nötige Infrastruktur

---

460 Vgl. Bätzing, 2005, S. 143f.

461 Der erste Sessellift in Sölden entstand 1948. Wie plötzlich die damit verbundene touristisch-kapitalistische Wirtschaftsweise in die lokale Subsistenzökonomie einfiel zeigt sich etwa daran, dass der Lift durch Tauschhandel und teilweise mit Ötztaler Butter bezahlt wurde – Naturprodukt im Tausch für die naturzerstörerische Maschine. Vgl. Magazin „Die Bahnen", 2008, S. 15

462 Vgl. Bätzing, 2005, S. 144

463 „Konkurrieren" stammt von lateinisch „concurrere" für „mitlaufen" ab.

464 Vgl. zum Beispiel die Fotos auf www.oetztal.com oder www.soelden.com

465 Von Griechisch „pan" für „alles" und „hórama" für „sehen", Kluge, 2002, S. 677

und Naturzerstörung ausklammert, diese nicht be*rücksicht*igt. Geprägt von derartigen Werbeversprechungen ist der Blick der am Topos angekommenen Tourist_innen bereits vereinnahmt, er wird inszeniert[466] und gelenkt[467], in Form von Panoramafenstern, Aussichtsplattformen und aufgestellten Fernrohren. Auf der Aussichtsplattform stehend *sehen* die Tourist_innen die Seilbahnstation hinter ihrem *Rücken*, die sie auf den Gipfel befördert hat, nicht, sie nehmen sie in ihrer tatsächlichen Konsequenz für das Leben am Berg und die Wahrnehmung von Natur nicht wahr. Währenddessen versuchen sie vergeblich, die angeblich naturbelassene Natur im Vordergrund durch Fernrohr und Fotoapparat wirklich wahrzunehmen. Der Naturumgang findet nun über und durch, mittels Maschinen statt, er ist maschinisiert.[468] Der Ausblick am Gipfel, das Panorama, wird zu dem, was ihm auch in seiner begrifflichen Entwicklung widerfuhr: zum maschinisierten Teilblick.[469] An Stelle des „Alles-Sehen" – *„pan-hórama"*[470] – tritt das manipulierte Fokussieren[471] auf einen Ausschnitt der Landschaft, das Ganze wird der Maschinenlogik folgend geteilt, maschinentechnisch in Form von Fotos festgehalten, um beispielsweise wieder als digitales Panoramafoto zusammengesetzt zu werden. Die Maschine und das Maschinengemachte werden zum Hilfsmittel für eine entfremdete Wahrnehmung, die nicht mehr von der Zugehörigkeit zur Natur Ausgang nimmt, sondern geprägt ist von einem distanzierten, objektivierenden, erobernden, zerstörerischen und die Tatsachen verleugnenden, patriarchalen Naturverhältnis.

Mit der Vermarktung des Topos wird das Ziel des kapitalistischen Patriarchates erreicht: die Totaltransformation des Gipfels in Maschinengemachtes, in

466 „Die Inszenierung der schönsten Aussichten" titelt die Eigenwerbung über die Aussichtsplattformen auf den Gipfeln im Skigebiet von Sölden. www.oetztal.com/main/DE/SD/WI/Skigebiet/Skigebietsinfo/BIG3/BIG3_Plattformen/index.html (30.08.11)

467 Seel nennt als Beispiel die „view points" in den nordamerikanischen Wüsten und sieht in ihnen eine Einschränkung der Naturwahrnehmung, siehe Seel, 1991, S. 68, Fußnote 43.

468 Genth spricht von maschinell verdinglichten Umgangsformen, Genth, 2002, S. 16.

469 Der Begriff „Panorama" entstand im aufklärerischen 18. Jahrhundert *„zur Bezeichnung einer Maschine, die größere Bilder stückweise zeigte"*, Kluge, 2002, S. 677.

470 Vgl. Kluge, 2002, S. 677

471 Dieses Fokussieren entspricht der allgemeinen Dominanz des Sehsinnes gegenüber den anderen Sinnen in unserer westlichen Zivilisation. Noch dazu ist der Sehsinn zu über 90 % der Zeit in einer Art Tunnelblick fokussiert ausgerichtet. Die Möglichkeit der menschlichen Augen im Weitwinkel und umfassend zu sehen bleibt ungenützt, die Wahrnehmung eingeschränkt.

Ware und Geld.[472] Die dazu notwendige patriarchal-alchemistische Verwandlung des Berges in eine in Kapital verwertbare Ressource geht mit der Zerstörung/Tötung/Mortifikation der Natur einher[473], wie anhand der Bauten auf dem Gipfel zu erkennen ist. Diese „*maschinentechnische Naturtransformation*"[474] hat den Zweck, den Topos zu unterwerfen, um ihn in einem nächsten Schritt angeblich zu ersetzen. Eine patriarchale Vorgehensweise, die allgemein im Umgang mit den Frauen und der Natur[475] seit der Neuzeit umzusetzen versucht wird:

> *„Ihr Eigenwille soll gebrochen und zerstört und gegen sie sollten Maschinen in Gestalt von Foltergeräten eingesetzt werden: Das Bild dafür gab die ‚Hexe' ab."*[476]

Die Foltergeräte am Topos Gipfel sind die (Eisen-)Stangen und Metallverstrebungen, die seinen Leib durchbohren, die Baumaschinen, die ihn abtragen und begradigen, die Betonverbauungen, die Seilbahnseile und Liftstützen, die ihn in ein maschinentechnisches System einspannen. Der Topos Gipfel ist schon längst nicht mehr unberührt, wild und frei, er ist verwundet und zerstört, die Narben zeigen sich deutlich.[477] Zuerst vom Leben im Tal getrennt, da nicht mehr in der Verbundenheit alles Seienden wahrgenommen, wird der Topos nun in die Zivilisation „zurück" geholt, indem er kapitalisiert und maschinentechnisch erschlossen wird. Einzelne Gipfel werden „aufgewertet" und dazu „auserwählt", mit dem zivilisatorischen Leben neu verknüpft zu werden.[478] Sichtbar wird dieser Zusammenhang, die Einspannung in das kapitalistische Verwertungssystem, durch die Seilbahnseile und eine Infrastruktur, welche dem Fortschritt folgend die bereits

472 Vgl. zur allgemeinen Vorgehensweise gegenüber der Natur Behmann in: Projektgruppe „Zivilisationspolitik", 2009, S. 155

473 Diese Verwandlung ist ein zerstörerischer Vorgang, in den Begrifflichkeiten der Alchemie geht ihm die „Mortifikation", also die Tötung voraus, vgl. Werlhof, 2010c, S. 16

474 Behmann in: Projektgruppe „Zivilisationspolitik", 2009, S. 141

475 Vgl. Merchant, 1994 und Federici, 2004

476 So formuliert Genth diesen Prozess, mit Verweisen auf Francis Bacon. Siehe Genth, 2002, S. 228

477 Die Narben der laufenden Zerstörungen zeigen sich dann, wenn der Schnee wegschmilzt. So erscheint etwa der Berg Hohe Mut inmitten der hohen Gipfel bei Obergurgl im Ötztal von der gegenüberliegenden Talseite wie ein schwangerer Bauch mit einer großen, zickzackförmigen Narbe. Sie ist das Resultat der maschinentechnischen Erschließung des Gipfels durch Fahrweg und Skipiste. Oben auf dem höchsten Punkt, der vielmehr eine Rundung ist, steht eine neue Seilbahnstation samt überdimensionierter Skihütte.

478 Vgl. mit den Thesen vom Ökonomisieren der Natur und der Natur als „Gesellschaft" in: Werlhof, 1991, S. 158f.

mit dem Aufkommen des Alpinismus als Massenbewegung eingeleitete Entwicklung der Urbanisierung und Modernisierung des Gipfels weiterführt.

Die Technik als der Umgang mit der Natur ist auch am Topos Gipfel zusehends maschinisiert, die Ökonomie als die Verwendung von Natur zusehends kapitalistisch. Die Umwandlung von Natur in Geld steht im Vordergrund dieser Ökonomie. Der Gipfel aus angeblich wertlosem Stein und Fels ist so lange Geld-wertlose Materie bis er maschinentechnisch umgewandelt und aufgewertet wird, da mit ihm plötzlich Geld gemacht werden kann. Er wird zum Kapital, zum Haupt, das von nun an in Zahlen verwertet wird, in Geld. Das Kapital, begrifflich die „Kopfzahl"[479], macht den Gipfel zum „Zahlen-Kopf", durch die kapitalistische Verwendung dient er als beides: Kopf[480] und Zahl, beide Seiten einer Geldmünze sind nun, in der Ware „Gipfel" vereint. Der Gipfel wird durch seine Kapitalisierung zum ökonomisch wertvollen Topos, beginnend mit der Tätigkeit der einheimischen Männer als Bergführer, die für das (Mit-)Gehen auf dem Berg bezahlt wurden, bis hin zur gegenwärtigen Maschinisierung. Nun muss bezahlt werden, um mit der Seilbahn auf den Topos zu gelangen, damit ist die Kapitalisierung des Topos gelungen, er wird zu Geld und Gold – in den Vorstellungen einiger tatsächlich, wie die utopischen Pläne zur Vergoldung von Gipfeln zeigen.[481] Die Kommerzialisierung vereinnahmt, ähnlich wie es bereits an der wissenschaftlichen Vermessungstätigkeit gezeigt werden konnte, den Topos samt seinem jeweiligen, kulturell entstandenen Namen, wenn die Gipfel „verscherbelt"[482] und gegen Bezahlung auf Firmen- oder Produktnamen umbenannt werden.[483]

An diesen Beispielen wird deutlich: Ein paar wenige behaupten ihr angebliches Recht auf die Natur, die eigentlich allen gehört, beziehungsweise, der alle zugehörig sind und behaupten zudem, ihr naturzerstörerisches Tun sei

479 Der Begriff „Kapital" leitet sich aus lateinisch „caput" für „Haupt, Kopf" ab. „Das Wort meint zunächst die Kopfzahl (des Viehbestands)", Kluge, 2002, S. 468

480 Sowohl Gipfel, etymologisch aus Kuppe abgeleitet, und Kopf stehen in Beziehung mit dem lateinischen „cuppa" für Becher, siehe Kluge, 2002, S. 528 und 358. Gipfel und Kopf stehen demnach in begrifflicher Verwandtschaft.

481 Zum 200-jährigen Großglockner-Jubiläum im Jahr 2000 wollte man die Bergspitze vergolden, www.spiegel.de/reise/aktuell/0,1518,498012–2,00.html (30.08.11).

482 Es gibt bereits sogar Tendenzen zur Privatisierung der Berge, die österreichischen Bundesforste wollten 2011 zwei Berge in Osttirol an den Meistbieter verkaufen. Das Vorhaben wurde jedoch nach heftigen Protesten gestoppt.

483 Der Mullwitzkogel, ein Gipfel der Venedigergruppe in Osttirol, wurde auf Ansuchen einer Wiener Fleischfabrik in Wiesbauerspitze umbenannt, nach der Produktbezeichnung für eine Bergsteigerwurst, die von dieser Firma hergestellt wird. Vgl. Gugger, 2008, S. 73

zum Wohle aller. Der Topos Gipfel wird dadurch der Allgemeinheit in seiner Ursprünglichkeit entzogen, maschinentechnisch verformt, erschlossen, kapitalistisch als kostenlose Ressource[484] verwertet und damit monetär aufgewertet, sodass schließlich nur mehr jene Zugang zu ihm bekommen, die es sich (das Liftticket) leisten können.

Dämonisiert, getötet, erobert, ausgebeutet, zerstört und besetzt zeigt sich der Topos Gipfel als leblose Ressource für die kapitalistische Tourismusindustrie. Was treibt die Menschen angesichts dieser Tatsachen dennoch hinauf auf die Berge? Ist es der verzweifelte Versuch, die Suche und Sehnsucht nach der Wildheit der Natur zu befriedigen?[485] Der schnelle Aufstieg, der viel mehr eine Seilbahn*fahrt* ist, bietet jedoch nur einen schnellen Konsum von Natur, durch Maschinen und gegen Bezahlung. Er stillt die tiefe Sehnsucht nach Natur*leb*nis nicht, da so die wirkliche Verbindung und Verbundenheit mit der Natur nicht wahrgenommen werden kann. Diese ist auch keineswegs mehr wild, sondern längst vereinnahmt und transformiert, durch die Kapitalisierung wurde sie zur toten Ressource erklärt. Der nächste und end-gültige Schritt wäre die gänzliche Ersetzung des Gipfels durch Maschinengemachtes.

4. Das ist der Gipfel! Die versuchte Realisierung der patriarchalen Naturersetzungsutopie durch die Maschine

Der Höhepunkt an Naturzerstörung und -transformation ist am Topos Gipfel tatsächlich erreicht. Sowohl die horizontale Dimension, durch die begrenzt zur Verfügung stehende Fläche auf dem Gipfel, als auch die vertikale Dimension, die Höhe, sind nicht mehr auszudehnen, sie sind natürlich limitiert. Eigentlich stehen an diesem Punkt angekommen nur mehr zwei Schritte zur Auswahl: der Schritt zurück, als der bewusste Abstieg und damit die Rückkehr, oder der Absturz, als Konsequenz des Versuchs, einen Schritt weiter zu gehen, weiter als es der Topos von Natur aus für möglich bereit hält. Dazu passt folgende Formulierung von Werlhof über die Ignoranz der natürlichen Schranken in Bezug auf die Entwicklung des Patriarchats:

> *„Doch, wird auch nicht erkannt, daß nach dem Gipfel nur noch zwei Dinge möglich sind: Das Nichts und der Ab-Fall, das Umkippen, der Beginn eines Gegenteils, die Transformation zu ganz anderem."*[486]

---

484 Zum kapitalistischen Umgang mit Natur als billige oder kostenlose Ressource siehe Werlhof, 1991, S. 158

485 Vgl. Mies/Shiva, 1995, S. 193

486 Werlhof, 1991, S. 13

Der *Ab-Fall*, das Umkippen sind bereits Wirklichkeit, der Topos zieht sich als Reaktion auf den ihn zerstörenden Naturumgang zurück. Die Weiterverfolgung der patriarchalen Utopie wird zur beginnenden Dystopie, durch die Verformung und Zerstörung des ohnehin schon bröckelnden Gipfels. Steine *fallen ab*, es kommt zu Felsstürzen, ausgelöst durch das unverhältnismäßige Auftauen des Permafrostes als eine Folge des menschenverursachten Klimawandels in den Alpen. Die patriarchale Utopie geht trotz der Endlichkeit des Topos einen Schritt weiter, sie sieht von ihm und seinem Wesen ab, hat sie ihn ja bereits zur getöteten, angeblich überwindbaren Ressource erklärt. Der nächste Schritt ist jener der versuchten Ersetzung. „*We are making a new top of the mountain*“ [487], was vorerst noch als utopischer Entwurf ausgesprochen wird, passiert bereits in den ersten Umsetzungsschritten, durch Betonierungen, Verebnungen[488], Felsabtragungen[489] und Neubauten[490]. Sollte der Berggipfel zerbröckeln, machen wir uns einen neuen. Der Beginn der versuchten Umsetzung dieser Utopie ist bereits an einzelnen Beispielen deutlich erkennbar.[491]

---

487 So die entlarvende Aussage eines Professors für Bauingeneurwesen als Antwort auf das Problem des Permafrostes. Durch dessen Auftauen – eine Folge des Klimawandels – können Berggipfel destabilisiert werden und Teile in Bewegung geraten bzw. sogar abbrechen.

488 Auf einem anderen Topos, dem Gipfel der Schwarzen Schneid in den Ötztaler Alpen, wird der Gipfelaufbau zuerst geebnet, das heißt abgetragen und zerstört, dann „*eine kreisrunde Platte aus Lärchenholz in den Gipfelschnee gesetzt – mit einer Kraftpyramide im Zentrum*“ –, zerstörte Lebenskraft des transformierten Naturortes durch einen künstlichen Aufbau, eine Pyramide, die angeblich Kraft gibt, ersetzt. http://www.oetztal.com/main/DE/SD/WI/Skigebiet/Skigebietsinfo/BIG3/BIG3_Plattformen/index.html (30.08.11)

489 Abtragungen von Gipfeln im großen Stil passieren etwa im gegenwärtigen Kohleabbau, konkret im Appalachen-Gebirge in den USA. Mehr als 500 Berge wurden dort bereits „geköpft“, die Abbaumethode heißt bezeichnenderweise „Mountain Top Removal“ (Bergspitzen-Entfernung). Vgl. Niederberger, Thomas: Rohstoffrausch ohne Grenzen? In: Magazin Greenpeace, Nr.4, 2011, S. 22

490 Aussagekräftig ist etwa die Bewerbung der Aussichtsplattform auf dem Topos Gaislachkogel: „*Geht man hinaus auf die Plattform, entschwindet einem der Berg. Losgelöst vom ‚festen Grund‘ fliegt man förmlich ins Bergpanorama.*“ www.oetztal.com/main/DE/SD/WI/Skigebiet/Skigebietsinfo/BIG3/BIG3_Plattformen/index.html (30.08.11) Losgelöst und entfernt vom Berg, auf der maschinenhergestellten ebenen Plattform braucht es die natürliche Form nicht mehr.

491 Am Beispiel Zugspitze zeigt sich, wie weit die Gipfelersetzung bereits fortgeschritten ist: Der Gipfel ist kaum mehr als natürlicher Ort auszumachen, er zeigt sich zubetoniert und verbaut, „*man könnte Kunstrasen auslegen und Fußball spielen. Oder*

Was die patriarchale Naturersetzungsutopie sich vorerst noch vorstellt oder in ersten Schritten versucht umzusetzen, wird in der Kunst bereits vorweggenommen. Der Künstler Hermann J. Painitz erdenkt die Abschaffung der Natur, indem er die Abtragung der Alpengipfel entwirft.[492] Noch einen Schritt weiter geht das Projekt „mons ex machina", der Berg aus der Maschine, des Künstlers Roland Maurmair. Mit alten Schmierfetten der Nordkettenbahn in Innsbruck, dem Überbleibsel der seilbahntechnischen Erschließung der Berge, malt er Bergbilder. Aus pulverisierten Teilen von Seil- und Bergbahnen schafft er neue Berge, eine wahrlich alchemistische Methode, die Neuschöpfung des Berges aus seiner Zerstörung: *„Aus dem vom Menschen in den Bergen produzierten Müll entsteht der Urstoff für neue, denkbar naturferne (utopische) Bergwelten."*[493] *„Die Geburt des Berges aus der Maschine"*[494] ist das Ziel des Künstlers. Er erkennt die Totalität der destruktiven patriarchalen Vorgehensweise nicht und postuliert eine künstlerische Kreation, die sich ganz im Sinne der patriarchal-alchemistischen Schöpfungsutopie gebiert:

> *„Es ist möglich einen sonst möglicherweise zerstörerischen Ablauf umzukehren: Mit Hilfe zivilisatorischer Abfallprodukte kommt es zu einem konstruktiven Vorgang. Aus dem von Natur und Kultur erodierten Berg entsteht ein neuer Berg. Und dieser wächst überhaupt erst durch den Rückgriff auf die ursprünglich zum Zweck des Eingriffs verwendeten Mittel. Der Berg, die alpine Landschaft entsteht aus dem Geiste der Maschine, dem Abfall der Maschine. Mons ex machina ist wie deus ex machina: die Geburt der Natur aus dem Geiste der Technik!"*[495]

Ein neuer, von Menschenhand geschaffener Gipfel ist angeblich in erreichbare Nähe gerückt. Die totale Umsetzung der patriarchalen Natur-Ersetzungsutopie von diesem Topos wird in der Kunst bereits zur Tat(sache).

Sand und zum Tennisturnier laden" – *„Garmischs Mythos aus Fels und Beton"*, siehe Tiroler Tageszeitung, 11.02.11, S. 27. Es sind utopische Vorhaben auf dem Topos, die seinem Wesen nicht entsprechen, er wird dafür jedoch „zurechtgebogen". Der Mittelgipfel wurde für den Seilbahnbau gesprengt, der Westgipfel in den 1930er Jahren für Kriegszwecke abgetragen. Was ist vom ursprünglichen Topos noch übrig?

492 Painitz, Hermann J.: „Zu den Entwürfen für die Planierung der Alpen", 1968, siehe www.kunstnet.or.at/chobot/04_01_14.html (21.11.07)

493 Tiroler Tageszeitung: Skulptur gewordene Müll-Berge, 10.11.10

494 http://maurmair.com/news/monsexmachina_news/ (30.08.11)

495 http://maurmair.com/works/installation/mons-ex-machina/ (30.08.11)

Innen

Topos Berginneres

Die Extraktion der Rohstoffe aus dem Berginneren für die kapitalistische Verwertung

1. Szenario / Verortung III: Die kapitalistische Ausbeutung des Berges

Tirol
Ötztal
Längenfeld
ca. 1180 m über dem Meer

Schwefelwasser gelangt durch eine 1.865 Meter tiefe Bohrung aus dem Erdinneren an die Oberfläche. Durch moderne Maschinentechnik wird es aus dem Berginneren herausgepumpt und mit diesem Gewaltakt seiner natürlichen Umgebung entrissen. Dieser Vorgang ist menschengemacht, eine Verkehrung[496] der ursprünglichen Naturvorgänge. Es handelt sich nicht um einen natürlichen Akt der Hervorbringung, wie es etwa die Geburt einer ist, sondern um eine maschinentechnisch erzwungene Trennung des Schwefelwassers aus dem Schoß des Berges. Der *„In-Dienst-Nahme von strukturell in den Erscheinungsformen der Natura naturans eingebetteten Energieformen"*[497] geht die Zerstörung ihrer Einbettung voraus. Der Berg als natürliche Umgebung und gebende Natur birgt zwar immer noch das Heilwasser, er wird jedoch nicht mehr als mütterlich-schenkend wahrgenommen[498] sondern als zur Verfügung stehendes Objekt, dem seine eingebetteten Ressourcen beliebig entrissen werden können, ja sollen. Anschließend wird das Schwefelwasser dem Dienst der Tourismusindustrie unterworfen, indem es in eine neue, maschinentechnisch hergestellte Form[499] geleitet

---

496 Vgl. Werlhof, 2011

497 Genth, 2002, S. 155

498 Wie es der matriarchalen Naturwahrnehmung entspricht. Durch den Prozess der Patriarchalisierung wird diese gestört, Natur wird zum Objekt. Collard spricht in der Objektivierung von Natur von Muttermord. Vgl. Collard, 1988, S. 145

499 Damit sind die Schwimm- und Wellnessbecken der Thermenanlage „Aqua Dome" gemeint, im weiteren Verlauf wird dies näher herausgearbeitet.

wird, um es dort profitabel zu verwerten. Die schöpferisch-gebende Natur wird ausge*raubt*, die Beute privatisiert[500] und kapitalisiert.

Die Form für das Schwefelwasser aus dem Berginneren ist neu, gigantisch in ihrem Ausmaß und utopisch: eine künstliche Wasserwelt auf 50.000 m², „Aqua Dome“ genannt, eine der modernsten Wellness-Thermen Europas. Eine kuppelartige Konstruktion spannt sich über die Wasserbecken, sie bildet das Hauptgebäude des Aqua Dome. Es ist ein künstlicher Berg aus Stahl, Glas und Beton, der als neuer Behälter für das Wasser aus dem Berginneren dient.[501] Die Erbauer bezeichnen ihr Konstrukt als Kristall[502] und geben ihm den Namen „Ursprung“. In dieser Namensgebung tritt die patriarchale Utopie deutlich erkennbar hervor: Im männlich geschaffenen, maschinentechnisch hergestellten neuen „Ursprung“ realisiert sich „pater arché“, das männlich Konstruierte in Form eines künstlich geschaffenen gläsernen Berg(-Kristalles), als Ursprungsort, Geburtsstätte und angebliche Quelle[503] des Schwefelwassers. Der Berg als ursprünglicher Wasserbehälter und das Berginnere als natürliche Gebärmutter oder Schoß für das Schwefelwasser werden mit diesem Bau nicht nur nachgebildet, sondern zu ersetzen versucht. Der neu geschaffene U-Topos, als der nicht natürliche Ort, ist Voraussetzung für den nächsten Schritt im Prozess der Patriarchalisierung des Umgangs mit dem Berg: Hier kann der Schatz aus dem ursprünglichen Topos „Berginnen“ als Ressource für die kapitalistische Verwertung angeblich ewig ver(sch)wendet werden.

> *„In der Glaskuppel spiegeln sich die jetzt schon vereisten Bergspitzen, innen ist es karibisch warm. Vom großen Innenbereich schwimmen die Badenden über ein Flussbecken hinaus in die Freiluft-Therme. Mittendrin thront dort der beleuchtete und beheizte Glaskristall.“*[504]

Aus dem künstlichen Berg und Uterus, dem Kristall „Ursprung“ als Hauptgebäude des Aqua Dome, fließt das Wasser in mehreren Becken, die einen

500 „Privatisieren“ stammt von lateinisch „privare“ für „rauben“.

501 Die Badegäste aus dem anliegenden Hotel gelangen unterirdisch, über einen beheizten „Bademantelgang“, in den kristallförmigen Thermendom. Auch hier wird das Berginnere nachgeahmt, der Gang in den künstlichen Berg führt durch eine künstliche Höhle.

502 *„Das 73 Millionen Euro teure Projekt – Gesellschafter sind unter anderen das Land Tirol, die Bergbahnen, die Gemeinde und die Raiffeisenbank – hat von der Bergwelt abgekupfert. Es ist mächtig wie die Bergmassive: grauer Stein, Fichtenholz und in der Form ‚einem Bergkristall nachgeahmt‘.“* http://www.taz.de/4/reise/europa/oesterreich/der-berg-ist-wieder-in/ (28.12.11)

503 Etymologisch betrachtet bedeutet Ursprung anfänglich „Quelle“, Kluge, 2002, S. 946.

504 http://www.taz.de/4/reise/europa/oesterreich/der-berg-ist-wieder-in/ (28.12.11)

natürlichen Flussverlauf nachbilden sollen, zu drei Betonschalen. Diese scheinen aufgrund ihrer Architektur vom Erdboden abgelöst und über ihm zu „schweben", da der aufsteigende Wasserdampf die Betonsäulen verschleiert, welche die Schalen tatsächlich tragen. Über Treppen innerhalb eines weiteren, in verschiedenen Farben von rosa bis grün beleuchteten Glaskristalles sind die „überirdischen" Wasserbecken in den Betonschalen erreichbar. Konnte vor dem Bau des Aqua Dome das Heilwasser frei zugänglich in einem kleinen Teich auf einer Wiese genutzt werden, sind es nun drei Betonschalen, in die das zu einem geringen Teil mit dem Schwefelwasser angereicherte Badewasser geleitet wird. Anstelle des Erdbodens und der Steine als natürlichem Behältnis[505] sind es nun maschinentechnisch hergestellte Formen, die eine angeblich bessere, hygienischere[506] und saubere[507] Art der Anwendung des Schwefelwassers ermöglichen. Die höhere Stellung des Künstlichen über dem Natürlichen wird an den Betonschalen augenscheinlich, indem sie architektonisch tatsächlich höher gestellt sind als „schwebten" sie förmlich utopisch/bodenlos über dem Erdboden und befänden sich im Himmel. Ein Bad im puren Schwefelwasser ist im Aqua Dome jedoch nicht so leicht möglich, es darf nur nach ärztlicher Verordnung und Begleitung in einem separaten Becken genommen werden. Die Natur, die früher frei, unkontrolliert, gemeinschaftlich und wild genutzt wurde, wird jetzt nur mehr verordnet, kontrolliert, geschwächt, gezähmt und gegen Bezahlung zur Verfügung gestellt.

„Das Erlebnis des Unerlebten: Allein die futuristische Architektur des AQUA DOME inszeniert das Thema Wasser in völlig neuer Form. Vor dem gläsernen Kristall des Thermendoms Ursprung scheinen drei kreisrunde Schalenbecken zu schweben – umgeben von zwei Flussläufen im Freiluftbereich Talfrische. Kinder finden eine abgeschlossene Badelandschaft in der Alpen Arche Noah[508] mit Riesenrutsche, Spielwiese, Kletterwand und

505 Ich verwende hier dieses Wort, da es mit behalten und damit mit halten in Verbindung steht. Halten wiederum bedeutet ursprünglich „schützen, hüten, bewahren", siehe Kluge, 2002, S. 387, was einem matriarchal-naturfreundlichen Verhältnis entspricht. Ein Behälter ist demnach ein Ort, in dem der Inhalt, zum Beispiel die natürlichen Ressourcen, geschützt und behütet werden, um sie vor Ausbeutung oder Übernutzung zu bewahren.

506 Siehe dazu http://www.taz.de/4/reise/europa/oesterreich/der-berg-ist-wieder-in/ (28.12.11)

507 Hier fallen die Begriffe Sauberkeit und Reinheit als patriarchale Setzungen im Gegensatz zur angeblich unreinen, niedrigen und schmutzigen Erde, Natur und Frau auf.

508 Auch hier findet sich die maschinentechnisch hergestellte Nachahmung des natürlichen Uterus wieder. Die Arche Noah in ihrer ursprünglichen Bedeutung als

Kinderrestaurant. In der Saunawelt Gletscherglühen und der Spa-Oase Morgentau eröffnen sich ungeahnte Wellness-Freuden.“[509]

Der Versuch der ersetzenden Nachahmung oder nachahmenden Ersetzung der Natur und damit ihre angebliche „Unsichtbarmachung“ lässt sich als patriarchale Methode auch in den weiteren Bereichen des Aqua Dome erkennen. In der abgeschlossenen „Landschaft“ des Kinderareals „Alpen Arche Noah“ befindet sich eine künstlich angelegte Spielwiese und Kletterwand. Die Saunawelt des Aqua Dome mit dem fragwürdigen Namen „Gletscherglühen“ bietet gleich mehrere Natur-Nachahmungsgeschehnisse: Duschen mit künstlichen Wettereffekten, wie zum Beispiel einem Tropenregen mitten in den Alpen, ein Berggewitter, indem *„sich die Gewalt der Natur in Blitz und Donner entlädt*“[510], einen Wasserfall oder ein Nebel-Bad, all diese „Naturspektakel“ sind maschinell, auf Knopfdruck von den Badegästen abrufbar. Die Schluchtensauna ist zwar aus Holz, geräumig und hell, soll aber laut Werbetext eine *„typische Ötztaler Bergschlucht*“[511] nachbilden und den Besucher_innen den Eindruck vermitteln, sich direkt in einer solchen zu befinden, ohne die „unangenehmen“ natürlichen Bedingungen wie Kälte, Schatten und Schroffheit der Felsen erleben zu müssen. Diese werden ausgeklammert, der Aufenthalt in der künstlichen Schlucht ist somit angenehmer und „besser“, denn er enstpricht angeblich den menschlichen Komfort-Bedürfnissen. In der Gletscherhöhle stehen vereiste Wände und Eiskörner bereit, um sich abzukühlen, in Zeiten der Gletscherschmelze ist hier für den künstlichen Ersatz bereits gesorgt. Der Aufenthalt in Solegrotte und Erd-Sauna gibt vor, sich im Berginneren zu befinden. Ein großes Meerwasser-Aquarium holt ein Stück Meereswelt mitten in die Berge und macht das Unmögliche künstlich möglich: Mitten in den Alpen bietet sich nun nicht nur der Blick auf die Bergkulisse draußen, sondern gleichzeitig die freie Sicht auf das künstliche Meer[512] im Aquarium.

---

das Mondschiff, das Geburtsgefäß, aus dem alles Leben hervorging, muss hier zur Namensgebung eines künstlichen Wassergefäßes herhalten. Zu Noah und seinem Mondschiff vgl. Walker, 1993, S. 796

509 http://www.aqua-dome.at/xxl/_lang/de/_area/home/_subArea/510669/_subArea2/511267/_articleId/528093/index.html (27.12.11)

510 http://www.aqua-dome.at/xxl/_lang/de/_area/home/_subArea/510669/_subArea2/511267/_articleId/528093/index.html (27.12.11) Die angeblich gewalttätige Natur wird hier nachgeahmt, jedoch ungefährlich und kontrolliert.

511 http://www.aqua-dome.at/xxl/_lang/de/_area/home/_subArea/510669/_subArea2/511267/_articleId/528093/index.html (27.12.11)

512 In Anlehnung an die Parole „Nieder mit den Alpen. Freie Sicht aufs Mittelmeer!“ der Schweizer Jugendbewegung in den 1980er Jahren, die damit zwar nicht auf die

„Hier ist man angekommen in der schönen, neuen Freizeitwelt.“[513] Dem ist patriarchatskritisch hinzuzufügen: Diese neue Freizeitwelt ist ein *„maschinentechnisch produziertes Schlaraffenland für Konsumbedürfnisse“*[514], eine hergestellte künstliche Form, die dazu dient, aus den Schätzen des Berginneren Profit zu schlagen.

2. Die Schätze[515] aus dem Berginneren als geldbringender Rohstoff

Die patriarchal-alchemistische Schöpfung aus Zerstörung findet zusätzlich zu den bereits betrachteten Topoi[516] auch im Berginneren beziehungsweise unter Ausbeutung desselben statt. Das kapitalistische Patriarchat als bisher letzte Phase[517] der versuchten Natur-Ersetzungsutopie vereinnahmt in Form der Tourismusindustrie auch diesen Topos des Berges. Sein Inneres wird maschinentechnisch erobert, durchbohrt und ausgebeutet, das Schwefelwasser von seiner natürlichen Umgebung, seinem ursprünglichen Topos durch einen künstlichen, maschinentechnisch forcierten Gebärvorgang getrennt. Der dadurch gewonnene, extrahierte, das heißt dem Inneren entzogene, Rohstoff wird in eine maschinentechnisch geschaffene, vom Topos absehende, daher u-topische Form geleitet und dient dort der maximalen Geldschöpfung. Im kapitalistischen Patriarchat *„scheinen Schöpfung und Reichtum aus bewusster Zerstörung anstatt aus der Kooperation alles Lebendigen zu kommen.“*[518] Der alchemistische Vorgang der Mortifikation der Natur, also des Tötungsprozesses, der sich hier an den Methoden der Naturunterwerfung, maschinentechnischen Bearbeitung und Ausbeutung zeigt, läuft parallel zur Kapitalisierung. Die dem Kapitalismus inhärente Methode der Zerstörung sieht von der lebendigen Verbundenheit und

---

Planierung der Berge abzielte, sondern die Begrenzungen in der Kulturarbeit kritisierte. Was sich jedoch in dieser Parole ausdrückt, ist ein von der natürlichen Umgebung abstrahierendes Machbarkeitsdenken des eigentlich Unmöglichen. Dieses wird nun, am Topos Aqua Dome, zu realisieren versucht.

513 http://www.taz.de/4/reise/europa/oesterreich/der-berg-ist-wieder-in/ (28.12.11)

514 Behmann in: Projektgruppe Zivilisationspolitik, 2009, S. 109

515 Der Einzug des Geld- und Profitdenkens spiegelt sich in der etymologischen Entwicklung des Wortes „Schatz“ wider. Nach Kluge entwickelte sich der Begriff „Schatz“ aus dem germanischen *skatta für „Besitz, Vieh“. Die Bedeutung „Geld“ und „Reichtum“ kommt erst später hinzu. Kluge, 2002, S. 795

516 Siehe die vorherigen Kapitel „Gletscher“ und „Gipfel“.

517 Vgl. dazu Werlhof, 2011, S. 39

518 Werlhof, 2011, S. 49

der Natur ab, um sie in einem nächsten Schritt als getötetes Leben, als Rohstoff und Ware zu vermarkten. Werlhof bezeichnet den Kapitalismus *„als ein Geschäft mit der mittelbaren und unmittelbaren Ausschlachtung und Verwertung des Lebendigen.“*[519] Das Kapital als Produkt ist Getötetes[520], es entsteht, so wie die Ware und die Maschine, aus der Zerstörung der Natur. Der Kapitalismus als die Ökonomie des Patriarchats und Ausdrucksform des patriarchalen Naturverhältnisses ist demnach eine *„weltweite An- und Enteignungsweise sowie eine ebenso gewaltsame Transformations- und Zerstörungsweise“*.[521] Ziel ist die Transformation, Zerstörung und Ausbeutung aller Naturgüter in Waren.

Der Kapitalismus als Wirtschaftsweise, in der sich ein transformierendes und zerstörendes Naturverhältnis ausdrückt, fußt auf und führt zu einer Veränderung der Wahrnehmung von Natur. Das Besondere, der Topos Berginneres, wird, wie die Natur im Allgemeinen, von einer Quelle des Lebens[522] zum Ort der Unterwerfung, Objektivierung, Transformation und Ausbeutung einer getöteten *Mater*ie für Kurzzeit-Profite.[523] Die Natur selbst und ihre Ressourcen werden zu Waren degradiert, alles wird *„maschinenlogische, ökonomische Verwertungsressource“*[524]. In ihrem „Rohzustand“ als Rohstoff für die kapitalistische Verwertung, kostet die Natur nichts oder wenig.[525] Das Schwefelwasser etwa ist angeblich beliebig und unendlich verfügbar und kann daher geraubt, angeeignet und ausgebeutet werden, um es als „veredeltes“ Wellness-Produkt der Profitgewinnung zuzuführen. Die Natur als konkreter Reichtum ist demnach scheinbar wertlos, bildet jedoch die Voraussetzung für den neuen, abstrakten Reichtum, indem sie monetarisiert, das heißt zu Geld gemacht wird[526], und der kapitalistischen Tourismuswirtschaft als Naturkapital dient.

---

519 Werlhof in: Projektgruppe „Zivilisationspolitik“, 2009, S. 8

520 Vgl. Werlhof, Claudia von: Soziale Bewegung, Gesellschaft, Bildung und Wissenschaft heute, Bedingungen des Studiums und praktische Konsequenzen, Manuskript zu einem Vortrag im Zuge der Studentenbewegung 2009 in Innsbruck, gehalten als „Autonome Veranstaltung“ im besetzten sowimax am 31.10.09.

521 Werlhof, 2010c, S. 73

522 Vgl. die matriarchale Wahrnehmung des Berginneren als lebenspendenden Ort. Siehe dazu den zweiten Teil dieser Arbeit.

523 Zu diesem Umgang mit der Natur im Allgemeinen vgl. Bhushan in: Kumar, 2007, S. 114

524 Genth in: Projektgruppe „Zivilisationspolitik“, 2009, S. 37

525 Dies zeigt sich etwa an den Bedingungen der Thermengesellschaft, die das Wasser beinahe kostenlos von der Gemeinde erhalten und für sich beanspruchen will, da sie beliebig verfügbare, natürliche Materie sei, ohne sonstigen „Wert“.

526 Vgl. Walch, 2009, S. 146

Die Ressource Humankapital, die im Alltag als menschliche Arbeitskraft das Rad des Kapitalismus am Laufen hält, konsumiert in ihrer durch Konsumdruck und Freizeitstress unfrei gewordenen Freizeit die zum Konsumbedürfnis erhobenen Waren. Wellness-Behandlungen werden zum „Must have" in einer konsumorientierten Gesellschaft, zu einer Freizeitbeschäftigung der modernen Menschen, um sich zu regenerieren und in Folge in der kapitalistischen Arbeitswelt wieder zu funktionieren.[527] In der warmen Wasser-Betonschale liegend blicken sie in die umliegende Bergwelt, die als schön, heil und wild-natürlich vermarktete alpine Umgebung. Das Ausmaß an Zerstörung der Natur sowie der Ressourcenverbrauch, der dem Konsumverhalten als Wellness-Gäste zugrunde liegt, werden hier ausgeblendet, die sinnliche Wahrnehmung desselben mit Meditationsmusik übertönt und durch den aufsteigenden Wasserdampf vernebelt.

Die Vertikalität als ein Charakteristikum der Berge bekommt durch die Methode der Extraktion, konkret durch die erfolgte Bohrung zur Erschließung des Schwefelwassers, eine neue, durch Maschinentechnik zugänglich gemachte Dimension. Auf die touristisch-kapitalistische Besetzung der Höhe des Berges[528] folgt nun die Besetzung der Tiefe und des lebendigen Inneren, die Ressourcen daraus werden als angeblich notwendiger Rohstoff für die Zukunft des Tals beansprucht. Doch die tatsächliche Umsetzung der patriarchalen Natur-Ersetzungsutopie bleibt unerreicht: Immer noch ist es eine natürliche Grundlage, das Wasser aus dem lebendigen Berginneren, das den Aqua Dome mit „Leben" füllt. Der Ausbeutungs- und Tötungsprozess, der als patriarchale Methode hinter dem touristischen Mega-Projekt steckt, wird jedoch nicht als solcher erkannt, da die Natur nicht mehr als lebendig[529] wahrgenommen wird, gleich wenig wie das Schwefelwasser als heilendes Geschenk des mütterlich-gebenden Berges.[530] Nur so, durch die Veränderung im Naturverhältnis hin zur objektivierten und zur Ware degradierten Natur, konnte der Kapitalismus als moderne Ökonomie des Patriarchats auch in den Alpen Fuß fassen. Die zentrale Rolle des Berginneren sowie des Bergbaus für die Ausbreitung dieser Wirtschaftsweise zeigen die folgenden Ausführungen.

527 Vgl. dazu Auer, 2007, S. 433

528 Vgl. Peskoller, 1997, S. 9 sowie das vorhergehende Kapitel „Topos Gipfel".

529 Vgl. Merchant, 1994

530 Vor der kapitalistisch-touristischen Nutzung des Schwefelwassers galt dieses als Heilwasser, die Quelle als besonderer Ort, ein christianisierter Kultort, über dem, auf einem Felsvorsprung, eine Kapelle stand. Dies bedeutet, dass die Quelle bereits im Zuge einer vorkapitalistischen Patriarchalisierung christlich vereinnahmt und besetzt wurde.

3. Zur Genese des patriarchalen Umgangs mit dem Berginneren
Die Natur durchbohren, aushöhlen, ausbeuten, transformieren und kapitalisieren

Der patriarchatskritische Blick auf die Geschichte des Umgangs mit dem Berginneren lässt Veränderungen in der Wahrnehmung von Natur und diesem Topos erkennen. Ursprünglich und vorpatriarchal gilt das Innere des Berges als mütterlicher Schoß, der die Schätze in sich birgt und diese als mütterlich-gebende Natur hervorbringt an Orten, wo sie von den Menschen genutzt werden können. Naturerscheinungen wie Quellen, Teiche und Höhlen werden als heilige, lebensspendende Orte wahrgenommen und verehrt.[531] Die erste Veränderung, hervorgerufen durch den naturfeindlichen Prozess der Patriarchalisierung mit seiner christlichen Methode der Dämonisierung, macht aus dem mütterlich empfundenen Berginneren eine geizige, feindliche und schlechte Natur, die es zu unterwerfen und zu beherrschen gilt. Der nächste Schritt ist die Objektivierung[532] als naturwissenschaftlich-modern gesehener, getöteter Gegenstand, der den Rohstoff beinhaltet. Ihn gilt es durch geeignete Techniken auszubeuten, besonders potenziert und gewalttätig durch die mit der Neuzeit aufkommende Mechanisierung und später ab dem 18. Jahrhundert die Maschinentechnik[533]. Die vorläufige Endphase dieses Prozesses ist geprägt durch ein zerstörerisches Naturverhältnis, in dem die Schätze aus dem Berginneren nur mehr als Waren für die kapitalistische Profitgewinnung gehandhabt werden.

Um die Entstehung dieses Prozesses und die Veränderungen im Umgang mit dem Berginneren zu erkennen, erscheint es notwendig, einen kurzen geschichtlichen Rückblick zu vollziehen, der verschiedene Tendenzen und Entwicklungen aufdeckt, um sie als Methoden und Stationen der Patriarchalisierung dieses Topos zu begreifen:

Die Archäologin Marija Gimbutas geht davon aus, dass Kupferverarbeitung bereits in Alteuropa bekannt war[534], einige der ältesten Spuren von Metallverarbeitung in den Alpen lassen sich archäologisch bis ca. 3800 v. Chr.[535] nachweisen. Der neolithische Kupferabbau war noch nicht naturzerstörerisch und auf die Herstellung von Waffen ausgerichtet, er erfolgte in kleinen Mengen und

531 Vgl. zu Kultplätzen und heiligen Orten: Derungs, 2006; in Tirol: Auer, 2009

532 Vgl. dazu Böhme, 1988

533 Vgl. Genth, 2002

534 Gimbutas, 1994, S. 113

535 Bätzing, 2003, S. 46

prägte in der Region Ötztaler Alpen etwa die Kultur rund um „Ötzi", den „Mann aus dem Eis".[536] Die wissenschaftlichen Meinungen darüber, ob es sich bei dieser Kultur noch um eine matriarchale Hirten_innenkultur handelte oder diese sich bereits durch Einflüsse patriarchaler Eroberer in einem Veränderungsprozess befand, unterscheiden sich.[537] Auch gibt es in diesem Zusammenhang unterschiedliche Auffassungen darüber, zu welchen Zwecken der Mann aus dem Eis ein Kupferbeil bei sich trug, ob es sich dabei zum Beispiel um ein kultisches Instrument, ähnlich der Doppelaxt handelte.[538] Sibylle Auer bringt die Veränderung in der Verwendung von Metallen mit den Einflüssen patriarchaler Reitervölker aus dem Osten, den Kurgankriegern, die in Wellen ab 4400 v. Chr. in Mitteleuropa einfielen, in Zusammenhang, was eine *„positive Bewertung der Waffen"* bewirkte und *„zu einer Ermächtigung der Schmiede bzw. zu ihrer Herauslösung aus dem Kult der Großen Göttin"* führte.[539] In der späteren Bronzezeit kam es zu einer Intensivierung des Bergbaus in den Alpentälern.[540] Die transhumante[541] Alm- und Weidewirtschaft ließ sich in ihrer Beweglichkeit mit den Bergabbaustellen in den hochgelegenen Regionen der Alpen verbinden.[542] Mit der Eisenzeit ab ca. 1000 v. Chr., ein Sammelbegriff für die ältere Eisenzeit oder Hallstattzeit und jüngere Eisenzeit oder Latène-Kultur, beginnt das Kriegszeitalter. Waffen aus Eisen werden hergestellt, wie etwa Lanzen und Schwerter, letztere wurden in archäologischen Ausgrabungen in Tirol als in dieser Zeit häufige Grabbeilagen gefunden, in sogenannten hallstattzeitlichen Schwertgräbern.[543]

Unter dem Einfluss des Römischen Reiches wurde der Bergbau im Alpenraum erneut intensiviert, sowohl im Eisen-, Metall- als auch im Salzabbau, da militärische Zwecke sowie die Expansionstätigkeiten dies erforderten. Eine

---

536 Rohrecker, 2003, S. 17

537 Göttner-Abendroth bezeichnet Ötzi als Angehörigen einer matriarchalen Hirten_innen-Kultur, Auer verweist auf Gimbutas und sieht im Kupferbeil des Ötzi bereits patriarchale Einflüsse. Vgl. Göttner-Abendroth, 2003 und Auer, 2007, S. 263f. sowie S. 272f. und S. 295.

538 Zum Begriff „Labrys", der Doppelaxt als Zepter der Göttin vgl. Walker, 1993, S. 599. Siehe auch Auer, 2007, S. 327f.

539 Auer, 2007, S. 275

540 Vgl. Auer, 2007, S. 289

541 Mit Transhumanz bezeichnet man eine Wechsel-Weidewirtschaft, bei der sich Hirten_innen und Tiere je nach Jahreszeiten im Tal oder auf den Bergen aufhalten.

542 Vgl. Bätzing, 2003, S. 47f.

543 Vgl. Trachsel, 2005. Trachsel bezweifelt jedoch, dass es sich bei den Schwertgräbern um Kriegergräber handelt und hebt die Bedeutung des Schwertes als Statussymbol hervor.

beachtliche Menge an Metall wurde allerdings auch für Arbeitsgeräte in der intensivierten Landwirtschaft und zur Herstellung von Luxusgütern gebraucht. Dennoch kam es zu keiner gravierenden Weiterentwicklung montantechnischer Methoden und Geräte.[544] Das Naturverhältnis war teilweise noch geleitet von der Wahrnehmung der Erde als Schoß, dessen Ausbeutung einen Eingriff in das Innenleben von Mutter Erde bedeutete.[545] Die Natur wehre sich mit Erdbeben gegen den Bergbau, meinte Plinius[546], und Ovid sah in bergbaulichen Tätigkeiten eine *„Vergewaltigung von Mutter Erde"*[547].

Die Kontinuität des organischen Weltbildes mit dem Berginneren als lebendige und heilige Erdmatrix[548], in der die Metalle Embryonen gleich heranwachsen, zeigt das Werk „Iudicum Iovis oder Das Gericht der Götter über den Bergbau" von Paulus Niavis. [549] In diesem Text kommt das Bedenken über das Ausmaß und die Art und Weise moderner bergbaulicher Tätigkeiten zu Beginn der Neuzeit zum Ausdruck. Im Sinne eines organischen Naturverständnisses wird das Verhältnis der Menschen gegenüber dem Berginneren vor einem symbolischen Gericht der Götter als naturzerstörerisch und muttermörderisch verurteilt. Hartmut Böhme reflektiert über diesen Text:

> *„Zentral aber ist der Vorwurf, daß der Mensch den Leib der Erde in seinen inneren Organen verletze, ihre Schönheit, Fruchtbarkeit und Lebendigkeit untergrabe, ihre gebärenden Kräfte zum Erliegen bringe und damit sich des schwersten Verbrechens überhaupt schuldig mache: des Muttermordes. Die Erde, die den Menschen geboren habe und in deren Schoß er zurückkehre, würde langsam durch ihn umgebracht, womit er folglich die Grundlagen seines eigenen Lebens zerstöre."*[550]

Das organische Bild des Berginneren als lebendigen und mütterlichen Raum kommt in dem Text von Niavis zwar noch zur Sprache, wirkt jedoch wie ein letztes Aufbäumen vor dem beginnenden Einfluss eines mechanistischen Verständnisses von Natur als zu zerstörendes Objekt. Der Prozess der tatsächlichen Objektivierung des Berginneren und seiner Ausbeutung als getötete Mutter/ Mater-ie hatte am Anfang der Neuzeit bereits begonnen. Vor seiner totalen Umsetzung kam jedoch noch eine weitere patriarchale Methode zur Durchführung

---

544 Böhme, 1988, S. 67
545 Vgl. Merchant, 1994, S. 19f.
546 Vgl. Merchant, 1994, S. 42
547 Vgl. Merchant, 1994, S. 43
548 Böhme, 1988, S. 76
549 Paulus Niavis: Iudicum Iovis oder Das Gericht der Götter über den Bergbau, zitiert in: Böhme, 1988, S. 76
550 Böhme, 1988, S. 75f., auch Merchant verweist auf diesen Text: Merchant, 1994, S. 44f.

ähnlich jener, wie sie bereits am Topos Gipfel aufgezeigt werden konnte: die Umdeutung und Dämonisierung der Natur als lebendiges Wesen, ehemals mütterlich-gebend, die nun den Menschen gegenüber feindlich, schlecht und gefährlich eingestellt und daher seiner Unterwerfung und Beherrschung auszuliefern sei.

3.1. Die Dämonisierung des Berginneren

Die ursprüngliche Wahrnehmung des Berginneren als heiligen Topos, als Ort der Anderswelt beispielsweise, an dem die Seelen nach dem Tod auf ihre Wiedergeburt warten[551], wird ebenso wie das spirituelle Verhältnis dazu verändert. Im Zuge von Feudalisierung und Christianisierung der mittelalterlichen Gesellschaft[552] werden gezielt neue, patriarchale Deutungsbilder eingesetzt, die das vorherige Naturverhältnis überlagern, verdrehen und schlussendlich auszulöschen versuchen. Anstelle der Erde als Mutter tritt nun die stiefmütterliche, geizige Natur, die den Menschen feindlich gesinnt sei. Diese Sichtweise führt zwar das organische Weltbild von der lebendigen Natur fort, jedoch wird die Aussage darüber, was Natur ist, umgedeutet und verdreht, um so die zerstörerische Bearbeitung des Topos zu rechtfertigen. Das Berginnere wird wie die Natur allgemein und die Frauen zur Feindin, gegen die sich die Menschen wehren müssen, indem sie Gewalt anwenden, sie erobern, ausbeuten, transformieren und zerstören.[553] So werden die Ursachen für die Mühseligkeit und Gewalt der Tätigkeiten etwa im Bergbau in der bösen Natur selbst festgemacht, sie sei es, die ihre Ausbeutung durch das Verbergen und Verstecken ihrer Schätze provoziere:

> *„Gewissermaßen ist die weibliche Natur, ist Terra selbst schuld an ihrer Vergewaltigung durch männliche Technik: rächt sich in dieser doch nur der Geiz der Mutternatur selbst.“*[554]

Bergbauliche Tätigkeiten werden zum gewalttätig-sexuellen Akt pervertiert. Aus dem ursprünglichen Verständnis von Bergbau als einem heilig-erotischen Ritual[555] zur feierlichen Festigung der Verbindung mit der Natur oder Rückkehr in den Schoß der Mutter Erde, dem Aufenthaltsort der Seelen nach dem Tod, wird die Vergewaltigung und Unterwerfung des Berges als bösartiges, unter die Verfügungsgewalt des Mannes gestelltes Weib. Die Bergnatur verkommt zur

551 Vgl. dazu den zweiten Teil dieser Arbeit, Kapitel Berginneres.
552 Vgl. Kimmerle, 1980, S. 43f.
553 Vgl. Böhme, 1988, S. 77 und Merchant, 1994, S. 45
554 Vgl. dazu Böhme, 1988, S. 78
555 Bergbau und Metallurgie sind wie die Alchemie ursprünglich sakrale Praktiken, siehe Böhme, 1988, S. 92

Braut und damit zum männlichen Eigentum, Bergbautechnik zum Eindringen in ihren weiblichen Leib, in den Schoß der Erde.[556] So wie der Alpinist sich auf den Gipfel und damit über ihn stellt, erobern der Bergbaukumpel sowie der auf Montantechnik spezialisierte Naturwissenschaftler den Berg, indem gewaltsam in sein Inneres vorgedrungen wird. Jahrhunderte später ist es der Soldat, der auf ähnliche Weise den Berg zur Umsetzung der kriegerischen Siegespläne bearbeitet. Dies zeigt etwa sehr deutlich ein Beispiel aus der früheren Geschichte, das sich aufgrund der Kontinuität der Methodik und Denkweise thematisch passend an dieser Stelle einfügen lässt: Im Zuge kriegerischer Auseinandersetzungen im Ersten Weltkrieg fanden an mehreren Bergen in den Dolomiten Aushöhlungen, Bearbeitungen, Sprengungen und Zerstörungen statt. Der Berg als Kriegsschauplatz erforderte besondere Techniken, die jenen des Bergbaus ähnlich waren, der Zeit entsprechend handelte es sich dabei jedoch um maschinentechnische Weiterentwicklungen. Der Film „Berge in Flammen" von Luis Trenker aus dem Jahr 1931 stellt die Vorgänge während der Dolomitenkämpfe auf heroische Art und Weise nach und macht die Brutalität, mit der die Bergnatur zum Kriegszweck unterworfen wurde, augenscheinlich. Eine Filmeinstellung, die immer wieder eingespielt wird, zeigt die patriarchale Methode des gewaltsamen Vordringens in das Innere des Berges deutlich: Soldaten sind es, die im Berginneren stehen und seine Aushöhlung vorantreiben, indem sie motorbetriebene Bohrmaschinen in den Fels rammen, mit dem Ziel, den Berg samt den feindlichen Soldaten auf seinem Gipfel auszuhöhlen, mit Sprengstoff als neuen, kriegerischen Inhalt zu füllen und schließlich zum Einsturz zu bringen. Die Bohrmaschine potenziert die männliche Kraft gegenüber dem Berg, sie erscheint wie ein riesiger Phallus, der unaufhörlich mit Gewalt und unter ohrenbetäubendem Lärm den Leib des Berges penetriert.[557]

Zurück zu den Anfängen der Dämonisierung des Berginneren, die als Methode die weitere Unterwerfung und Zerstörung der Natur legitimieren

556 Siehe Böhme, 1988, S. 107f.

557 Wie sehr dieses kriegerische Naturverhältnis bereits die faschistische Utopie einer totalen Ersetzung der Frauen und Natur vorwegnahm, macht der Vergleich der Filmszene mit folgendem Zitat deutlich, indem Tazi-Preve den Umgang mit der Natur und den Frauen im Nationalsozialismus als utopisches Projekt einer Neuschöpfung erkennt: *„Die ‚Zeugung' der faschistischen Nation geschehe dadurch, dass der soldatische Mann die ‚Mutter' Erde, die den Leib für die männlichen Geburten darstellt, ‚aufsprengt, zerreißt', kriegerisch in sie dringt, ihr Inneres mit Strömen von Blut ‚befruchtet', damit das ‚Werdende', die ‚neuen Gesetze' aus ihr hervorgehen."* Tazi-Preve, 2004, S. 64f.

sollte. Eine ähnliche Vorgehensweise zur Umsetzung der patriarchalen Natur-Unterwerfungs- und -Ersetzungsutopie konnte bereits im Umgang mit dem Topos Gipfel erkannt werden:[558] Natur wird *„deanimiert, entmythologisiert, entsakralisiert“*[559]. Die katholische Kirche benutzte die Methode der Dämonisierung der Natur, um in Folge den Kampf gegen den Berg und sein angeblich dämonenhaftes Wesen zu rechtfertigen und ihn schließlich christlich-religiös neu zu besetzen.[560] Auch die bestehende *„Sakralkultur des Montanbaus“*[561], die von den Bergleuten getragen wurde und die auf einer vorchristlichen, matriarchalen Spiritualität fußte, wird im Zuge der Patriarchalisierung des Naturverhältnisses zusehends negiert, transformiert und christianisiert.[562] Das Berginnere als Topos wird der ursprünglich matriarchalen Spiritualität entzogen. Ein Beispiel für diesen Vorgang ist die Ernennung der heiligen Barbara zur Schutzpatronin der Bergleute, wodurch ihre ursprüngliche Bedeutung als matriarchale Göttin in ihrem Heiligen Berg[563] christlich überdeckt und somit aus der kollektiven Erinnerung verdrängt wurde.[564] Mit dem Prozess der Christianisierung fällt der Beginn der Mechanisierung der Arbeit im Bergbau zusammen, die bezeichnenderweise in den mittelalterlichen Klöstern entstand. Vor allem die Zisterzienser und Benediktiner Mönche waren es, welche technische Erfindungen entwickelten und vorantrieben[565], um die angeblich gefährliche und feindliche Natur unter religiöse Herrschaft zu bringen[566] und der kapitalistischen Ausbeutung den Weg zu bereiten.

> *„Vor der frühkapitalistischen Inbesitznahme des Bergbaus zeigt sich also eine von christlicher Theologie angeleitete ideologische, technologievorbereitende Entwicklung. In ihr wird die lebendige in ihrer Macht zu fürchtende und zu verehrende Natur deanimiert und ideologisch für jedwede Herrschaftsform freigegeben.“*[567]

558 Siehe das vorhergehende Kapitel Topos Gipfel.
559 Böhme, 1988, S. 78
560 Vgl. dazu die bereits erwähnte Kapelle an der ursprünglichen Radonquelle in Längenfeld.
561 Böhme, 1988, S. 69
562 Böhme, 1988, S. 69
563 Vgl. Walker, 1993, S. 92
564 Kimmerle analysiert die Vorgehensweise der katholischen Kirche gegenüber den „heidnischen Göttern“ im Mittelalter als Methoden der „Herabdrückung“ und „Überlagerung“. Vgl. Kimmerle, 1980, S. 43 und 47
565 Böhme, 1988, S. 68
566 Ebda.
567 Böhme, 1988, S. 70

Das Berginnere behält vorerst seinen Subjektstatuts, jedoch in einer veränderten, verkehrten, pathologischen[568] Form als feindliche und bedrohliche, dem Menschen böse gesinnte, geizige Natur. Wurden die Berge in der Vergangenheit als mütterlich, Leben spendend und göttlich betrachtet, vollzog sich im Zuge der Feudalisierung und Christianisierung eine Verkehrung dieser Betrachtungsweise. Mit Beginn der Neuzeit um 1500 und der mechanisch-kapitalistischen Naturbearbeitung tritt schließlich ein tatsächliches Neuverständnis[569] von Natur hervor. Die Behauptung einer gefährlichen, feindlichen und dämonischen Bergnatur muss nun der Vorstellung von Natur als ein zu beherrschendes und totes, da getötetes Objekt weichen. Dabei geht es darum, die in dieser Zeit beginnende naturwissenschaftliche Unterwerfung und Ausbeutung von Mensch und Natur zu legitimieren sowie das Weltbild einer mechanistisch betrachteten Natur durchzusetzen.[570]

3.2. Vom organischen zum mechanistisch gedeuteten Berginneren

Organische Bilder des Berginneren, etwa jenes aus der Renaissance, das die Erzadern als lebendige Äste eines Baumes sah[571], sind zwar auch noch in den folgenden Jahrhunderten in bestimmten Bereichen wie in der Kunst wiederzuentdecken[572], es handelt sich dabei jedoch um Randerscheinungen einer gegen das gängige Bild von Natur als Objekt gerichteten Wiedererinnerung des Vergangenen. Im fortlaufenden Prozess der Patriarchalisierung aller zivilisatorischen Verhältnisse, seiner Totalität und Wirksamkeit durch die aufkommende Maschinentechnik und der sukzessiven Kapitalisierung allen Lebens, fanden naturfreundliche Tendenzen wenig bis kaum mehr Platz. Methode am konkreten Topos war es, das Naturverhältnis dahingehend zu transformieren, dass die Wahrnehmung des organischen und lebendigen Berginneren durch ein neues Denken ersetzt werden konnte. Das Resultat war ein mechanistisch gedachter „U-topos", das Berginnere als jener Ort, an dem die getötete Materie für die Durchsetzung der patriarchalen Natur-Ersetzungsutopie gewonnen werden konnte. Die mechanische Entwicklung im Bergbau sowie die Entstehung

568 Genth, 2002, S. 39 und 41

569 Böhme spricht von einem Bruch zwischen dem vormodernen und modernen Weltbild. Vgl. Böhme, 1988, S. 77

570 Böhme, 1988, S. 77f.

571 Vgl. Merchant, 1994, S. 41

572 Wie andere matriarchale Reste eines ehemaligen naturfreundlichen Umgangs mit dem Berg als „Zweite Kultur" noch heute erkannt werden können, vgl. dazu die Forschungen von Auer, Derungs und Göttner-Abendroth.

der Metallurgie als patriarchal-alchemistische Methode[573] zur Vollendung des unvollständigen Lebens im uterinen Berginneren waren Wegbereiter für die Durchsetzung des Wandels[574] von einem organischen zu einem mechanistischen Weltbild von Natur.[575] Natur galt dieser Auffassung nach als unvollkommen, die menschliche Aufgabe war es demzufolge, sie durch Zerstörung, Bearbeitung und Transformation zu ihrer Vollendung zu führen. Im Übergang vom organischen zum mechanistischen Weltbild wurden die Metalle zwar noch als Embryonen im Bauch der Erde gesehen, die sich jedoch, so die alchemistische Vorstellung, noch nicht vollständig entwickelt hatten, d.h. sich in einem Prozess der Reife befanden. Da alle Metalle schlussendlich zu Gold hin tendieren würden, bestand die Aufgabe des patriarchalen Metallurgen, einem Alchemisten gleich in die Natur einzugreifen, diese zu transformieren und dadurch schneller in einen „besseren" und „wertvolleren" Zustand zu bringen.[576] Die „unreifen" Erze wurden ihrer natürlichen Umgebung gewaltsam entrissen, der „Goldwerdungsprozess" durch chemische und technische Bearbeitung in einem neu geschaffenen, *„künstlichen Schoß des Hochofens"*[577] beschleunigt.[578] Das patriarchale Streben nach Unterwerfung und Beherrschung der angeblich feindlichen Natur zeigt sich hier deutlich[579], wie auch die utopische Vorstellung einer menschlich geschaffenen, vollendeten und besseren Welt, in der alle Materie aus dem Berginneren zu Gold/Geld wird.

Der Bergbau mit seinen Techniken avancierte am Beginn der Neuzeit zum Wegbereiter eines neuen Weltverständnisses. Die Ausbeutung von Natur als Objekt und Ressource, die einen enormen Holz- und Wasserverbrauch[580] erforderte, läutete den Zerfall des Feudalismus ein[581] und schuf die Basis für eine frühkapitalistische Wahrnehmung von Natur als potentiell geldbringender Rohstoff.

573 Vgl. dazu Werlhof in: Projektgruppe „Zivilisationspolitik", 2011, S. 83ff.
574 Merchant bezeichnet ihn als den Großen Wandel von einem organischen zu einem mechanischen Weltbild, der zwischen 1500 und 1700 in Europa vollzogen wurde. Merchant, 1994, S. 277
575 Böhme zeigt diesen Wandel anhand der Geschichte des Bergbaus auf und bezeichnet ihn als „epistemologischen Bruch", Böhme, 1988, S. 77.
576 Vgl. Werlhof in: Projektgruppe „Zivilisationspolitik", 2009, S. 71.
577 Merchant, 1994, S. 20, Werlhof spricht vom Schmelzofen als dem künstlichen Uterus des Alchemisten. Werlhof in: Projektgruppe „Zivilisationspolitik", 2011, S. 83
578 Vgl. Böhme, 1988, S. 92 sowie Werlhof in: Projektgruppe „Zivilisationspolitik", 2011, S. 83
579 Böhme, 1988, S. 69
580 Oberhöller, 2004, S. 91
581 Vgl. Merchant, 1994, S. 19

Die Methode, die zu diesem Naturverhältnis führte, ist in der *„Reduktion der Materie auf ihr quantifizierbares Substrat“*[582] zu erkennen. Das Substrat, in seiner ursprünglichen Bedeutung als Grundlage oder Untergrund, als Boden beziehungsweise das, was unter dem Grund, im Berginneren schlummert, wird technisch erschlossen und quantifiziert. Von seiner Wildheit und Lebendigkeit absehend und in Teile zerlegt, war das Berginnere auf sein technisch gewonnenes Substrat herabgesetzt und als wissenschaftlich zu untersuchendes Objekt beherrschbar sowie ausbeutbar geworden.

> *„Indem die Natur auf ihr mechanistisches Substrat reduziert wurde und die Frau auf ihre asexuellen Tugenden, konnte das Prinzip der Mütterlichkeit (mater) gezähmt und bezwungen werden: die männliche Stärke fand ihre Bestätigung.“*[583]

3.3. Die wissenschaftliche Eroberung des Berginneren

Wie die bisherigen Ausführungen zeigen, lässt der patriarchatskritische Blick auf die Transformation des Naturverhältnisses am Topos Berginnen folgende geschichtliche Entwicklung erkennen: Auf die Dämonisierung der ursprünglich als mütterlich-gebend, freundlich und heilend/heilig erfahrenen Natur folgte die Überlagerung mit christlichen Vorstellungen und Bewertungen von gut und böse und schließlich die Profanisierung und Objektivierung durch die moderne Naturwissenschaft und Technik.[584] Dass dieser Prozess der Patriarchalisierung keine logische und gewaltfreie, sondern vielmehr eine einschneidende Entwicklung gewesen sein muss, die mit Gewalt durchgesetzt wurde und auch auf Widerstand stieß, ist nachvollziehbar. Hartmut Böhme meint sogar, dass zu Beginn der Neuzeit ein *„epistemologischer Bruch“*[585] zwischen vormodernem und modernem Naturumgang vorliegt, der eine radikale Veränderung mit sich brachte. Dieser These des Brechens mit dem alten Weltbild und des Neuanfangs durch eine andere Naturauffassung ist folgende Betrachtungsweise von Claudia von Werlhof hinzuzufügen: Sie erkennt diesen Bruch ebenfalls als einen Umbruch im mittelalterlichen Europa, sieht ihn jedoch innerhalb eines größeren und bereits Jahrtausende früher begonnenen Wandels, der Patriarchalisierung der zivilisatorischen Verhältnisse. Die neuzeitliche Moderne ist demnach ein alchemistisches Projekt, das sich innerhalb des Patriarchalisierungsprozesses *„nahtlos an das (vor)antike Denken und Experimentieren der ‚Alchemie‘ als der*

582 Vgl. Behmann in: Projektgruppe „Zivilisationspolitik“, 2009, S. 165

583 Fox Keller, 1986, S. 71

584 Vgl. auch Werlhof, 2010a, S. 146

585 Böhme, 1988, S. 88

ersten patriarchalen, patriarchatsweiten und interdisziplinären, aber zunächst noch elität-minoritären Gesamtwissenschaft einer künstlichen, die Natur und die Mutter überwinden wollenden ‚Schöpfung' aus Männerhand"[586] anknüpft. Das Projekt der Moderne fußt zwar auf vormodernen patriarchalen Vorstellungen der Naturtransformation, bricht jedoch zusätzlich mit den noch bestehenden matriarchalen Verhältnissen in Europa, indem es ab der Neuzeit eine neue Komponente ins Spiel bringt: die tatsächlich versuchte Realisierung der Natur-Ersetzungsutopie im kapitalistischen Patriarchat[587], beschleunigt und verstärkt durch die beginnende Mechanisierung.

Als „Vater" der modernen Naturwissenschaften gilt Francis Bacon. Sein umfassendes wissenschaftliches „Programm" basierte auf den neuen Technologien im Bergbau und in der Metallurgie.[588] Der neue männliche Wissenschaftler müsse, den Ideen Bacons entsprechend, die Geheimnisse der Natur erforschen, tief in ihr Innerstes eindringen, sie durch neue Technologien bezwingen und unterwerfen.[589] Ähnlich den Foltermethoden der Inquisition gegenüber den Frauen[590] galt es auch der Natur ihre Geheimnisse durch technische Bearbeitung zu entreißen. Der ökofeministisch-patriarchatskritische Blick erkennt hier starke Parallelen zwischen dem abwertenden Umgang von Natur und Frauen, mit dem Ziel, beide schlussendlich zu beherrschen und in ihrer Eigenmacht zu zerstören.

> *„Für das 16. und 17. Jahrhundert bestand eine direkte Entsprechung zwischen dem Bergbau und dem Ausforschen der Winkel und Höhlen des weiblichen Körpers."*[591] *„Der organische Rahmen, in dem das Bild von der Mutter Erde gleichsam eine moralische Schranke vor dem Bergbau errichtete, wurde mit dem Bergbau, der neuen kommerziellen Betätigung des Menschen, im wahrsten Sinne des Wortes untergraben."*[592]

Das neue wissenschaftliche Paradigma entstand aus dem mechanistischen Weltbild heraus mit seiner Vorstellung einer toten Natur, die als passive Materie und maschinenähnliches Objekt ohne Hemmungen und Grenzen jeglicher Gewaltanwendung durch Wissenschaft, Technik und Wirtschaft ausgesetzt werden konnte. Die Erfindungen und Entwicklungen im Bergbau zu Beginn der Neuzeit,

586 Werlhof in: Projektgruppe „Zivilisationspolitik", 2011, S. 82

587 Vgl. Werlhof in: Projektgruppe „Zivilisationspolitik, 2009, S. 78 und Behmann im gleichen Band, S. 120 und 138

588 Vgl. Merchant, 1994, S. 177

589 Vgl. Merchant, 1994, S. 179ff.

590 Vgl. Merchant, 1994, S. 178

591 Merchant, 1994, S. 52

592 Merchant, 1994, S. 53

aber auch das durch diese Tätigkeiten veränderte Naturverhältnis, waren Vorreiter im allgemeinen Prozess der Naturentfremdung:

> *„Das Niveau der Kapitalisierung der Produktion und der Technisierung der Arbeit ist in Europa einzigartig. Hierfür bedurfte es auch der Profanisierung des Naturverhältnisses des Menschen. Die im Montanbau geleistete Affektneutralisierung im Umgang mit einer geheimnisvollen, dämonisch-bösen oder heilig-fruchtbaren Natur ist vorbildlich für die neuzeitliche Objekt-Einstellung überhaupt.“*[593]

War Francis Bacon der Begründer der modernen Naturwissenschaften, so gilt Georg Agricola als einer der ersten, der sich der wissenschaftlichen Erforschung der Entstehung der Berge widmete und damit im 16. Jahrhundert die Gesteins-, Bergbau- und Hüttenkunde[594] begründete. In seinem umfassenden Lebenswerk „De re metallica“ bestehend aus zwölf Büchern finden sich neben genauesten Beschreibungen, inklusive Skizzen der verschiedenen Bergbautechniken und mechanischen Erfindungen, auch „wissenschaftliche“ Argumente für den Bergbau. Sie sollten dazu dienen, die Handlungshemmungen gegenüber einem weiteren Ausbau und einer Weiterentwicklung des Bergbaues, die aus einem noch einwirkenden organischen Weltbild resultierten, zu entkräften und als irrational zu beseitigen. Agricola vollzieht somit hinsichtlich des Topos Berginnen die Wende zu einer mechanistischen Auffassung und wissenschaftlichen Objektivierung von Natur in Europa.[595]

Das Berginnere wird zum Objekt der Ausbeutung und Untersuchung. Moderne Naturwissenschaften wie Medizin, Chemie und Geologie leiten sich in ihren Methoden und ihrem Naturverhältnis von der älteren grundlegenden Wissenschaft, der patriarchalen Alchemie[596] der Antike und den Veränderungen der zivilisatorischen Verhältnisse, insbesondere des Geschlechterverhältnisses durch die Inquisition ab. Bergbautechniken und Montanwissenschaft stehen im engen Zusammenhang mit der Durchsetzung alchemistischer Methoden des „Teile und Herrsche“ und liefern die maschinentechnischen Erfindungen, auf denen die anderen moderne Naturwissenschaften aufbauen.[597] Die

---

593 Böhme, 1988, S. 73

594 Vgl. Stalla, 2001, S. 16ff.

595 Vgl. Böhme, 1988, S. 79 und Merchant, 1994, S. 50

596 Vgl. Werlhof in: Projektgruppe „Zivilisationspolitik“, 2009, S. 74. Es ist dabei jedoch zwischen einer älteren, matriarchal-naturfreundlichen Alchemie und der patriarchalisierten Form der Alchemie zu unterscheiden, letztere hat das Ziel, Natur zu ersetzen und eine neue, zweite Natur zu schaffen. Vgl. dazu auch Werlhof in: Projektgruppe „Zivilisationspolitik“, 2011, S. 82f.

597 etwa chemische Prozesse, Mechanik, Hydraulik, Wasserenergietechnik.

Heraustrennung und -lösung der Metalle und Erze aus dem Muttergestein und deren Schmelzung waren erste Schritte zur Umsetzung der alchemistischen Idee einer Neuschöpfung aus Zerstörung[598], der Schaffung eines neuen Materials, das etwa als Gold- und Silbermünzen zu Beginn der Neuzeit neues, „besseres" „Leben" durch Kapital und damit Reichtum ermöglichen sollte.

Die Geologie als eine der ersten Naturwissenschaften zur Erforschung der Berge, der Erze und des Gesteins stand bald im Auftrag der weltlichen und kirchlichen Herrscher, neue Abbaugebiete für den Bergbau zu finden in einer Zeit, als bereits bekannte Gebiete ausgebeutet und im Versiegen begriffen waren. Der „Geognostisch-Montanistische Verein für Tirol und Vorarlberg" etwa schickte ab 1837 Gebirgsforscher aus, meist waren dies Bergbaubeamte der Monarchie, um die Berge geologisch zu erforschen[599] und weitere Ausbeutungsmöglichkeiten zu erfassen. Die eingangs in der Verortung III erwähnte Schwefelquelle in Längenfeld wurde erstmals chemisch um 1830 untersucht, ehe sie dann Ende des 19. Jahrhunderts in Form einer Kurbade-Anstalt elitär-touristisch erschlossen, bebaut und kapitalisiert wurde.[600]

„Die weibliche Weltseele [...] sowie die nährende weibliche Erde verloren an Glaubwürdigkeit in einer Welt, die mehr und mehr von der für den Handelskapitalismus entscheidenden Bergbautechnologie beeinflusst war."[601]

Wir sehen, die naturwissenschaftliche Objektivierung des Berginneren lässt eine weitere Kontinuität im Prozess der patriarchalen Naturentfremdung erkennen, beginnend bei der Dämonisierung und später Profanisierung der ursprünglich heiligen Natur, ihrer Loslösung von allem „Irrationalen"[602] zum Zwecke ihrer Beherrschung, Kontrolle und Ausbeutung. Im Zuge dieser Entwicklung erfährt auch der Bergbau als kultureller Ausdruck des Naturverhältnisses mit dem Berginneren eine Transformation, wie gezeigt werden konnte: Aus einer ehemals

598 Werlhof nennt die Methode der patriarchalen Alchemie eine *„Schöpfung aus Zerstörung"*. Werlhof in: Projektgruppe „Zivilisationspolitik", 2009, S. 71

599 Vgl. dazu die Ausstellung „Berge, eine unverständliche Leidenschaft" in Innsbruck, 2011

600 Interessanterweise war es in den 1980er Jahren allerdings nicht die Befolgung des geologischen Fachrates, die zur „Entdeckung" und Neuerschließung des Schwefelwassers durch eine Tiefenbohrung führte. Ein sogenannter Wassermuter wurde wider die naturwissenschaftliche Expertise zu Rate gezogen, er ortete schließlich das unterirdische Wasservorkommen. – Mündliche Mitteilung von Hermann Lunger, einer der Hauptinitiatoren der Wiedernutzung der Schwefelquelle; Gespräch am 13.4.12 in Längenfeld.

601 Merchant, 1994, S. 168

602 Vgl. Kimmerle, 1980, S. 22 sowie Böhme, 1988, S. 89

sakral-rituellen Tätigkeit[603] wird eine profane Naturbearbeitung in Form naturwissenschaftlicher Erforschung, später maschinentechnischer Veränderung und schließlich kapitalistisch-wirtschaftlicher Ausbeutung.

3.4. Der Einfluss des Bergbaus auf die Entstehung des Kapitalismus

Die Ausbeutung des Berginneren, unter anderem zur Gewinnung von Erzen, bildete die materielle Grundlage für den Aufstieg des Geldes zum machtvollen und alles beherrschenden Zahlungsmittel und damit für die beginnende Realisierung des kapitalistischen Patriarchats als umfassendem Natur-Zerstörungssystem. Der Bergbau lieferte nicht nur vorbildliche Methoden und Techniken für die Ausbeutung und mechanische Bearbeitung der Natur, er war auch grundlegend für die Entstehung des frühen Kapitalismus[604], da er die Mittel für die dazu notwendige Geldproduktion beschaffte. Wer das Berginnere und seine Schätze kontrollierte, hatte die Macht über die Geldherstellung, er saß quasi an der Quelle des Kapitals.[605] Die Ausbeutung der natürlichen Ressourcen aus dem Berginneren war eine der Grundvoraussetzungen für den weiteren Erfolg und die Ausbreitung des kapitalistischen Patriarchats[606], wie auch die Ausbeutung des Frauenleibes eine ist.[607]

Mit der Bedeutungssteigerung des Bergbaus kam es zu einer Veränderung in den Besitzverhältnissen, Großunternehmer reklamierten die regionalen und lokalen Erzlagerstätten für sich. Was vorher als Allmende genossenschaftlich und später kleinunternehmerisch geregelt und abgebaut worden war, wurde nun dem Staat sowie den großen wirtschaftlichen Kreisläufen unterworfen. Einige wenige begannen zu profitieren, es kam zur Internationalisierung des Metallhandels.[608] Staatliche Macht hing zusehends von der Geldproduktion und den Bergwerken, aber auch von den privaten Großunternehmern ab. Nachdem die staatlichen Gebiete bereits erschlossen und das Berginnere vor Ort größtenteils ausgebeutet worden war, folgte eine Ausbreitung der Bergbautätigkeiten auf andere Regionen. Die „Entdeckung" und Ausbeutung der neuen Kolonien sollte den Ausbau des Kapitals und damit den modernen Nationalstaat sichern.[609] Diese

603 Böhme, 1988, S. 89
604 Merchant, 1994, S. 168
605 Böhme, 1988, S. 72
606 Siehe Merchant, 1994, S. 81
607 als Gebärmaschine, (Subsistenz-)Arbeit Leistende, unbezahlte Hausfrau und Rohstoff. Vgl. Werlhof, 1991, v.a. S. 93f. und 106ff. und Daly, 1991.
608 Böhme, 1988, S. 71
609 Die Entstehung des Kapitalismus mit Beginn des 16. Jahrhunderts steht in engem Zusammenhang mit dem Kolonialismus, vgl. Werlhof, 1996a, S. 160.

Veränderung von kleinen überschaubaren Abläufen hin zum Abbau im großen Stil spiegelt sich auch in der Art der Abbautechniken wider. Maschinentechnik ersetzte die Kleintechnik, die Mechanisierung der Abläufe beschleunigte die Abbautätigkeiten. Die Industrialisierung der Naturausbeutung entstand im Bergbau und seinen mechanisch-technischen Entwicklungen.[610]

Wie sehr diese Veränderungen im Wirtschaftssystem und die zusehende Kapitalisierung der Verhältnisse existenzbedrohend für den Großteil der kleinbäuerlichen Bevölkerung waren, zeigt das Aufkommen von Widerstandsbewegungen zu Beginn der Neuzeit. In Tirol hingen diese sehr stark mit den Entwicklungen im Bergbau zusammen. In den Tiroler Bauernkriegen Anfang des 16. Jahrhunderts wehrten sich Schwazer Bergknappen und Bauern gegen die Unterdrückung durch kirchliche und weltliche Autoritäten, die Kapitalisierung der Wirtschaft durch Bergbau und Handel und gegen die Privatisierungen von Gemeingütern.[611] Die Aufstände waren wehrhafte Reaktionen gegen die Auswüchse im Bergbau[612] und damit gegen die Einbindung der ehemals lokal und regional organisierten Wirtschaft in überregionale Wirtschaftssysteme, was einen Verlust von Eigenmächtigkeit und Subsistenz bedeutete.

Der Grundstein für die Umsetzung des kapitalistischen Patriarchats liegt also unter anderem in den älteren alchemistischen Methoden des Bergbaus zur Gewinnung von Rohstoffen. Dass diese Methoden sowie die modernisierten alchemistischen Mechanismen, zentral und gegenwärtig die Maschinentechnik und Monetarisierung der Natur als Ware, in den aktuellen Entwicklungen nach wie vor und intensiviert eine Rolle spielen, zeigt ein neues Szenario im Forschungsraum Ötztaler Alpen. Ehe der patriarchatskritische Blick darauf geworfen wird soll jedoch ein kurzer Exkurs an einen anderen Ort stattfinden, um die frühkapitalistischen Entwicklungen anhand des Bergbaus und auch andere bisher erkannte Methoden des patriarchalen Umgangs mit dem Berginneren konkret zu verorten.

3.5. Exkurs/-ion: Der Schneeberg, Beispiel für ein Bergwerk vor Ort

Das Bergbaugebiet Schneeberg, einst höchstgelegenes Blei-Zink-Erzbergwerk Europas, liefert ein geschichtliches Beispiel für die Ausbeutung und Kapitalisierung des Berginneren im Raum Ötztaler Alpen, konkret im hinteren Passeiertal auf 2700 m Seehöhe. Der Abbau von Erzen erfolgte am Schneeberg wahrscheinlich bereits in prähistorischen Zeiten, es handelte sich dabei aber um oberflächliche

---

610 Siehe Werlhof, 1991, S. 57

611 Vgl. Schweighofer, 1996, S. 70ff.

612 Oberhöller, 2004, S. 84f.

Aushebungen oder Abschürfungen in natürlichen Höhlen, die dem Abbau von Kupfer[613] dienten. Erstmals urkundlich erwähnt wird das Erzvorkommen am Schneeberg im Jahre 1237[614], zu dieser Zeit hatten die Grafen von Tirol mit ihrem Sitz nahe des unweit entfernten Meran bereits die Bedeutung des Silbervorkommens erkannt. Strategisch günstig lag der Schneeberg zudem an einer der wichtigen Handelsrouten Richtung Norden, die über das Timmelsjoch führte.[615]

Mit dem Aufstieg der Bergabbaugebiete in Schwaz und in Hall im 15. Jahrhundert erlangte auch das Bergwerk am Schneeberg überregionale Bedeutung.[616] Im Jahr 1486 wird in Hall die erste silberne Münze der Welt, der Tiroler Taler, geprägt.[617] Es ist der Beginn einer neuen, kapitalistischen Ausbeutung von Natur, die es ermöglicht, aus den Schätzen aus dem Berginneren buchstäblich und direkt Geld zu machen. Die Rohstoffe für diese Neuschöpfung, der Schöpfung aus der Zerstörung des Berges und der Plünderung seines Inneren, lieferte das Bergwerk am Schneeberg. Das silberhaltige Blei stellte ein geeignetes Rohmaterial für die Münzprägung in Hall dar. Trotz des aufwendigen Transportes wurde es tonnenweise über die Schneebergscharte ins Ridnaun und schließlich über den Brenner nach Hall oder Schwaz geliefert. Am Höhepunkt des Abbaus lebten und arbeiteten rund 1000 Knappen am Schneeberg, um den Berg auszuhöhlen und die Schätze aus dem Inneren, vor allem die Erze Kupfer, Silber, Blei und Zink, herauszuholen. Diese Entwicklung erforderte eine dementsprechende Infrastruktur, die Mechanisierung hielt am Schneeberg ab dem 16. Jahrhundert im großen Stil Einzug. Mechanische Pochwerke zur Zerkleinerung der Erzbrocken[618] wurden errichtet, es kam zu einer Urbanisierung der hochalpinen Region durch den Bau von Wohn- und Arbeitsgebäuden, Transportwegen, der Organisation des Erzabtransportes und des Nachschubs mit Lebensmitteln. Aufgrund seiner Höhenlage war der Bergabbau am Schneeberg als frühkapitalistischer Wirtschaftsbereich auf die Versorgung durch die umliegende Subsistenzwirtschaft angewiesen. Ohne Ausbeutung der lokalen Lebensmittelproduktion wäre das Betreiben von Bergwerken

613 Haller/Schölzhorn, 2008

614 Vgl. Scharr, 2001, S. 139

615 Zur Bedeutung des Timmelsjoch als Verkehrsweg im Hochmittelalter siehe Scharr, 2001, S. 125-138.

616 Vgl. Krammer-Stark, 2004, S. 259f.

617 Der Tiroler Taler war eine Silbermünze, die den Wert eines Goldgulden besaß, ihr Geldwert war also höher als ihr realer Materialwert. Aus „Taler" wurde später das Wort Dollar. Haller/Schölzhorn, 2008, S. 40

618 Haller/Schölzhorn, 2008, S. 70

im Hochgebirge in der Frühphase des Kapitalismus nicht möglich gewesen.[619] Hier zeigt sich bereits eine grundlegende Eigenschaft des Kapitalismus als parasitäre Wirtschaftsform, die eigenständig nicht bestehen kann, sondern die eine andere Art des Wirtschaftens sowie die Natur missbraucht[620] oder wie es Werlhof ausdrückt: *„Es gibt nie nur Warenproduktion ohne Subsistenzproduktion.“*[621]

Zur Versorgung der Bergknappen am Schneeberg wurden diverse Milchprodukte und Schmalz sowie Getreide von den Höfen in den Tälern, von den umliegenden Almen oder sogar über das Timmelsjoch aus dem angrenzenden Ötztal angeliefert. Auch wenn Kurt Scharr erwähnt, dass die Ötztaler Bauern für das gelieferte Schmalz relativ hohe Preise verlangten[622], so steht eines fest: Dieser Handel bedeutete ein Hereinholen der kleinbäuerlichen Wirtschaft mit ihrer Subsistenzproduktion in das neu entstehende kapitalistische System. Dies zeigt sich auch daran, dass die Bergleute sich bis zu einem gewissen Teil mit den selbst produzierten Lebensmitteln ihrer Heimathöfe versorgen mussten. Die Ausbeutung der lokal verorteten Subsistenzkultur stand somit am Beginn der Neuzeit im Mittelpunkt der Entstehung des Kapitalismus, die Subsistenzprodukte wurden zum „Futtermittel“ der Geld- und Kapital schöpfenden Bergbaumaschinerie. Die Entlohnung der Knappen am Schneeberg erfolgte größtenteils mit verbilligten Waren und mit Lebensmitteln, es entstand ein Zwischenhandel, mit dem Versuch, Gewinn aus dem Verkauf der Naturprodukte zu schlagen. Die Bauern von den Höfen im hinteren Passeier erarbeiteten sich durch Holzarbeit und Transportdienste in der Erzlieferung nach Sterzing ein Zusatzeinkommen, die an den Saumpfaden gelegenen Bauernhöfe wurden wiederum verpflichtet, die Säumer und ihre Tragpferde zu verpflegen.[623] Kapitalistisches Denken und Handeln nahm Einzug in die verschiedenen Lebensbereiche und veränderte diese durch die *„Transformation von Natur in Produktionsfaktoren“*[624] – der Erze aus dem Berginneren in Geld – sowie umgekehrt die Transformation von Produktionsfaktoren – der Arbeitskraft der Knappen und Bauern – in Naturleistungen und billige Ressourcen.

> *„Der landesweite Bedarf an Schmalz und anderen Lebensmitteln durch die Tiroler Bergwerke führte zu einer Verknappung von Grundnahrungsmitteln, verbunden mit einer Preissteigerung.“*[625]

---

619 Fritsche, 2006; Tasser, 1994 und Voelckel, 1978
620 Vgl. Werlhof, 2009, S. 826
621 Werlhof, 2009, S. 827
622 Siehe Scharr, 2001, S. 144f.
623 Vgl. Scharr, 2001, S. 141f.
624 Werlhof, 2009, S. 827
625 Scharr, 2001, S. 145

Mit der Kolonialisierung der Welt und der billigeren Ausbeutung neuer Erzvorkommen in Übersee sowie dem Zuneige-Gehen der leicht erschließbaren Erzvorkommen verlor das Bergwerk am Schneeberg seine Bedeutung. In den Jahrzehnten zuvor erreichte die Ausbeutung jedoch noch ihr Maximum. Hatte das „Bergregal", das Verfügungsrecht über Bodenschätze, im 15. Jahrhundert noch den Landesherren gehört und war der Abbau teilweise noch kleinstrukturiert erfolgt, mit einer zehnprozentigen Abgabe des gesamten abgebauten Erzes an die regionalen Herrscher, so streckte bald das überregionale merkantil-kapitalistische System seine Arme nach den Erzen im Schneeberg aus. Den Fuggern und anderen europäischen Handelsfamilien gelang es, sich die Erzvorkommen zu sichern und diese in ihr bestehendes deutsch-italienisches Handelssystem einzufügen. Aus den regionalen Rohstoffen wurde überregional Profit geschlagen, sobald das leichter erschließbare Erzvorkommen jedoch abzunehmen drohte, zogen sich die mächtigen Handelsfamilien zurück. Die regionalen Landesherren mussten einspringen, um das Bergwerk wieder aufzufangen, neue Investitionen zu tätigen und in kleinem Maßstab weiterzuführen. Die Geldschöpfung im großen Stile war zu diesem Zeitpunkt bereits von einigen wenigen vollzogen worden.

Das folgende Gedicht eines Bergmannes aus dem Gedenkbuch am Schneeberg zeigt in wenigen Worten die Vielfalt an patriarchalen Methoden, die der neuzeitliche Bergbau mit sich brachte und wie sehr dies alle zivilisatorischen Verhältnisse sowie das Empfinden beeinflusste: durch Gewalt gegen die Natur und die Frauen, den Tabubruch der Naturausbeutung und die Verdrängung der Wahrnehmung darüber, die mechanische Transformation von Natur, sich ständig, Schlag um Schlag, wiederholend.

„Schlag, um Schlag
Den ganzen Tag!
Die Steine müssen spalten.

Der Hammer klingt,
Der Meisel singt,
Das ist ein lustig Schalten.

Schlag, um Schlag!
Kein' Feiertag
Jahr aus Jahr ein ich halte!

Denn ruht der Hammer oben aus,
Im Thalgrund steht ein kleines Haus, –
Da hau' ich meine Alte."[626]

---

626 Abschrift des Gedichtes erstmals erschienen in: Der Alpenfreund. Elfter Band, Gera, 1878, abgedruckt in: Haid, 2002, S. 39

4. Szenario / Verortung IV: Die kapitalistische In-Wert-Setzung des angeblich bis dato wertlosen und gefährlichen Rohstoffes aus dem Berginneren

Tirol
Ötztal
Umhausen
ca. 1040 m über dem Meer

> *„Ein besonderer Schatz schlummert im Untergrund – über 200 Millionen m³ Radonheilwasser – und sprudelt in Umhausen im Ötztal empor. Ein guter Grund auch hier ein Kurzentrum für Ihre Gesundheit entstehen zu lassen. Das einzigartige Therapieangebot und eine wunderschöne Wellnesslandschaft in Kombination mit unserem 4-Sterne Komfort eingebettet in der Tiroler Bergwelt bietet Ihnen ab Herbst 2011 die Basis um Energie und Kraft zu tanken.“*[627]

Gegenwärtig tritt der Topos Berginneres mit seiner Ressource Wasser, deren Nutzung als Rohstoff für den Gesundheits- und Wellnesstourismus Geld und Profit verspricht, in den Fokus des kapitalistischen Patriarchats. Das eingangs skizzierte Szenario III zeigte die kapitalistische Ausbeutung einer Schwefelquelle auf, die gewaltsame Bohrung zur Erschließung des Schwefelwassers aus dem Berginneren und Verwertung in einer neuen, maschinentechnisch gebauten Form als „Ersatz“ für die ursprüngliche Erd-Gebärmutter. Unweit davon entfernt geschieht wenige Jahre später ein ähnlicher Prozess. Hier ist es ein ehemals als gefährlich und böse verunglimpftes Naturphänomen, das kapitalistisch-touristisch genutzt plötzlich zum gesunden und guten Heilwasser aus dem Berginneren wird und in einer ebenfalls neu geschaffenen künstlichen Einfassung – einem Kurhotel – der kapitalistischen Natur-Ausbeutungsmaschinerie als Rohstoff dient.

4.1. Von der angeblich schädlichen Natur zum Gesundheitsbrunnen

Das Edelgas Radon erregte in Umhausen im Ötztal in den 90er Jahren des 20. Jahrhunderts Aufmerksamkeit, da es als Ursache für eine erhöhte Lungenkrebssterblichkeit Ende der 1980er Jahre festgemacht wurde. Die naturwissenschaftliche Suche nach dem Grund dieser Sterblichkeitsrate stieß auf eine erhöhte Strahlenbelastung durch Radon (Rn-222)[628], das aus dem Erdboden und den

627 http://www.kurzentrum.com/umhausen-im-oetztal/umhausen-im-oetztal.html (27.12.11)

628 Purtscheller, 1997, S. 8

darunter liegenden Gesteinsschichten entweicht. Auf diese wissenschaftliche „Entdeckung" folgte eine mediale Panikmache in der Bevölkerung, Journalisten und Reporter fanden sich vor Ort ein, um zu berichten, Radonmessgeräte wurden aufgestellt mit dem Resultat, dass in bestimmten Gebäuden bauliche Maßnahmen empfohlen wurden, die das Eindringen des Radons in die Wohnbereiche der Häuser verhindern sollten. Der patriarchatskritische Rückblick auf diese Handhabung des „Problems" zeigt die Zähmung und Domestizierung, oder eigentlich die Ent-Domestizierung[629], also „Ent-Häuslichung", eines natürlichen, sich frei verbreitenden Gases, das plötzlich als gefährlich und böse, da unberechenbar, eingestuft wurde. Es lassen sich hier die gleichen, bereits an anderen Topoi festgestellten Methoden moderner Naturwissenschaft erkennen: zum Einen die Beherrschung der wilden, gefährlichen Natur und in Konsequenz der Bau notwendiger Schutzmaßnahmen vor ihr[630], zum Anderen, dem vorausgehend, die Denunzierung und Dämonisierung der Naturressource aus dem Berginneren, um sie anschließend gezähmt und kontrolliert der wissenschaftlichen Untersuchung und kapitalistischen Nutzung zur Verfügung zu stellen. Das *Edel*gas Radon wurde verteufelt, man könnte sagen „ent-edelt", und schließlich als Rohstoff im neuen Kurhotel wieder *veredelt*, zu einer „guten" Ressource transformiert und zu Geld gemacht, die nun gegen Bezahlung und medizinisch kontrolliert angewendet Profit abwirft. Dies geschieht ganz im Sinne des modernen utopischen Projekts des kapitalistischen Patriarchats, das darauf abzielt, das Unberechenbare, Unvernünftige in der Natur zu regulieren und zu „besiegen", um in Folge daraus eine Neuschöpfung in Form von Geldschöpfung zu ermöglichen. Das Thema Radon verschwindet nach der medialen Aufregung in den 1990er Jahren von der Bildfläche. Es wird tot geschwiegen und schließlich zu neuem Leben erweckt, indem ihm als Getötetes ein Warenwert zugeschrieben wird und damit aus der Sicht der kapitalistischen Wachstumslogik eine neue Bedeutung, ein neues „Leben" als nützliches Objekt. Radon als Rohstoff ist plötzlich gut, gesund und bedeutsam und wird nur noch an seinem Geldwert gemessen.[631] Es ist die Kapitalisierung dessen, was bisher außer- und buchstäblich unterhalb der kapitalistischen Ökonomie lag. Es ist die Eroberung und Kapitalisierung des unter der Erdoberfläche Verborgenen und nicht Sichtbaren.[632]

629 In Domestizierung steckt das lateinische „domus" für Haus. Ich benutze die Begriffe „Ent-Domestizierung" oder „Ent-Häuslichung", weil es zu einem versuchten Ausschluss des Radons aus den Häusern und Gebäuden kam.

630 Vgl. Frömming, 2005, S. 7

631 Vgl. Müller, 1997, S. 209

632 Das Edelgas Radon ist für die menschlichen Sinne eigentlich nicht wahrnehmbar, man kann es weder riechen, schmecken, noch sehen.

„Als ‚Ressource' gilt nämlich immer das, was als Objekt erscheint, welches bisher nutzlos, herrenlos und wertlos herumgelegen hat, und ‚frei' ist für seine ‚notwendige' Aneignung durch diejenigen, die es ihrer Entwicklung endlich zuführen können. Ressourcen werden verstanden als Natur, Rohstoff, Material, das seiner Verwandlung in ein gesellschaftliches Produkt und letztlich in Kapital entgegenstrebt, wenn nicht gar -fiebert."[633]

Der Prozess der Realisierung des utopischen Natur-Ausbeutungsprojekts am Topos Berginnen geschieht durch die Anwendung patriarchal-alchemistischer Methoden, vergleichbar mit jenen in der Metallurgie, wie sie bereits im Vorhergehenden aufgezeigt wurden. Es sind dies patriarchale Formen der Negation von Natur, durchgeführt durch Vorgehensweisen der Aneignung, Zerstörung, Herauslösung oder -trennung, Transformation, Mortifikation und versuchten Ersetzung.[634] Die „Mortifikation"[635], also die Tötung der lebendigen Natur, geschieht am konkreten Ort durch die Abwertung und Schlechtmachung des Natürlichen. Radon verkommt zur gefährlichen Todesursache, es wird ausgesperrt, von den Menschen getrennt und isoliert. Der Akt der Mortifikation erfährt in der Vorbereitung der kapitalistischen Nutzung eine Wiederholung. Das Radon wird, den Erzen im Berginneren gleich, seiner natürlichen Umgebung entrissen und herausgelöst. Ein unterirdischer See, der mit Radon angereichertes Wasser enthält, wird angezapft, ausgebeutet und das Radonwasser an die Erdoberfläche gepumpt. Hier wie dort[636] geschieht die Mortifikation durch maschinentechnisch potenzierte Gewaltsamkeit. Die Bohrung entreißt den Rohstoff dem uterinen Berginneren, der Gebärvorgang wird durch einen künstlichen, maschinentechnischen Vorgang erzwungen und beschleunigt. Es ist die Lösung des Substrats aus dem Berginneren, die Trennung von ehemals Verbundenem. Erfolgte die Methode der Neuzusammenführung oder „Neuschöpfung" ehemals durch den versuchten „Goldwerdungsprozess" der Erze, ist es nun der „Geldwerdungsprozess", die Kapitalisierung des Rohstoffes Radon, der in einer neu geschaffenen Form, einer künstlichen „Gebärmutter", dem Kurhotel, passiert. Und auch die mit Radonwasser Therapierten sollen wie neu geschaffen, gesund und geheilt den mit Radonwasser gefüllten Badewannen entsteigen.

Das kapitalistische Patriarchat als alchemistisches System einer (Geld-) Schöpfung aus Zerstörung[637] der (berg-)inneren Verbundenheit entdeckt das Potential des Inneren des Berges. Das Radon in Umhausen, bisher wertlos, frei

633 Werlhof, 1991, S. 114

634 Vgl. Werlhof, 2010b, S. 158

635 Vgl. Werlhof in: Projektgruppe „Zivilisationspolitik", 2009, S. 75f.

636 Siehe Verortung III

637 Vgl. Werlhof in: Projektgruppe „Zivilisationspolitik", 2011, S. 81

und herrenlos, daher angeblich gefährlich und unberechenbar, wird zu einer kalkulier-, kontrollier- und beherrschbaren Ressource für das kapitalistische System. Die neoliberalen Vorgehensweisen, welche die Durchsetzung des ausbeuterischen Naturverhältnisses an diesem neuen, bisher kapitalistisch ungenutzten Topos ermöglichen, werden im Folgenden sichtbar gemacht.

4.2. Der neoliberale Griff nach Wasser und Boden

Natur ist billig und in Umhausen gibt es tatsächlich mehr als nur einen guten Grund ein Kurzentrum zu bauen, wie es das Eingangszitat zu diesem Kapitel ausdrückt.[638] Die Gründe, insgesamt rund 20.000 m^2, die für den Bau des Kurhotels den Eigentümern abgekauft werden, befinden sich in bester, sonnigster Lage. Der auswärtige Investor verlangt schließlich von der Gemeinde, dass sie die Fläche kostenlos zur Verfügung stellt, und setzt dies als Bedingung für die Realisierung des Projektes voraus. Diese endgültige Klausel des Abkommens zwischen der Gemeindeführung und dem Investor erfährt die Öffentlichkeit erst im Nachhinein.[639] Grund und Boden sowie Radonwasser, kostenlose bzw. billige Natur im Würgegriff der neoliberalen Politik, werden auf diese Manier zugunsten des Investors hochpreisig verwertet und in Kapital verwandelt. Es ist dies ein lokales Beispiel für jenes Vorgehen, das im Neoliberalismus allgemein gilt und durchgesetzt wird.

> *„Es kommt zu einer Politik der >>Vergeldung<< sämtlicher Ressourcen, auch derer, die bisher von der Kommerzialisierung ausgeschlossen waren, zugunsten der großen Konzerne“*[640], definiert Werlhof die Logik des Neoliberalismus und weiter: *„Konzerne diktieren die Politik. Demokratische Regeln gelten nicht mehr, wenn es um Konzerninteressen geht. Eine öffentliche Kontrolle findet nicht mehr statt.“*[641]

Am Prozedere der Realisierung des Kurhotels zeigt sich eine allgemeine Vorgehensweise, die bereits Marx und Engels unter dem Begriff „Ursprüngliche Akkumulation“ als „Ausgangspunkt“ des Kapitalismus bezeichneten[642] und

---

638 *„Ein besonderer Schatz schlummert im Untergrund – über 200 Millionen m^3 Radonheilwasser – und sprudelt in Umhausen im Ötztal empor. Ein guter Grund auch hier ein Kurzentrum für Ihre Gesundheit entstehen zu lassen.“* http://www.kurzentrum.com/umhausen-im-oetztal/umhausen-im-oetztal.html (27.12.11)

639 Bis zur endgültigen Unterzeichnung des Vertrages hieß es in der Öffentlichkeit, die Gründe blieben letztendlich in Gemeindehand und würden lediglich auf 100 Jahre verpachtet.

640 Werlhof, 2010a, S. 153

641 Werlhof, 2010c, S. 37

642 Marx/Engels, Das Kapital, S. 741, zitiert nach Oberhöller, 2004, S. 25f.

darunter die Übernahme von Gemeingut zur privaten Profitgewinnung einzelner verstanden. Die Methoden dahinter erkannten sie in der *„Expropriation des Landvolkes von Grund und Boden"*[643], also der Enteignung oder sogar gewaltsamen Trennung der ländlichen Produzent_innen von den Produktionsmitteln und in der anschließenden Transformation des Bodens in verwertbare Rohstoffe oder Produktionsmittel, in Kapital.[644] Der von der Gemeinde Umhausen angekaufte Grund und Boden sowie die Radonquelle werden der *„Monopolgewalt des Kapitals"*[645] unterworfen, zur Profitmaximierung des privaten Investors. Hier am konkreten Ort ist zu erkennen, dass die Ursprüngliche Akkumulation als *„eindeutig kapitalistische Methode"*[646] nicht nur die Anfangsphase des Kapitalismus prägte sondern gegenwärtig immer noch stattfindet. Werlhof nennt diesen weltweit und immer wieder auftauchenden Prozess im kapitalistischen Umgang mit den Ressourcen die *„Fortgesetzte Ursprüngliche Akkumulation"*[647]. Im Würgegriff des neoliberalen Kapitals wird alles zur Ware[648], zu Geld und somit zu Kapital[649] gemacht, ermöglicht durch die *„Enteignung der Subsistenzmittel"*[650]. Am konkreten Ort geschieht dies, indem der Grund und Boden, Waldflächen und Felder zwar durch Kauf, aber letztlich billig der kleinbäuerlichen Bewirtschaftung entzogen und als Rohstoff der privaten Kapitalvermehrung zur Verfügung gestellt werden.

> *„Eine heutige ‚Ursprüngliche' Akkumulation bedeutet also, allen derzeitigen Produzenten, die noch oder wieder im Besitz von Produktionsmitteln sind, diese wegzunehmen, um sie einigen wenigen Großen, den transnationalen Konzernen, als zusätzliche Akkumulationsquelle zur Verfügung stellen."*[651]

Das Landgrabbing[652], wie der neoliberale Griff nach Land und aller Natur als patriarchal Verwertbares als aktuelles, globales Phänomen genannt wird, findet

643 Marx/Engels: Das Kapital, S. 747, zitiert nach Oberhöller, 2004, S. 25f.

644 Vgl. Werlhof, 1991, S. 107f.

645 Vgl. Werlhof, 1991, S. 155

646 Werlhof, 1991, S. 155

647 Werlhof, 2009, S. 826 sowie Werlhof, 2010b, S. 95f.

648 Vgl. Werlhof, 2010c, S. 8, in Zusammenhang mit den Wasserressourcen siehe Oberhöller, 2006, S. 20

649 Vgl. Werlhof, 2010c, S. 15 sowie S. 35 und S. 72

650 Oberhöller, 2006, S. 27 vgl. dazu auch Werlhof, 1991, S. 56 sowie Werlhof, 2010b, S. 106

651 Werlhof, 2010b, S. 106

652 Dieser Begriff entwickelte sich vor allem zur Beschreibung des Phänomens von Landraub im großen Ausmaß in Ländern des globalen Südens. Großflächige

konkret vor Ort statt. Im Vergleich zu Vorgehensweisen in den Ländern des Südens, wo über die ansässige Bevölkerung hinweg verhandelt und diese wenn nötig mit Gewalt vertrieben wird, ist der Griff nach dem Land am konkreten Topos im Ötztal bestechend „friedlich", durch das Anbieten von schnellem Geld an die Besitzenden. Die Kaufsumme vor den Augen lassen sich die Besitzer in das neoliberale Spiel der Kapitalisierung von Grund und Boden mit hineinziehen. Es ist ein Täuschungshandel, der dem Geld einen höheren Wert zuschreibt als jenem, den der Boden als Grundlage für die Subsistenzwirtschaft angeblich besitze. Dieser wird sogar stellenweise als beinahe wertlos bezeichnet, dort, wo „nur" einzelne Bäume wachsen und Steine herum liegen, ist er angeblich unbrauchbar. *„Geld hat einen Wert, Leben nicht"*[653], es gilt der Profit-Wert statt der Nähr-Wert.[654] Das Kapital bestimmt den Wert des Bodens, Natur, Grund und Boden und die Schätze im Inneren sind angeblich wertlos, billig zu haben oder gar gratis. Der Boden und seine kleinbäuerliche Bewirtschaftung werden auf eine Weise negiert als hätten sie keine Würde, keinen Wert[655], außer einen „außerökonomischen", der nicht in das kapitalistische System passt, einen Gebrauchs- oder Subsistenzwert. *„So wird die [subsistenzorientierte, Anm. U. Sch.] Ökonomie naturalisiert, die Natur ökonomisiert."*[656]

„Wert"- und kostenloser Grund und Boden, dazu das bis dahin angeblich nutzlose und sogar gefährliche Radonwasser – im Scheinwerferlicht der touristischen Vermarktungsindustrie glitzern diese Rohstoffe plötzlich wie Rohdiamanten – werden der Verwertung und Transformation für den Profit preisgegeben. Den vormals Grundbesitzenden und subsistenzorientiert Wirtschaftenden wurde der Zutritt zu diesem Zeitpunkt schon längst entzogen. Sie sind nur mehr Zuschauer_innen dieses Schauspiels, dessen Eintrittsgeld in den Kassen anderer klingelt.

„Die Bauern werden immer wieder von ihrem Land vertrieben. Das nennt man das ‚Bauern-Legen'. […] Den Bauern sagt man dabei: ‚Das Land ist ja nichts, geht lieber in die Industrie', […] oder: ‚Lohn ist besser als Lebensmittel' (oder: ‚Geld ist besser als Grund

---

Gebiete werden den ansässigen Kleinbäuer_innen entzogen und an private Investoren verkauft. Wie am Beispiel Kurzentrum in Umhausen ersichtlich, findet das Landgrabbing auch im Norden statt, noch eingehüllt in den Mantel des legalen Ankaufs von Land seitens der Gemeinde und der vertraglich festgelegten Zurverfügungstellung an den privaten Investor.

653 Werlhof, 1991, S. 158

654 Vgl. Shiva, 1989, S. 185

655 Vgl. dazu den etymologischen, ursprünglichen Zusammenhang der beiden Begriffe „Würde" und „Wert". Kluge, 2002, S. 998

656 Werlhof, 1991, S. 158

und Boden', Anm. U. Sch.), [...] Aber dennoch haben sich die Bauern nie gerne von ihrem Land wegbewegt, im Gegenteil, und das wurde ihnen furchtbar übel genommen. Man bezichtigte sie des sogenannten ,Klebens' an der ,Scholle' und reaktionärsten, finstersten und konservativsten Gehabes. Als dumm und frech galten die Bauern. Und als sie dann weg waren, [...] da stürzte sich alles darauf, und im Handumdrehen saßen dieselben Leute, die so abscheulich von dem Land geredet hatten, selber darauf. Das ist doch seltsam, wenn das Land nichts wert ist."[657]

Im Ötztal sind es wenige, die sich dem Grund-Aus-Verkauf verweigern und den Nährwert des Bodens über dessen Profit stellen, da sie sich mit dem Boden als Lebensgrundlage verbunden fühlen und langfristig an die nachkommenden Generationen denken, statt sich von den Verlockungen des schnellen Geldes ablenken zu lassen. Doch die Entscheidung, dem zu widerstehen, ist nicht leicht, denn *„es ist fast alles gegen ihn [den Alpenbauer, Anm. U.Sch.].*"[658] Die bewahrend-subsistenzorientierte und die nachkommenden Generationen mit einbeziehende Haltung der wenigen, die nicht verkaufen, gilt als unvernünftig und altmodisch, das Geld ist der neue, alles vereinnahmende *„Maßstab des Denkens und Handelns*"[659]. Genügsamkeit und Subsistenzorientierung widersprechen dem modernen Konsumverhalten im kapitalistischen System.[660] Das widerständige und eigenständige Verhalten jener, die ihren Grund und Boden nicht verkaufen, wird zur Gefahr für die politischen und kapitalistischen Pläne, die durcheinander gebracht und umgeändert werden müssen. Sie, die sich für die Eigenständigkeit entscheiden, seien gegen den Fortschritt, wird behauptet. Darin liegt ein wahrer Kern, wenn mit Fortschritt das Fortschreiten vom eigenen Grund und Boden gemeint ist. Diese Wenigen entscheiden sich für eine Zukunft auf dem und mit dem Boden, für eine konkrete, verortete „Topie" anstelle der patriarchalen Natur-Ersetzungsutopie. Sie folgen der Subsistenzperspektive[661], die in Opposition zum bestehenden Denken und System steht[662], indem sie spüren, dass ein eigenmächtiges, lokales Denken und Handeln *die* Zukunftsperspektive sind, im Gegensatz zur unterwürfigen und abhängigen Eingliederung in den überregionalen touristisch-kapitalistischen Wettbewerb.[663]

---

657 Werlhof, 1991, S. 56
658 Rosegger, o.J., S. 7
659 Vgl. Genth, 2002, S. 11
660 Vgl. mit den Ausführungen von Bhushan in: Kumar, 2007, S. 120
661 Vgl. Werlhof, 1996, S. 376
662 Vgl. Werlhof, 1996, S. 379, siehe auch Thomas Antonietti in: Lugar/Inmann, 1995, S. 115
663 *„Der Alpenbauer ist überhaupt nicht da, um zu ,konkurrieren', sondern um auf seinem Boden für sich zu arbeiten und zu leben."* Rosegger, o.J., S. 9

„Wir trennen uns eher, reißen uns leichter das Vertraute aus dem Herzen und aus dem Sinn, wenn wir mit Geld, dem Mittel der Trennung, getröstet werden. Geld ist das Allheilmittel: von ihm erhoffen wir uns, dass es uns, wenn schon nicht unverwundbar, so doch unempfindlich mache für den Schmerz, für die seelischen Wunden, die uns die radikale Umgestaltung, der Ausverkauf der Heimat im Namen der allmächtigen Wirtschaft schlagen."[664]

Die Mehrheit hingegen verkauft ihre Gründe, sie hatte den Bezug zum Boden bereits verloren. Die ehemalige Verbundenheit zum Land wurde durch das Aufgeben der landwirtschaftlichen Bearbeitung gestört, der Profit bestimmt zusehends das Naturverhältnis. Kapitalistisches Arbeiten trat an die Stelle von Subsistenzwirtschaft, die Abhängigkeit vom Kapital[665] ersetzt die Eigenständigkeit auf eigenem Grund und Boden. Jene, die ihr teilweise seit Generationen gepflegtes Land verkaufen, wollen von der Tradition fortschreiten und nicht als Verhinderer des Fortschritts und der Modernität gelten. Sie beteiligen sich, wie die politischen Macher, am Spiel der kapitalistischen Entwicklung und neoliberalen Ausbeutung.

„Sie streben nach Anerkennung, seitens der sogenannten Gesellschaft, nach Distanz zur Natur, nach Beteiligung und Teilnahme an der Verplanung und Plünderung der Natur, und wie Zuhälter nach Entschädigung, Geld oder Macht dafür, daß sie den Raubbau an ‚ihrer' Natur zugelassen haben."[666]

Ist erst einmal der Lebensraum an den privaten Investor verscherbelt, an den angeblichen „Heilsbringer" von außen, der durch seine Entscheidung, vor Ort zu investieren, quasi mit einem Schlag die Zukunft des Dorfes zu verbessern verspricht, zeigt sich durch die tatsächliche Realisierung des Projekts erst das wahre Gesicht der neoliberalen Macher. Das Argument der Schaffung von Arbeitsplätzen für die lokale Bevölkerung erweist sich als überzogenes Versprechen. Die Löhne werden derart niedrig festgesetzt, dass die Arbeitsplätze im Vergleich zu anderen noch vorzufindenden Lohnarbeitsstellen für die Menschen im Ort unattraktiv sind. Der ausbeuterische Charakter des neoliberalen Kapitalismus ist am Topos angekommen, statt versprochener Lohnarbeit für die Hausfrauen im Ort, findet die Hausfrauisierung[667] der Lohnarbeit statt, anstelle eigenmächtiger

664 Vanzo, 2007, S. 6

665 Vgl. Werlhof, 1996, S. 370

666 Werlhof, 1991, S. 175

667 Unter Hausfrauisierung der Lohnarbeit ist hier das gemeint, was Werlhof als neoliberalen Prozess der Angleichung der Lohnarbeit an die Hausarbeit versteht: billige oder unbezahlte, unfreie, „feminisierte" und „re-naturalisierte" Arbeit. Vgl.

Subsistenzwirtschaft tritt die abhängige (Teilzeit-)Lohnarbeit.[668] Der auswärtige Konzern drückt das Lohnniveau und sichert sich gleichzeitig seinen Profit, auf geschenktem Grund und durch billige Rohstoffe, menschlicher und nicht menschlicher Natur. Das ist die „Drittweltisierung der Ersten Welt“[669], die Kolonialisierung vor Ort. Phänomene des neoliberalen Wirtschaftens wie sie in der sogenannten „Dritten Welt“ üblich sind, treten nun auch in der „Ersten Welt“ auf. Die Globalisierung schafft überall die gleichen, ausbeuterischen neoliberalen Verhältnisse, durch die einige wenige Profite aus dem schlagen, was vorher frei war und allen oder mehreren Kleinunternehmen vor Ort gehörte.

> *„Immer aber bleibt der Staat [oder die Gemeinde, Anm. U.Sch.], auch wenn er selbst akkumuliert, daran gebunden, für die Ursprüngliche Akkumulation der Investoren (und seine eigene) zu sorgen. In diesem Sinne wird er zum Zuhälter seiner eigenen Bevölkerung und weiterer ‚Ressourcen', die er den Investoren zu den weltweit günstigsten Bedingungen anzubieten hat. Das nennt sich dann Standortkonkurrenz und Billiglohnland.“*[670]

Die lokale Politik, die mit dem Versprechen auftritt, durch Großbauten und Großinvestitionen die Zukunft des Dorfes zu verbessen, ist in Wahrheit hinsichtlich des Baus des Kurzentrums natur-, bauern- und frauenfeindlich[671] und unterwirft sich den Interessen des auswärtigen Kapitals. Das Dorf wird in globale Strukturen eingegliedert, dem touristisch-kapitalistischen Wettbewerb unterworfen, der statt Selbständigkeit Abhängigkeit schafft und die vor Ort gelebten Reste einer eigenständigen Subsistenzkultur in den Hintergrund drängt. Der neue Hotelbau ist überdimensioniert und in seiner architektonischen Gestaltung auffällig, was dem Kurhotel-Konzept des Konzerns entspricht. Das Gebäude wirkt deplatziert und wie ein Fremdkörper im Vergleich zum Dorfkern und der umliegenden Natur.

> *„Die Planer haben keine emotionale Beziehung zur Natur; in der Gegend, die sie verändern, werden sie weder leben noch sterben; ihre Identität beruht nicht auf der täglichen Gewohnheit, ein Leben lang das Land zu bearbeiten, ihre Kenntnisse von Land, Pflanzen und Tieren sind nicht empirisch, sondern technisch und abstrakt.“*[672]

Werlhof, 2010b, S. 27ff. Zum Prozess der Hausfrauisierung sowie zu den Alternativen dazu siehe auch Bennholdt-Thomsen/Mies, 1997

668 Lohnarbeit war in der bäuerlichen Kultur anfänglich ein Zeichen von Armut und Abhängigkeit, vgl. Rosegger, o.J., S. 273

669 Vgl. Werlhof, 2010b, S. 75 und Werlhof, 2010c, S. 30 sowie auch Mies/ Werlhof, 1998

670 Werlhof, 2010b, S. 112

671 Vgl. Werlhof, 1991, S. 126

672 Collard, 1988, S. 182

Auch der Naturraum rund um das Kurhotel wird vereinnahmt und als „Gesundheitsraum“ immer mehr in Anspruch genommen. Der Wellness- und Gesundheitstourismus beschränkt sich nicht mehr nur auf das Kurzentrum an sich, er greift auch auf die umliegende Natur über und nimmt diese in das Konsumangebot für die Gäste auf. Diese Entwicklung, die im 19. Jahrhundert begann, kann als allgemeine Tendenz im Kurtourismus erkannt werden. Vorher, in der Frühphase dieser Form des Tourismus, bevorzugten die meist städtischen Kurgäste im Kurhotel und in den eigens angelegten Gartenanlagen und Parks zu verweilen, da die außerhalb gelegene Natur als wild, gefährlich und unattraktiv galt.[673]

> *„Die Berge und ihre Wälder werden über Fußwege zugänglich gemacht, es entsteht eine Landschaft, die einerseits als romantische Landschaft Bilder von Freiheit und Gesundheit hervorruft, die aber auf der anderen Seite zunehmend touristisch über Wegweiser, Schutzhütten, Aussichtstürme, Gasthäuser und über eine Bergbahn aufbereitet wird. Im Zuge der Erweiterung des Kurbezirks in die Umgebung des Ortes wird diese Landschaft gezähmt und zu einer Konsumware, die möbliert, mit romantischen Orten ausgestattet und mit romantischen Blicken und Geschichten eine neue Form des Kurtourismus etabliert.“*[674]

Die Wander- und Spaziergänge rund um das Kurhotel in Umhausen werden saniert, mit Aussichtsplattformen, Bänken und Hinweistafeln ausgestattet. Landschaft wird dadurch leichter zugänglich gemacht und in das Konzept des Kurzentrums integriert. Es ist der neue Dreh- und Angelpunkt des Geschehens, alles andere wird ihm untergeordnet, gerade auch, was den Standort des Hotels oberhalb des Dorfes gelegen betrifft. Statt der vor dem Bau versprochenen Belebung des Dorfkerns kommt es in patriarchal-alchemistischer Manier zur Zerstörung und Tötung von Natur inner- und oberhalb desselben[675] und anschließend, durch den Bau des Kurhotels, zu einer Neu-„Belebung“ des Standortes.

5. Zusammenschau Szenario / Verortung III und IV

Der patriarchatskritische Blick auf den Umgang mit dem Topos „Innen“ zeigt den Einsatz der gleichen Methoden an verschiedenen Orten, die zur Ausbeutung des Heilwassers aus dem Berginneren führen. Diese Methoden der gewaltsamen

673 Fuhs, 1999, S. 187-204, S. 201

674 Burkhard Fuhs über die Entwicklungen des Kurtourismus im deutschen Bundesland Hessen, Fuhs, 1999, S. 20.

675 Statt der Zentrumsbelebung werden die wenigen lebendigen Naturreste mitten im Dorf, konkret ein alter Baum neben der Kirche in Umhausen, wenige Monate nach der Eröffnung des Kurzentrums beseitigt, statt der Be-Lebung quasi eine „Entlaubung“ und damit eine „Ent-Lebung“.

maschinentechnischen Herauslösung, Extraktion und Mortifikation/Tötung des Rohstoffes wurden als alchemistische Vorgehensweisen zur Umsetzung der patriarchalen Natur-Ersetzungsutopie erkannt. Beiderorts wird ein künstlicher „Ersatz“ für die ursprüngliche Erd-Gebärmutter geschaffen, in der das Heilwasser aus dem Inneren in der fortschrittlich-modernen Wellnesswelt neu eingefasst und als Rohstoff der Kapitalisierung und Profitgewinnung zugeführt wird. Wie das Beispiel des Umgangs mit dem Radon zeigt, wurde aus einer nutzlosen, angeblich gefährlichen Ressource sogar ein Gesundheitsprodukt. Dies entspricht den patriarchalen *„Bestrebungen, die Natur im Rahmen kapitalistischer Exploitation in neuartige den menschheitlichen, Fort-Schritt‘ verkörpernde Kulturprodukte zu transformieren“.*[676]

In der Verortung IV gerät ein vorher nicht genutztes Naturgut, das Radonwasser, in die Fänge der Profiteure, in der Verortung III eine vor ihrer neoliberalen Kapitalisierung kostenlose und von jedem und jeder nutzbare Schwefelwasser-Quelle. Bis zum Bau des Aqua Dome gab es ein frei zugängliches „Naturbadl“, in dem im Schwefelwasser gebadet werden konnte. Vor der ersten touristischen Nutzung der Schwefelquelle Ende des 19. Jahrhunderts, als erstmals ein Kurhotel für städtische Kurgäste errichtet wurde, stand ein einfaches, gemeinschaftlich betriebenes „Bauernbadl“, in dem das damals noch natürlich und frei aus dem Berginneren quellende Schwefelwasser genutzt wurde. Das Bauernbadl wurde durch einen Brand zerstört, die natürliche Schwefelquelle versiegte. Die Monetarisierung des Schwefelwassers und der elitäre Charakter des Kurtourismus vor gut hundert Jahren wiederholen sich mit dem Bau des Aqua Dome, wie wohl in potenzierten und neoliberalen Dimensionen. Der Zugang zum Schwefelwasser wird begrenzt und ist nur mehr für jene möglich, welche sich den Eintritt, der zu bezahlen ist, leisten können. Für die Hotelgäste wurde im angebauten Luxushotel ein eigener Wellness-Bereich „SPA 3000“ errichtet, der *„am Dach des bestehenden Thermengebäudes wie ein Gebirgsgrat in den Himmel ragt“*[677], damit diese das Heilwasser exklusiv, über allen anderen erhaben und inszeniert[678] nutzen können und nicht mit den „gewöhnlichen“ Thermenbesucher_innen in den tiefer gelegenen Betonschalen baden müssen. Dieser Ausbau des Aqua Dome Hotels samt Wellness-Bereich ist nur mehr für eine elitäre Gästegruppe gedacht und verschwendet noch mehr Wasser- und Energieressourcen. Auch an der Verortung IV ist ein Ausbau

---

676 Behmann in: Projektgruppe „Zivilisationspolitik“, 2009, S. 170

677 Die Bahnen – Journal der Bergbahnen Sölden, 2013, S. 5

678 *„Inszeniert werden im neuen SPA 3000 natürliche, regionale Ressourcen in all ihren Facetten – allen voran das Längenfelder Thermenwasser“*, so ein weiterer Auszug aus dem Werbetext. Die Bahnen – Journal der Bergbahnen Sölden, 2013, S. 5

des Kurzentrums geplant, Platz dafür gäbe es ausreichend.[679] Die angeblich geizige und karge Bergnatur ist in ihrer kapitalistischen Ausbeutung und patriarchalen Neuschöpfung samt ihrer Ressourcen plötzlich quasi unbegrenzt und in Fülle vorhanden, eine angeblich nie versiegende (Geld-)Quelle.

Eine weitere Ähnlichkeit in beiden Verortungen des Berginneren zeigt sich in den Argumenten und Methoden, die vorgebracht werden, um die Notwendigkeit der Durchsetzung derartiger Großprojekte vor der lokalen Bevölkerung zu rechtfertigen. Der Bau des neuen Tourismusangebots bringe angeblich eine touristische Belebung des Dorfes mit sich, von der alle, besonders die bereits vorhandenen touristischen Einrichtungen im Ort profitieren. Tatsächlich wird allerdings alle Infrastruktur direkt vor Ort, also im Kurzentrum oder Thermenkomplex selber, errichtet, mit angebautem Thermenhotel, das in einer zweiten Bauphase sogar erweitert wurde und architektonisch gesehen wie ein großer „Riegel" oder Damm quer zum Tal dieses zu versperren scheint. Die Kur- und Thermengäste kommen größtenteils mit dem Auto angereist, durchfahren das Dorf und parken in der Tiefgarage, um unterirdisch von Wind und Wetter geschützt direkt in den Komplex zu gelangen. Abgeschottet von den Naturerscheinungen und der dörflichen Kultur kann so der Thermen- oder Kuraufenthalt verbracht werden, ohne einen einzigen Schritt außerhalb des Areals zu setzen. Das Angebot und die Infrastruktur dort sind derart umfassend, eben „all inclusive", dass ein Ausflug in das Dorf und ein Kennenlernen desselben sowie der umliegenden Natur überflüssig zu sein scheinen. Exkursionen in die Umgebung finden wenn, dann nur auf den ausgewiesenen, beschilderten und adaptierten Spazierwegen statt. Eine Interaktion mit dem Dorf und seinen Bewohner_innen oder gar die versprochene „Belebung" des Dorfkerns finden kaum statt. Zwei Beispiele einer Art von Tourismus, die sich am Prinzip des separat gehaltenen, trennenden und entfremdenden Fremdenverkehrs orientieren und weniger an der verbindenden Geste der Gastfreundschaft, die auch angesichts der auf hohe Besucherzahlen ausgelegten touristischen Konzepte kaum mehr möglich ist.

Beim Bau des Aqua Dome wurde vom ursprünglichen Topos abgesehen, dieser war vorher eigentlich wenig genutztes Land, da Überschwemmungsgebiet und hochwassergefährdet.[680] Angeblich wertloser Boden wird durch die Wahl als

679 *„130 bis 160 Betten sollen in einer nächsten Bauphase in fünf bis sechs Jahren in einem weiteren Turm gebaut werden, ergänzt Wolf. ‚Platz dafür ist ja genügend vorhanden', so der Bürgermeister."* Tiroler Tageszeitung, 31.08.12 siehe www.tt.com/%C3%9Cberblick/5336315-6/das-kurhotel-will-aufstocken.csp (01.09.12)

680 Die mögliche Gefahr wird ignoriert bzw. – technisch ist alles machbar – bautechnisch darauf reagiert und sei es modern-esoterisch: Ein Feng-Shui-Berater ließ

Standort für das touristische Großprojekt plötzlich rentabel. Ähnlich wie in Verortung IV kommt es auch in der Verortung III zum neoliberalen Griff nach Land. Von der Gemeinde angekauft, werden die Grundstücke in die Thermengesellschaft, bestehend aus Unternehmen und Banken, eingespeist. Die Gemeinde als demokratische Institution begnügt sich mit einer formalen Teilhaberschaft von sechs Prozent. Die demokratisch gewählte Vertretung der Dorfbevölkerung wird zum Handlanger der Tourismus- und Konzerninteressen.[681] Gerade so verhält es sich mit den Rechten über das Schwefelwasser, diese werden für 99 Jahre aus Gemeindehand an die Thermengesellschaft überschrieben. Die neoliberale Privatisierung des Wassers aus dem Berginneren ist vollzogen, auf mehrere Generationen hin unwiderruflich und demokratisch unkontrollierbar.[682] Große Konzerne und Unternehmen verwerten das, was vorher in kleinen privaten Eigentumsverhältnissen lag oder öffentliches Gut war.[683] Auch der Blick auf das betriebswirtschaftliche Konzept beider Projekte am Topos Berginneres lässt ähnliche neoliberale Strategien erkennen. Ist am Beispiel Kurhotel der Inhaber ein überregional tätiger privater Investor, dessen Unternehmen die Führung des Betriebes inne hat, so kommt beim Aqua Dome ein „global player" ins Spiel: die Betreiberfirma und Teilgesellschafterin Vamed gehört zum Fresenius Konzern, einem multinationalen Pharma- und Gesundheitsunternehmen mit Sitz in Deutschland. Die Methode der Hausfrauisierung von Lohnarbeit, wie sie bereits in der Verortung IV erkannt wurde, zeigt sich auch in der Betriebsführung des Aqua Dome. Die menschliche Arbeitskraft wird, so wie die Natur im Allgemeinen und das Schwefelwasser im Besonderen, als billig zur Verfügung stehende Ressource behandelt.

> *„Dass schlussendlich ein Projekt von dieser Größenordnung entsteht hat sich zu Beginn wohl niemand gedacht, mit der Verwirklichung vom ‚Aqua-Dome' wurde jedenfalls der Ort, die Tourismusgemeinde Längenfeld in eine touristische Liga gehoben, wo sie als Global-Player bestimmt eine führende Rolle spielen wird. Aus dem ‚Badl' wurde durch den Einsatz, durch die Standhaftigkeit, durch die Investitionsbereitschaft und durch den Glauben an das Machbare von vielen Idealisten das Projekt ‚Aqua-Dome – Tirol Therme Längenfeld'."*[684]

---

eine Druidenwand aufstellen, die mit blauen Kristallen bestückt vor Hochwasser schützen soll. http://www.taz.de/4/reise/europa/oesterreich/der-berg-ist-wieder-in/ (28.12.11)

681 *„Der Gemeindehaushalt entwickelt sich immer stärker zum Tourismus-Ergänzungshaushalt"*, Bätzing, 2005, S. 168.

682 Eine erste Privatisierung des Schwefelwassers fand bereits Ende des 19. Jahrhunderts statt, als das Grundstück samt Quelle von fünf Längenfeldern gekauft wurde, um dort ein touristisch-elitäres Kurbad für meist städtische Kurgäste zu errichten.

683 Vgl. dazu Werlhof, 2011, S. 132

684 Pro Vita Alpina – Informationen, 2005, S. 31

Das Projekt übersteigt den lokal verträglichen Rahmen, aber auch die menschliche Vorstellungskraft. Ein derart großdimensionierter Bau war zu Beginn der Bohrungen nach dem Schwefelwasser nicht geplant und wohl auch nicht im Sinne der lokalen Bevölkerung. Nur wenige können sich die wahren Ausmaße derartiger Großprojekte im Vorhinein vorstellen, sie überragen in ihrer Dimension und ihren Folgewirkungen jegliches bisher Erfahrene und Erlebte.[685]

„Das Gemachte ist immer anders als das Geplante (Propagierte), besonders in seinen Wirkungen, in seiner Wirklichkeit.“[686]

Der Komplex des Kurhotels in Umhausen steht schlussendlich einige Meter näher an der Grundgrenze und ist höher als vorher kommuniziert wurde, die Mitteilung darüber erreicht die Anrainer in einem nachträglichen Schreiben. Es sind bewusst gesetzte, in die Planung bereits einkalkulierte Vorgehensweisen der Nicht- oder Spät-Information und Geheimhaltung, welche die unkontrollierte Ausbreitung der Projekte und Vereinnahmung der Ressourcen ermöglichen.

Der Aqua Dome in Längenfeld und das Kurzentrum in Umhausen sind zwei erst jüngst entstandene Beispiele für den neoliberal-kapitalistischen Umgang und das Wirtschaften mit den Schätzen aus dem Berginneren im Ötztal. Sie stehen in ihrer Kurzfristigkeit und Naturausbeutung im Gegensatz zu den neuen sozialen und alternativen Bewegungen, wie sie derzeit etwa in Lateinamerika entstehen, den ecologically based self-managing projects[687], das heißt den auf Natur basierenden, selbst organisierten Projekten. Hier an den beiden Verortungen III und IV sind es vielmehr die Natur als Basis abschaffende und ausbeutende, fremdbetriebene Großprojekte, welche die Zukunft der kommenden Generationen prägen.

6. Zusammenschau „außen“ wie „innen“: Ausbeutung der Naturressource Wasser am Gletscher und im Berginneren

Am Topos Berginneres sowie am Gletscher findet die kapitalistische Verwertung des Naturguts Wasser und der patriarchale Umgang mit dem Naturort selber aktuell statt. Innen wie außen zeigt der patriarchale Naturumgang Ähnlichkeiten, die das allgemein erkennbare Naturzerstörungsprojekt des Patriarchats vor Ort und konkret sichtbar machen.

---

685 Vgl. dazu im Allgemeinen die Technikkritik bei Anders, 1968.

686 Werlhof, 1991, S. 192

687 Valdés in: Kumar, 2007, S. 303

Zu Beginn steht die gewalttätige Erschließung und Transformation des jeweiligen Topos. Die Herauslösung des Schwefel- und Radonwassers aus dem Berginneren geschieht durch maschinentechnische Tiefenbohrungen. Um auf den Pitztaler Gletscher, den Ort der Kunstschnee-Herstellung durch den sogenannten snowmaker, zu gelangen, muss man sich erst in das Innere des Berges begeben.[688] Eine unterirdische Stollenbahn bringt Personen und Material hinauf auf beinahe 3000 m Seehöhe. Die anfängliche Durchbohrung der Natur innen ermöglicht ihre weitere Transformation außen, auf dem Gletscher.

Als kurzer Exkurs sei an dieser Stelle auf einen Zusammenhang verwiesen, der in der Recherche zum snowmaker am Pitztaler Gletscher sichtbar wurde: am Topos Gletscher kommt jene Maschinentechnologie zum Einsatz, die zur Ausbeutung anderorts, also eines anderen Berg-Topos erfunden wurde. Die Technologie, die hinter dem snowmaker steckt, stammt aus den Goldminen in Südafrika, wo sie zur Kühlung der Bergminen verwendet wird. Was anfänglich den Topos Berginneres aushöhlt und ausbeutet, zerstört schließlich auch das „Außen", den Topos Gletscher.[689] Hier, am besonderen Beispiel zeigt sich der allgemeine Prozess der Weiterführung des patriarchalen Naturumganges, der mit dem Bergbau und seinen maschinentechnischen Naturzerstörungsmethoden der Montantechnik am Topos Berginneres beginnt und von dort auf die anderen Bergtopoi sowie auf die Natur im Allgemeinen übertragen wird.

Sowohl das Schwefel-, das Radon- als auch das Gletscher-Schmelzwasser werden als getötete Materie und Ressource behandelt, die angeblich „wertlos" für die kapitalistischen Ausbeutung frei zur Verfügung steht. Der Profit bestimmt die Wahrnehmung von Natur, das Wasser wird zur Ware, zum ausbeutbaren und transformierbaren Rohstoff für die versuchte Realisierung der kapitalistisch-patriarchalen Natur-Ersetzungsutopie. An beiden Orten ist es die patriarchal-alchemistische Methode der Schöpfung aus Zerstörung, die zum Einsatz kommt: erst die Trennung, Lösung und Tötung des Naturguts und seine Transformation in einen „leblosen" Rohstoff, also die Mortifikation, um in Folge

688 Eine Umkehrung zur Vorgehensweise „erst innen, dann außen" findet ebenso statt: Das „Außen" wird zerstört/getötet um in einem weiteren Schritt die Ausbeutung des „Innen" zu erlangen. Konkret passiert dies gegenwärtig im Norden von Chile, wo das kanadische Unternehmen „Barrick Gold Corporation" im Andengebirge Gletscher sprengt und verlegen will um an die darunter liegenden Schätze des Berginneren, das Gold, zu gelangen. Vgl. Niederberger, 2011, S. 22ff. und Krüger, Antje: Ein eiskaltes Geschäft, siehe www.ag-friedensforschung.de/regionen/Chile/gold2.html (30.08.12)

689 Siehe dazu das Kapitel „Topos Gletscher"

als Ausgangsmaterial für die Neuzusammensetzung und angeblich mögliche Neu-Belebung als Ware und „bessere" Natur in einer neuen Form verwendet zu werden. Am Topos Gletscher geht diese versuchte Umsetzung sogar noch einen Schritt weiter, wie bereits aufgezeigt wurde: Nicht nur die Ausbeutung der Naturressource und ihre kapitalistische Verwertung finden statt, auch ihre konkrete Ersetzung durch den Kunstschnee, zwar in seiner Herstellung noch immer auf Natürliches als Rohstoff – das Schmelzwasser – angewiesen, jedoch bereits mit dem Anspruch auftretend, Natur zu ersetzen und damit Besseres, da unabhängig von natürlichen „Einschränkungen", zu schaffen. Der Kunstschnee als „Naturersatz" ist allerdings nur Schein und Mittel zum Zweck für die touristische Propaganda.

Ziel ist es, *„die lebendige Materie, ja das Leben selbst in ihrer Entstehung durch ein experimentelles ‚Standardverfahren' so zu beeinflussen, dass dabei eine Transformation zu einer ‚höheren' Materie und einem ‚höheren' Leben bzw. ‚Seinszustand' geschieht. Dabei wird angeblich das Beispiel der Natur nachgeahmt und darüber hinaus ihre Überwindung angestrebt."*[690]

Die Natur wird zum Einen maschinentechnisch nachgeahmt, zum Anderen die Maschine als „bessere Natur" der Nachahmung vorangestellt. Es kommt zur Maschinisierung von Natur, sie muss maschinentechnischen Kriterien entsprechen.[691] Das seinem Naturzustand als gefährlich und wild bezeichnete Radonwasser etwa, kommt im Kurzentrum kontrolliert, beherrscht und dosiert zur Anwendung. Das Schwefelwasser wird ebenso dosiert und überprüft in die Becken der Therme geleitet, die Betonschalen und Schwimmbecken sind zudem angeblich hygienischer und „besser" als der natürliche Teich im ehemaligen „Naturbadl". Natur wird an den Kriterien der Machbarkeit, Kontrollierbarkeit, Verfügbarkeit und Haltbarkeit gemessen. Auch der Kunstschnee ist der angeblich bessere, da kontrolliert und auf Knopfdruck herstellbare, Maschinen-Schnee.

In Wahrheit ist diese zweite, maschinentechnisch hergestellte „Natur" jedoch nur eine schlechte Kopie der ersten und ursprünglichen, die Ersatz-Welt kann der natürlichen Umgebung nie das Wasser reichen, kann nie selbst hervorbringende Quelle des Lebens sein. Kunstschnee unterscheidet sich von natürlichem Schnee so wie das Bad in den neuen Schalen des Aqua Dome von jenem im Schwefelwasser-Teich. Im Aqua Dome werden nur mehr wenige Prozent an Schwefelwasser in die künstlichen Wasserbecken geleitet. Das Vorhandensein

690 Werlhof: Das Patriarchat ... in: Projektgruppe „Zivilisationspolitk", 2009, S. 71
691 Werlhof nennt es einen „maschinellen Naturbegriff", siehe Werlhof, 2010a, S. 111.

des natürlichen Rohstoffs aus dem Berginneren entpuppt sich als Scheinargument, um die touristischen Großbauten in Angriff zu nehmen, die eigentlich und, wie schließlich auch ersichtlich, ohne diesen Rohstoff auskommen könnten, weil sie ihn gar nicht benötigen. Ähnliches gilt für das Radonwasser an Verortung IV. Radonbehandlungen machen nur einen Bruchteil dessen aus, was im Kurzentrum geschieht und wofür dessen Konzept steht.

Die touristisch-kapitalistische Verwertung der Naturressourcen sowohl am Gletscher als auch am Topos Berginneres führt zu einer Urbanisierung[692] der Natur und damit verbundenen Kultur. Zugänge zu den Topoi müssen geschaffen, neue Versorgungssysteme gebaut werden, um den immensen Bedarf an Energie und Wasser zu sichern, eine modern-städtische Infrastruktur mit allem Komfort entsteht. Veranstaltungen und Events werden organisiert[693], damit es dem von einer städtischen Freizeitkultur geprägten Publikum in ihrem Streben nach „fit, fun and beauty“[694], also Fitness, Spaß und Schönheit, angekommen im abgelegenen Alpental ja nicht langweilig wird.

Der Vergleich der Szenarien an den beiden Topoi des Berges „innen“ und „außen“ zeigt eine stetig wachsende Transformation und Vereinnahmung derselben durch die kapitalistische Tourismusindustrie, die dadurch ihre Wettbewerbsfähigkeit zu sichern versucht. Doch auch andere Wirtschaftsbereiche, wie die Energiewirtschaft, stehen bereit, um sich die Ressourcen der beiden Topoi zu sichern, konkret die Wasserschätze der Gletscher und aus dem Berginneren. Wasserkraftwerkspläne, die darauf abzielen, Alpentäler wie das Ötztal im großen Stil zur Produktion von elektrischem Strom zu nutzen, hatte es bereits zur Zeit des Nationalsozialismus gegeben.[695] Neuerdings werden diese Pläne wieder aus den Schubladen geholt und als moderne Großprojekte neu zu verkaufen versucht, die das Wasser aus dem Inneren und das Schmelzwasser der Gletscher im großen Stil, verbunden mit einer immensen Naturzerstörung, nutzen wollen.[696] Unter dem Deckmantel der „sauberen Energie“, angeblich ökologisch

692 Vgl. Bätzing, 2009, S. 181 sowie 1988, S. 12

693 Jährlich findet im Skigebiet von Sölden etwa das sogenannte „Electric Mountain Festival“ statt.

694 Wörtlich übersetzt: „Fit sein, Spaß und Schönheit“. Diese pointierte Beschreibung des Denkens, das hinter diversen touristischen Großprojekten und Events steckt, stammt von Hermann Lunger, in einem Gespräch mit ihm am 13.4.12 in Längenfeld.

695 Vgl. Scheiber, 2005, S. 62

696 Im Ötztal ist aktuell geplant, das Wasser der Venter und Gurgler Ache, des Königs- und des Ferwallbaches zu fassen und in Triebwasserstollen durch das Berginnere

nachhaltig und im Sinne des Gemeinwohls, sollen so neoliberal-kapitalistische Interessen der Profitmaximierung umgesetzt werden. Nicht nur das Landgrabbing, auch das „Watergrabbing", also der einem Raubzug ähnliche Griff nach dem Wasser, hat an den Topoi Gletscher und Berginneres bereits im großen Stil begonnen.

in einen neuen Stausee im Kaunertal zu leiten. Vgl. Doblander/Haid (Hrsg.), 2011, S. 138ff. sowie www.wwf.at/kaunertal-erklaerung (18.04.12)

Unten

Topos Tal

Eine künstlich-alpine Welt als angeblicher Ersatz für das Er-Leben mit und in der Natur

1. Szenario / Verortung V: Die künstliche „Bergwelt" im Tal

Tirol
Ötztal
AREA 47
ca. 720 m über dem Meer

> *„Natur und Hightech zu einem außergewöhnlichen Freizeiterlebnis für Groß und Klein vereint. Der weltweit größte Abenteuerspielplatz bietet Action und Adrenalin in einer noch nie dagewesenen Art und Weise. Ob Outdoor-Abenteuer, Event-Arena, Wasserspaß oder Plattform für Business-Incentives – die Location am 47. Breitengrad lässt keine Wünsche offen.*"[697]

Allen Widerständen[698] zum Trotz steht sie nun da, die AREA 47 am Eingang des Ötztals, dort wo die Ötztaler Ache in den Inn mündet. Das Wasser von den Berggipfeln und Gletschern ist aber auch schon das einzige, das noch an ursprüngliche Bergnatur erinnert und den Bezug zur Wildnis der höher gelegenen Gebiete sowie der anderen Bergtopoi bildet. Von dieser Wildnis weit entfernt findet man sich hier am Topos Tal wieder, in einem künstlichen 66.000 m² gro ßen Areal, in dem alles geboten wird, was die Weiterfahrt ins Bergtal angeblich obsolet, altmodisch und langweilig werden lässt. Die AREA 47, *„Europas trendigste, verrückteste und sportlichste Spielwiese für Besucher jeder Altersklasse"*, hat sich nicht nur über die vorher bestehenden Felder und Kulturlandschaften gestülpt, sondern ist auch angetreten, das Erlebnis in der wirklichen Bergnatur sowie diese selbst zu „ersetzen".[699]

697 www.area47.at (06.04.12)

698 Vor dem Bau der AREA 47 gab es eine aktive Widerstandsbewegung in den umliegenden Gemeinden. Die Anrainer_innen befürchteten die Zerstörung des Naherholungsgebietes sowie Lärm- und Verkehrsbelastungen.

699 Ähnlich wie es die Skihallen in den urbanen Zentren versuchen, in denen das winterliche Geschehen auf künstlich hergestellten und mit Kunstschnee beschneiten Skipisten nachgeahmt wird. Die Bergbahnen Sölden finanzieren eine dieser

„35 Sportarten für den Nervenkitzel im Freien: Ein neuer Outdoorpark in Tirol bietet auf 66.000 Quadratmetern Abenteuer und Action."

Die AREA 47 wartet mit einem Highlight nach dem anderen auf. Das Angebot an Freizeitmöglichkeiten ist sowohl quantitativ als auch qualitativ angeblich „höherwertiger" und besser als alles bisher Geschaffene, ja sogar als die alpine Natur selbst, von der höchsten „Outdoor-Kletterwand" Österreichs bis zur „*Water Area mit einem 7000 Quadratmeter großen Badesee und einem außergewöhnlichen Arrangement von Wasserrutschen, darunter die steilste Rutsche Europas mit fast senkrechtem Neigungswinkel und Geschwindigkeiten bis zu 80 km/h.*" Sogar surfen ist möglich und zwar in einem Rutschkanal und mit surfbrettähnlichen, aber etwas kleineren „Bodyboards". Ab 2014 soll im maschinentechnisch präparierten Fluss nebenan das „Riversurfing" auf Europas größten Riversurf-Wellen möglich sein, eine davon bietet eine Länge von 30 Metern. Meeresgefühl mitten in den Alpen – um dies zu komplettieren wird Sand aufgeschüttet, um bei Beachvolleyball und Sand-Fußball mitten in den Bergen mit dem Strandurlaubsangebot zu konkurrieren. Unterhalb der das Areal überquerenden Straßenbrücke ist ein Hochseilklettergarten montiert, er trägt den irrealen Namen „Skywalk". Den natürlichen Himmel, englisch „sky", bekommen die Kletternden, unter den Stahl und Betonflächen baumelnd, allerdings nicht zu sehen.

„Cannonball-Wasserkatapult: Einmal im Leben als menschliche Kanonenkugel unterwegs sein – wer schon immer davon geträumt hat, kann sich diesen Wunsch in der AREA 47 nun erstmals in Österreich erfüllen."[700]

Das Bedürfnis nach Spaß und Action kennt scheinbar keine Grenzen. Nachgebildetes Kriegsgerät ist Teil der „Fun-Maschinerie", seine Herkunft sowie der kriegerisch-zerstörerische Umgang mit der Natur sind im Areal werbetechnisch wirksam und werden unhinterfragt konsumiert. Dies führt soweit, dass sogar ein künstliches Stollensystem aus der Zeit des Nationalsozialismus, also das künstlich erschlossene Berginnere, in das Fun-Angebot inkludiert wird:

„Die Area 47 soll auch keine künstliche Oase sein, sondern die ganze Umgebung mit einbinden – etwa auf Fahrten über rund 2000 Kilometer Radwege, auf Gletschertouren, beim

---

Skihallen unter der Marke „Snow Dome Bispingen. Original Sölden" in Norddeutschland. In dieser „Erlebniswelt" kann man neben dem Skifahren auch Rodeln, an einem Eisturm Eisklettern und im Sommer draußen auf einer künstlichen Welle surfen. www.snow-dome.de (01.09.12)

700 www.area47.at (06.04.12)

Canyoning und auf einer Höhlentour durch ein Stollensystem, mit dem Hitler im Krieg das Ötztal aufstauen wollte.“[701]

Für jene, die überraschenderweise nicht genug haben mit dem Angebot im abgeschotteten Areal, werden neben dem Topos Tal auch die anderen Berg-Topoi ins Spiel gebracht: Gipfelbesteigungen und Gletschertouren sind buchbar, sowie als weiteres Highlight die nicht ganz ungefährliche Begehung des bereits erwähnten künstlich erschlossenen Berginneren.

Auf der anderen Seite des Flusses ersetzt eine 3.800 m^2 große Halle, ihrer Architektur nach einer Industrie- oder Fabrikhalle ähnlich, und die dazugehörige Infrastruktur vormals kulturlandschaftliche Flächen. Was nicht verbaut wurde ist hier zubetoniert und asphaltiert. Es ist der Ort, wo das Nachtleben stattfindet, die Veranstaltungshalle Area Dome, überdimensioniert und je nach Bedarf mit jeder Menge Technik ausgestattet, bietet sie Raum für „Events“, vom DJ-Konzert bis zum Motocross-Rennen. An die Halle anschließend wurde das sogenannte „River Haus“ hingestellt, ein Restaurant mit Bar, das seiner Architektur nach aus einem „Wild-Western“-Film entstammen könnte. So wird die AREA 47 zum Sammelsurium an Baustilen und Einrichtungen, mit dem Ziel, bei Tag und bei Nacht die Besucher_innen in Scharen anzulocken. Riesige Parkplatzflächen stehen dafür bereit, die Gäste kommen über eine breite Zufahrtsstraße abgeschottet im Auto sitzend, um sich in Folge in einer eingezäunten Kunstwelt, im Areal, zu bewegen und „Natur“ dort zu erleben, wo nur mehr getötete und transformierte Reste davon übrig geblieben sind.

Mit der AREA 47 hat die Totaltransformation und versuchte Ersetzung des Talbodens begonnen, im großen Stil und ohne Rücksicht auf Verluste, konkret die verlorene Kulturlandschaft. Felder und Wiesen sind zerstört, Wald wurde gerodet, Feldmauern und landwirtschaftliche Kulturbauten weggerissen. Das Resultat ist eine veränderte, transformierte, planierte, zubetonierte und asphaltiere Landschaft, ein eingezäuntes und bebautes Areal, in dem sich die Adrenalin-Hungrigen, abgeschottet von der übrigen Natur und „taub“ gegenüber der sinnlich-ästhetischen Wahrnehmung von Natur, austoben[702]. Die restliche Natur

701 www.welt.de/reise/article7907229/Area-47-die-neue-Adrenalin-Tankstelle-im-Oetztal.html (06.04.12)

702 „toben“ hängt etymologisch mit „taub“ zusammen und geht von der Bedeutung *„verwirrt sein*“ aus. Kluge, 2002, S. 918 und S. 908. Wer sich austobt, ist demnach taub oder „gehörlos“ für das ästhetische Wahrnehmen von Natur, wie auch im Miteinbeziehen des etymologischen Zusammenhanges von Ästhetik mit lateinisch „audire“ für „hören“ klar und deutlich wird.

wird, so wie die nicht zahlenden Besucher_innen dieses ehemaligen Natur-Erholungsraumes am Fluss, ausgesperrt.

> *„Für Adrenalin-Junkies haben Geschäftsführer Hansi Neuner und sein Team ein Eldorado geschaffen.“*[703]

Es herrscht Geldgräberstimmung im „Eldorado“, dem „Goldgräber-Paradies“, und unter den touristischen Machern. Neben den bereits in den vorherigen Kapiteln aufgezeigten Bauten anderorts im Tal muss nun auch fruchtbarer Tal-Grund und -Boden einem profitablen Großprojekt weichen. Ebene Kulturflächen sind in den Bergen zwar begrenzt, jedoch wird damit verfahren, als stünden sie frei und uneingeschränkt einigen wenigen zur privaten Profitmaximierung zur Verfügung. Doch es ist nicht nur die Kapitalisierung des Talgrunds, die hier von statten geht, der Eingriff ist umfassender und tiefreichender. Der Versuch der Realisierung einer künstlichen Berg-Ersatzwelt hat den Talboden erreicht, damit ist die patriarchale Natur-Ersetzungsutopie am Boden der alpinen Realität angekommen. Die letzten Reste von Natur und einer das Leben und die natürliche Umgebung pflegenden Kultur werden nicht nur verdrängt, vergessen, überbaut, zubetoniert und zerstört, sondern durch eine menschengeschaffene, maschinentechnische, zweite Natur ersetzt.

2. Die Schaffung der ultimativen Spielwiese für den Massentourismus

Die kapitalistische Tourismuswirtschaft in Kombination mit der Maschinentechnik zerstört jene Basis, die jahrhundertelang Grundlage für das Leben in den Bergtälern war: fruchtbarer Grund und Boden. Doch damit nicht genug, die patriarchale Utopie vorantreibend wird Natur durch maschinentechnisch Hergestelltes ersetzt und eine künstlich-gemachte „Sportarena“ auf den natürlichen Topos gesetzt. Sie ist die angeblich schöne, neue alpine Konsumwelt, in der sich die Gäste gegen Bezahlung, von der wirklichen Natur sowie der aus dem tätigen Umgang mit ihr gewachsenen Kultur absehend, aufhalten. Die Methoden, die zur Umsetzung der patriarchalen Kunstwelt, dem „Freizeit-Paradies“, führen, können als patriarchal-alchemistisch erkannt und unter dem Begriff *„Neuschöpfung aus Zerstörung“* zusammengefasst werden. Der darin enthaltene erste Schritt der *Mortifikation* geschieht zum Einen „immateriell“, indem die Qualität und Notwendigkeit des natürlichen Topos und die damit verbundene Subsistenzkultur

703 www.krone.at/Tirol/Die_Area_47_Park_der_Superlative_im_Oetztal_eroeffnet-Endlich_fertig!-Story-200978 (06.04.12)

für eine lebensfreundliche Zukunft der Talbevölkerung negiert wird. Zum Anderen wird die Mortifikation konkret realisiert, durch die Transformation und Zerstörung der Kulturflächen, die planiert oder – etwa den künstlichen See vorbereitend – ausgehoben, zubetoniert und asphaltiert werden. Dieser Prozess der Mortifikation ebnet den Weg für den nächsten Schritt, die Neuschaffung und Veredelung des Topos. Durch verschiedene Bauten und infrastrukturelle Maßnahmen wird die AREA 47 als neue und „bessere" Art der Nutzung des Topos aus dem Talboden gestampft. Auch die Profitgewinnung durch die Geld-Neuschöpfung ist kapitalistisch gesehen eine „bessere" Art der ökonomischen Verwendung des Topos, da sie mehr und schneller Profit abwirft als jede andere wirtschaftliche Nutzung des Talbodens zuvor. Das neu geschaffene Areal ist der Ort, an dem alpine Natur technisch nachgeahmt und gleichzeitig zerstört wird, indem eine „bessere", maschinentechnisch hergestellte, zweite Natur an ihre Stelle tritt. In diesem alchemistischen Prozess der Neuschöpfung aus Zerstörung ist unter anderen die maschinenlogische Kategorie der Reduktion zu erkennen.[704] Auf-*Grund* der zerstörerischen Transformation wird die (Arten-) Vielfalt der Kulturlandschaft am Topos durch einheitlich-monotone Beton-, Rasen- und Asphaltflächen ersetzt. Natur wird dabei reduziert, das heißt verknappt, mechanisiert und durch maschinentechnisch Hergestelltes verdrängt.[705] Reduktion und Kapitalismus bilden ein perfektes Gespann, denn die Plünderung und Naturzerstörung, also die quantitative Reduktion oder „Verknappung" von Natur, bringen im kapitalistischen System kurzfristig gesehen Gewinn[706], für diejenigen, die sich früh genug das Verfügungsrecht über die knapp werdenden Ressourcen sichern. Der kapitalistische Massentourismus reduziert Natur zusätzlich qualitativ, indem er sie als anzueignenden Rohstoff abwertet. Übrig bleibt eine austauschbare, hinter der Fassade bereits bröckelnde Kulisse, in der die Natur lediglich als werbewirksame Ressource eingesetzt wird. Im Falle der AREA 47 ist es die Reduktion der Natur auf ein Sportgerät[707] und in Konsequenz ihre Ersetzung durch maschinentechnisch hergestellte Sportgeräte. Natur steht in dieser *„künstlich-kaputte[n] Welt"*[708] nur mehr transformiert, reduziert oder künstlich nachgeahmt zur Verfügung.

---

704 Vgl. Genth 2002

705 Vgl. Collard, 1988, S. 129

706 Shiva nennt diese Vorgehensweisen der modernen Wissenschaften und der westlichen Kultur eigen. Shiva, 1989, S. 33 sowie S. 35

707 Zu den Alpen als Sportgerät siehe Jelinek, 2002, S. 253

708 Vgl. Bätzing, 2009, S. 18

„Die postmoderne Freizeitgesellschaft sieht daher die Alpen nicht mehr nur einfach als Freizeitarena, als ‚Playground of Europe' wie noch die Industriegesellschaft, sondern als ein spezielles Sportgerät zur Auslösung von körperlichen Erlebnissen, das allerdings immer und überall technisch verbessert werden muss, um negative körperliche Mühen zu reduzieren und positive Körpererlebnisse zu verstärken.“[709]

Britischen Alpinisten, welche im 18. und 19. Jahrhundert vom industriell bereits stärker geprägten England aus begannen, die „rückständigen“ und noch „wilden“ Westalpen alpinistisch zu erobern, bezeichneten die Berge in der Mitte Europas als „playground of Europe“, als den Spielplatz Europas. Diese alpinistische Zuschreibung bekommt in der AREA 47 eine neue und konkrete, patriarchal-utopische Dimension. Der Spielplatz für Europa wird hier tatsächlich umgesetzt, die utopische Idee einer gänzlich künstlich geschaffenen alpinen Sportwelt zu realisieren versucht. War es zu Zeiten der britischen Alpinisten der Prozess der *„Versachlichung der Bergnatur, ihre Verwandlung in eine Sportarena und in einen Tummelplatz“*[710], also der Objektivierung, der sich zu realisieren begann und mit der Entwicklung des Alpinismus immer weitere Kreise zog, so ist es nun die Abstraktion, das Absehen von der wirklichen Natur und ihre versuchte Ersetzung durch eine „bessere“, von Menschen geplante und hergestellte Welt, die von statten geht. Der Umgang mit der selbstkonstruierten Welt, dem neuen „playground of Europe“[711], scheint zwar auf den ersten Blick ein spielerisch-vergnüglicher zu sein. In ihm zeigt sich jedoch bei näherer Betrachtung ein pathologisches und destruktives Naturverhältnis einer ihrer Ökonomie und Technik nach modernen patriarchalen Zivilisation.

Der Umgang mit der Natur geschieht mittels Maschinen und maschinenhaft, die Abenteuer und Adrenalinschübe sind beinahe unzählig wiederholbar und verlieren dadurch ihre Besonderheit. Die AREA 47 gilt bezeichnenderweise als „Adrenalin-Tankstelle“ für diejenigen, die aus ihrem meist städtisch-modernen Umfeld hier herkommen, um nach einer maschinenhaft – vor dem Computer sitzend – verbrachten Arbeitswoche wieder „aufzutanken“, gerade so, als sei der menschliche Körper selbst eine Maschine.[712] Die Sehnsucht nach Wildheit

---

709 Bätzing, 2005, S. 19

710 Lutz, 1999, S. 30

711 Bezeichnenderweise fand im August 2012 erstmals ein großes Event mit dem Namen „Urban Playgrounds Festival“ (Festival am Städtischen Spielplatz) statt. Die AREA 47 wird für eine Nacht zur Freiluft-Diskothek, mit verschiedenen Konzertbühnen *„inmitten einzigartiger Bergkulisse“*, so die Ankündigung auf www.area47.at (06.04.12)

712 Der Mensch und sein Körper gelten als erste Maschinen, dieser Prozess der Maschinisierung begann mit der Inquisition in der Neuzeit. Siehe Federici, 2004

und dem spielerisch-abenteuerlichen Umgang mit und in der Mutter Natur, das Verlangen, wieder wie ein Kind zu sein[713], liegen den Abenteuersuchenden trotz Moderne und distanziertem Naturverhältnis immer noch inne. Ihre Suche nach Naturerlebnis und Leiberfahrung, Defizite in der modernen, sich von der Natur und dem Leib immer weiter entfremdenden Zivilisation, findet in der künstlichen Natur-Ersatz-Welt jedoch eine nur oberflächliche Befriedigung, die derart schnell wieder verschwindet, wie sie konsumiert wurde. In einem abgeschlossenen, von der wilden Natur weit entfernten Areal eine tiefe Verbindung mit der Natur aufzunehmen ist unmöglich, denn die Sehnsucht nach Lebendigkeit wird in einer getöteten Umwelt zu stillen versucht. Hier wird die Mimesis an Mutter Natur, das sich Annähern und mit ihr in Kommunikation treten, maschinisiert und pathologisiert. Die mütterlich-natürliche Mimesis wird zur *„Mimesis an hergestellte und herstellbare Objektwelt“*[714], die Suche nach dem echten Naturerlebnis kann in einer toten, künstlich hergestellten „Ersatznatur“ nicht befriedigt werden.

> *„[…] in den Alpen sein und gleichzeitig doch nichts von der tatsächlichen Alpenwelt mitbekommen… wie das geht? Ganz einfach! Zum Beispiel mit der ‚area 47', dem neuen Abenteuerspielplatz direkt am Eingang des Tiroler Ötztals/A. So ein Playground für BergfreundInnen mag ja noch im Flach- oder Hügelland Sinn machen. Direkt am Bergfuss jedoch stellt sich die Frage: Kann ein perfektes Bühnenbild tatsächlich darüber hinweg täuschen, dass die wahre Bergwelt nur einen Steinwurf weit entfernt zum Anfassen nahe ist? Sind wir also freiwillig zurückgekehrt in Platons Höhle, haben uns festgebunden und begnügen uns mit den verzerrten Silhouetten der Schatten unsrer Alpenwelt, die das Feuer an die Wand wirft?“*[715]

In der AREA 47 geraten Natur sowie die angeblichen Naturerfahrungen zum wiederholt erkaufbaren Konsumgut, der Naturtopos zum Ort des Konsums. Künstliche Modelle von Natur werden den Konsument_innen[716] als begehrenswerte Waren vorgesetzt und *„das Wirkliche zum Abbild seiner Bilder“*[717] gemacht: Die wirkliche Natur wird durch das „playground“- und Abenteuer-Konzept vereinnahmt. Canyoning und Höhlenwanderungen werden im selben Stil vermarktet wie die Sportangebote in der AREA 47, der Adrenalin-Blick auf die wirkliche Natur ausgeweitet und diese gleichzeitig reduzierend wahrgenommen, unter

713 Mies/Shiva, 1995, S. 193

714 Genth, 2002, S. 55

715 Kommentar in: CIPRA: alpMedia, 30.9.2010, Nr. 13/2010, S. 5

716 Als Konsument_innen sind wir *„Wesen, also, die dazu verurteilt sind, statt Welt zu erfahren, sich mit Weltphantomen abspeisen zu lassen.“* Anders, 1968, S. 1

717 Anders, 1968, S. 179

den Gesichtspunkten „Abenteuerlichkeit“, „Spaßfaktor“ und „Vermarktungsmöglichkeiten“. Dadurch wird die Natur außerhalb des eingezäunten Areals und sogar die Wildnis, etwa sonst kaum zugängliche Schluchten und Flussläufe, massentouristisch erschlossen, als Ware konsumiert[718] und „eventisiert“.

„Die Menschen sind um [Anmerkung U.Sch.: unmittelbare Natur-] Erfahrungen und Erlebnisse ärmer, die als Event künstlich industriell hergestellt werden müssen, da es entsprechend der Mangelsituation verstärkt ein Bedürfnis danach gibt.“[719]

Ziel des AREA 47 Marketings ist es, das Bedürfnis nach Abenteuer und „Fun“ zu wecken, nach den Angeboten, die es im Areal zu konsumieren gilt und das so früh wie möglich. Schülerinnen und Schüler sind eine eigens beworbene Zielgruppe, und es gibt spezielle vergünstigte Pauschalangebote für Schulklassen. Die schöne neue Spaß-Welt wird großflächig und wiederholt beworben und bejubelt, die wirklichen Ausmaße der dafür bereits passierten und weiter geschehenden Zerstörung werden zugedeckt und ausgeklammert. Nicht die (kaputt gemachte) Natur wird dargestellt, sondern die neue, künstlich alpine Spaßwelt, welche die Attraktivität der Bergnatur im Allgemeinen erhöhen soll, in Wirklichkeit diese allerdings zu ersetzen versucht. Die von Menschenhand geschändete, zugerichtete und mit maschinentechnischem „Make-Up“ „verschönerte“ Leiche „Topos Tal“ gilt als attraktiv, erstrebenswert und sogar als erotisch, eine pervertierte, patriarchale Wahrnehmung von Natur.

„Jakob Falkner, Geschäftsführer der Bergbahnen Sölden, die mit drei Millionen Euro der Hauptinvestor ist, freut sich: „Bislang galten die Alpen im Sommer als nicht besonders attraktiv. Mit diesem neuen Produkt werden sie jetzt absolut sexy.“[720]

Die touristischen Macher verhalten sich so, *„als könnten sie den eigenen Lebensort ohne jede Rücksichtnahme nur als Material ihrer Interessen behandeln und eine neue Erde nach ihren Vorstellungen herstellen“*[721].

3. Zur Genese des patriarchalen Umgangs mit dem Tal-Boden

Um die Transformation des zivilisatorischen Verhältnisses zum Topos *Tal* von einem lebensfreundlichen, matriarchalen zu einem lebensfeindlichen, patriarchalen Umgang zu erkennen, scheint es sinnvoll, dem *Boden* in seiner Nutzung

718 Vgl. dazu die Kritik am Tourismus in Mies/Shiva, 1995, S. 186
719 Genth, 2002, S. 134
720 www.kleinezeitung.at/freizeit/aktivwellness/2367216/rekordjagd-oetztal-neue-outdoorpark-area-47.story (16.05.12)
721 Genth in: Projektgruppe „Zivilisationspolitik“, 2009, S. 32

als Grundlage für die Agrikultur Aufmerksamkeit zu schenken, stehen doch auch etymologisch betrachtet die Begriffe „Tal“ und „Boden“ beziehungsweise „Erde“ in Verbindung.[722] Der tätige Umgang mit dem Tal-Boden drückt sich in der Kultur aus. In Kultur steckt das lateinische Hauptwort „cultura“ des *Tun*-Worts „colere“, das mit „pflegen, bebauen“[723] übersetzt wird und auf das Tun im Landbau hinweist, weitere Bedeutungen sind aber auch „wohnen“, „Sorge tragen“ und „verehren“[724]. Kultur ist demnach ein Tätig-Sein, das aus dem Garten- und Ackerbau, aus subsistenzorientierten Tätigkeiten, entstammt und auch die Sorge um den Wohnort als den Ort des Lebens in sich trägt. Subsistenz und Boden sind miteinander verbunden: der Boden ist die Basis, die Grundlage für die Verwurzelung, er gibt Leben.[725] Ursprüngliche bäuerliche Kulturen kennzeichneten sich durch eine starke Bindung an den Boden, den Topos als Lebensort, an die Erde und die Jahreszeiten.[726] Wenn mit Kultur ursprünglich Acker- und Landbau gemeint ist, dann ist die Verhinderung desselben, die Zerstörung von agrarkulturell genutzten Landschaftsflächen, wie etwa beim Bau der AREA 47 geschehen, eine gegen Kultur gerichtete Vorgehensweise. Das Bebauen der Natur, das auf der Zerstörung derselben fußt, ist demnach eine nicht das Leben, sondern das Getötete und Maschinenhafte verehrende, lebensfeindlich-patriarchale „Kultur“. Sie ist der ursprünglichen Kultur, die aus einem naturfreundlichen Verhältnis resultiert, vollkommen entgegengesetzt.

3.1. Von der subsistenzorientierten Produktion für den Eigenbedarf zur feudalherrschaftlichen Ausbeutung

Zu Beginn der subsistenzorientierten Tätigkeiten der Menschen standen das Sammeln von pflanzlicher Nahrung, wodurch vor allem die Frauen die benötigte Ernährungsgrundlage[727] lieferten, und das Jagen. Maria Mies weist darauf hin, dass in Sammler_innen-Kulturen die Frauen sogar bis zu 80% der Lebensmittel produzier(t)en.[728] Diese Erkenntnis stellt das vorherrschende Geschichtsbild

722 TAL leitet sich von der weiblichen Ursilbe KALL ab, die als eine von sechs Archetypen der Sprache bezeichnet wird, und Vertiefung, Höhle, Wölbung, Leib meint. TAL bedeutet demnach „unten, Boden, Erde“. Vgl. Fester u.a., 1980, S. 80

723 Kluge, 2002, S. 545

724 Stowasser, 1998, S. 97

725 Vgl. Werlhof in: Kumar, 2007, S. 260

726 Vgl. Gimbutas, 1974, S. 237

727 Lerner, 1997, S. 73

728 Mies in: Kaller-Dietrich/Schweighofer-Brauer, 2001, S. 178. Dies ist auch die Ansicht von Auer, 2009, S. 242.

von stark Jagd abhängigen prähistorischen Zivilisationen deutlich in Frage.[729] Die Archäologin Marija Gimbutas bezeichnet die *„bodenständigen Kulturen Alteuropas“*[730] als Kulturen matriarchalen Charakters, deren Niedergang ab 5000 v. Chr. durch indogermanische Kurgan-Reitervölker aus dem Osten begann, wobei die Alpentäler zum Rückzugsgebiet für flüchtende, alteingesessene Gruppen wurden.[731] Das Ötztal wurde ab ca. 10.000 v. Chr. von Sammler_innen und Hirt_innen von Schaf- und Ziegenherden genutzt, vor allem im Zuge der ortswechselnden Weidewirtschaft, der sogenannten Transhumanz, und hier waren es die höher gelegenen Gebirgsregionen, die über Jöcher und Gipfel leichter erreichbar waren als die tiefer gelegenen Orte.[732] Es erfolgte in dieser Zeit noch keine ständige Besiedelung der Alpentäler; sumpfige Talböden, Überschwemmungen und dichte Wälder bis in große Höhen bildeten für die Menschen einen anfänglich „unwirtlichen“ und unbewohnbaren Lebensraum.[733] Jedoch erfolgten *„weit verzweigte Wanderungs- und Tauschbeziehungen“*[734] über den Alpenhauptkamm hinweg, die Tirol mit den umliegenden Zivilisationen, vor allem jene im Süden, verknüpften und das Einrichten von Lager- und Aufenthaltsorten in den Bergen notwendig machten, wie es etwa der „Hohle Stein“ bei Vent im Ötztal einer war.[735] Die erste ständige Besiedelung fand Jahrtausende später und punktförmig

729 Vgl. Auer, 2007, S. 256f. Die vorherrschende Meinung von archäologischen Wissenschaftlern ist hingegen, dass die von der Jagdtätigkeit angeblich dominierten paläo- und mesolithischen Zivilisationen erst durch die sogenannte „Neolithische Revolution“ um 6000 v. Chr. eine starke Veränderung und einen Bedeutungsverlust der Jagd erfuhren, ausgelöst durch das Aufkommen und die Entwicklung von Ackerbau und Viehzucht. Vgl. Spindler, 1994, S. 186ff.

730 Gimbutas, 1994, im Vorwort

731 Gimbutas, 1994, S. 40, vgl. auch Bätzing, 1986, S. 9

732 Die Zeitangabe ergibt sich aus den ältesten bis dato gefundenen archäologischen Spuren menschlicher Tätigkeit im Ötztal am Beilstein bei Obergurgl. Die Nutzung und später Besiedelung des Ötztals erfolgte nach dem Ende der letzten Eiszeit von Süden her, über die Jöcher und Übergänge, die das heutige Nord- und Südtirol verbinden. Vgl. www.naturpark-oetztal.at/natur-kultur/der-mensch/die-besiedelungsgeschichte.html (18.05.12) sowie www.naturpark-oetztal.at/natur-erlebnis/hot-spots-kultur/am-beilstein.html (18.05.12)

733 Bätzing, 2005, S. 89

734 Auer, 2007, S. 245

735 Vgl. Auer, 2007, S. 256. Archäologische Grabungen konnten eine menschliche Nutzung dieses Platzes bis ins 8. Jahrtausend v. Chr. nachweisen. Siehe auch www.vent.at/main/DE/VE/SO/orte/geschichte/index.html (18.05.12) sowie www.naturpark-oetztal.at/natur-erlebnis/hot-spots-kultur/jaegerlager-hohler-stein.html (18.05.12)

statt[736], sie begann an den höher gelegenen, sonnigen und fruchtbaren, von Natur aus wenig bewaldeten Plätzen. In den südlichen Alpentälern entstanden die agrarkulturellen Formen Ackerbau und Tierhaltung ab etwa 7000 vor Christus[737] und schlugen sich in der Nutzung der hochalpinen Flächen in einer Hirt_innenkultur der Transhumanz wider, einer Symbiose von Ackerbau und Wanderweidewirtschaft[738], mit Sommerweiden in den hochgelegenen Gebieten sowie Winterweiden und Ackerbaukultur in den Tälern im Süden. Kulturlandschaft und ausgedehnte Kulturflächen wurden erst im Laufe der Jahrtausende durch Rodungen, Bearbeitung, Reparatur- und Pflegearbeiten[739] geschaffen. Die Besiedelung und agrokulturelle Nutzung der *Talböden* erfolgte noch später, nach (Brand-)Rodungen, Entsumpfungen und Trockenlegungen. Die landwirtschaftliche Nutzung der Alpentäler dehnte sich demnach von „oben", den hochgelegenen Weideflächen, über die in mittlerer Höhe gelegenen, vor Überschwemmungen sicheren und sonnigen, ersten Siedlungsplätzen bis nach „unten", den später urbar gemachten Talböden aus.[740] Ab ca. 2000 v. Chr. entsteht eine nutzungsintensivierte sesshafte alpine Landwirtschaft mit Ackerbau, Viehzucht[741], aber weiterhin auch Sammeltätigkeiten und Gartenkultur. Tausch und Handel bringen nicht vor Ort produzierbare Güter in die Alpentäler. In den Alpen zeigt der Blick zurück zu den Anfängen des tätigen Umgangs mit dem Tal-Boden eine zwar die Natur verändernde, jedoch nicht zerstörerische, sondern die Vielfalt hervorrufende agrokulturelle Bearbeitung. Die Menschen veränderten durch ihr Tätig-Sein in und mit der Natur im Laufe der Jahrtausende das alpine Lebensgefüge vollständig, was insgesamt gesehen zu einer Zunahme der Artenvielfalt führte.[742] Der Fokus in der Bearbeitung der Natur lag in der Stabilisierung der natürlichen Gegebenheiten dahingehend, dass die dauerhaften

736 In Tirol ab ca. 6000 v. Chr., siehe Auer, 2007, S. 263. Im Ötztal wurde eine großflächige Weidenutzung inkl. Brandrodung ab dem 5. Jahrtausend v. Chr. nachgewiesen, vgl. Auer, 2007, S. 265, was aber noch nicht auf eine ganzjährige Besiedelung schließen lässt. Auch Scharr sieht den Beginn der kulturlandschaftlichen Nutzung der Natur im Ötztal im Mesolithikum, vgl. Scharr, 2001, S. 23.

737 Den Forschungen von Marija Gimbutas folgend, siehe Krammer-Stark, 2004, S. 192

738 Vgl. Spindler in: Holzner/Walde, 2005, S. 27 und S. 29

739 Darunter sind nach Bätzing über die Nutzung der Natur für Weide, Ackerbau und Gartenbau hinaus jene Tätigkeiten zu verstehen, die der Sorge um den Weiterbestand der Kulturflächen in einem für die Menschen instabilen alpinen Ökosystem Rechnung trugen. Vgl. Bätzing, 2005, S. 98 und 101

740 Vgl. Spindler, 1994, S. 249

741 Vgl. Bätzing, 1988, S. 2f.

742 Bätzing, 2005, S. 88f.

Aufenthaltsorte der Menschen in den Alpentälern nicht gefährdet waren. Auf die Verschiedenheit der natürlichen Bedingungen rücksichtnehmend[743], wurden die unterschiedlichen Nutzungsarten den jeweiligen Standorten und Möglichkeiten angepasst, etwa jene Flächen, die aufgrund von Sonneneinstrahlung und Ausrichtung am geeignetsten waren, für den Anbau von Getreide genutzt.

Werner Bätzing erkennt in der Betrachtung der vorindustriellen Agrarkultur vier Leitsätze, die das *„langfristige Ziel der Erhaltung des eigenen Lebensraumes"*[744] zum Ziel hatten: Die Anerkennung der Grenzen der Naturnutzung, die Berücksichtigung der Kleinräumigkeit der Tätigkeiten, eine Balance zwischen den verschiedenen Nutzungsformen sowie die Durchführung von Reparatur- und Pflegearbeiten. Werden diese Leitsätze vernachlässigt, verändert sich das alpine Lebensgefüge derart, dass es für eine auf Landwirtschaft angewiesene Zivilisation zusehends schwierig wird, ihre agrokulturellen Tätigkeiten weiterzuführen, beziehungsweise häufen sich natürliche Ereignisse wie Lawinenabgänge, Muren und Hochwasser, welche die menschlichen Siedlungen gefährden.[745] Über Jahrtausende gewachsene bäuerliche Kulturlandschaften lassen sich bis heute in ihrer erhöhten ökologischen Stabilität und Artenvielfalt erkennen.[746]

Das Naturverhältnis, das die vorindustrielle Agrarkultur in ihrem Tun in und mit der Natur prägte, war demnach ein lebensfreundliches, das sich zum Einen räumlich an den natürlichen Gegebenheiten orientierte, zum Anderen zeitlich an einem langfristigen Denken und Handeln, das den Erhalt der Landschaft für die nächsten Generationen beinhaltete. Das Generationenverhältnis war, wie jenes der Natur folgend, eines der Verbundenheit, das aktuelle Tun eingebettet in die Verbindung mit dem Leben der Vorfahren und Nachkommen.

> *„Der Boden, den wir erbten, wie die Biodiversität, die man uns hinterließ, sind die Früchte dieser jahrtausendelangen Arbeit [der Bäuerinnen und Bauern, Anm. U.Sch.]."*[747]

Im Vergleich dazu ist zu erkennen, dass sich das moderne, patriarchale Naturverhältnis nicht nur trennend und entfremdend auf den Boden, sondern auch auf das Generationenverhältnis auswirkt. Mit seiner Maschinentechnik zerstört es die durch die Arbeit der Vorfahren entstandene Kulturlandschaft sowie die natürlichen Grundlagen für die nachkommenden Generationen. In der Ökonomie spiegelt sich das vorherrschende kurzfristige Denken und Handeln im

---

743 Bätzing, 2005, S. 90
744 Bätzing, 2005, S. 218
745 Bätzing, 2005, S. 98f.
746 Vgl. Bätzing, 1988, im Vorwort
747 Pérez-Vitoria, 2007, S. 84

Begehren nach schnellem, privatem Profit wider, mit dem letztendlich utopischen Ziel der tatsächlichen Ersetzung von Natur. Diese Intention war der vorhergehenden lebens- und naturfreundlichen Kultur bei aller Naturveränderung, die ihr als Tätigkeit inne lag, unbekannt.

Der weitere Blick zurück in die Jahrhunderte n. Chr. zeigt eine Vereinnahmung der alpinen Subsistenzwirtschaft durch die verschiedenen eindringenden Völker. Grundherrschaft, also die „*Verfügungsgewalt des Grundherrn über Grund und Boden, über Höfe und Hütten*"[748] war bereits zur Zeit der Römer eine herrschaftliche Methode, um die eroberten Gebiete auszubeuten. Es ist allerdings zu bezweifeln, dass diese auch die entlegenen Alpentäler erreichte. Die Patriarchalisierung des Naturverhältnisses am Tal-Boden kam hier erst durch das Entstehen feudaler Strukturen zur Durchsetzung. Ab ca. 800 n. Chr. schaffen Kirche und weltliche Machtträger in Tirol patriarchale Herrschaftsverhältnisse[749], der Ausbeutung der matriarchalen, bäuerlichen Subsistenzwirtschaft durch Klerus und Adel[750] wird dadurch der Boden bereitet.[751] Ein hierarchisches, regionales System entstand, das ohne die Produktivität der lokalen kleinbäuerlichen Verhältnisse nicht von Bestand hätte sein können. So ist etwa schriftlich überliefert, dass im 13. Jahrhundert die kleinbäuerlichen Betriebe im Ötztal einen Teil des durch den Flachsanbau erarbeiteten Leinens an den Grafen von Tirol abgeben mussten.[752] Es kommt in den folgenden Jahrhunderten bis zum Hochmittelalter zu einer Nutzungsintensivierung der Flächen durch die Landwirtschaft, Waldrodungen und Trockenlegungen der Tal-Böden werden vermehrt durchgeführt, neue Siedlungen entstehen oder bestehende werden vergrößert, Bergbau, Handwerk und Handel erfahren einen wirtschaftlichen Aufschwung.[753] Den Feudalherren

---

748 Krammer/Rohrmoser, 2012, S. 13

749 Nach Krammer-Stark, 2004, S. 252

750 Vgl. Krammer-Stark, 2004, S. 361. Scharr datiert den Zeitraum der „*grundherrschaftlichen Vereinnahmung*" der Ötztaler Höfe auf das 12. und 13. Jahrhundert. Vgl. Scharr, 2001, S. 53

751 Corrado Mornese spricht von einem „*lowlandization process of the mountain*", man könnte sagen einer "Tieflandisierung" der Berge. Damit ist die kolonialistische Unterwerfung der alpinen Zivilisationen unter das sich ausbreitende System des europäischen Tieflands gemeint, beginnend mit der Christianisierung der Berggebiete. Siehe Mornese in: Zucca, 2005, S. 73

752 Siehe Gstrein, 1995, S. 15f. Die Kontinuität der grundherrschaftlichen Vereinnahmung durch Adel und Klerus über die Jahrhunderte zeigt sich daran, dass noch im 17. Jahrhundert die Landesfürsten sowie die Klöster Frauenchiemsee und Stams Besitztümer im Ötztal hielten. Vgl. Santer, 2011, S. 14

753 Bätzing, 2005, S. 54

gelingt es in Zusammenspiel mit der Kirche, die hierarchischen Machtstrukturen zu stärken, wenn auch das Leben der Mehrheit der Bevölkerung auf Kreislauf-Landwirtschaft und die Verfügbarkeit der Allmenden[754], das heißt der gemeinschaftlich genutzten Wald-, Wiesen- und Wasserressourcen, angewiesen blieb.

Auf den mittelalterlichen Feudalismus folgt mit der Neuzeit ab 1500 die Kapitalisierung und Modernisierung der zivilisatorischen Verhältnisse, ermöglicht durch den großen Wandel dieser Zeit: die Veränderung des Naturverhältnisses vom organischen zum mechanischen Bild von Natur.[755] Sie öffnet einer anderen Bearbeitung von Natur Tür und Tor, etwa der erst später, im 18. Jahrhundert folgenden, doch in dieser Zeit theoretisch vorweggenommenen naturfeindlichen Maschinentechnik. Es kommt zu einer Zentralisierung der Macht. Inquisition und Aufklärung legen die Grundsteine für den modernen Staat; die Unterwerfung der bäuerlichen Bevölkerung, Handwerker und Frauen[756] sowie die sukzessive Auslöschung ihres Wissens sind Voraussetzung für die weitere Entfremdung von der Natur und dem Topos Tal.

3.2. Die Kapitalisierung der subsistenzorientierten Landwirtschaft

„Die Geldwirtschaft löste die selbstgenügsame Wirtschaftsform der Bauern auf."[757]

In der Phase des Umbruchs zur Zeit der beginnenden Neuzeit und Moderne und der Entstehung von Kapitalismus und Kolonialismus[758] werden die Grundpfeiler des „Gesamtprogramms" des utopisch-kapitalistischen Patriarchats, so wie wir es heute als globales System erleben, aufgestellt. Die Logik kapitalistischen Wirtschaftens dringt in andere ökonomische Bereiche vor, kleinbäuerliches, subsistenzorientiertes Wirtschaften wird in überregionale Strukturen eingefügt. Dies hat zur Folge, dass die in der subsistenzorientierten Agrikultur tätigen Menschen nicht mehr nur für die Eigenversorgung und lokale bis regionale Handelskreisläufe produzieren, sondern für den überregionalen Markt und somit ihre Arbeitskraft selbst zum Rohstoff für das kapitalistische System wird. Ein Beispiel für den Beginn dieser Entwicklung sind die für die Alpen zu dieser Zeit typischen Schwaighöfe, die auch im Raum Ötztal bestanden. Diese höher gelegenen Höfe oder Almen wurden von den Feudalherren besetzt und kontrolliert sowie ihre

754 Vgl. Merchant, 1994, S. 55f.
755 Merchant, 1994, S. 15
756 Vgl. Werlhof, 2010a. S. 140
757 Krammer/Rohrmoser, 2012, S. 22
758 Vgl. Werlhof, 1996, S. 160

Produktionsgüter vereinnahmt.[759] Ein Abhängigkeitsverhältnis entstand, die Betreiber der Schwaighöfe erhielten zwar eine rechtliche Sonderstellung gegenüber dem Grundherrn sowie wichtige Getreidelieferungen, die das Überleben auf diesen Höhen, wo eigentlich nur mehr Viehhaltung möglich ist, erleichterten, der Grundherr besaß allerdings neben Grund und Boden auch das Vieh, das in den Schwaighöfen lediglich „eingestellt" wurde.[760] Im Gegenzug mussten sich die Schwaighof-Bauern zu Abgabeleistungen, etwa in Form von Vieh, Milchprodukten, Honig und Flachs[761] an den feudalherrschaftlichen Besitzer verpflichten. Die Verarbeitung der Milch, seit ihren Anfängen eine Tätigkeit, die vorwiegend von Frauen ausgeübt wurde, entwickelt sich zur mengenmäßig erhöhten Produktion für den „Export" und zur spezialisierten Männerarbeit.[762] Die Herstellung von Milchprodukten weit über den Eigenbedarf hinaus als Abgabeleistungen für die Feudalherren, etwa in Form von bis zu 300 Käselaiben pro Jahr, oder als bezahlte Belieferung in Form von Butterschmalz an die entstehenden Bergbaugebiete[763] führte zu einer Transformation, Spezialisierung und Kommerzialisierung der subsistenzorientierten und kulturell gewachsenen, Genus-gebundenen[764] Tätigkeiten. Regionale Herrschaftsverhältnisse samt Abgabeleistungen[765] und das Prinzip der Nutzungsintensivierung vereinnahmten die lokale kleinbäuerliche Kultur sowie die zivilisatorischen Verhältnisse, veränderten diese und gaben damit die Richtung für die weitere kapitalistische Entwicklung vor, samt Eingliederung der kleinräumigen Landwirtschaft in ein überregionales, später globales Wirtschaftssystem.

Der Verlust an Subsistenzkultur und Eigenmacht zeigt sich in dieser Zeit etwa daran, dass die Tiroler Bevölkerung von billigen Weizen- und Roggenimporten[766]

---

759 Vgl. Oberhöller, 2004, S. 34

760 Vgl. Scharr, 2001, S. 151

761 Vgl. Hubatschek in: Gstrein, 1995, S. 101. Eine detaillierte Auflistung und Betrachtung der Abgaben an die Grundherren findet sich bei Scharr, 2001, S. 62-85.

762 Vgl. Bätzing, 2005, S. 68. Bätzing weist darauf hin, dass auch die Entwicklung der Voralpen-Städte zu einer Veränderung der alpinen Landwirtschaft in bestimmten Gebieten führte, die sich zusehends mehr auf die Produktion für den Export ausrichtete.

763 Vgl. dazu das Beispiel Schneeberg im vorhergehenden Kapitel Berginnen.

764 Vgl. dazu Illich, 1983, S. 7. Illich erkennt in der Durchsetzung der kapitalistischen Produktionsweise allgemein einen Verlust von „*vernakulärem Genus*" (S. 9). Darunter versteht er eine an Geschlecht und Ort sowie den kulturellen Traditionsraum gebundene Ordnung, nach der jede und jeder seine Aufgabe erhält und diese im Sinne der Gemeinschaft ausführt. Subsistenz ist demnach eine Genus-gebundene Überlebensform, kapitalistisches Wirtschaften hingegen Genus-los. Vgl. S. 118

765 Vgl. Schweighofer, 1996, S. 289

766 Vgl. Oberhöller, 2004, S. 89

aus dem Ausland abhängig gemacht wird. Inquisition[767] und Hexenverfolgung sind die Maßnahmen, mit denen Kirche und weltliche Herrschaft die alte bäuerliche Zivilisation auszulöschen versuchen[768] und mit denen sie das neue kapitalistische System mit Gewalt durchsetzen. Das Eindringen des Kapitalismus und später der Maschinentechnik in die bäuerliche Lebens- und Wirtschaftsweise führt nicht zu einer Verbesserung der Situation der Menschen in den Tälern, sondern zum Wohlstandsverlust und zur Verarmung.[769] Hauswebereien sowie der Hanf- und Flachsanbau, letzterer im Ötztal über Jahrhunderte besonders bedeutend, verlieren als Tätigkeiten zunehmend an ökonomischer Kraft. Standen ursprünglich die Produktion für den Eigenbedarf oder die lokalen und regionalen Kreisläufe im Vordergrund – regional etwa, indem die lokalen Produkte zum Tausch über die Jöcher nach Südtirol getragen wurden[770] – so erfolgt mit der Eingliederung in das kapitalistische System die Unterwerfung im Wettbewerb mit überregionalen Märkten.[771] Handwerkliche Tätigkeiten und Handarbeiten mutieren von der winterlichen Subsistenzarbeit zur marktorientierten Spezialistenarbeit, die nun mechanisch verrichtet wurde.[772] Kleinbäuerliche lokale Produktionsstrukturen gehen durch diese Entwicklung zugrunde, da sie mit dem Tempo der fortschrittlichen und rasant fortschreitenden Veränderungen andernorts, ausgelöst durch Mechanisierung, ab dem 18. Jahrhundert durch Maschinisierung und Industrialisierung, nicht konkurrieren/mitlaufen können. Der teilweise genossenschaftlich organisierte Flachsanbau im Ötztal geht in den

---

767 Vgl. Kimmerle, 1980

768 Zum Zusammenhang von Hexenverfolgung und der Zerstörung der bäuerlichen Kultur in den Alpen siehe: Burat in: Centro di Ecologia Alpina (Hrsg.), 1996, S. 19-22. Unter den durch die Inquisition am meisten verfolgten Frauen in Europa befanden sich die Bäuerinnen und wissenskundigen Frauen in den alpinen Tälern, vgl. Zucca, 1995, S. 20.

769 „*Lohnarbeit ausserhalb des Autarkiekomplexes war in der bäuerlichen Subsistenzgesellschaft systemfremd, sie war ein Zeichen der Abhängigkeit und Armut.*“ Siehe Antonietti in: Lugar/Inmann, 1995, S. 113. Vgl. dazu die Kommerzialisierung der Subsistenz als Ursache für Krisen und Verschlechterungen der Lebensverhältnisse in der sogenannten „Dritten Welt“: Davis, 2004.

770 Der Flachs aus dem Ötztal wurde in Südtirol beispielsweise gegen Korn getauscht. Vgl. Gstrein, 1995, S. 47

771 Der „Hoor“, wie die Fasern der Flachspflanze im Ötztal genannt werden, wurde an der Börse gehandelt. Dies zeigt bereits die Einbindung der lokalen Produktion in das überregionale, kapitalistische System. Vgl. Ötztaler Heimat- und Freilichtmuseum (Hrsg.), 2004, S. 5

772 Vgl. Bätzing, 2005, S. 72

70er Jahren des 19. Jahrhunderts stark zurück[773], weil er der billigen Konkurrenz aus dem Ausland und den Importen, vor allem aus dem Osten Europas, unterlegen ist. Ein zeitgenössischer Beobachter, der selbst aus dem kleinbäuerlichen Milieu stammt, beschreibt die Situation wie folgt:

> *„Seit allerwärts Fabriken entstanden, seit ‚schnaubende Teufelsrappen' Eisenstraßen befahren, sind mehrere Familien gänzlich verarmt."*[774]

Durch die Einführung in den kapitalistischen Markt werden Subsistenzprodukte zu in Geld messbar gemachten Waren. Die kapitalistische Ausbeutung des Agrarsektors war in seiner Umsetzung durch Maschinenlogik und Geldökonomie[775] entscheidend und erreichte auf diesem Wege die entlegensten Alpentäler. Die Entstehung des Kapitalismus hängt mit der Vereinnahmung der subsistenzorientierten Landwirtschaft als alltäglicher Ökonomieform des (Über-)Lebens zusammen, gleichzeitig aber auch mit Veränderungen, die der steigende Bedarf an nicht alltäglichen Luxusprodukten hervorrief.[776] Dieser Hinweis soll an dieser Stelle, einem kurzen Exkurs gleich, die Kontinuität der kapitalistischen Entwicklung bis in die heutige Zeit aufzeigen. Das aktuelle Freizeitverhalten, wie es in der AREA 47, aber auch an den anderen Topoi in Erscheinung tritt, stellt ebenso eine Kombination von Kapitalismus und „Luxus" dar. Die Mehrheit der Bevölkerung kann sich den „Genuss" von regelmäßigen Wellness-Aufenthalten im Aqua Dome, Skitagen auf dem Gletscher und am Berg oder Familienausflügen in die AREA 47 nicht leisten. Durch den Eintritt, der bezahlt werden muss, werden die Topoi des Berges zu elitären Orten des Konsums. Der Bedarf nach diesem Luxus zerstört allerdings, wie gerade das Beispiel der AREA 47 zeigt, genau das, was er dem Begriff nach verspricht: die *„üppige Fruchtbarkeit"*[777] von Feldern, Wiesen, Wald und Boden sowie der dazugehörigen lokalen Agrikultur. Hier zeigt sich der Kapitalismus als Wirtschaftsform der *„Destruktion und Spekulation anstatt echter Produktion"*[778], das Patriarchat als unfruchtbar. Der Boden gerät unter die *„Monopolgewalt des Kapitals"*[779], was zu einer Verknappung der Natur,

---

773 Ötztaler Heimat- und Freilichtmuseum, 2004, S. 8. *„Gegen Ende des 19. Jahrhunderts begann der Flachsbau unrentabel zu werden wegen Ueberhandnahme der billigen Fabrikswaare und dem Steigen der Arbeitslöhne."* Gstrein, 1995, S. 16

774 Schöpf, 1856, S. 7f.

775 Vgl. Genth in: Projektgruppe „Zivilisationspolitik", 2009, S. 37

776 Sombart, 1992, S. 159f.

777 Der Begriff „Luxus" ist von lateinisch „luxus" entlehnt, das „üppige Fruchtbarkeit" bedeutet. Siehe Kluge, 2002, S. 586

778 Werlhof in: Projektgruppe „Zivilisationspolitik", 2009, S. 8

779 Vgl. Werlhof, 1991, S. 155

konkret der fruchtbaren Böden führt.[780] Das kapitalistische Waren- und Geld-Wachstumsprinzip führt zur Verringerung von Lebensmöglichkeiten und Natur.[781]

3.3. Der Tourismus als einkommensschaffende Betätigung tritt an die Stelle der kleinbäuerlichen Landwirtschaft

Die folgenreichste[782] Intensivierung des Prozesses der Industrialisierung, Maschinisierung und Kapitalisierung der Landwirtschaft in den Alpentälern beginnt nach dem Zweiten Weltkrieg.[783] Ab den 1960er Jahren dringen Mechanisierungs-und Maschinisierungsprozesse in der Landwirtschaft auch in die entlegensten Alpentäler vor, mit Erneuerungen, die zwar zum Einen Arbeitserleichterung schaffen, zum Anderen die Entwicklung hin zur agroindustriellen Landwirtschaft einläuten. Die gleichzeitige Entstehung des Massentourismus, vor allem des Wintertourismus und der dazugehörigen Infrastruktur, führt zu einer Abnahme und Aufgabe landwirtschaftlicher Tätigkeiten, was auch einen Verlust an Subsistenz und der damit verbundenen Kultur bedeutet. Die Tourismuswirtschaft stellt sich gewissermaßen auf die bestehende Subsistenzwirtschaft, überlagert diese und (miss)braucht sie als selbstverständliche, natürliche und kostenlose oder billige Grundlage in der Form von Hausfrauenarbeit, Lebensmittelproduktion, Kulturtraditionen, aber auch Kulturlandschaft als ein Ergebnis des über Jahrhunderte tätigen landwirtschaftlichen Handarbeitens. So wie das kapitalistische System nicht ohne die Subsistenztätigkeiten und die Natur bestehen kann, ja diese die breite Basis des ökonomischen Eisberg-Modells bilden[784], so kann es auch der Tourismus als kapitalistische Wirtschaftsform nicht.

---

780 Vgl. Müller, 1997, S. 209

781 Vgl. Shiva, 1989, S. 19.

782 Nach dem Zusammenbruch der Monarchie und dem Wegfall von agrarproduktiven Territorien im Osten kam es in den 1920er Jahren bereits zu einer Intensivierung der Landwirtschaft und zu einer Umstellung von Eigenversorgung auf Marktproduktion, dies betraf vor allem die Bauernhöfe im Osten Österreichs. Vgl. Krammer/ Rohrmoser, 2012, S. 49 sowie S. 128

783 Vgl. König in: Projektgruppe „Zivilisationspolitik", 2009, S. 353. Krammer und Rohrmoser weisen auf die Rolle des Marshall-Plans und den im Zuge dessen erfolgten Saatgut-, Futtermittel-, und Maschinenlieferungen im Strukturwandel der Landwirtschaft nach dem Zweiten Weltkrieg hin. Vgl. Krammer/Rohrmoser, 2012, S. 140f.

784 *„Es gibt überhaupt keine Wirtschaft ohne Subsistenz."* Werlhof, 1996, S. 169. Zum Eisberg-Modell der Subsistenzperspektive, nach der die Natur die breite und unterste Basis bildet, auf der zuerst die Subsistenztätigkeiten fußen, dann die Landwirtschaft gefolgt von der Lohnarbeit und schließlich als Spitze das Kapital, siehe die Forschungen der Begründerinnen der Subsistenzperspektive Veronika

Gleichzeitig verdrängt, überlagert und zerstört er allerdings seine Grundlagen. Die touristische Entwicklung samt ihrer Infrastruktur vereinnahmt Kulturlandschaft sowie Natur und vormals landwirtschaftlich produktive Flächen, zerstört sie, braucht diese jedoch gleichzeitig noch in Form von für das Marketing nützlicher „intakter" Natur als Kulisse und Ressource für die weiteren touristischen Entwicklungen. Es ist ein Sägen am eigenen Ast: Natur und Landschaft mit der damit verbundenen kleinbäuerlichen Wirtschaft und Kultur sind das „Kapital" des (Sommer-)Tourismus, der gleichzeitig mit seiner Wachstums- und Expansionslogik dieses Kapital verdrängt und zerstört.[785]

> *„Der Zusammenbruch der Landwirtschaft beinhaltet wegen der multifunktionalen Bedeutung der Kulturlandschaft aber viel mehr als die bloße Auslöschung einer einzelnen Wirtschaftsbranche: Indem damit zugleich die Kulturlandschaft verschwindet, geht der Charakter der Alpen als dezentral-flächenhaft geprägter menschlicher Landschaft verloren, was weitreichende ökonomische, ökologische, ästhetische, infrastrukturelle und kulturelle Konsequenzen nach sich zieht."*[786]

Trotz der Tatsache, dass die Landwirtschaft und hier vor allem die Grünlandwirtschaft, das heißt die Kultivierung von Wiesen am Berg und den Feldern im Tal, eine zentrale Bedeutung in den Alpen einnimmt – etwa für die Stabilisierung der Kulturlandschaft und Lebensqualität der Bevölkerung[787] – kommt es in den folgenden Jahrzehnten nach dem Zweiten Weltkrieg zu einem Rückgang in der Bearbeitung der Böden. Die immer weniger werdenden[788], dafür größeren landwirtschaftlichen Betriebe konzentrieren sich auf leicht zugängliche und maschinentechnisch zu bearbeitende Flächen, die arbeitsintensiven Steillagen werden aufgegeben. Es kommt zu einer Intensivierung und Kapitalisierung der Landwirtschaft, in der für die so wichtigen Reparations- und Pflegearbeiten keine Zeit mehr vorhanden ist, beziehungsweise diese als nicht mehr notwendig erachtet werden[789]:

Bennholdt-Thomsen, Maria Mies und Claudia von Werlhof. Eine Grafik des Eisberg-Modells findet sich in: Bennholdt-Thomsen/Mies, 1997, S. 38

785 *„doch ist es das Wesen des Tourismus, zu zerstören, was er sucht [...] an den Wurzeln des Problems – den Lebens- und Arbeitsbedingungen der gestreßten Stadtbevölkerung – geschieht nichts."* Blechl/Huber in: Die Bergbauern, 1990, S. 20

786 Bätzing, 2005, S. 135

787 Vgl. Groier in: ÖBV-via campesina (Hrsg.), 2007, S. 12-15

788 In den 1990er Jahren gaben über 60.000 Bäuerinnen und Bauern in Österreich ihren landwirtschaftlichen Betrieb auf. Siehe Krammer/Rohrmoser, 2012, S. 147. Im Ötztal sind gegenwärtig nur mehr rund 4 Prozent der Bevölkerung in der Landwirtschaft tätig. Siehe Santer, 2011, S. 5

789 Bätzing, 2005, S. 323

„Auf den intensiv genutzten Teilflächen wird Natur als beliebig nutz- und vernutzbares <<Material>> behandelt, und der Gedanke der <<Reproduktion>> gilt im Zeitalter von technischer Machbarkeit und wirtschaftlicher Konkurrenz auf dem Weltmarkt als irrelevant.“[790] *„Der <<technische>> Naturumgang besteht also in der Ausblendung der Reproduktion bei aller menschlichen Naturnutzung, in einem individuellen und kurzfristigen Vorgehen, das die Gesamtheit der Nutzungsfolgen nicht berücksichtigt, und in einem Handeln, das von der totalen Naturbeherrschbarkeit ausgeht.“*[791]

Hinzu kommt die Bebauung, Zerstörung und anderwärtige Nutzung ehemals landwirtschaftlicher Flächen, die Ausdehnung der Siedlungsräume samt urbaner Infrastruktur. Die Summe der Veränderungen führt zu einer starken Abnahme der Artenvielfalt sowie der ökologischen Stabilität[792] und zu einer Verstädterung der Alpentäler.

Eine weitere Intensivierung des Wettbewerbs im globalen liberalen Markt und des Preisdrucks durch industriell-landwirtschaftliche Billigimporte erfahren die kleinbäuerlichen Betriebe mit dem Beitritt Österreichs zur Europäischen Gemeinschaft im Jahr 1995. Die seither erfolgten Subventionen und Unterstützungszahlungen führen zu einer gesteigerten Abhängigkeit und zu einer Reduzierung nicht nur der kleinstrukturierten landwirtschaftlichen Betriebe, sondern auch eigenmächtigen und unabhängigen Handelns der Kleinbäuerinnen und Kleinbauern.[793] Langfristiges Ziel ist die Schwächung der Berglandwirtschaft sowie der regionalen Wirtschaftskreisläufe und die Stärkung des Lebensmittel-Produktionsmonopols von großen Unternehmen der industrialisierten Landwirtschaft.

„Die Landwirtschaft wird in die industrielle Logik gezwängt. Ohne Boden und ohne Rücksicht auf die ökologischen, systemischen Zusammenhänge soll produziert werden.“[794]

---

790 Bätzing, 2005, S. 118

791 Bätzing, 2005, S. 254

792 Vgl. Bätzing, 2005, S. 232 und S. 235

793 Vgl. dazu die Schlagzeilen der Themen, welche in der Zeitschrift der Österreichischen Bergbauernvereinigung „Die Bergbauern“ in den Jahren rund um den EU-Beitritt Österreichs erschienen: „*Wachsen ohne Ende*“, „*Brauchen wir die Bergbauern noch?*“ - Ausgabe Nr. 218/219, Wien, 1997; „*Rettet den Markt vor der Marktwirtschaft*“ in der Ausgabe Nr. 226/227, Wien, 1997 und „*EU-Bauernopfer*“ in der Ausgabe Nr. 185, Wien, 1994. Siehe auch Heindl in: Die Bergbauern, 1995. Auf den Zusammenhang von EG, Modernisierung und dem Verschwinden der kleinbäuerlichen Landwirtschaft verweist auch John Berger. Vgl. Berger, 1982, S. 287. Zum Verlust der Unabhängigkeit durch Subventionszahlungen vgl. Loibl/Hoppichler (Hrsg.), 2010, S. 179f.

794 Gröby in: Wege in eine bäuerliche Zukunft, 2011, S. 22

Wenn kapitalistische Ökonomie und Maschinentechnik zu den bestimmenden Faktoren werden, tritt die Natur in den Hintergrund.[795] Die Entwertung der bergbäuerlichen Grundlagen[796], ihrer angeblich nicht mehr zeitgemäßen, nicht konkurrenzfähigen und nicht den Hygiene-Standards entsprechenden Methoden, sowie ihrer „irrelevanten", da flächenmäßig im Vergleich mit dem Flachland nicht konkurrenzfähigen Böden, geht mit einer Neu-Bewertung als Investitionsflächen einher. An die Stelle der naturorientierten und bodenverbundenen Subsistenzkultur treten, wie das Beispiel AREA 47 zeigt, Naturausbeutung und Bodenzerstörung im Dienste der kapitalistischen Tourismuswirtschaft.

> *„Wenn der Mensch langfristig in den Alpen leben und wirtschaften will, dann setzt dies eine stabile Kulturlandschaft voraus."*[797]

Die Veränderungen können allerdings nicht darüber hinwegtäuschen, dass der Alpenraum heute immer noch durch seine Kulturlandschaft Lebensraum für die Menschen bietet und nach wie vor Reparatur- und Pflegearbeiten zur Naturreproduktion stattfinden.[798] Die Berglandwirtschaft leistet einen Beitrag zur Erhaltung der natürlichen Lebensgrundlagen und zur Pflege der Kulturlandschaft. Auch die AREA 47 wäre dort, wo sie heute steht, nicht realisierbar, ohne die Böden, die zur Bebauung vorgefunden wurden und die bäuerliche Bearbeitung derselben, unter anderem die über Generationen stattgefundene Stabilisierung der Kulturlandschaft sowie die Reproduktion der Flächen. Die AREA 47 überlagert durch Subsistenzwirtschaft und Pflegearbeit entstandene Kulturlandschaft[799] und zerstört diese. Gerade an der Verwüstung der fruchtbaren Talböden, die einen *„ausgesprochenen agrarischen Gunstraum"*[800] in den Bergen darstellen, zeigt sich so deutlich wie nirgendwo im Tal die kapitalistische Besetzung und Ausbeutung der subsistenzwirtschaftlichen Grundlage.

> *„Die Fülle der Materie von >>Mutter Erde<< ist nämlich dabei, einer unfruchtbaren gemachten Öde zu weichen, welche die Meisten nicht sehen können, solange ihnen der >>Fortschritt<< mit seinem angeblich >>besseren<< Ersatz den Blick verstellt."*[801]

Die Naturzerstörung bedeutet auch die Vernichtung naturverbundener Kultur, der Subsistenz. Dabei handelt es sich nicht nur um eine wirtschaftliche

---

795 Vgl. Bätzing, 2005, S. 258
796 Vgl. Bätzing, 2005, S. 219
797 Bätzing, 2005, S. 99
798 Vgl. Bätzing, 1988, S. 3ff.
799 Vgl. Bätzing, 2005, S. 243
800 Bätzing, 2005, S. 133
801 Werlhof, 2010c, S. 37

Komponente, die aufgrund der profitbringenderen kapitalistischen Wirtschaft schnell obsolet geworden zu sein scheint. In der Subsistenz sind mehr als nur die Tätigkeiten zur Selbstversorgung enthalten, Subsistenz ist *„eine andere Geisteshaltung, eine andere Art des Sehens“*[802], die auf einer Natur- und Lebensfreundlichkeit beruht und die daraus gewachsene Kultur miteinschließt. Die kapitalistisch-patriarchale Sichtweise hingegen vereinnahmt die Subsistenz und ihre Grundlagen, wie eben die fruchtbaren Böden, indem sie sie als wirtschaftliches Basismaterial und Rohstoffe behandelt, die angeeignet, transformiert und schließlich zerstört werden können. Durch die maschinenlogische Methode der Reduktion wird von der zur Subsistenz gehörenden Kultur und Spiritualität abgesehen, welche von der Verbundenheit zur Natur Ausgang nimmt sowie die Sorge und Pflege derselben mit meint. Erst die Reduktion macht eine Ausbeutung und Zerstörung der Subsistenzgrundlagen möglich, da die Natur als Objekt, getrennt von der menschlichen Kultur, betrachtet wird.

> *„Die kapitalistisch blühenden Landschaften [...] entbehren des Grunds.“*[803]

Die Destruktion der Kulturlandschaft am Topos Tal-Boden und damit die *„Vernichtung der Lebensgrundlagen“*[804] für eine subsistenzorientierte Zivilisation kann nicht mehr rückgängig gemacht werden. Das Lebendige ist unter Beton und Asphalt begraben. *„Es bleibt der Nihilismus des Patriarchats.“*[805]

4. Die versuchte Realisierung der Utopie einer Boden-losen Wirtschaftsform

> *„Der Inhalt moderner Utopien ist immer wieder die angeblich mögliche <<Herstellung>>, die Machbarkeit einer Art neuen gesellschaftlichen Endzustandes oder Paradieses.“*[806]

Die touristische Utopie eines Abenteuer-Paradieses wird durch die AREA 47 zu realisieren versucht, es ist eines jener patriarchal-utopischen Projekte, die schließlich unabhängig von den Bergen, quasi Boden-los und Berg-los[807], funktionieren sollen. Der Blick auf die Vorgehensweise am Topos Tal, die dabei zur Durchführung gelangt, erkennt diese, ebenso wie an den anderen

802 Werlhof, 1996a, S. 167

803 Neusüss, S. 11

804 Siehe Werlhof, 1991, S. 6

805 Werlhof in: Heide Göttner-Abendroth (Hrsg.), 2006

806 Werlhof in: Sitter-Liver, 2007, S. 430

807 Die versuchte Ersetzung wird etwa an dem Angebot der künstlichen Kletterwände deutlich: *„Mit ihm löst sich das Bergsteigen gänzlich von den Bergen.“* Grupp, 2008, S. 91

Topoi, als patriarchal-alchemistische Methode: Die Verbundenheit zwischen der Natur, konkret dem Boden, und den subsistenzorientierten Menschen mit ihrer naturfreundlichen Kultur wird aufgekündigt/getötet und ein neuer, kapitalistisch-ausbeuterischer Zusammenhang hergestellt. Dieser negiert den Boden in seiner Bedeutung als Grundlage der Landwirtschaft, um ihn in Folge zu zerstören und zu transformieren, patriarchal-alchemistisch gesehen ist dies die Mortifikation. Ziel ist es, einen neuen Topos aufzubauen, die künstlich geschaffene Alpin-Sport-Welt, das Areal der Profitgewinnung.[808] Hier kommt die von der wirklichen Natur abstrahierende, diese mimetisch nachahmende, aber in pathologisierter Form das Nachahmende dabei zerstörende patriarchale Utopie zu ihrer versuchten Realisierung. Sie überdeckt den ursprünglichen Lebensort, indem ein anti-natürliches, ja anti-*physisches* Projekt den Topos transformiert, so weit, dass auf ihm kaum mehr etwas *wächst*.[809] Es ist die *„Realisierung des wirklichkeitsfremden Nirgend-Ortes inmitten des irdischen Lebensortes.*“[810]

Die AREA 47 ist in ihrer Beliebigkeit[811] ein maschinenlogisches Produkt. Sie könnte allerorts und utopisch nirgendwo, also vom Ort und seinen natürlichen Gegebenheiten sowie der damit verbundenen Kultur absehend, stehen. Das sportliche Angebot der AREA 47, ihre Architektur und ihr Standort sind austauschbar und praktisch überall realisierbar. Die tatsächliche Umsetzung inmitten der Bergwelt verschärft die naturzerstörerische Komponente, da in dieser Umgebung die ebenen, fruchtbaren Flächen begrenzt vorhanden sind, und lässt die Utopie einer gegen die Berge auftretenden patriarchalen Zivilisation noch deutlicher hervortreten. Der konkrete Topos wird seiner Einzigartigkeit und Besonderheit beraubt, letztere ist auf seine Natur und das generationenlange Tätig-Sein, die spezifische Kultur an diesem Ort, zurückzuführen. Von diesem Tätig-Sein wird abstrahiert, der Boden zum Rohstoff degradiert. Ein neuer Wert, der Geldwert, tritt in den Mittelpunkt.[812] Nun sind es „cash crops“, also „Geld-Ernten“, die der Topos abwirft, anstatt der vormals hier wirklich gewachsenen,

808 Vgl. dazu die Verbindung von der These der „fortgesetzten ursprünglichen Akkumulation“ und der Alchemie-These in Werlhof, 2010c, S. 14

809 Vgl. dazu den Bedeutungszusammenhang von Natur und Physik, von griechisch „physein“ für „wachsen lassen“. Hier, am Topos Tal, kann beinahe nichts mehr wachsen, alles ist betoniert, asphaltiert und bebaut.

810 Genth, 2002, S. 51

811 Vgl. Genth, 2002, S. 53

812 Vgl. dazu Gronemeyer in: brennstoff, 2007, S. 9

essbaren „crops“, der Ernten in Form von Getreide oder Gras für die Tiere.[813] Der kapitalistische Konkurrenzkampf um die fruchtbaren Flächen hat begonnen, statt der unmittelbaren Produktion von Lebensmitteln ist der neue Zweck der Böden, hier Geld zu „ernten“.[814] Es zählt der Profit-Wert statt des Nähr-Werts[815], der Tausch- und Handelswert statt des Gebrauchswerts.

Wie am Topos Berginneres zeigt sich auch in der Umsetzung der AREA 47 die kapitalistische Methode der fortgesetzten ursprünglichen Akkumulation als Aneignungsweise der Natur. Die Bauern und Eigentümer verkaufen den Grund und Boden an die Betreibergesellschaft, er gerät dadurch unter die Monopolherrschaft des Kapitals.[816] Die Totaltransformation von Kulturlandschaft, die mit ihrer Zerstörung einhergeht, wird von der öffentlichen Hand unterstützt, da sie angeblich im Sinne der Regionalentwicklung sei und die AREA 47 ein touristisches Vorzeigeprojekt. Das sich hier zeigende politische Verhältnis ist nur scheinbar auf das Gemeinwohl ausgerichtet und kümmert sich realistisch betrachtet der „Legitimation“ und Durchsetzung von Profitinteressen einiger weniger. Der private Raubzug des neoliberalen Kapitalismus gegen die Natur und die gewachsene Kultur ist demnach politisch erwünscht und wird mit finanzieller Unterstützung der öffentlichen Hand (eine Million Euro seitens der EU, 660.000 Euro vom Land Tirol) schnell und im großen Stil ermöglicht. Es regt sich zwar Widerstand in der betroffenen Bevölkerung, dieser bleibt allerdings erfolglos. Gegen die Versprechungen des schnellen Geldes und die Macht der Investoren, unterstützt durch die öffentliche Hand, ist auf dem Tal-Boden, einmal zubetoniert und asphaltiert, wortwörtlich kein Kraut mehr gewachsen.

> *„Den Machern und Erfolgreichen gehört, wenn nicht die Welt, so jedenfalls das Land. Und dementsprechend gehen sie damit um.“*[817]

Ein paar wenige fordern ihr angebliches Recht auf die Natur ein, die eigentlich allen und daher niemandem gehört, zu der wir aber alle gehören, und noch dazu behaupten sie, ihre private Investition sei zum Wohle aller. Die Macher reißen

---

813 Englisch „crop“ bedeutet u.a. Ernte, Getreide; als Verb „abfressen“ oder „abweiden“. Vgl. dazu die Beschreibung des Bauernstandes von John Berger: *„Bauern bearbeiten das Land, um Nahrung zu erzeugen, um sich selbst zu ernähren.“* Berger, 1982, S. 275

814 *„Maßgeblich bleibt auch hier die Verwandlung von Räumen des Lebens und Arbeitens in Räume kommerzieller Freizeitgestaltung.“* Pérez-Vitoria, 2007, S. 194

815 Shiva, 1989, S. 185

816 Werlhof, 1991, S. 155

817 Vanzo, 2007, S. 6

die Subsistenzgrundlagen an sich, um sie zu zerstören und durch eine selbst hergestellte Kunstwelt zu ersetzen. Spiegelte die Kulturlandschaft noch eine gewachsene und über Jahrhunderte entstandene praktisch-ästhetische Einheit wider, so zeigt sich die vollendete AREA 47 als eine schnell hingestellte, monotone, architektonisch geschmacklose, „*hässliche Ersatzwelt*“[818]. Es ist eine neoliberal-globalisierte „Allerweltsarchitektur“, die sich über die spezifischen Talböden stülpt, als wären sie objektivierte und allgemeine, austauschbare Bebauungsflächen. In der Wahrnehmung der touristischen Macher sind sie das auch, das Gefühl und Gespür für die Natur sowie die Landschaft und die sich daran orientierende Kultur sind in der fortschrittlich-modernen und sich immer schneller weiterdrehenden Wachstumslogik des kapitalistischen Patriarchats fehl am (Bau-)Platz. Der naturfeindliche Umgang mit dem Boden ebenso wie mit den anderen Berg-Topoi scheint durch den Prozess der Patriarchalisierung bereits als „normal“ akzeptiert zu sein. Die Entfremdung von der Natur hat längst stattgefunden und führt zur Respektlosigkeit vor dem Topos Tal und in Folge zu seiner Objektivierung und Zerstörung.

> *„Je größer die Distanz – das heißt, je mehr die Erde als Mittel zum >>Geld machen<< wahrgenommen wird –, desto bereitwilliger greift man zu Praktiken, die die Fortexistenz des Bodens gefährden.“*[819]

Ein weiteres Beispiel, das die mit dem Profit wachsende Bereitwilligkeit, Kulturlandschaft und fruchtbare Böden zu zerstören, widerspiegelt, ist das Projekt eines Golfplatzes, dessen Errichtung unweit von der AREA 47 in Planung ist. Der Logik der Maschinisierung von Natur folgend führt auch ein Golfplatz zur Reduktion von Tal-Böden, Artenreichtum und Zugangsmöglichkeiten. Die Böden werden dieser Logik folgend nicht mehr als Grundlage für die Landwirtschaft wahrgenommen, sondern als objektivierte Flächen der Transformation und Zerstörung preisgegeben, um sie neu gestaltet, chemisch behandelt und kontrolliert einer elitären Gruppe für die Ausübung ihrer Freizeitbeschäftigung zur Verfügung zu stellen. Auch hier tritt der Profit-Wert an die Stelle des Nähr-Wertes. All jene, die diesen Sport nicht ausüben und auch nicht Eintritt in das Golf-Areal bezahlen, das ist die Mehrheit der Bevölkerung, werden von diesem

---

818 Werlhof, 2010a, S. 117. Vgl. dazu auch die bereits zitierte Sichtweise von Collard, 1988, S. 182: „*Die Planer haben keine emotionale Beziehung zur Natur; in der Gegend, die sie verändern, werden sie weder leben noch sterben; ihre Identität beruht nicht auf der täglichen Gewohnheit, ein Leben lang das Land zu bearbeiten; ihre Kenntnisse von Land, Pflanzen und Tieren sind nicht empirisch, sondern technisch und abstrakt.*“

819 Pérez-Vitoria, 2007, S. 22

Naturraum ausgesperrt. Der Tal-Boden würde auch hier privatisiert, das heißt der allgemeinen Zugänglichkeit beraubt[820], und kapitalisiert. Wie der Plan dieses neuen touristischen Projektes zeigt, scheint es für die kapitalistisch-touristische Megamaschine mit ihrem Ruf nach Wachstum selbst in einem räumlich begrenzten Bergtal keine Einschränkungen zu geben. Mit dem Profitwachstum für wenige wachsen aber auch die Zerstörung von Natur und die Entfremdung von den wirklichen Lebensgrundlagen beziehungsweise die Wahrnehmung derselben als lebensnotwendige Güter.[821]

> *„Ländliche Gegenden entwickeln sich mehr und mehr zu Orten des Lebens und Konsumierens und sind immer weniger Orte des Produzierens.“*[822]

Damit die Entfremdung der Menschen von der Natur und der Kulturlandschaft tatsächlich funktioniert und die Umsetzung derartiger Mega-Projekte wie die AREA 47 akzeptiert wird, kommen verschiedene Vorgehensweisen zur Durchsetzung: die *Verharmlosung* und *Vertuschung* der Naturzerstörung sowie die *Ablenkung* davon, die *Beschönigung* der AREA 47 in bunten Werbeprospekten und die *Beschleunigung* in der Baugenehmigung sowie -durchführung. Die *Verheißung* einer besseren Zukunft im Tal durch derartige „notwendige“ touristische Großprojekte wird den Menschen im Tal in ständiger Wiederholung, einer Gehirnwäsche gleich, präsentiert – ein Fundamentalismus, der behauptet, ohne einen auf Investitionen, Wachstum und Innovationen angelegten Tourismus gäbe es keine Zukunft im Tal. Gerade diese Art von Tourismus ist es allerdings, die das Lebendige, die Natur – die einzige Grundlage einer Zukunft auf Generationen – tötet und immer knapper werden lässt. Das Zusammenspiel der verschiedenen Methoden, welche die Durchsetzung der patriarchalen Natur-Ersetzungsutopie beschleunigen und vereinfachen sollen, zeigt sich an einer konkreten Vorgehensweise, die kurz vor der Realisierung der AREA 47 verordnet wird: Ein schmales Gebiet neben und außerhalb des zur Bebauung freigegebenen Areals wird unter Naturschutz gestellt. Hinter dieser Vorgehensweise steckt wohl weniger das Eingeständnis über das räuberisch-gewaltsame Tun der Macher sowie darüber, dass der Schutz der Natur nötig geworden sei, um die Natur öffentlich vor dem privaten Beutezug, der wiederum öffentlich unterstützt wird, zu schützen.[823]

---

820 Vgl. die Bedeutung von lateinisch „privare“: „rauben“.

821 *„Wir sind verschwenderisch geworden [mit den Ressourcen], weil wir keine körperliche Energie mehr aufbringen müssen, um die zum Leben notwendigen Güter zu erzeugen.“* Collard, 1988, S. 194

822 Pérez-Vitoria, 2007, S. 72

823 Vgl. dazu Werlhof, 1991, S. 165ff.

Vielmehr handelt es sich hierbei um einen „Pseudo-Schutz", der vom eigentlich zerstörerischen Tun ablenken und dieses anscheinend „aufheben" soll. Ein derartiger Naturschutz verschließt die Augen vor der Naturzerstörung am konkreten Ort und blickt scheinheilig auf das daneben liegende, angeblich zu schützende Überbleibsel von Natur.[824] Diese Vorgehensweise blendet einen Teil von Natur bewusst aus, nämlich jenen, der zerstört wird, und damit zusammenhängend das zerstörerische Tun. Sie ist hinterhältig: Ein kleiner, unbedeutender Teil wird unter Schutz gestellt, um im restlichen Teil von Natur skrupellos wüten zu können.[825] Die Macher schaffen sich somit ein *„fadenscheiniges Alibi für die Ausbeutung der Natur und Zerstörung der Landschaft"*[826]. Hier die geschützte Natur, um sie anderswo – „Alibi" stammt etymologisch von lateinisch „alibi" für „anderswo"[827] – auszubeuten und zu zerstören. Jener Teil der Natur, der weniger „wertvoll" und profitbringend ist, wird unter Schutz gestellt, ein schöner Schein, um die daneben stattfindende Zerstörung zu verharmlosen und davon abzulenken.[828] Neben der Methode der Ablenkung ist es aber auch die der Vertuschung und Beschönigung, die hier zur Anwendung kommt: Der unter Schutz gestellte Naturstreifen soll die „intakte" Natur-Kulisse um das zerstörte und bebaute Areal bilden.[829] *„Die AREA 47 ist an der Innmündung der Ötztaler Ache in eine herrliche Naturlandschaft am Boden der Gemeinden eingebettet."*[830]

Die „heile", geschützte Natur dient dem hässlichen Bauprojekt als Verschönerung, die politischen Entscheidungsträger waschen durch die rasch verordnete Naturschutzauflage ihre vorher getroffene Genehmigung der Naturzerstörung ökologisch sauber.[831] Die Macher und Betreiber der AREA 47 selbst hängen sich ein grünes Mäntelchen um, indem sie auf angeblich ressourcensparende und energiesparende Maßnahmen verweisen, die sie im laufenden Betrieb der AREA 47 umsetzen.[832] Nach der Zerstörung von Natur und Ressourcen im großen Stil

824 Vgl. Werlhof, 1991, S. 167

825 Vgl. Werlhof, 1991, S. 168f.

826 Machatschek in: Die Bergbauern, 1990, S. 12

827 Kluge, 2002, S. 30

828 Vgl. dazu Mies/Shiva, 1995, S. 212f.

829 Vgl. Werlhof, 1991, S. 166

830 www.area47.at (06.04.12)

831 Der Begriff des „green washing" bezeichnet Projekte und Werbemaßnahmen von Unternehmen, die durch angeblich umweltfreundliche Maßnahmen ihr Erscheinungsbild bei den Konsumentinnen und Konsumenten besser darzustellen versuchen beziehungsweise von anderen, fragwürdigen Methoden und Projekten ablenken sollen.

832 Solche Maßnahmen sind etwa: Solarenergie, Erdgas betriebene Autos, Elektromobile und eine biologische Wasseraufbereitung. Siehe www.area47.at (06.04.12)

erfolgt nun die angeblich „naturfreundliche“ Organisation der künstlich-alpinen Spaßwelt. Naturschutz bleibt somit nur Teilbereich eines naturzerstörerischen Systems statt ein grundlegendes, aus dem System heraustretendes Prinzip zu sein, das die gesamte Natur in den Mittelpunkt stellt.

Dieser Naturschutz-Gedanke ist städtisch-modern und für naturverbundene, mit und von der Natur lebende Zivilisationen in seiner Konzeption der Unterteilung von Natur in schützenswert und weniger schützenswert befremdlich.[833] Das Naturschutz-Prinzip passt in seiner Modernität zur AREA 47, die als städtisches Projekt auf dem Land implementiert wurde und durch neue Events ihren Charakter als urbanen Vergnügungspark festigt.[834] Die Alpen und ihre Ressourcen verkommen zum Hinterland städtischer Ballungsräume in der Ebene, indem sie denselben Urbanisierungsmaßnahmen wie Technisierung, Maschinisierung und Modernisierung unterworfen werden und das bieten sollen, was in den städtischen Ballungszentren keinen Platz mehr findet.[835] Die urbane, junge und jung gebliebene Bevölkerung kommt, angelockt von den Werbemaßnahmen, in ihrer arbeits-*freien* Zeit[836] in die Alpen, um im *eingezäunten*, urbanisierten Areal ein zur Verfügung gestelltes, standardisiertes Sportangebot zu konsumieren. Der als „individuell“ und „einmalig“ angepriesene Freizeitspaß ist in Wahrheit ein Konsum von vereinheitlichten und maschinisierten Sportmöglichkeiten. Er findet dort statt, wo ehemals gemeinschaftliche Tätigkeiten in der subsistenzorientierten Kulturbearbeitung von Natur[837] geschahen. Der Topos Tal-Boden verkommt vom Ort des Tätig-Seins für die bäuerliche Bevölkerung zum „Erholungsgebiet“ für städtische und städtisch geprägte Menschen.[838] Dabei wird Natur und die natürliche Vielfalt in den

833 Vgl. Bätzing, 2005, S. 210 sowie S. 220

834 Wie etwa das bereits eingangs erwähnte neue Event im August 2012 in der AREA47 zeigt: ein „Urban Playground Festival“.

835 Vgl. Bätzing, 2005, S. 216

836 Dazu passend Mary Daly: „*Die Väter, die die Uhrwerk-Gesellschaft kontrollieren, versuchen unsere Lebenszeit zu konsumieren. Die Lüge der Zeitnehmer besteht darin, daß sie behaupten, ‚freie Zeit‘ könne säuberlich abgetrennt werden von verkaufter oder gekaufter Zeit (die Arbeitszeit von neun bis fünf, die dauernde Verfügbarkeit, die von der Hausfrau verlangt wird). Die Herren verschleiern oder verleugnen die Tatsache, daß diese Aufteilung eine fundamentale Zerstückelung ist. Diese Gebrochenheit muß durch angebliche ‚Freizeit‘ geheilt werden, wenn Vater Zeits eingespannte Gefangene angespannt Energien vergeuden, um sich zu ‚entspannen‘.*“ Daly, 1991, S. 63

837 Vgl. Bätzing, 2005, S. 255

838 Vgl. Pérez-Vitoria, 2007, S. 41.

Alpen[839] zerstört und in einem Prozess der Inszenierung, „Eventisierung" und „Disneylandisierung"[840] transformiert. Die Imitation von Natur erhebt zwar den Anspruch mit der Bergnatur konkurrieren zu können, gleicht schlussendlich allerdings einer urbanen Vergnügungspark-Landschaft.

> *„Die Menschen, die auf solche Inszenierungen ansprechen, fahren morgen in die Karibik und sind übermorgen am Nordpol. Und wir stehen dann alleine da in unserer kaputten Bergwelt."*[841]

Der ungeschminkte, nicht beschönigende Blick auf die Realität zeigt diesen Teil der Bergwelt als kaputt gemachten Naturraum, zeigt den Topos Tal, am Standort der AREA 47, als Ort, auf dem sich nur mehr zerstörte Böden wiederfinden lassen, es ist eine *„künstlich-kaputte Welt"*[842].

Das ist die Dystopie[843], die als Resultat der versuchten Realisierung der patriarchalen Utopie entsteht. Das, was die Macher der AREA 47 den kommenden Generationen überlassen, ist zerstörte Kulturlandschaft, getöteter, betonierter, bebauter und asphaltierter Tal-Boden. Derart betrachtet ist das patriarchale Versprechen einer touristischen Zukunft in derartigen Großprojekten eine *Boden*-lose Frechheit im tatsächlichen Sinne: Eine den Boden zerstörende Gier – Frechheit und Gier hängen ihrer Begriffsherkunft nach zusammen[844] - nach Profit und schnellem Geld. Ziel ist die „unendliche" Profitsteigerung aus einer kapitalistisch-touristischen Wirtschaft, die losgelöst von der Bergnatur funktionieren soll. Sie spielt sich im künstlich alpinen Vergnügungspark, der utopisch patriarchalen

---

839 Die Biodiversität ist in den Alpen aufgrund der ökologischen Gegebenheiten, aber auch der jahrtausendelangen kleinbäuerlichen Nutzung höher als im mitteleuropäischen Flachland. Siehe CIPRA INFO, 2008, S. 4

840 Vgl. CIPRA INFO, 2008, S. 8 vgl. dazu auch die Ausgabe 91 mit dem Titel „Mount Disney". Szene Alpen. Das Themenheft der CIPRA, 2009. Unweit der AREA47, in der Gemeinde Oetz, wurde 2013 ein „Kinderland" zum Thema „Abenteuer Bergbau" errichtet, in dem bereits die Jüngsten anhand von Stollen, Seilbahnen, einem Förderturm und einer Goldwaschanlage lernen sollen, wie die Ausbeutung des Berginneren funktioniert. Hier fallen die patriarchalen Methoden an den Topoi Tal und Berginneres zusammen und werden an einem Ort als touristisch vermarktbare Attraktion für Kinder neu und spielerisch vermittelt. Vgl. Rundschau, 19./20.09.12, S. 20.

841 Szene Alpen. Das Themenheft der CIPRA, 2009, S. 3

842 Bätzing, 2009, S. 18

843 Vgl. Werlhof: Das Patriarchat…, in: Projektgruppe „Zivilisationspolitik", 2009, S. 79

844 „frech" stammt etymologisch aus germanisch „*freka" für „gierig", siehe Kluge, 2002, S. 313

Spiel-Arena[845] ab, und gibt sogar vor, dass es sich hierbei um einen besseren „Ersatz“ für die Bergwelt handelt. Das hinaus und hinauf Gehen in die Berge, das Klettern an echten Felswänden, das Steigen auf Gipfel sowie das Schwimmen in naturbelassenen Flüssen und Seen wird obsolet und zur nicht modernen, langweiligen Beschäftigung. Damit ist auch der vierte Berg-Topos – das Tal – dem Versuch, das utopisch-patriarchale Natur-Ersetzungsprojekt durch Maschinentechnik zu realisieren, unterworfen worden. Wie die bisherige Betrachtung erkennen lässt, ist es auch hier ein Projekt *„der Schaffung einer Gegen-Natur und -Welt, das auf der Vernichtung der bestehenden Natur und Welt beruht.“*[846]

5. Zusammenschau „oben“ wie „unten“ Die versuchte Ersetzung des natürlichen Topos am Gipfel und im Tal

„Oben“ und „unten“, Gipfel und Tal sind miteinander verbunden als zwei Topoi des Berges in seiner Gesamtheit, in der Verbundenheit alles Seienden. Eine der darin enthaltenen Verbindungen bildet etwa das Wasser, das von den höher gelegenen Gebieten, den Topoi Gipfel und Gletscher, in Form von Quellen, Bächen, Flüssen, Muren und Lawinen bis in das Tal gelangt. Die Landwirtschaft und Kultivierung der Grünflächen ist vor allem in den inneralpinen Trockenräumen, so wie es das Ötztal einer ist, auf das Wasser von „oben“ angewiesen, von den verschneiten Gipfeln und Gletschern, aber auch von den Quellen, die aus dem Berginneren hervortreten. Die Kenntnis über das Wasser und seine Notwendigkeit in der bergbäuerlichen Bearbeitung der Böden war über Jahrtausende überlebenswichtig.

Wie die vorhergehende patriarchatskritische Betrachtung der Geschehnisse an den beiden Topoi Gipfel und Tal zeigte, erfolgte ein erster Schritt in der Veränderung des Naturverhältnisses durch die naturwissenschaftliche Objektivierung der Natur. Sowohl am Gipfel als auch am Beispiel der AREA 47 fällt die bedeutende Rolle von Geologie und Geographie auf, die den Berg zum wissenschaftlichen Vermessungsobjekt degenerieren. Die Gipfel werden „entdeckt“, „erst“ bestiegen, vermessen und neu benannt, ganz nach dem Motto: *„wirklich ist, was meßbar ist“*[847]. Die Landvermessung als die naturwissenschaftliche Kategorisierung des Raumes, die sich später auch im Tal ausbreitet, abstrahiert

845 Vgl. dazu die Ausführungen und begrifflichen Zusammenführungen von Vergnügungspark und patriarchales Paradies, der *„Arena der Spiele“*, in Daly, 1991, S. 27.

846 Werlhof, 2010b, S. 13

847 Kimmerle, 1980, S. 120f.

von kulturell-historischer, lokaler Geografie und Subsistenzkultur.[848] Auch die Benennung der AREA 47 erfolgt nach naturwissenschaftlichen Kriterien, der abstrakte Name sieht von der gewachsenen Kultur und den lokal-kulturellen Flurnamen ab. Die Festlegung auf geografische Koordinaten – die Zahl 47 steht für den Breitengrad auf dem sich das Areal befindet – entspricht der Logik der globalen Maschinisierung des Raumes und der Landschaft. Die Vermessungskoordinaten geben der maschinentechnischen männlichen „Schöpfung" ihren Namen. Die naturwissenschaftliche Objektivierung ist nur ein Schritt im Prozess der Patriarchalisierung des Naturverhältnisses am Topos Tal sowie am Topos Gipfel, bis zum aktuellen Resultat, der versuchten Ersetzung der Naturtopoi durch eine „bessere" Form, durch maschinentechnisch Hergestelltes.

Anstelle der Wahrnehmung der natürlichen Verbundenheit von „oben" und „unten" durch das Leben spendende Wasser wird ein neuer Zusammenhang hergestellt, indem am Ort der Naturzerstörung im Tal mit der „intakten", wilden Natur der Gipfel geworben wird. Ein großflächiges Foto auf der Vorderseite der Veranstaltungshalle „Area Dome" zeigt eine Luftaufnahme der Wildspitze, des höchsten Gipfels der Ötztaler Alpen sowie der umliegenden Berggipfel. Dieses Bild von der heilen, wilden Natur ist das „Make Up" für das leblos-leichenhafte Maschinenprodukt, eine Kulisse, die an Stelle der getöteten Natur hingestellt wurde. Durch seine „Anwesenheit" soll das Großformat-Foto die tatsächliche Abwesenheit[849] der Natur an diesem Topos überdecken. Das großflächige Bild als das Abbild der Wildnis des Topos Gipfel heißt die Besucher_innen in der Kunstwelt im Tal willkommen und soll ihren Blick von der Asphalt- und Betonarchitektur sowie der Naturzerstörung ablenken. Hier zeigt sich eine neue, künstliche Zusammenfügung von „oben" und „unten". Sie geschieht nicht durch die Wahrnehmung und Wertschätzung der lebendigen und natürlichen Verbindung, sondern durch technisch Reproduziertes, das die Oberfläche des künstlich Gemachten verschönern soll und dabei oberflächlich, aufgesetzt und deplatziert wirkt.

Auf dem Topos Gipfel bieten Aussichtsplattformen die „Panoramaschau" auf die wilde Natur, die Berge geraten dabei zwar ins Blickfeld, jedoch als Ansichtskarten- oder Fotomotiv. Die Dominanz des Sehsinnes gegenüber den anderen leiblichen Sinnen wird dadurch verstärkt, der Blick gleichzeitig von der konkreten Naturzerstörung am Standpunkt abgelenkt und auf die zur schönen Kulisse degradierte Natur hingelenkt. Am Tal-Boden, in der AREA 47, ist der

848 Vgl. Schweighofer, 1996, S. 299
849 Vgl. dazu Daly, 1991, S. 75

Panorama-Blick[850] auf die umliegende Natur gar nicht mehr in das touristische Konzept integriert. Die Wirklichkeit bleibt außen vor und wird von den durch die Adrenalinschübe abgelenkten, durch die künstliche Welt getäuschten und verwirrten[851] Sinnen kaum mehr wahrgenommen. Die Besucher_innen der eingezäunten Kunstwelt be- und vergnügen sich mit Abbildern der Wildnis und Imitationen der Natur als alpines Sportgerät.

Als eben solches Sportgerät und attraktives Ausflugsziel vermarktet die Tourismuswirtschaft die „neuen", urbanisierten, technisierten und durch maschinentechnische Formen ersetzten Topoi Gipfel und Tal. Sie sind die Anziehungspunkte für den massentouristisch ausgerichteten Wintertourismus, hier vor allem der Gipfel, und den in dieselben Fußstapfen tretenden modernen Sommertourismus, hier die AREA 47 als neuer Publikumsmagnet. Es ist ein scheinbar perfektes und als solches auch beworbenes Angebot an touristischer Nutzung und kapitalistischer Ausbeutung des Berges das ganze Jahr über und an allen Topoi: oben und unten, innen und außen.

850 Damit ist auch die ursprüngliche etymologische Bedeutung von Panorama als das griechische „pan-hórama" für „alles sehen" gemeint.

851 An dieser Stelle ist folgende sprachliche Verbindung erkenntnisreich: das englische Wort „amuse" für „sich vergnügen" hat zugleich ältere Bedeutungen, die da sind: „die Aufmerksamkeit ablenken", „täuschen", „verwirren". Siehe Daly, 1991, S. 114

Außen + Oben + Innen + Unten
Topos Berg

Zusammenschau Teil I: Eine Berg-lose (touristische) Zukunft?

Die bisherigen Betrachtungen an den vier Topoi haben den historischen und gegenwärtigen patriarchal-alchemistischen Prozess der Zerstörung und Beschädigung sowie der versuchten Ersetzung der Bergnatur aufgezeigt. Die Dinge wurden in ihr Gegenteil verkehrt[852]: Natur ist wertvoll und schön, wenn sie gezähmt, kontrolliert und verbessert wird. Die Naturgüter, die im Inneren des Berges aufbewahrt sind, werden ihrer ursprünglichen Umgebung gewaltsam entrissen und nach außen geholt. Statt der Fülle an Schnee und Vielfalt, etwa der Biodiversität der Kulturlandschaften, wird ein Einheitsbrei in Form von Kunstschnee über den Gletscher verteilt, im Tal werden große Flächen asphaltiert und zubetoniert. Das kumulierte, gewölbte „Oben" wird abgetragen und geebnet, künstlich Erbautes hingegen als organische Form bezeichnet. Das „Außen"/die Gletscher drohen gänzlich zu verschwinden, ihr Verlust wird weder bedauert noch ihm wirklich entgegengewirkt, sondern er wird beschleunigt. Die künstliche alpine Abenteuerwelt wird als ultimativ und besser als die natürliche Bergwelt hin- und dargestellt. Statt fruchtbare Böden und Kulturlandschaft zu pflegen werden die Menschen vor Ort davon überzeugt, diese brach liegen zu lassen und zu verkaufen, statt dem „Kleben an der Scholle" ist das sich Trennen von Grund und Boden angesagt. Statt Wasser für alle und Zugang zur Natur für jede und jeden passiert Privatisierung für einige wenige, der Allgemeinheit wird der Zutritt zu den neu eingerichteten, elitären Bereichen unter anderem durch die hohen Eintrittspreise verwehrt. Das Abgeschottet- und Abgetrennt-Sein im Areal wird als neues und ultimatives Naturerlebnis vermarktet, statt sinnlicher Naturerfahrung findet beschleunigtes Fahren per Gondel, Auto oder auf Skiern in beschädigter Natur statt. Die Sinne sind dabei teilweise ausgeklammert oder betäubt und werden getäuscht. Statt der Sorge um ein gutes Leben für alle beherrscht die Gier nach Profitsteigerung für einige wenige das soziale Gefüge und bringt ein schlechtes Leben für viele, sei es für die Natur, die im Tourismus Arbeitenden vor Ort oder die Ausgebeuteten anderswo im globalen

852 Vgl. Werlhof, 2011

kapitalistischen System. Naturschutz dient in Wahrheit der „Legitimation“ und Ablenkung von Naturzerstörung in direkt angrenzenden Gebieten.

Verkehrung und Verdrehung sowie die Perversion der zivilisatorischen Verhältnisse, allen voran jenes zur Natur, sind überall dort zu erkennen, wohin der umfassende und kritisch-hinterfragende Blick reicht.

Es sind wenige, die eine kritisierende Sichtweise einnehmen und die damit verbundenen Konsequenzen auf sich nehmen. Die Mehrheit erkennt die tatsächlichen Auswirkungen nicht und läuft in dieser Megamaschine immer noch mit, sie wird verblendet und getäuscht beziehungsweise mit „schnellem Geld“ und letztlich kurzfristigen Versprechungen von „Wohlstand“ und Fortschritt verführt sowie buchstäblich von der Natur weg geführt. Die Allgemeinheit wird benützt, ihr Mitlaufen im System und ihr „Zur-Verfügung-Stehen“ sowie das Zur-Verfügung-Stellen ihrer „billigen“ Arbeitskraft ausgenützt und missbraucht. Der eingeschlagene Weg sei allen zum Nutzen und der einzig richtige, die dabei stattfindende Störung sozialer und familiärer Bande, der Dorfgemeinschaft, der zivilisatorischen Verhältnisse sowie der über Generationen gewachsenen Subsistenzkultur sei in Kauf zu nehmen, die Beschädigung der Natur ein Mittel zum Zweck. Die in diesem Täuschungsmanöver angewandten Methoden und Mittel sind bewusst gewählt, die „Verführer“ wissen genau, was sie tun, das zerstörerische Tun ist miteinkalkuliert, ist Kalkül. Es ist Teil der Berechnung des größtmöglichen Profits. Der wahre, gewalttätige Charakter des Systems wird vertuscht oder nicht als solcher erkannt, da das naturfeindliche Vorgehen bereits als „normal“ gesehen wird, entspricht es doch global betrachtet dem „allgemein“ eingeschlagenen Weg von Fortschritt und Moderne. Noch besser, schöner, höher, weiter lautet das Prinzip. Die überdimensionierten Großprojekte übersteigen, zumindest für ein paar Jahre, alles bisher und andernorts Geschaffene. Mit den Rekorden wird geworben und Werbung wirkt, nicht nur bei den potenziellen Konsument_innen, den internationalen Tourist_innen, sondern auch bei den vor Ort lebenden Mitmachenden, die möglichst auch und vor allem außerhalb der Stoßzeiten – dann, wenn die Tourist_innen ausbleiben – konsumieren sollen. Die Allgemeinheit und die nachfolgenden Generationen werden ihrer natürlichen Grundlage beraubt, indem diese beschädigt und zerstört wird, zum profitablen „Nutzen“ einiger weniger, die das große Geld scheffeln, wenn auch nur für kurze Zeit, jedoch umso konzentrierter und kumulierter. Dieses Vorgehen ist egoistisch, den Nachkommenden und der Natur gegenüber verantwortungslos, es ist verbrecherisch und räuberisch. Die Profiteure gehen mit Natur um und erheben Anspruch darauf, als ob sie ihr Privateigentum[853] wäre.

853 Vgl. die Wortherkunft von privat aus lateinische „privare“ für „rauben“.

Der Berg wird zum Komplett-Angebot für jede und jeden und zu jeder Jahreszeit, vorausgesetzt, man kann es sich leisten. Um auch den Menschen vor Ort die touristische Gesamtnutzung des Berges attraktiver und zugänglicher zu machen, setzt die Tourismuswirtschaft im Ötztal nicht nur sprichwörtlich sondern ganz konkret alles auf eine Karte. Die „BIG3 Ötztal Karte" vereint mehrere der in den vorhergehenden Kapiteln und an den vier Topoi aufgezeigten Verortungen und Szenarien in Form einer wiederaufladbaren Punkte-Eintrittskarte zu den verschiedenen Attraktionen: den Gipfel mit der neuen Bahn, das Gletscherskigebiet mit der modernen Kunstschnee-Herstellung, den Aqua Dome mit der Ausbeutung der Schätze aus dem Berginnern und die AREA 47, den künstlichen Vergnügungspark am Tal-Boden. Damit ist die totale Kapitalisierung und Vermarktung des Berges als alpine Sport- und Freizeitwelt erreicht.

Die Anwendung der Kritischen Patriarchats-Theorie ermöglichte an den verschiedenen Verortungen und Szenarien ein konkretes und deutliches Erkennen dessen, was gegenwärtig in und mit den Bergen passiert:

Ihre zersetzende Destruktion und eine sie ersetzende Konstruktion in Form maschinentechnisch hergestellter Kunstwelten und Projekte. Der Berg ist zum konkreten Tat-Ort der versuchten Umsetzung patriarchal-alchemistischer Natur-Ersetzungsutopie geworden.

Der auf dem Weg der Umsetzung dieses utopischen Zieles erfolgende, feindliche Umgang mit dem Berg behandelt diesen als auszubeutendes Objekt, als profitbringende Ware oder mechanisch benutzbares Sportgerät. Der Berg ist gezähmt, transformiert und in seiner Lebendigkeit beschädigt zur Ware geworden, in einem touristisch-kapitalistischen Super(lativen)-Markt der Events, Abenteuer und Freizeitangebote. Die angebliche Naturerfahrung und das Erlebnis in und mit der wilden Natur sind sowohl an den vier Topoi wie auch am Gesamt-Topos Berg in Wirklichkeit Natur-Zerstörungserfahrungen geworden, Erfahrungen in einer zweiten, künstlich geschaffenen alpinen Ersatz-Natur und in beschädigter Natur. Echte Wahrnehmung und intensive Erlebnisse in der lebendigen, freien Natur, der Wildnis, werden mit fortschreitender Naturbearbeitung immer seltener und schwieriger zu erreichen. Im „Mainstream" des touristischen Angebots sind sie nicht erwünscht, da zu „gefährlich", zu wenig kontrollierbar und eigentlich nicht bequem und leicht konsumierbar. Alpine „Abenteuer" in Kombination mit den gewünschten Annehmlichkeiten touristischer Infrastruktur bieten nur die abgeschotteten Areale alpiner Kunstwelten beziehungsweise gezähmte und präparierte Teile der Bergwelt. Diese Areale müssen der Nachfrage entsprechend ständig ausgebaut, erneuert und verbessert werden. Die Bergnatur wird, um es den touristischen Ansprüchen Recht zu machen, zu Recht gerichtet, „verschönert", gezähmt und transformiert, denn nur so ist sie als Tourismusdestination im globalen Wettbewerb attraktiv. Die Natursehnsucht der modernen Zivilisation ist demnach eigentlich eine Kulissensehnsucht.[854] Die Tourist_innen, die scharenweise in die Alpen kommen begegnen dort Hemerobie[855]: Abbildern von Natur, bearbeiteter, kontrollierter und gezähmter oder zweiter Natur. Angelockt von inzwischen auch werbewirksam eingesetzten Slogans wie „Zurück zur Natur“ und der touristischen Vermarktung der Alpen als Kraftplätze[856] sehnen sie sich nach dem, was bereits zerstört wurde und zerstören durch ihre Urlaubsaufenthalte und die Nutzung der touristischen Infrastruktur die letzten Reste unberührter Natur.[857] Freizeitaktivitäten geschehen inzwischen größtenteils in nachgeahmter, künstlicher oder kontrollierter, aufbereiteter Natur.

> *„Das ästhetische Bedürfnis nach Natur befriedigt sich weitgehend durch reproduzierte Natur.“*[858]

Die versuchten Umsetzungen der patriarchalen Natur-Ersetzungsutopie sind nicht nur als spezifische, vereinzelt auftretende Phänomene an den verschiedenen Verortungen zu deuten, sondern als konkret verortete Szenarien eines den Berg in seiner Gesamtheit unterwerfenden Projektes. Die patriarchatskritische Betrachtung der gegenwärtigen Geschehnisse an den vier Topoi hat gezeigt: Die Transformationen „außen“, am Gletscher, „oben“, am Gipfel, im Berginneren und „unten“ im Tal sind Teilaspekte eines umfassenden Projektes: der Zerstörung des Berges in seiner Gesamtheit und seiner versuchten Ersetzung. Das sinnlose, unvernünftige und nicht verwirklichbare Ziel der Utopie des „reinen“ Patriarchats, als ein System unabhängig von Natur und Frauen[859], ist die tatsächliche Abschaffung des Berges und demnach eine Berg-lose, utopische, ja „u-montische“[860] Zukunft. Auch wenn diese Behauptung vor allem von den in das Natur-Ersetzungsprojekt Involvierten und davon Profitierenden als absurd und

---

854 Vgl. dazu die Aussagen von Verena Winiwarter in einer Ö1 Radio-Sendung mit dem Titel „Wie natürlich ist die Natur“ vom 15.04.13.

855 Von griechisch „hémeros“ für „gezähmt“ und „bíos“ für „Leben“ abstammend bezeichnet Hemerobie den Grad des menschlichen Einflusses auf die Natur.

856 *„Tirol als begehrtesten Kraftplatz der alpinen Welt zu etablieren“* ist eine der langfristigen Marketingstrategien der Tirol Werbung. Siehe Saison, Tourismusmagazin, Nr. 2/2013, Innsbruck, 2013, S. 22

857 Vgl. Mies in Mies/Shiva, 1995, S. 138 und 193

858 Böhme, 1992, S. 150

859 Vgl. Werlhof, 2011, S. 48

860 Aus lateinisch „mons, montis“ für „Berg“ und der Negationssilbe u- wie sie in utopisch vorkommt.

lächerlich abgetan würde, die gegenwärtigen Bemühungen, Investitionen und Realisierungen sind bereits erste Materialisierungen der patriarchalen Utopie, wie im vorhergehenden ersten Teil dieser Forschungsarbeit aufgezeigt werden konnte. Die Topoi des Berges in Verbundenheit mit der vor Ort gewachsenen Subsistenzkultur, ihre Besonderheit und Eigenständigkeit verschwinden[861] und werden durch konkret-utopische (Tourismus-)Projekte zu ersetzen versucht. Sie zielen darauf ab, den Berg in seiner natürlichen Lebendigkeit und lebendigen Natürlichkeit abzuschaffen. Das gegenwärtige System ist daher als (selbst)mörderisch zu bezeichnen, doch kaum jemand sieht dies oder will es sehen. Die komplette Abschaffung der Berge sei im Endeffekt kein Grund zur Sorge, denn ihr künstlicher Ersatz ist bereits in Plänen vorhanden:

Ein kurzer geografischer Exkurs zeigt, dass die Ersetzung beziehungsweise künstliche Herstellung eines ganzen Berges bereits als Projektidee existiert. In den Niederlanden erregte 2011 der Entwurf eines künstlichen Berges im Meer, zwölf Kilometer vor der Küste von Bergen aan Zee, mediale Aufmerksamkeit.[862] Ziel des utopischen Projektes ist es, den Berg von seinem Topos zu lösen und davon absehend/abstrahierend an einem utopischen Berg-Ort, den flachen Niederlanden und mitten im Meer, ein pathologisch-mimetisches[863] Abbild eines wirklichen Berges aufzurichten. Vorbild für den künstlichen Berg in seiner (Hoch-) Form ist angeblich die Natur, konkret der heilige Berg Japans, der Mount Fuji. Der männlich geschaffene, maschinentechnisch errichtete Berg wäre in seiner Multi-Funktionalität besser als alle anderen, natürlich entstandenen: Er wäre ein Ort der Energiegewinnung, etwa durch die Positionierung von Windrädern an seinen Flanken und auf seinem Gipfel. Er wäre ein Ort des „Recyclings", als Lagerraum für den im Flachland anfallenden Abfall, denn ein Teil des Berges sollte mit Müll aufgefüllt werden. Der „Ab-Fall" würde dann quasi zum Ort des „Auf-Stiegs" für Flachland-Alpinisten erhoben werden. Der künstliche Berg könnte zudem als Wasserbehälter fungieren – ein quasi maschinentechnisch geschaffener Uterus –, an seinen Abhängen würden Obst und Gemüse wachsen und im Berginnern, den hohlen Teilen des Berges könnte CO2 gespeichert werden. Der künstliche Berg wäre die Lösung für die Probleme der industrialisierten Welt, so das Versprechen, und auch die touristisch-kapitalistische Nutzung des gesamten

---

861 Vgl. Bätzing, 2005, S. 318ff.

862 "*The Netherlands goes up in the world with an offshore mountain*" - www.diebergkomter.nl/wp-content/uploads/2011/09/Bergen-in-Zee_EN.pdf (11.12.11)

863 Von Mimesis als das nachahmende Geschehen und „pathologisch" in dem Sinne, dass krankhaft versucht wird, die natürlichen Gegebenheiten umzudrehen und zu verändern.

Berges, anstelle einzelner Tourismusprojekte an den verschiedenen Berg-Topoi, wäre hier konzentriert möglich: Man würde Eintritt bezahlen müssen, um den Berg überhaupt betreten zu dürfen. „*The world's largest man-made structure will naturally be the ultimate tourist attraction.*"[864] Es wäre die größte von Männerhand geplante und durch Maschinentechnik gemachte Konstruktion der Welt und die ultimative, angeblich endgültig die Notwendigkeit von natürlichen Bergen oder die Urlaubsfahrten dorthin beendende, touristische Attraktion.

Während am und im Meer auf utopische Art und Weise die künstliche Errichtung der Höhe geplant wird, findet in den Alpen der Prozess der „*lowlandization of the mountains*"[865], also der Erniedrigung und Abtragung oder „Tieflandisierung" der Berge und der dazugehörigen Kultur seine Fortführung. Dieser Prozess meint die mit der Christianisierung der Berggebiete beginnende kolonialistische Unterwerfung der alpinen Zivilisationen unter das sich ausbreitende System des europäischen Tieflands und wird in der Neuzeit durch den Prozess der Kapitalisierung, Modernisierung und einige Jahrhunderte später Industrialisierung weiter umgesetzt. Aktuelle fortführende Methoden der „lowlandization" sind die Urbanisierung und maschinenlogische Verformung der Berge durch infrastrukturelle Eingriffe für Massentourismus und Energiewirtschaft. Ziel dieses Prozesses ist heute wie in seinen Anfängen „*the ‚death' of the mountain per se*"[866], patriarchatskritisch formuliert: *die Ersetzung/Tötung des Berges durch seine Er- und Neuschöpfung*[867] *aus Zerstörung.* Die Dialektik der gegenwärtigen Situation zeigt sich auf der einen Seite am Versuch, die Berge abzuschaffen, zu töten und von ihnen unabhängige, von ihrer Lebendigkeit absehende, abstrakte Tourismusprojekte zu installieren. Gleichzeitig braucht dieses System jedoch den Berg, benützt ihn als Grundlage, Ware, Rohstoff und Objekt der Begierde, allerdings nicht mehr in seiner natürlichen Form sondern transformiert, beschädigt und künstlich „verbessert".

Angesichts der maschinentechnischen Möglichkeit einer endgültigen Zerstörung der natürlichen Lebensbedingungen stellen sich mehrere Fragen, die, in den Raum gestellt, die Aktualität und Novität dieser Situation einer Zivilisation am Rande des Abgrunds widerspiegeln: Ist der Prozess der Naturzerstörung tatsächlich bereits so weit fortgeschritten, dass es kein „Zurück" gibt, kein Ausstiegsszenario in die Planung mit einberechnet und der „point of no return" bereits

864 Siehe www.diebergkomter.nl/wp-content/uploads/2011/09/Bergen-in-Zee_EN.pdf (11.12.11)
865 Siehe Mornese in: Zucca, 2005, S. 73
866 Siehe Mornese in: Zucca, 2005, S. 73
867 Vgl. Werlhof, 2012

überschritten wurde? Kann ein zukünftiges Leben in den Bergen noch möglich sein, wenn die Berge ausgebeutet und bebaut, ausgehöhlt, getötet und zerstört sind? Diese Frage nach einem, angesichts der gegenwärtigen Realität im Umgang mit den Berg als Objekt, als Sache – lateinisch „res“ – realistischen Zukunftsszenario wird in den aktuellen Debatten um eine Zukunft des Lebens in den Alpen ignoriert und *nicht* für notwendig erachtet. Das „Weiter-wie-bisher“ und „Immer-mehr“ scheinen die einzigen Zukunftsvorstellungen zu sein, in einem System, das die Lebendigkeit der umgebenden Natur nicht nur auszuklammern versucht sondern durch seine Taten eine tatsächliche Bedrohung dafür darstellt. Das kapitalistische Tourismussystem folgt der irrationalen Logik des Wachstums trotz begrenzt vorhandener natürlicher Gegebenheiten und innerhalb eines determinierten Tals in den Bergen. Ein unbegrenztes Wachstum ist jedoch nicht möglich, der Höhepunkt schon erreicht, Fortschritt und Moderne nicht nur „außen“, „innen“ und „unten“, sondern auch „oben“ am höchsten Punkt des Berges angelangt. Oben – am Gipfel als Ziel unzähliger Alpinisten und Bergsteiger_innen – angekommen gibt es kein Weiter, das Weitergehen wäre u-topisch, da es von den natürlichen Gegebenheiten des Topos absieht. Es gibt nur die Umkehr. Eine Entscheidung ist zu treffen, doch es gibt nur einen vernünftigen, das heißt die natürlichen Gegebenheiten vernehmenden und wahrnehmenden Weiterweg: den Abstieg, zurück ins Tal. Die andere „Möglichkeit“ wäre der (Fort-)Schritt, weiter, höher, über den Gipfel hinaus zu steigen beziehungsweise denselben durch technische Bearbeitung künstlich zu erhöhen oder zu erweitern. Gerade darauf zielt das kapitalistische Patriarchat ab: mehr Wachstum, mehr Profit für einige wenige, ungeachtet der Natur und der natürlichen Grundlagen und ihrer Einschränkungen für das menschliche Handeln. Es ist ein utopisches Vorhaben im wahrsten Sinne des Wortes, denn Ziel ist es dort hinzugelangen, wo kein Ort („u-topos“) mehr ist, über den Gipfel und den Berg hinaus.

Die Vernichtung von Bergnatur schreitet mit dem maschinentechnischen Fortschritt und den weiteren Konstruktionen künstlich-alpiner Erlebniswelten voran, soweit bis nichts (Lebendiges) mehr übrig ist. Einer kollektiven Neurose gleich wird an diesem Weg der Zerstörung und Vernichtung festgehalten, da er angeblich langfristig und für alle, jedoch in Wahrheit für einige wenige und das nur kurzfristig Geld und Macht bringt. Die gegenwärtige Krise ist Ausdruck dieser Neurose, Ausdruck eines pathologischen Naturverhältnisses und hat nekrophilen Charakter[868]: Die Natur/das Lebendige wird zerstört und das Getötete als Ware, Kulisse und Rohstoff zum Fetisch der patriarcha-

868 Vgl. Wörer in: Behmann/Frick/Scheiber/Wörer (Hrsg.), 2013, S. 207

len Natur-Ersetzungsutopie erhoben.[869] Denken und Handeln sowie der Umgang mit Natur und Bergwelt sind in ein lebensfeindliches Verhältnis verkehrt worden.[870] Die touristisch-kapitalistische, alpine Kunst-Welt, die hergestellt wird, ist eine „*künstlich-kaputte Welt*“[871], von sich aus und selbständig nicht zukunftsfähig, in diesem Sinne utopisch. Der Kapitalismus zeigt sein wahres Gesicht als „*Kaputt*alismus“[872].

Im Tal tritt der „Kaputtalismus“ in Form des alles bestimmenden und die naturzerstörerischen Transformationen benötigenden Massentourismus auf, der wie ein großtechnisches System, eine Megamaschine funktioniert. Natur wird kontrolliert, maschinenlogisch transformiert und organisiert, möglichst jede_r soll in dieser Maschine mitlaufen, um selbst als Arbeitskraft am Arbeitsmarkt und insgesamt als Tourismusdestination im globalen Wettbewerb konkurrenzfähig zu bleiben. Die totale Konzentration auf diesen einen Wirtschaftszweig wehrt sich (noch) erfolgreich gegen jegliche Kritik. Diese Kritikfestigkeit ist Teil des Maschinenbegriffs[873], Renate Genth bezeichnet ihn als den „*Fundamentalismus der säkularen Industriegesellschaften*“[874]. Es gibt also angeblich keine Alternative zum touristisch-kapitalistischen Wachstum, ja es herrscht sogar ein Kritik-Tabu. Der eingeschlagene Weg darf inklusive seiner Ausrichtung auf Wachstum und Profit nicht hinterfragt werden, denn er sei, so wird argumentiert, die einzige Überlebensmöglichkeit im Alpental. Die „heilige Kuh“ Tourismus wird zur kapitalistisch-patriarchalen Ersatz-„Mutter“ erhoben, die alle nährt und dies, trotz bereits stattfindender Zerstörung und Abschaffung der natürlichen Lebensgrundlagen, auch in Zukunft garantieren soll. Es zeigt sich deutlich: Wir befinden uns in einem totalitären System, das dogmatisch auf alle Bereiche des Lebens Einfluss nimmt und darauf abzielt, allen und allem ihre und seine Lebendigkeit zu nehmen.

Die bearbeiteten und transformierten Landschaften wirken leb- und trostlos[875], sie erwecken bei genauerer Betrachtung ein Gefühl von Hoffnungslosigkeit. Durch gezielte Propaganda, etwa in Form von aufwendigen Werbemitteln und maschinentechnischem „Make Up“, werden die leblosen Landschaften im

---

869 „Fetisch“ in seiner eigentlichen Herkunftsbedeutung als das „künstlich Hergerichtete“ von lateinisch „facere“ für „machen“. Siehe Kluge, 2002, S. 288

870 Vgl. zur patriarchalen Methode der Verkehrung: Werlhof, 2011

871 Vgl. Bätzing, 2009, S. 18

872 Vgl. Werlhof, 2013

873 Vgl. Genth, 2002, S. 124

874 Genth, 2002, S. 126

875 Siehe die aussagekräftigen Fotografien von Gregor Sailer. Sailer, 2008

schönen Schein zu neuem „Leben“ erweckt. Es sind Versuche, die immensen Investitionen und Naturzerstörungen zu rechtfertigen und sie nicht nur als notwendige Maßnahmen zu preisen, sondern noch dazu Heilsversprechungen für eine angeblich bessere und profitablere Zukunft daraus abzuleiten. Beschönigung und Täuschung, Beschleunigung und rasanter Wachstum werden als Methoden eingesetzt, sodass niemand zur Besinnung, zum Nachdenken und Hinterfragen kommt und damit alle ruhelos und im Takt des Fortschritts, gefangen als Teil der Megamaschine, weiter von der Natur fort schreiten.

Die der patriarchalen Utopie inhärente, tatsächliche Zukunftslosigkeit wird verdreht und als einzige Zukunftsperspektive dargestellt, was der Rechtfertigung der naturzerstörerischen Vorgehensweise dient. Zukunftslos sei gerade jener Weg, der Kritik an den touristischen Investitionen übe und einen Ausstieg aus diesem, an den Abgrund führenden Prozess proklamiere. Das Argument der Notwendigkeit massentouristischer Projekte wird gebetsmühlenartig wiederholt: Das Weiterleben im Tal sei nur möglich, wenn weitere Neuerungen und Investitionen passieren, wenn weiter Natur verändert und präpariert werde. Profitdenken und maschinentechnischer Fortschrittsglaube drehen weiter an der *„touristische[n] Wachstumsspirale, die dem Dogma des unbegrenzten Wachstums folgt.“*

> *„Erschließungen, Erweiterungen, Vergrößerungen, etc. werden ohne Rücksicht auf Raumverträglichkeit, Sozialverträglichkeit und Naturverträglichkeit behördlich genehmigt und unternehmerisch realisiert.“*[876]

Die Politik ist längst in die Fänge der neoliberalen wirtschaftlichen Interessen geraten und profitiert davon; statt einem Entscheiden und Agieren für das Gemeinwohl aller, wird abseits der Öffentlichkeit der Weg für den Profit einiger weniger bereitet. Demokratische Mitsprache und Mitbestimmung sowie alte Formen des gemeinschaftlichen Zusammenlebens mit und in der Natur geraten in Vergessenheit oder werden bewusst verhindert, da sie schnellen Lösungen und profitablen Entscheidungen im Weg stehen könnten. Die Produktionsmittel Grund und Boden, aber auch das Wasser geraten zusehends in fremde Hände. Einige wenige profitieren in großem Ausmaß und ohne Maß, aber mit utopischem Ziel. Für die Mehrheit bleibt als Zukunftsperspektive im massentouristisch vereinnahmten Bergtal und nach einem möglichen zukünftigen Zusammenbruch des Systems nur mehr beschädigte und zerstörte Natur übrig. Die Profiteure und Machthaber werden dann über alle Berge verschwunden sein, die Taschen voller Geld und unerreichbar dafür, sie zur Verantwortung zu ziehen oder eine Wiedergutmachung der Schäden einzufordern. Die im Tal Wohnenden werden

876 Beide Zitate: Oesterreichischer Alpenverein, 2007

auf sich selbst gestellt sein, ohne ausländische Investoren, Tourist_innen und „Geldgeber". Geld kann man nicht essen und auf den zubetonierten und asphaltierten Böden wächst nichts mehr, endgültig dahin geschmolzene Gletscher können kein lebensspendendes Schmelzwasser mehr liefern. Das gegenwärtige System wird sich in Zukunft und dann zurückblickend als kurzfristig und zukunftslos entpuppt haben. Noch ist dieses kurzfristige Denken jedoch Voraussetzung für das weitere Funktionieren der Megamaschine, die utopische Propagierung der Unendlichkeit von Fortschritt und Wachstum ist nur wirksam, weil sie nicht hinterfragt wird. Der Fortschrittsglaube, diese „*Vorstellung des niemals abbrechenden Besser-werdens der Welt*"[877] hat viele blind gegenüber der krisenartigen Situation am Rande des Abgrunds, der aus der Balance geratenen Bergnatur und ihrer drohenden endgültigen Zerstörung durch ein gewalttätiges System gemacht.[878]

> *„Erst mit ‚matriarchalen Augen' [die von einer naturfreundlichen Wahrnehmung nie absehen können, Anm. U. Sch.] ist sowohl das ganze Ausmaß wie auch der innere Zusammenhang der Gewaltformen, die das Patriarchat entwickelt hat, zu sehen."*[879]

Die alles durchziehende und prägende Gewalt[880] wird nicht als solche erkannt oder banalisiert und als „normal" oder für den Fortschritt notwendig proklamiert. Die Macher und „Veränderer" erfahren ihr Natur-Zerstörungs- und Transformationsprojekt in den Bergen auf banale Art und Weise nicht als gewalttätig und feindlich, sondern als „normales" Vorgehen auf einem von Profitwachstum und maschinentechnischen Fortschritt gesäumten Weg in ein utopisch-patriarchales „Schlaraffenland". Sie haben sich an dieses Verhalten gewöhnt und kennen keinen anderen Umgang mit der Natur mehr, sie sind entfremdet. Hannah Arendt hat die Blindheit und Nicht-Empfindung gegenüber der Realität des eigenen zerstörerischen Tuns als die „*Banalität des Bösen*"[881] bezeichnet. Ergänzend dazu

---

877 Anders, 1968, S. 279

878 Vg. dazu Günther Anders in Bezug auf die Erfindung der Atombombe, Anders, 1968, S. 276f.

879 Werlhof in: AutorInnengemeinschaft, 2003, S. 14

880 Gewalt und Patriarchat stehen in ursächlichem Zusammenhang, Gewalt ist patriarchal, Patriarchat ist gewalttätig. Gewalt – etymologisch von der Begriffswurzel „*wal-*" für „*stark sein, herrschen*" (Kluge, 2002, S. 971) abstammend – ist *das* Herrschaftsinstrument des patriarchal-alchemistischen Systems. Erst durch die gewaltsame Verkehrung und Transformation der zivilisatorischen Verhältnisse konnte sich eine feindliche und von Entfremdung bestimmte, hierarchische Zivilisation gegenüber einer ehemals friedlich-freundlichen und egalitären Form des Zusammenlebens in und mit der Natur durchsetzen.

881 Genth in: Projektgruppe „Zivilisationspolitik", 2009, S. 31

kann dieses Verhalten auch auf eine fehlende Wahrnehmung zurückgeführt werden, auf eine anästhetische/unempfindliche, das heißt die sinnlich-leibliche Erkenntnis bereits ausgeklammerte, maschinisiert-objektive Haltung. Da die Natur und die Berge bereits in einem früheren Prozess als leblose Objekte und Ware definiert wurden, geschieht ihre spätere Ausbeutung, Zerstörung und Ersetzung ohne Bedauern und empfindungslos. Sinnliche Wahrnehmung und Empathie werden zu „unvernünftigen“ Verhaltensstörungen, die in der „Normalität“ einer „Natur-als-Objekt-Weltsicht“ keinen Platz finden und Störfaktoren im Fortschrittsprozess sind. Der patriarchale Tötungsvorgang wird nicht als solcher empfunden, da Natur bereits als getötete und schon lange nicht mehr als lebendige wahrgenommen wird.[882] Das bösartige, feindliche und gewalttätige Tun wird banalisiert und als der „Logik“ der Utopie folgend dargestellt.[883] Es ist angeblich gut für die Natur – eine Argumentation, die sich etwa in der verkürzten Aussage „Kunstschneeherstellung ist Gletscherschutz“ widerspiegelt[884] – und diene allen zum Nutzen. In der Realität herrscht jedoch ein Unterschied zwischen jenen, die profitieren und jenen, die mitlaufen (müssen), um sich etwa durch Lohnarbeit den Lebensunterhalt zu verdienen.

Wie die patriarchatskritische Betrachtung der touristischen Großprojekte im ersten Teil dieser Arbeit zeigte, sind es einige wenige, die profitieren, es sind vor allem auch auswärtige, nicht vor Ort ansässige Investoren und Unternehmen. Mit den Konsequenzen dieser Projekte vor Ort müssen sie nicht leben, sie kommen nur, um sich zu bereichern. Die Tourismuswirtschaft ist schon längst zu einem globalisierten, neoliberalen Geschäft geworden, nicht die kleinen, lokalen Unternehmen sowie eine regionale Wirtschaft sind die wirklichen Akteure, der Profit aus der Entfremdung und Ausbeutung von Natur gehört in Zeiten der Privatisierung nicht allen, sondern in Wahrheit nur wenigen Einzelnen. Gleichheitssinn sowie Freiheitssinn verkommen zu leeren Floskeln, denn nicht alle sind in gleichem Maße Nutznießer des fortlaufenden Prozesses. Nur wenige profitieren, auf Kosten der anderen, deren Lebensraum und dazugehörige Kultur auf Generationen, wenn nicht überhaupt, zerstört wird. Es ist eine Illusion und utopisch, an die Gewalt zu glauben, deswegen führen dieses Verhalten auch

882 Vgl. Merchant, 1994

883 Welche Verdrehung der ehemaligen Begriffsbedeutung findet hier statt, denn „banal“ meint ursprünglich „gemeinsam, gemeinnützig“ und wird erst später über „normal“ zu „nichts sagend“. *„Das Adjektiv wird zunächst zur Bezeichnung von Dingen verwendet, die den Personen, die in einem bestimmten Bezirk leben, gemeinsam gehören.“* Kluge, 2002, S. 87

884 Siehe dazu Teil I dieser Arbeit, Kapitel Gletscher.

nur diejenigen fort, die daraus Profit schlagen wollen, es geht um Macht und Geld. Die Profiteure lassen alle anderen glauben, das gewalttätige Vorgehen sei notwendig und normal, doch in Wahrheit ist es weder „banal", noch auf das Gemeinwohl ausgerichtet, noch vernünftig. Erst die bewusste Veränderung der Sichtweise auf die „Normalität" sowie der Blick hinter die Kulissen zeigen den tatsächlichen Umgang mit der Natur in seiner ganzen Brutalität und ganz konkret in und an den Bergen, in ihrer versuchten Ersetzung durch Zerstörung:

Die dahin schmelzenden Gletscher werden mit Maschinen bearbeitet, mit Kunststoff-Vliesen bedeckt, mit neuen Liften, Pistenanlagen und Seilbahnstationen bebaut, umgeformt und planiert oder mit künstlichen Hügeln versehen, mit Kunstschnee zu neuem „Leben" erweckt, bedeckt und nichts wird dagegen getan, um ihr drohendes Verschwinden/Sterben wirklich aufzuhalten. Die Gipfel sind bis auf wenige Ausnahmen erobert und besetzt, in ihre Häupter Zeichen der Besetzung gebohrt. Sie zerbröckeln, werden abgetragen, gesprengt, planiert, bebaut, mit neuen architektonisch „schönen" und besseren Kuppeln versehen. Das Berginnere ist wo möglich ausgebeutet und ausgehöhlt, das Vordringen in das Innere geschieht durch Bohrungen und Sprengungen anhand von modernster Maschinentechnik. Die Begehrlichkeiten nach dem Wasser nehmen kein Ende, profitieren tun davon einige wenige, das Wasser aus dem Inneren wird gewaltsam erbohrt und umgeleitet. Mitten in freie Kulturlandschaftsflächen werden rücksichtslos neue riesige „Wasserbehälter" in Form von Hotels und Wellnessanlagen gestellt. Im Tal werden die letzten Reste von Natur und einer das Leben und die Umgebung pflegenden Kultur sowie die daraus entstehenden Landschaften verdrängt, vergessen, missbraucht, überbaut und zubetoniert. Die Menschen, die in diesen Bergen leben, haben sich scheinbar unabhängig von der begrenzten und kargen Natur gemacht, durch Fortschritt, Maschinentechnik und der Eingliederung in ein globales Wirtschaftssystem. Der Tourismus bringt Geld und braucht dafür zwar die Berge, aber angeblich nur als Objekt, Kulisse, als Ware, Sportgerät und inhaltslose, neu bespielbare Form. In geschönten Bildern einer vermeintlich heilen Bergwelt wird über die krisenhaften Zustände und die Instabilität der Sockel, auf denen das kapitalistische Wirtschaftsystem fußt, hinweggetäuscht. Die Mehrheit lässt sich blenden und ist über die tatsächlichen Konsequenzen und den wahren „Preis", der zu zahlen ist, nämlich die drohende endgültige Zerstörung der Bergnatur, nicht informiert. Die totale Umsetzung der patriarchalen Natur-Zerstörungs- und Ersetzungsutopie ist letztlich jedoch nicht möglich, so wenig wie es in den Alpen einen Bergtourismus ohne Berge geben kann. Das Skifahren auf mit Kunstschnee beschneiten Pisten findet immer noch am Berg statt und selbst die Herstellung des künstlichen Schnees braucht das natürliche Wasser; der Gipfel, noch so überbaut und transformiert, ist in seiner Gegebenheit weiterhin die Spitze des natürlichen Berges. Die Kapitalisierung und Ausbeutung der Naturgüter aus dem Berginneren ist nur so lange möglich, wie diese vorhanden sind, die künstliche Spaßwelt im Tal gründet auf den zerstörten, zubetonierten, ehemals agrikulturell bearbeiteten Tal-Böden.

„Outdoor Area – Real life is outdoors"

Dieser Werbespruch der AREA 47 ist am Topos Tal Programm: „the real life", übersetzt das reale, tatsächliche Leben und der patriarchale Umgang damit als Objekt, Sache und Ding[885] finden hier am *„ultimate outdoor playground"*[886], aber auch an den anderen Verortungen der Berg-Topoi statt. Ziel ist die versuchte Ersetzung der objektivierten Natur durch eine maschinentechnisch hergestellte zweite „Natur". Der Werbeslogan kann jedoch auch anders, als Motto und Hoffnungsschimmer für eine alternative Zukunft verwendet werden: Das „real life" als das „wirkliche Leben", das heißt, das bewirkte, tätige Leben sowie Wildnis, Natur und die Kulturlandschaften sind noch in Resten vorhanden und zwar nicht in der „Outdoor Area", sondern im Gegensatz dazu„outdoors of the Area", also außerhalb der Türen des Areals und außerhalb der naturzerstörerischen Projekte an den vier Topoi. Das zu „realisieren", im Sinne von erkennen[887], ist ein möglicher Weg in eine neue, alternative Zivilisation.[888] Es gilt, sich dem wirklichen Leben und der wilden Natur außerhalb der touristischen Mega-Projekte, die in diesem ersten Teil der Arbeit patriarchatskritisch betrachtet wurden, zuzuwenden sowie den Resten einer naturfreundlichen Kultur in Verbindung mit der Bergnatur. Der nun folgende, zweite Teil dieser Arbeit soll sich dieses Vorhabens annehmen und mit Blick in die Vergangenheit versuchen, mögliche Anknüpfungs- und Orientierungspunkte für einen notwendigen alternativen Weg in eine lebensfreundliche Zukunft aufzuzeigen.

885 Vgl. den etymologischen Zusammenhang von „real" mit lateinisch „res" für Sache.

886 Die wortwörtliche Übersetzung ins Deutsche mit „endgültiger Außen-Spielplatz" ist zwar sprachlich nicht gebräuchlich, daran zeigt sich allerdings die endgültige, zerstörerische Komponente dieses touristischen Projektes.

887 Vgl. Kluge, 2002, S. 748

888 Vgl. Projektgruppe „Zivilisationspolitik": „Aufbruch aus dem Patriarchat - Wege in eine neue Zivilisation?", 2009

Teil II
Vor und weg von der Zerstörung des BERGeLEBEN

Einleitung
Ausweglosigkeit angesichts des Ist-Zustandes?[889]

Der im vorherigen ersten Teil dieser Arbeit vollzogene Blick auf die zur Realität gewordenen Umsetzungsversuche der patriarchalen Utopie macht betroffen. Diese Realität, als Begriff von lateinisch „res“ für „Ding, Sache“ abstammend, ist die materielle Umsetzung der patriarchalen Wahrnehmung von Natur als ein Ding, eine Sache, ein Objekt. Der versachlichende, objektivierende und entfremdete Naturumgang konkretisiert sich im maschinentechnologischen Fortschritt und in Folge in einem weit fortgeschrittenen Stadium an Naturzerstörung, wie in den vorhin analysierten Taten und Tatsachen an den verschiedenen Berg-Topoi sichtbar wurde. Die Suche nach den Auswegen aus dieser Sackgasse erscheint auf den ersten Blick aussichtslos.

Die Kritische Patriarchatstheorie bietet, neben der umfassenden und bis an die Wurzeln gehenden, radikalen Betrachtung und Analyse der gegenwärtigen Geschehnisse, die Möglichkeit, in ihrer Verbindung zur modernen Matriarchatsforschung[890] und Subsistenzperspektive[891] Alternativen zu benennen und Wege in eine andere Zivilisation aufzuzeigen. Dies geschieht in einem Blick zurück, in die vorpatriarchale Zeit, der Zeit der grundlegenden, ursprünglichen, „ersten Kultur“[892], welche die (Mutter) Natur als Ausgangspunkt aller zivilisatorischen Verhältnisse nahm. Durch die Kritische Patriarchatstheorie ist es möglich, nicht nur den Ist-Zustand zu hinterfragen, sondern auch unter die patriarchale Oberfläche zu blicken, dorthin, wo das Matriarchat als verdeckte und überformte, „zweite Kultur“[893] bis in die Gegenwart bestehen konnte. Dieser Blick zurück und

889 Überarbeitete und erweiterte Version von: Scheiber in: Projektgruppe „Zivilisationspolitik“, 2011, S. 149-178

890 Vgl. dazu die umfangreichen Forschungen von Heide Göttner-Abendroth.

891 Zu jenen, die diese wissenschaftliche Sichtweise bereits in den 1970er Jahren erarbeitet haben zählen Veronika Bennholdt Thomsen, Maria Mies und Claudia von Werlhof.

892 Ich verwende diesen Begriff in Anlehnung an den Begriff der „Zweiten Kultur“, wie ihn Renate Genth geprägt hat, nenne diese von der Natur Ausgang nehmende Kultur in Anbetracht ihrer Ursprünglichkeit und der Notwendigkeit einer erneuten Wahrnehmung ihrer Bedeutung „erste Kultur“.

893 Genth in: Werlhof u.a., 1996, S. 17-38

in die Tiefe ist Ausgangspunkt und Ausblick zugleich auf die möglichen Wege in eine neue Zivilisation, die wir begehen müssen, wollen wir dieser zukunftslosen Sackgasse, in die uns die „*Krise der allgemeinsten Lebensbedingungen*“[894] hineinmanövriert hat, entkommen. Den Spuren dieser zweiten Kultur, den „matriarchalen Resten“ gilt es nachzugehen, sie aufzudecken, ans Licht zu bringen, sie wieder wahrzunehmen und an ihnen anzuknüpfen.[895]

Konkret vor Ort, an den vier Berg-Topoi zeigt sich, dass matriarchale Reste als das Gespür für ein mitfühlendes, fürsorgliches Miteinander aller Lebewesen noch anwesend sind: in Subsistenztätigkeiten, durch die etwa Lebensmittel selbst produziert und/oder verarbeitet werden, in Freundschaft und Gemeinschaft, in dem Bedürfnis, die Freizeit in der Natur und in den Bergen zu verbringen, in der „zweiten Identität“, die viele neben der Rolle als im Tourismus Beschäftigte inne haben. Hier kommt ein anderes, lebensfreundliches Denken, Fühlen und Handeln zur Anwendung, Tag für Tag. Wenn derselbe Bauer etwa, der im Winter auf dem Gletscher mit dem Pistengerät den Kunstschnee präpariert, im Sommer wie auch schon seine Vorfahren die steilen Bergwiesen per Hand mäht und sich bei einem aufziehenden Gewitter um seine Schafe hoch oben auf den Sommerweiden sorgt, dann kommt die Ambivalenz des heutigen Lebens in den Bergen zum Vorschein. Es ist eine Zwiespältigkeit, die einerseits in der Fortführung gewisser generationenübergreifender Subsistenztätigkeiten Hoffnung gibt, da dadurch der Erhalt und die Weitergabe des Erfahrungswissens um ein Leben und Wirtschaften mit der Natur gesichert scheinen. Andererseits spiegelt diese Ambivalenz die Schwierigkeit des Daseins wider, die Zerrissenheit aufgrund des wirklich stattfindenden Zerreißens des Bandes, das uns seit archaischen[896] Zeiten mit der Natur verknüpft. Die schwierige Aufgabe ist es, die Tragik dieser Situation zu erkennen und damit die daraus resultierende Notlage zu begreifen, in der wir uns befinden. Es geht also um das Erkennen, das Aufdecken und das Benennen dessen, was gerade passiert, auch wenn – oder gerade weil – dies frustrierend und schmerzhaft ist. Dazu gehört zuallererst und wie in den vorherigen Kapiteln stattgefunden der Blick auf das Hier und Jetzt durch das Erkennen der gerade eben passierenden Zerstörung und versuchten Ersetzung von Natur. Den Blick auf den Ist-Zustand und den damit verbundenen Schmerz gilt es

894 Behmann in: Projektgruppe „Zivilisationspolitik“, 2009, S. 114

895 Siehe dazu die Ausführungen in den folgenden Kapiteln an den vier verschiedenen Bergtopoi.

896 Ich verwende hier den Begriff in seiner im wahrsten Sinne des Wortes ursprünglichen Bedeutung von „arché“ abstammend, was zu Deutsch: Anfang, Ursprung, Gebärmutter bedeutet.

zuzulassen, wahrzunehmen und zu fragen: Was drückt dieser Schmerz aus? Nach Joanna Macy ist der Schmerz Ausdruck unserer Verbundenheit mit der Erde und allen Lebewesen[897] – was der Natur angetan wird, wird letztendlich auch uns getan. *„Die Verleugnung von Schmerz verhindert dessen Linderung“*, meint Arno Gruen[898] und verweist auf die Wichtigkeit der Empathie. Sie ist die Fähigkeit, in der „Verbundenheit alles Seienden“ mit der uns umgebenden Natur und ihren Lebewesen mitzufühlen. Da wir mit ihnen allen und mit allem verbunden sind, können wir dieses Gefühl der (Für-)Sorge um andere, das in uns allen mehr oder weniger verborgen liegt, gar nicht verleugnen. Es ist allerdings notwendig geworden, sich dieses Gefühls wieder bewusst zu werden und sich der Wahrnehmung der Naturzerstörung und der Anerkennung, beziehungsweise Formulierung des Schmerzes darüber zu widmen.

Der verbindende Schmerz lässt aber auch ein Gefühl des Zornes, der Wut und des sich Wehrens entstehen, geht es doch um die Zerstörung der allgemeinen Lebensgrundlagen durch einige wenige. Es regt sich Widerstand als eine Reaktion auf das Erkennen der wahren Ursachen und Profiteure der gegenwärtigen Krisen-Situation. Gelingt es, aus dem Schmerz und aus dem anfänglichen Gefühl der Ohnmacht heraus, aus diesem Zorn, der entsteht, Kraft zu schöpfen und sich der Eigenmacht wieder zu besinnen, können wir auch im Konflikt mit den bestehenden Interessen und Machthabern standhaft bleiben und uns der Zerstörung widersetzen. In einem weiteren Schritt folgt aus dem Mitgefühl, der Empathie heraus die Benennung sowie Erinnerung eines anderen, nicht zerstörerischen Naturverhältnisses und durch ein sich wehrendes Handeln der Versuch, Linderung sowie Heilung zu schaffen sowie anders und neu zu beginnen.

Was wir dafür und als Reaktion auf die geschilderten Tatsachen brauchen, ist eine andere Wirklichkeit als ein anderes Wirken und Handeln, das die Natur wieder in den Mittelpunkt und als Ausgangspunkt allen Tuns wahrnimmt. Das wäre die Mimesis an die Natur, *„unser mimetisches Vermögen der kreativen und lebendigen „Anverwandlung“ an die uns umgebende Welt“*[899]. Nach Renate Genth ist die Mimesis das *„nachahmende Geschehen“*[900], das *„aus der Fülle aller*

---

897 Macy/Young Brown, 2007, S. 37f.

898 Gruen in: Projektgruppe „Zivilisationspolitik“ (Hrsg.), 2011, S. 72

899 Werlhof, 2010a, S. 112. Werlhof bezeichnet die ursprüngliche Mimesis als die *„Fähigkeit, in der ‚Verbundenheit des Seienden‘ zu leben“* Werlhof in: Projektgruppe „Zivilisationspolitik“, 2009, S. 60

900 Genth, 2002, S. 24

Sinneswahrnehmungen“[901] entsteht und das uns Orientierung in der Welt gibt.[902] Es braucht ein eigenmächtiges Handeln, das auf die eigene innere Stimme hört und aus dem noch vorhandenen Gefühl der Verbindung mit der Natur, der „Verbundenheit alles Seienden“ entspringt.[903] Diese Verbindung wieder wahrzunehmen und sie mimetisch in einer Kultur der Lebensfreundlichkeit nachzubilden ist die Aufgabe unserer Zeit. Durch die Zuwendung zu den matriarchalen und subsistenzorientierten Resten, durch die Wahrnehmung ihrer Wichtigkeit und Bedeutung, kann eine „mimetische Sphäre“[904] des Miteinanders entstehen, welche sich der „zweiten Kultur“ wieder erinnert, sie wieder zur „ersten Kultur“ macht, ihr nicht den Boden entzieht und diesen zerstört, betoniert oder ersetzt, sondern ganz im Gegenteil diesen wieder bewässert und pflegt, damit sie/es wachsen und blühen kann. Es braucht einen schonenden und achtsamen Umgang des Miteinanders, der auf die vorhergehenden und kommenden Generationen sowie den Erhalt der Natur ausgerichtet ist.

Hinsichtlich der vier Topoi bedeutet dies: Die Ohren zu spitzen, die Sinne zu schärfen und das konkrete Geschehen vor Ort wahrzunehmen, um es in einem nächsten Schritt kritisch zu hinterfragen. Dieser Perspektivenwechsel wurde in den vorherigen Kapiteln vollzogen. Dabei ist eine „Ent-Blendung“ und „Ent-Täuschung“ der Heilsversprechungen der touristischen Macher passiert, die zum Erkennen des naturzerstörerischen Charakters des kapitalistischen Patriarchats in den Bergen führte. Nun gilt es, die Zukunftschancen, die in matriarchalen und naturverbundenen Verhältnissen in Geschichte und Gegenwart liegen, wahrzunehmen und sich daran orientierend auf den Weg in eine lebensfreundliche Zivilisation zu begeben, die sich *„an dem, was ist, und wie es ist – sozusagen an der <<Topie>>, dem konkreten Hier und Jetzt als Ort innerhalb des All(e)s*“[905] orientiert, an *„konkreten Orte[n], sinnlichen Welten, unmittelbaren Naturerscheinungen und bekannten Wirklichkeiten*“[906].

Der komplexen und umfassenden Frage nach dem Ausweg aus der Zerstörung beziehungsweise möglichen Wegen in eine neue, lebensfreundliche Zivilisation

---

901 Genth, 2002, S. 38

902 Genth, 2002, S. 24

903 Nach Werlhof wäre dies ein *„spirituelles Handeln*“, wenn Spiritualität bedeutet, *„aus der Verbundenheit alles Seienden heraus zu handeln, zu fühlen und zu denken*“. Werlhof, 2010a, S. 303 und 310. Damit wäre ein wie hier gefordertes Handeln jenes, in dem sich das matriarchale Naturverhältnis und Transzendenzverhältnis verbindet.

904 Genth in: Projektgruppe “Zivilisationspolitik”, 2009

905 Werlhof in: Sitter-Liver, 2007, S. 427

906 Werlhof in: Sitter-Liver, 2007, S. 441

ist mit der Betonung der Wichtigkeit einer matriarchalen Wahrnehmung zu begegnen, als einer fühlenden und denkenden Wieder-Bewusstmachung der Lebendigkeit der uns umgebenden Natur und der Verbundenheit mit ihr. Es geht darum, jene Trennungen, die uns in die heutige Krise gebracht haben, wieder aufzuheben: Die Trennung zwischen den Geschlechtern, den Generationen und grundlegend, die versuchte Trennung von der Natur. Letztere wurde im Laufe der patriarchalen Geschichte zusammen mit den Frauen[907], den leiblichen Sinnen und den Gefühlen als schlecht, minderwertig und nicht vertrauenswürdig, da nicht kontrollierbar, betrachtet und unter die Kontrolle des Denkens sowie eines sogenannten Geistes, der Abstraktion, der „Ratio" gestellt. Erst dadurch wurde und wird ein Handeln möglich, das dem Gefühl der Verbundenheit mit der Natur widerspricht und an ihre Stelle ihre Ausbeutung und Zerstörung sowie Interessen wie Herrschaft, Macht über andere und Konkurrenz stellt. Der patriarchale, entfremdete und zerstörerische Umgang mit der Natur konnte dadurch umgesetzt werden, indem die Wahrnehmung der Verbundenheit mit der lebendigen (Mutter) Natur und allen Lebewesen verleumdet, verdrängt und besetzt wurde. Dieser Prozess der Naturentfremdung bedeutete auch den Verlust des Mitgefühls und des Schmerzes darüber, was ihr und ihnen angetan wurde und wird. Um aus der durch solche Trennungen entstandenen Krise hinauszufinden, ist es notwendig, sich wieder unserer Fähigkeit zu empfinden, der Empathie und den Gefühlen zu zuwenden[908], ihnen Aufmerksamkeit und Vertrauen zu schenken und ihnen erneut ihre Bedeutung als Wegweiser für das eigene Handeln zukommen zu lassen.

Doch, wie kann der notwendige Wandel in der Wahrnehmung der Natur, der uns wie ein Richtungspfeil den möglichen Weg aus dieser Krise zeigt, vollzogen werden? Auf der Suche nach einem Weg in eine neue Zivilisation müssen wir wieder Empfinden lernen, oder anders ausgedrückt: Es braucht Mut zum Gemüt! Denn das Gemüt ist die „*Gesamtheit der seelischen Kräfte und Sinnesregungen*", der „*Sitz der Empfindungen*".[909] Das Empfinden sowie die Wahrnehmung sind im Zusammenhang mit den Gefühlen und Sinnen als Leiberfahrungen zu sehen. Es braucht die Verbindung von beidem, von Verstand und Empfinden, Denken und Fühlen.[910] Wer wieder empfinden lernt, lernt auch, sich wieder auf das Gefühl zu

907 So die ökofeministische Perspektive, welche einen unmittelbaren Zusammenhang zwischen dem zivilisatorischen Umgang mit der Natur und den Frauen sieht. Siehe auch Werlhof, 1991, S. 172

908 Vgl. Werlhof, 2010a, S. 113

909 Kluge, 2002, S. 344

910 Denken, fühlen, handeln und sein in Verbundenheit, vgl. Werlhof, 1991, S. 24.

verlassen, ihm zu vertrauen und es als Grundlage für das Denken, das Erkennen[911] und das Handeln zu nehmen.

Auch in der Tiefenökologie steht das Gefühl im Mittelpunkt allen gegenwärtigen und zukünftigen, lebenserhaltenden Handelns. Joanna Macy plädiert in ihrer „*Arbeit, die wieder verbindet*“[912] für einen emotionalen Prozess des Sich-Verbindens mit der Natur, des Verstehens und des Mitfühlens.[913] Ein weiterer Aspekt gehört hinzugefügt, nämlich die Verbindung des Gefühls mit der Wahrnehmung als die sinnliche, leibliche und denkende Kommunikation mit der Welt. Diese sinnliche Wahrnehmung, die uns auf den Weg in eine neue Zivilisation führt, geschieht in zwei Phasen:

In der ersten Phase ist es notwendig, die Verletzungen und Zerstörungen der Erde, der Natur und in uns selbst wahrzunehmen, sie zu sehen und zu fühlen[914], hinzuhören und sie zu erkennen. Es gilt, das Fühlen und Empfinden angesichts des Ausmaßes und der Konsequenzen des zerstörerischen Tuns bewusst zu erweitern[915]. Der Philosoph Günther Anders erkannte in Anbetracht des maschinentechnischen Fortschritts bereits in den 1960er Jahren: Als im Vergleich zur modernen Maschine „antiquierte“ Menschen haben wir als Reaktion auf die zerstörerischen Entwicklungen die moralische Aufgabe, das Denken und Fühlen „*den Größenmaßen unserer eigenen Produkte und dem unabsehbaren Ausmaß dessen, was wir anrichten können, anzumessen*“[916].

In der vorhergehenden Analyse der Geschehnisse an den vier Topoi durch die Begriffe und Thesen der Kritischen Patriarchatstheorie geschah das Erkennen der Zerstörung im, am und des Berg(es) anhand eines umfassenden und angemessenen Verständnisses[917] von Wissenschaft. Ausgangspunkt ist die persönliche Betroffenheit, die über die sinnliche Wahrnehmung der Zerstörung der alpinen Natur einerseits und der Schönheit der Berge andererseits entsteht.

Die zweite Phase der Wahrnehmung ist die tiefe Wahrnehmung, so möchte ich sie in Anlehnung an die „Tiefe Zeit“ nennen, ein Begriff, den Macy im Zusammenhang mit der Forderung nach einem neuen Verhältnis zur Zeit

---

911 Kennen, erkennen und fühlen stehen etymologisch betrachtet in Verbindung, siehe Fester, 1980, S. 95.

912 Vgl. Macy/Young Brown, 2007, S. 73ff.

913 Macy/Young Brown, 2007, S. 75ff.

914 Macy/Young Brown, 2007, S. 35

915 Anders, 1968, S. 313

916 Anders, 1968, S. 273

917 Ich meine damit die ökofeministische Forschung, die Kritische Patriarchatsforschung und jene Frauenforschung, wie sie u.a. von Maria Mies postuliert wurde.

verwendet, indem wir *„eine tiefe und echte Verbindung zu den vor und nach uns lebenden Generationen pflegen“*[918] und *„uns (wieder) [zu] verbinden mit jener tieferen und eigentlichen Wirklichkeit, die uns trägt und nährt.“*[919] Die Tiefe des Hinterfragens bedeutet, tief unter die Oberfläche gegenwärtiger Verhältnisse sowie in die Tiefen der Geschichte zu blicken. Darunter fällt etwa die Suche nach den matriarchalen Resten einer zweiten, alten, naturfreundlichen Kultur, die es gerade auch im Alpenraum immer noch zu entdecken gilt.[920] Eine völlig andere Weltsicht liegt darin verborgen, die eine völlig andere Naturwahrnehmung und ein anderes Tätig-Sein mit sich bringt, das von der Verbindung und nicht von der Trennung ausgeht. Daran gilt es anzuknüpfen.

Wenn von einer tiefen Wahrnehmung die Rede ist, dann ist damit aber auch ein innerer Prozess gemeint, der uns tief in uns und in die Natur hinein hören lässt. Es geht darum, *„die Natur in ihrer Bedeutung für unser sinnlich-seelisches Sein“* sowie *„meine Situation in und mit der Natur“* zu verstehen.[921] Die Tiefenökologie spricht ähnlich davon, dass es notwendig sei, ein „Ökologisches Selbst“[922] zu entwickeln, dazu gehört die Empfindung des „Selbst“ als im Gewebe des Lebens eingeknüpft, die Natur ist ich selbst, ich selbst bin Natur. Der Begriff des Ökologischen Selbst umschließt die beiden Dimensionen, die für das Verständnis der Krise, in der wir uns befinden, wichtig sind. Zum einen ist es das „Selbst“, das eigene innere Empfinden, aber auch die Eigenmacht für Veränderungen. Zum anderen ist es die ökologische und kosmische Dimension als die allumfassende Verbundenheit, in die wir eingewoben sind und die wiederum in diesen Verbindungen die Möglichkeit auf wirkliche Veränderungen birgt. Das, was ich an mir selbst verändere, verändert gleichzeitig auch die Um*gebung*, die gegebene und gebende Natur um uns herum. Wenn wir von der Verbundenheit alles Seienden ausgehen, ist jede Naturzerstörung auch Zerstörung an uns selbst und jede Naturbewahrung kommt in Folge auch uns selbst zugute.

> *„Die notwendige Fürsorge fließt ganz natürlich, wenn das Selbst erweitert und vertieft wird, so dass der Schutz der freien Natur als Schutz unseres eigenen Selbst empfunden und wahrgenommen wird.“*[923]

---

918 Macy/Young Brown, 2007, S. 166

919 Kirchhoff, 2009, S. 32

920 Siehe dazu u.a. die Arbeiten von Sibylle Auer, Kurt Derungs sowie Renate Krammer-Stark und Fester, 1980, S. 232

921 Beide Zitate aus: Seel, 1991, S. 119

922 Der norwegische Philosoph und Begründer der Tiefenökologie Arne Naess hat diesen Begriff geprägt. Vgl. Macy/Young Brown, 2007, S. 60, siehe auch Naess, 2008

923 Naess zitiert in Macy/Young Brown, 2007, S. 60

Die beiden Phasen der Wahrnehmung geschehen ganz konkret im tätigen Sein sowie im eigenmächtigen Handeln. Wahrnehmung ist demnach ein Be*greifen*, das über die Hände, den Leib und die Gefühle geschieht. Sie ist also eine Ästhetik im Sinne einer sinnlichen Erkenntnis und hängt mit Kultur als tätiges Sein zusammen, mit dem Umgang mit Natur in der alltäglichen Erfahrung: „*Kultur (Tun, Handeln)/kulturelles Erbe prägt Wahrnehmung.*“[924]

Doch Vorsicht ist angebracht, denn auch die Wahrnehmung/Ästhetik hat, patriarchatskritisch gesehen, einen Wandel erfahren. Die vorpatriarchale oder „matriarchale Ästhetik“ nimmt nämlich „am Anfang die Mutter Natur“ wahr, als grundlegende Erkenntnis, nach der sich alle Verhältnisse einer Zivilisation gestalten, was in einem fürsorgenden und lebensfreundlichen Zusammenleben mündet. Damit ist die matriarchale Ästhetik an der Wirklichkeit ausgerichtet[925]: an der Verbundenheit aller Lebewesen, die allesamt Kinder einer Mutter Natur sind.[926] Diese Ästhetik beinhaltet ein „die Natur als Organismus“-Denken, alle Lebewesen sind demnach gleich und ebenbürtig, da aus derselben Mutter Gebürtige/Geborene, haben dieselbe Herkunft und sind miteinander verwandt.[927] Die daraus resultierende matriarchale Spiritualität mit ihrem Verbundenheitsdenken und -fühlen entspricht der Wirklichkeit in der Natur, ist Antwort darauf, Transzendenzverhältnis und lebensfreundliches Naturverhältnis entsprechen einander.

Im Prozess der Patriarchalisierung geschieht eine Entfremdung, Distanzierung und Objektivierung (von) der (Mutter) Natur. Für die Tiefenökologie liegt die Ursache von Störung und Zerstörung im Bruch unserer Beziehung zur Erde.[928] Die patriarchatskritische Analyse lässt darin Folgendes erkennen: die Mutter hat angeblich ausgedient, an ihre Stelle tritt die maschinentechnisch „verbesserte“ Natur als Kulisse, Ressource oder Gegenstand, eine kontrollierte, gemachte Natur, die als *Ware* für den touristischen Markt *hergenommen* wird, anstatt wirklich *wahrgenommen* zu werden. Die Veränderung in der Wahrnehmung zeigt sich im aktuellen Geschehen darin, dass das *„ästhetische Bedürfnis*

924 Auer, 2007, S. 176

925 „‚*wahr*‘ *ist, was zum Erhalt und zur Pflege des Lebens und nicht, wie im Patriarchat, zu dessen Zerstörung und Transformation führt*“ - Behmann in: Projektgruppe „Zivilisationspolitik“, S. 137f., Fußnote 71

926 Göttner-Abendroth, 1988, S. 14

927 Es gilt, sich dieser „*Verwandtschaft mit der ganzen Mitwelt*“ wieder bewusst zu werden, siehe Steiner, 2011, S. 16. Die Landschaftsmythologie als magische Perspektive auf die Landschaft in Verbindung mit der lokalen Kultur geht ebenso von einem verwandtschaftlichen Naturverhältnis aus. Vgl. dazu die Forschungen von Kurt Derungs.

928 Vgl. Macy/Young Brown, 2007

nach Natur sich weitgehend durch reproduzierte Natur [befriedigt].“[929] In den Bergen und an den vier Topoi sind dabei folgende Reproduktionen und Ersetzungen zu erkennen: Kunstschnee statt natürlicher Schneeflocken und Gletschereis, Betonaufbau statt Gipfel aus Fels und Eis, privatisierte Geld-Quelle in Betonschalen statt gemeinnützige Wasserquelle im Naturbad, (Kunst)-Rasen, Asphaltflächen und Golfplätze statt Bergwiesen und Felder.

Welche Möglichkeiten gibt es für jede und jeden einzelne_n, sich über eine matriarchale Wahrnehmung wieder der Natur zuzuwenden? Wie kann ich selber mein Handeln verändern beziehungsweise eigenmächtig tätig sein? Welches sind Beispiele von bereits stattfindenden Veränderungen? Woran kann ich anknüpfen? Die mögliche Antwort auf diese Fragen lautet: Es sind die kleinen Schritte, die uns bereits auf dem Weg sein lassen, sie sind die Veränderung, die wir brauchen. Sie in ihrer Bedeutung wahrzunehmen, auszuprobieren und zu erkennen ist ein erster Schritt. Die Subsistenz ist dabei der Weg in eine andere Form der Ökonomie, der in der Verantwortung und Möglichkeit einer_s jeden einzelnen liegt, sie zeigt praktische, anwendbare Wege auf. Hoffnung gebend ist hier die Betonung von Veronika Bennholdt-Thomsen[930], dass Subsistenz nicht nur das kleinbäuerliche Wirtschaften beinhaltet, sondern unzählige alltägliche Aufgaben und Tätigkeiten, die jede und jeder von uns tun kann beziehungsweise bereits tut, ohne sie ihrer Wichtigkeit entsprechend bewusst wahrzunehmen als subsistenzorientierte, eigenmächtige Handlungsmöglichkeiten.[931] Subsistenz ist nicht nur eine Form von Ökonomie, sondern mehr[932], dieser Begriff schließt ein Naturverhältnis mit ein, das die Natur als Grundlage und Ordnung[933] respektiert, an der sich das Leben orientiert. Subsistenz ist in ihrer Orientierung an den lokal begrenzten natürlichen Möglichkeiten[934], am Topos eine umfassende, soziale und ökologische[935] Kultur, die sorgsam, gemeinschaftlich und generationenübergreifend ausgerichtet ist.

---

929 Böhme, 1992, S. 150

930 Siehe Bennholdt-Thomsen in: Projektgruppe „Zivilisationspolitik“, 2011, S. 221-231

931 Elisabeth Loibl fasst subsistenzorientierte Tätigkeiten als „*leibliche und seelische Versorgungsarbeiten*“ zusammen. Vgl. Loibl, 2003, S. 5 In diesem Begriff steckt die Sorge und Fürsorge als kulturelle Eigenschaft, die, wenn sie sich um den Fortbestands des Lebens kümmert, eine matriarchale, naturfreundliche ist, worin sich wiederum der Kreis zur Subsistenz als eine an der Natur orientierte Lebensweise schließt.

932 Krammer-Stark, 2004, S. 145ff.

933 Werlhof, 1996, S. 388

934 Christa Müller nennt dies ein „*moralökonomisches Handeln*“, das die Subsistenz verortet. Müller in: Bennholdt-Thomsen u.a., 1999, S. 34

935 Vgl. Mies/Shiva, 1995, S. 412 und weiteres S. 414

„Im Generationenverhältnis ist die Tätigkeit angelagert, die als Grundlage aller Lebensbewahrung gilt, die der Subsistenzarbeit.“[936]

Ein derart gestaltetes Generationenverhältnis bezieht die Vorfahren und Nachkommen in das Zusammenleben, in die Lebensweise mit ein, bedeutet Respekt und Achtung vor dem Erfahrungswissen der älteren Generationen und kümmert sich auch um die Weitergabe dieser Erfahrungen, die Verbindung statt der Trennung[937]. Welches Wissen[938] haben wir von unseren Vorfahren erhalten, und wie wirkt sich unser Verhalten auf die zukünftigen Generationen aus?

„Wir müssen das Potenzial, das in der Beziehung zu unseren Vorfahren liegt, wiederbeleben, wenn wir den Wandel zu einer lebenserhaltenden Gesellschaft schaffen wollen. Mit anderen Worten, wir müssen selbst als die Ahnen handeln, die wir sind – gegenüber unseren Nachfahren. Wir müssen uns einschwingen auf langsamer sich vollziehende, ökologischere Rhythmen und eine tiefe und echte Verbindung zu den vor und nach uns lebenden Generationen pflegen.“[939]

Es braucht also eine tiefe Wahrnehmung, generationenübergreifend und radikal, da sie an die Wurzeln und bis zu den Ursprüngen geht. Dies kann etwa in der bewussten Entdeckung und Anerkennung von subsistenzorientiertem Wissen und alten Überlieferungen passieren, in denen sich das lebensfreundliche Naturverhältnis einer vorpatriarchalen Kultur erhalten konnte.[940] Die darin enthaltenen *„Praktiken im Umgang mit Mensch und Natur“*[941] gilt es wieder zu (er-) finden, in die heutige Zeit zu integrieren und wiederzubeleben.[942] Eine völlig andere Weltsicht liegt darin verborgen, die eine völlig andere Wahrnehmung und ein anderes Tätig-Sein mit sich bringt, das von der Verbindung und nicht von der Trennung ausgeht. Daran gilt es anzuknüpfen. Das Aufdecken der kulturellen Reste sowie die bewusste und sinnliche Wahrnehmung der Natur sind dabei erste Handlungsschritte, die eigenmächtig und aus sich selbst heraus, bei sich selbst beginnend, also subsistenzorientiert geschehen können. Dieses Tätig-Sein verändert das Denken, sensibilisiert das Empfinden, gibt Kraft, Stärke und Vertrauen, Geborgenheit, Klarheit und „Alles-ist-Eins-Sicht“.

936 Genth in: Projektgruppe „Zivilisationspolitik“, 2009, S. 46
937 Genth in: Projektgruppe „Zivilisationspolitik“, 2009, S. 44f.
938 Wissen im Sinne eines *„für das Überleben ausschlaggebende Subsistenzwissen“*, siehe Mies/ Shiva, 1995, S. 22 und auch S. 37
939 Macy/Young Brown, 2007, S. 166
940 Siehe dazu vor allem das später folgende Kapitel Topos Tal.
941 Behmann in: Projektgruppe „Zivilisationspolitik“, S. 144
942 Behmann in: Projektgruppe „Zivilisationspolitik“, S. 145

„Without feelings no change“[943]

Berge sind keine Objekte, keine tote (Fels-)Materie, die beliebig verformt, besetzt, abgetragen und zerstört werden kann. Durch eine matriarchale, lebensfreundliche Wahrnehmung wird uns wieder bewusst, dass wir lebendig sind inmitten lebendiger Berge, die Grundlage sind für alles, was wir sind, und was wir zum Leben brauchen:[944] mit dem Gletscher, der uns das überlebenswichtige Wasser spendet, es in Form von Eis und Schnee aufbewahrt und jahreszeitig im Frühling als Schmelzwasser abgibt; mit dem Gipfel, der dann wieder in seiner ursprünglichen Form geachtet wird, ohne ihn erobern oder besetzen zu müssen, und der mit seinen Schneefeldern ebenso das Wasser für die Quellen und Bäche, welche die Wiesen und Felder im Tal speisen, bereit hält; mit den Ressourcen im Berginneren, die dann wieder als Schätze der Natur dankbar von allen beziehungsweise gemeinschaftlich genutzt werden, wie es früher als Gemeingut oder Allmende der Fall war, mit Bedacht auf die nachkommenden Generationen, für die sie immer noch zur Verfügung stehen sollen; mit dem Tal, das dann wieder der Ort des alltäglichen Lebens und der Subsistenzproduktion ist, durch die Kultivierung von Gärten, Äckern, Feldern und Wiesen, durch die Gemeinschaft und das Feiern, der Lebensort, an dem uns die Bergnatur reichlich beschenkt. Der matriarchale Charakter der hier beschriebenen Naturvorgänge tritt durch eine neue/alte Art von Betrachtung deutlich hervor.[945] Die daraus wachsenden Erkenntnisse geben die Methoden vor, die in der erneuten Betrachtung der vier Bergtopoi in den folgenden Kapiteln zur Anwendung kommen werden.

> *„Der Mensch kommt nicht umhin, die spirituelle Erfahrung der organischen Verschmelzung mit der Erde wiederzugewinnen, will er denn seine Wurzeln wiederfinden und seine grundlegende Identität wieder lebendig werden lassen. Weiterhin muß er auch die politische Erinnerung an das Weibliche wieder mit Leben erfüllen.“*[946]

Die Veränderung, die uns den Ausweg aus der Zerstörung weist, geschieht über die sinnliche Wahrnehmung, über Empathie und (Mit-)Gefühl. Sie sind die *Weg*weiser in eine lebenserhaltende Zukunft. Wir sollten so schnell wie möglich diesen Pfad einschlagen und jenen folgen, die ihn bereits vorausgegangen sind, der Natur, der Berge und unser aller *weg*en.

943 Naess, 2008, S. 78

944 Nach Macy/Young Brown, 2007, S. 31

945 Vgl. Behmann in: Projektgruppe „Zivilisationspolitik“, S. 140f.

946 Boff, 1999b, S. 81

Außen
Topos Gletscher

1. Schmerz und Trauer über die Zerstörung des Gletschers

Der gegenwärtig stattfindende Gletscherschwund ist Ausdruck einer *zerstörerischen Realität* und zunehmend *zerstörten Wirklichkeit.*[947] Die von Menschen verursachte Verknappung der Natur wird am Topos Gletscher konkret und akut sichtbar. In den Sommermonaten sind die dahin schwindenden Gletscher als kümmerliche, graue Eisreste vorzufinden, geschwächte Körper[948], die zusehends an Substanz und Kraft verlieren. Das stetig abrinnende Schmelzwasser ist nicht mehr gebender Ausdruck einer lebensspendenden Fülle, sondern wird immer mehr zu einem beschleunigt entstehenden, dem lebendigen Gletscher seine Kräfte beraubenden Endprodukt. Das Gletschereis sowie das Schmelzwasser geraten in die objektivierende, kapitalistisch-patriarchale Ausbeutungsmaschinerie und werden dem lebendigen Zusammenhang, dem sie entstammen, entrissen.[949] Einem entfremdeten und entfremdenden Naturverhältnis Rechnung tragend, beobachtet und analysiert die Naturwissenschaft das Phänomen objektiv und distanziert anhand von messbaren Daten und Analysemodellen; die Tourismuswirtschaft reagiert maschinentechnisch-zerstörerisch, indem sie einer dem Ende zu gehenden Naturerscheinung eine anscheinend sich endlos steigernde touristische Nutzung aufsetzt. Der tatsächliche Stand der (Gletscher-) Dinge wird verschleiert und (durch Abdeck-Vliese) zugedeckt, mit einer weißen Kunstschneedecke beschönigt und zu einem Tabu gemacht, über das nicht

947 Ich verwende hier bewusst die beiden Begriffe Realität und Wirklichkeit in ihrer unterschiedlichen, die etymologische Herkunft wahrnehmenden, Bedeutung: Realität als Ausdruck eines objektivierenden, die Natur als Sache – lateinisch „res" – behandelnden, feindlichen und zerstörerischen Naturverhältnisses, Wirklichkeit als die wirkliche und wirkende, hervorbringende Natur und dem entsprechend ein Naturumgang, indem das menschliche Wirken und Handeln sich an dieser Wirklichkeit orientiert.

948 Vgl. an dieser Stelle die Wortbedeutung von Körper aus lateinisch „corpus", übersetzt: der Leib, das Wesen, aber auch: der Leichnam.

949 Zum Verlust des Zusammenhangs von Naturphänomenen vgl. Bockemühl in: Böhme/Schiemann, 1997, S. 154.

gesprochen werden darf. Es herrscht eine kollektive Selbsttäuschung[950] darüber vor, was in der Natur und im Umgang mit ihr tatsächlich von statten geht. Der moderne Mythos des ganzen Tals, welcher den Massentourismus als einzige Überlebensform postuliert, darf nicht hinterfragt werden. Der Blick hinter die Kulisse der Gletscherspektakel in Form von Skirennen, DJ-Konzerten und Freilufttheater-Aufführungen[951] ist unerwünscht und wird durch Scheinwerfer und Lichtershows geblendet.

Das Naturverhältnis als das grundlegende Verhältnis einer Zivilisation beinhaltet den Umgang mit der natürlichen Umgebung in Technik und Ökonomie und damit die Art der Wahrnehmung, welche dem Tätig-Sein der Menschen vorausgeht beziehungsweise dieses leitet. Konkret passiert Wahrnehmung über die Sinne, sie ist mit der Gefühlswelt stark verbunden als eine Ästhetik im Sinne einer *sinnlichen Erkenntnis*. Mit der Wahrnehmung verbunden ist der Leib und das sinnliche Fühlen, das den Umgang mit der Natur möglich macht, beziehungsweise die Gefühle, welche den jeweiligen Umgang, je nachdem ob er freundlich-erhaltend oder feindlich-zerstörerisch ist, bestimmen und daraus folgend nachwirken. Es stellt sich an dieser Stelle die Frage, ob Gefühle beziehungsweise die sinnliche Wahrnehmung in den Machenschaften der Tourismusindustrie überhaupt einen Platz finden und wenn ja, wie mit diesen Gefühlen umgegangen wird. Darauf antwortend ergibt sich die Behauptung, dass es vielmehr eine *anästhetische Apathie*[952] ist, welche die touristischen Macher und die im Tourismusgeschäft involvierten Menschen im Tal einnehmen: eine die Endlichkeit der Gletscher nicht-wahrnehmende (das heißt an-ästhetische) und un-empfindliche (apathische) Haltung. Aus der ursprünglichen Empathie, dem Mitgefühl aus der Verbundenheit, wird die ihr entgegen gesetzte „A-pathie", das „Nicht-Gefühl" oder „Nicht-Empfinden". Das patriarchale Trennungsdenken und die damit zusammenhängende Entfremdung[953] der Menschen von der Natur haben zu einer Verdrängung oder zum Verlust des Mitgefühls mit dem Gletscher als lebendiges

950 Vgl. Young Brown in: Macy/Young Brown, 2007, S. 22

951 Im Jahr 2012 fanden alle drei dieser Event-Kategorien auf dem Rettenbachferner in Sölden im Ötztal statt.

952 Es handelt sich hier eigentlich um eine Tautologie, da sowohl „anästhetisch" (griechisch „anaísthetos" für „gefühllos", siehe Kluge, 2002, S. 42) als auch „apathisch" (griechisch „apátheia" für „Unempfindlichkeit" siehe Kluge, 2002, S. 52) die fehlende sinnliche Wahrnehmung benennen. Die tautologische Verwendung der beiden Begriffe soll in dem hier eingefügten Zusammenhang die Problematik hervor streichen.

953 Vgl. Derungs, Isabelle My Hanh in: Projektgruppe „Zivilisationspolitik" (Hrsg.), 2011, S. 275-290 und Frick, 2012.

Wesen geführt. Die „*Taubheit unseres Verstandes*"[954] ist im wahrsten Sinne des Wortes eine An-Ästhesie[955], also eine Betäubung der wirklich sinnlichen Naturwahrnehmung, die es uns auch nicht mehr ermöglicht, die Warnsignale der Natur ob ihrer Verletzung, ihrer Vergewaltigung, ihrer Zerstörung zu hören. Es ist die „*Unfähigkeit oder Weigerung, Schmerzen zu fühlen*"[956], jene Schmerzen und trauernden Gefühle, die in einer naturverbundenen und lebensfreundlichen Haltung entstehen würden, in Anbetracht des zerstörerischen Tuns am Gletscher sowie an den anderen Topoi des Berges. Wenn das „*Mitgefühl [...] das Wirken aus unserer gegenseitigen Verbundenheit* [ist]"[957], dann spiegelt die vorherrschende Apathie als das „Nicht-Mitgefühl" ein Handeln aus der versuchten, in der patriarchalen Utopie angestrebten Trennung wider. Die Entfremdung von der äußeren Natur geht einher mit einer Entfremdung von der inneren Natur, der des Leibes und der sinnlichen Wahrnehmung, sowie einer Trennung der Menschen voneinander.

> *„Die Hemmung, unsere tiefsten Sorgen auszusprechen, entfremden uns voneinander."*[958] *„Auf diese Weise verschließen wir einen authentischen Teil unserer selbst und schneiden uns ab von tieferen Beziehungen untereinander [und zur Natur, Anm. U.Sch.]."*[959]

Die Bewusstmachung der Zerstörung, die passiert und die vielerorts unwiderruflich ist, geschah im ersten Teil dieser Arbeit durch eine patriarchatskritische Perspektive auf die gegenwärtigen Szenarien am Topos Gletscher und den anderen Bergtopoi. Die Gefühle, die dabei in mir als involvierter Forscherin entstehen, sind schmerzhaft und von Traurigkeit und Sorge bestimmt. Der trauernde Schmerz um die Berg-Welt, das Mit-Leiden[960] mit den schwindenden Gletschern ist jedoch ein persönlich-privates Geschehen, das in der Öffentlichkeit verdrängt wird, keinen Platz findet, lächerlich gemacht und als unwissenschaftlich und rückständig abgestempelt wird.[961] Vom Gletscherrückgang als Problem wird abgelenkt, durch Verharmlosung, Überspielung und Bespielung[962] des

954 Macy/Young Brown, 2007, S. 34 und 47
955 Vgl. von Werlhof in: Projektgruppe „Zivilisationspolitik", S. 90
956 Macy, 2007, S. 36. Vgl. dazu auch Gruen, 1997
957 Mathew Fox zitiert nach Boff, 1999a, S. 103
958 Macy/Young Brown, 2007, S. 45
959 Macy/Young Brown, 2007, S. 46
960 Vgl. Macy/Young Brown, 2007, S. 37 oder wie es Gernot Böhme ausdrückt: der „*Mensch beginnt, das, was er der Natur antat, am eigenen Leib zu spüren.*" Böhme, 1989, S. 24
961 Ich spreche hier aus den eigenen Erfahrungen.
962 Hier wird erneut auf die touristischen Events und „Spiele", die am Gletscher stattfinden, Bezug genommen.

Gletschers und seine versuchte maschinentechnische Ersetzung. Sorge, Trauer und Schmerz haben in einer massentouristisch geprägten „fit, fun and beauty"-Gesellschaft keinen Platz und wären im touristischen Ski-Zirkus am Gletscher nicht mehr als hinderliche „Spiel- und Spaßverderber".

Der vorherrschende anästhetische, die sinnliche Wahrnehmung unterdrückende Umgang mit dem Gletscher resultiert aus der Angst vor dem Unbekannten, noch nie Dagewesenen: die menschliche Lebenserfahrung kennt in den vergangenen sieben Generationen[963] keinen derart niedrigen Gletscherstand in den Alpen wie den gegenwärtigen. Das anästhetische Verhalten ist aber auch als eine Art Selbstschutz vor der schmerzhaften Wahrnehmung der tatsächlichen Zerstörung zu erkennen, die in ihrer Totalität Gefühle der Ohnmacht, Schuld und Hoffnungslosigkeit hervorrufen könnte. Die Mitschuld der Bewohner_innen der Region an der Zerstörung[964] ist durchaus gegeben, etwa durch das (Konsum-)Verhalten, das Mitmachen und Mitverdienen im touristischen System und das bisherige Schweigen, beziehungsweise den fehlenden Widerstand gegen die zerstörerischen Machenschaften. Gleichzeitig schaffen wir es nicht, unser Fühlen *„den Größenmaßen unserer eigenen Produkte und dem unabsehbaren Ausmaß dessen, was wir anrichten können, anzumessen"*[965]. Günther Anders nennt es die Antiquiertheit des Menschen als fühlendes Wesen gegenüber den modernen fortschrittlichen Maschinen. Die moralische Aufgabe heute ist es hingegen, das Ausmaß der Zerstörung bewusst zu machen, ihm auf- und nachzuspüren, es anderen zu vermitteln, indem darauf hingewiesen wird. Wir brauchen eine *„willentliche Erweiterung des Fassungs-Volumens unseres Fühlens"*[966], um dem Schmerz und der Traurigkeit über das (Ver-)Schwinden der Gletscher und die Zerstörungen an den Berg-Topoi Raum zu geben. Das Problem dabei ist jedoch, dass das Ausmaß des zerstörerischen Tuns unser Vorstellungsvermögen übersteigt[967], wir wollen die tatsächlichen Auswirkungen weder begreifen, noch können wir abwägen, welche Konsequenzen diese für die Zukunft haben werden.

---

963 Sieben Generationen ist deshalb der hier angegebene Zeitrahmen, da dies in vielen indigenen Kulturen als der Maßstab für das gegenwärtige Handeln betrachtet wird, in die Vergangenheit sowie in die Zukunft betrachtet.

964 Vgl. Macy/Young Brown, 2007, S. 40

965 Anders, 1968, S. 273. Günther Anders formuliert auch eine ethische und moralische Kategorie: Wenn wir merken, dass unser Tun und Handeln unser Gefühlsmaß übersteigt, wir es nicht mehr nachvollziehen können, dann müssen wir damit aufhören, vgl. Anders, 1968, S. 274.

966 Anders, 1968, S. 313

967 Vgl. dazu Genth, 2002, S. 167

Als von der Natur und der sinnlichen Wahrnehmung entfremdete, durch Maschinen und Konsumgüter betäubte und taube, im Sinne von nicht mehr auf die Natur horchende, an-ästhetische[968] Menschen nehmen wir die von uns hergestellte Zerstörung vor Ort nicht wirklich wahr und erkennen in dem, was wir tun, uns selbst nicht mehr wieder. Es herrscht eine *„Agnosie der Empfindungen und Gefühle“*[969]. Diese unempfindliche Haltung wird zudem als rational und „vernünftig“ postuliert und jegliche Feinfühligkeit einzelner Personen als irrational, zukunftsverhindernd und realitätsverweigernd, als „weiblich“-sentimental denunziert.[970] Auf dem Weg der versuchten Realisierung patriarchaler Utopie werden Gefühl und Herz vom Denken und vom Verstand getrennt, rationales Kalkül in den Vordergrund und eine kapitalistische Wachstumslogik in den Mittelpunkt gestellt. Sich von der Atmosphäre des *„kollektiven Selbstbetrug(s) in unserer industriellen Wachstumsgesellschaft“*[971], der von einem utopischen, unendlichen Wachstum auf einer begrenzten Erde mit endlichen Ressourcen ausgeht, nicht einnebeln zu lassen, ist die große Herausforderung der heutigen Zeit.

Doch es gibt auch andere Reaktionen, welche aus einer unmittelbaren, naturfreundlichen Haltung resultieren und Ausdruck einer Sorge um die Zukunft der Gletscher und somit auch um die Zukunft der nächsten Generationen sind, die in den vom Gletscherwasser abhängigen Talregionen wohnen werden. In persönlichen Gesprächen[972] mit den vor Ort lebenden Menschen kommt eine gewisse Beunruhigung und Sorge zum Ausdruck, die aus der alltäglichen Wahrnehmung der ihren Wohnort umgebenden Gletscher resultiert. Die bisher gemachten Erfahrungen und das über Generationen weitergegebene Erfahrungswissen kennen keinen derart geringen Gletscherstand sowie einen derart hohen Wasserpegel der Schmelzwasser führenden Bäche. Eine alpine Bergwelt ohne Gletscher ist ein unvorstellbares und mit besorgniserregendes, mögliches Zukunftsszenario.

---

968 Vgl. dazu den etymologischen Zusammenhang von „ästhetisch“ und „hören“ (griechisch „aisthetos“ und lateinisch „audire“ – was „hören“ bedeutet – stehen in etymologischer Verbindung) und dem zu Folge „an-ästhetisch“ als „nicht hörend“, „taub“ und davon abgeleitet „betäubt“.

969 Genth, 2002, S. 173

970 Vgl. Macy/Young Brown, 2007, S. 41

971 Macy/Young Brown, 2007, S. 22

972 Es handelt sich dabei um informelle und nicht aufgezeichnete Gespräche, die ich im Zuge einer teilhabenden Beobachtung mit den Menschen in Vent im hinteren Ötztal führte.

Den Schmerz und die Sorge gilt es als mitempfindende Gefühle zu würdigen und daraus Kraft zu schöpfen für die Veränderungen, die notwendig sind und anstehen. Der Schmerz um die Natur und um die Welt ist ein Warnsignal[973], das darauf hinweist, dass etwas nicht stimmt, nicht stimmig ist, aus der Balance gerät. Dieses Warnsignal gilt es zu hören und darauf zu reagieren, zum Beispiel durch die Veränderung an unserem Mit-Tun. Statt dem zerstörerischen Tun der Macher braucht es ein „*Heilung bringendes Handeln*"[974] von uns allen. Es gilt zu erkennen, dass der Schmerz und die Sorge Ausdruck der Verbundenheit und Liebe sind, eine Erkenntnis, die Hoffnung gibt, denn aus der Bewusstmachung der Verbundenheit kann Heilung entstehen beziehungsweise können wir heilend wirken. Das Verbundenheitsdenken und -fühlen ist neu und alt zu gleich, es muss auf dem Weg, der aus der patriarchalen Trennungsutopie hinausführt, erst wieder erinnert, gelernt und akzeptiert werden.[975] Schmerz und Mitleid sind Ausdruck der Verbundenheit. Der Schmerz darüber, dass die Natur, hier am Topos ist es die Bergnatur in Form des Gletschers, also das, was seit Generationendenken da ist und war, plötzlich zu verschwinden droht.

Anstelle der anästhetischen Apathie und auf dem Weg in eine lebensfreundliche, zukunftsfähige Zivilisation ist die Wiederbelebung des ästhetischen Pathos von Nöten, des aus der sinnlichen Wahrnehmung wachsenden Mitgefühls, der Sym*pathie*, Em*pathie*[976], Zuwendung, Zuneigung und Sorge. Leonardo Boff sieht die Fähigkeit, „*Sorge für das Leben des anderen [zu] empfinden*"[977] als ontologische, das heißt wesenhafte Dimension des Menschen und der Natur[978], als „*Haltung der Hinwendung und des Sich-Kümmerns, des Verantwortungsgefühls und der affektiven Anteilnahme am Gegenüber*"[979]. In diesem Sinne ist die Sorge ein mütterlicher, matriarchal-kultureller Gefühlsausdruck. Im Begriff Fürsorge tritt das füreinander Dasein und damit die Verbundenheit noch deutlicher hervor, die Sorge ist demnach einer Spiritualität der Verbundenheit alles Seienden eingeschrieben. Die Bewusstwerdung darüber und das Zulassen der empathischen Gefühle mit der Natur sind heilsame Wege, um die Trauer und den Schmerz über die passierende Zerstörung zu verarbeiten. Dabei geht es auch um das

973 Vgl. Macy/Young Brown, 2007, S. 37
974 Macy/Young Brown, 2007, S. 37
975 Vgl. Werlhof, 2010a
976 Vgl. Gruen in: Projektgruppe „Zivilisationspolitik", 2011
977 Boff, 1999, S. 24
978 Boff, 1999b, S. 32
979 Boff, 1999b, S. 31

„Um-Verzeihung-Bitten" in einer subjektorientierten Kommunikation[980] mit dem Gletscher, der Natur im allgemeinen sowie den nachkommenden Generationen, denen wir zerstörte und sterbende Natur sowie eine alpine Bergwelt ohne Gletscher(-Wasser) hinterlassen und die wir daher, orientiert an einem Generationenverhältnis in Verbundenheit, um Nachsicht bitten müssen.[981] Die Bewusstmachung des eigenen zerstörerischen Tuns, der Mit-Schuld durch das Mit-Machen beziehungsweise das „keinen Widerstand-Leisten", ist es, was das Verzeihen anleitet und der Änderung des eigenen Tuns vorausgeht. Das Schweigen, Zuschauen oder Mitmachen am zerstörerischen Tun gilt es zu beenden. Der Zeitpunkt ist gekommen um aufzuzeigen und es hinauszurufen, die Menschen darauf hinzuweisen, was in ihrer nächsten Umgebung tatsächlich passiert, ihnen den Blick durch die andere, patriarchatskritische Brille zu ermöglichen.

Mit dem Begriff „verzeihen" etymologisch verwandt ist der Verzicht[982], eine Erkenntnis, die sehr aussagekräftig ist und eine nähere Betrachtung verdient. Wenn ich verzeihe, verzichte ich auf etwas, ich beanspruche es nicht für mich, sondern ich belasse es in seiner ursprünglichen Freiheit. Auf die Natur angewandt bedeutet demnach das Verzeihen anzuerkennen, dass wir Menschen keinen Anspruch auf die Natur haben, sie gehört uns nicht, sondern wir gehören zur Natur. In Bezug auf ein lebensfreundliches Generationenverhältnis meint daher das Verzeihen den Verzicht auf eine Vereinnahmung der Naturgüter und ein Anerkennen der Grenzen der Naturnutzung, damit diese auch noch den kommenden Generationen zugänglich sind. Mit Blick auf den Topos Gletscher zeigt sich, dass der Verzicht gegenwärtig gerade nicht stattfindet, denn er würde gegen die Wachstumslogik und folglich gegen den Ausbau der Pisten, die weitere Erschließung der Gletscher und die Kunstschnee-Herstellung sprechen. Verzicht würde eine Wirtschaft des Genügens und der Genügsamkeit bedeuten, in der das Wissen und Gespür über das „Genug-Sein", über die natürlichen Grenzen für die menschliche Nutzung des Gletschers, Orientierung für das Tätig-Sein geben. Eine solche Wirtschaft der Genügsamkeit würde dem, was da ist, der Natur und ihren Gütern, in Dankbarkeit und Zufriedenheit begegnen. Es bräuchte weder eine Verbesserung der Natur und schon gar nicht einen Ersatz derselben, wie es etwa am Topos Gletscher in der Herstellung von Kunstschnee versucht wird.

---

980 Dies kann etwa in Form von Ritualen geschehen, vgl. dazu die Rituale der tiefenökologischen „Arbeit, die wieder verbindet", Macy/Young Brown, 2007.

981 Verzeihen in der Bedeutung „jemanden etwas nachsehen", siehe Kluge, 2002, S. 959

982 Kluge, 2002, S. 959

„With the return of the emotional, the passion to defend that which is alive will return as well.“[983]

Werden die aus der sinnlichen Wahrnehmung des Geschehens am Topos Gletscher resultierenden Gefühle Schmerz und Traurigkeit zugelassen und akzeptiert, wandeln sie sich in Folge in Wut und Ärger um. Aus dem Leiden entsteht die Leidenschaft, sich für die Natur einzusetzen und diese zu verteidigen. Damit ergibt sich eine Zwei-Fronten-Situation: auf der einen Seite wächst die Verantwortung, sich gegen die Zerstörung zu wehren, sie aufzuzeigen, zu benennen und zu kritisieren; auf der anderen Seite kommt es zur Wiederbelebung der ursprünglichen Wahrnehmung des Topos, einem lebensfreundlichen Verhältnis dazu und zu einer Haltung, die sich auf die Seite der Gletscher stellt. Ein erster Schritt in diesem Prozess ist die Wahrnehmung der Vergangenheit, verbunden mit den Fragen: Was war vor dem zerstörerischen Umgang mit dem Topos Gletscher? Wo können wir anknüpfen um in eine topos- und lebensbejahende Zukunft zu schreiten?

2. Auf der Suche nach den matriarchalen (Gletscher-Schnee-)Resten

Die matriarchale Wahrnehmung des Topos Gletscher als geschichtliche Wirklichkeit wieder zu erinnern und die Reste einer „zweiten Kultur“ im Umgang mit dem Topos Gletscher aufzudecken, ist das Ziel der folgenden Ausführungen. Dabei steht bereits zu Beginn die Erkenntnis, dass diese naturfreundliche Wahrnehmung tiefer geht und nicht an der (Kunstschnee-)Oberfläche hängen bleibt. Die hier gemeinte Tiefe ist eine zeitliche, im Sinne einer weit in die Geschichte zurück reichende, aber auch eine räumliche, da sie die Tiefen des Gletschers, die unterirdischen Höhlen und Wasserwege, die dort lebenden Wesen und Lebewesen, die Lebendigkeit des Gletschers mit einbezieht sowie daraus eine andere, naturfreundliche Beziehung zum Topos entstehen lässt.

Der Blick zurück in jene Zeit, als noch keine Menschen in den Alpentälern lebten, lässt die Gletscher als wichtige Gestalter der Naturräume erkennen. Sie waren es, die während der Eiszeit die *„Alpen zu einem relativ siedlungsfreundlichen Gebirge“*[984] formten. Die Gletscher sind demnach Form gebende Naturphänomene, sie gestalteten Täler und Kare, erweiterten und verbreiterten diese, schufen niedere Passübergänge, Terrassen und formten im Pleistozän, dem Zeitraum

---

983 *„Wenn die Gefühle zurückkehren, wird auch die Leidenschaft zur Verteidigung dessen, was lebendig ist, zurückkehren.“* [Übersetzung U. Sch.]. Zitatnachweis: Werlhof in: Kumar, 2007, S. 384

984 Bätzing, 2003, S. 30

von 2 Millionen Jahren bis vor 10.000 Jahren, den gesamten Naturraum.[985] Heute sind die Gletscher nur mehr in ihren Resten vorhanden, ihre Mächtigkeit und Wichtigkeit für das Leben in den Alpentälern ist dennoch (übrig) geblieben und den Tälern, Karen und Bergen sozusagen als „Negativ-Form“ eingeschrieben.[986] „*Jeder Gletscher hat seinen fixen Ort*“[987], seinen besonderen, einzigartigen Topos, er ist an einen Berg gebunden und mit ihm verbunden. Es gibt in den Alpen keinen Gletscher ohne Berg als seine Grundlage und sowohl dem Gletscher seine Form gebende, als auch sich vom Gletscher formen lassende Form.

2.1. Der Topos als Wasser und Leben spendender Ort

Wasser ist ein materiell sichtbarer Ausdruck der Verbundenheit aller Berg-Topoi, Wasser vereint das „Oben“ mit dem „Unten“, das „Innen“ mit dem „Außen“ des Berges. Es ist verbindendes Element und findet sich in seinen vielfältigen Zuständen auf den schneebedeckten Gipfeln, im Gletscher, im Berginneren und im Tal wieder. Der Schnee zeigt die Fülle und Vielfalt der Natur[988], etwa darin, dass jede Schneeflocke ihre eigene und einzigartige Gestalt einnimmt. Wasser in seiner gefrorenen Gestalt als Eis „*hat Charakter, Eis erzählt Geschichte*“[989]. Es ist voller Leben, etwa in Form von Bakterien und Mikroorganismen und ist alles andere als jene tote Materie, wie sie im patriarchalen Umgang mit dem Gletschereis als Ressource benutzt und ausgebeutet wird.[990]

Die aufschlussreiche etymologische Betrachtung des Begriffes „Schnee“ bringt eine Verbindung mit dem Begriff „Leben“ zu Tage: „Schnee“ bedeutet „der Pappige, Klebrige“ und ist Substantiv zum Verb „schneien“ mit den Bedeutungen „liegen bleiben“, „kleben“, „ist feucht“, „haftet an“[991]. Der Begriff

985 Würtl, 2002, S. 46

986 So kann etwa der letzte Gletscherhochstand um 1850 leicht an den Moränenaufschüttungen, die seitlich des Gletscherflusses entstanden sind, nachvollzogen werden. Der Vergleich mit den gegenwärtig vorhandenen Gletscherresten und die damit verbundene Bewusstwerdung der Rasanz des Gletscherrückganges löst immer wieder ein Staunen und Gefühle der Trauer und Sorge aus.

987 Peskoller, 1997, S. 35

988 „*Jede Schneeflocke ist einzigartig.*“ So der Innsbrucker Glaziologie Jakob Abermann in einem Bericht über seine Forschung, Tiroler Tageszeitung, 21.02.2010, S. 18

989 Sattler in: Koryphäe, 2002, S. 16

990 Siehe dazu den im ersten Teil dieser Arbeit beschriebenen kapitalistisch-patriarchalen Umgang mit dem Topos Gletscher als auszubeutende Ressource und tote Materie für eine Neuschöpfung aus Zerstörung.

991 Kluge, 2002, S. 818

„leben“ trägt ähnliche Bedeutungen mit sich, denn er stammt von „bleiben“ aus indogermanisch *leip-, das mit „*be-schmieren, kleben, hängen bleiben*“[992] in Verbindung steht. Es zeigt sich hiermit, dass die Begriffe „Schnee“ und „Leben“ beziehungsweise „bleiben“ etymologisch betrachtet Ähnliches bedeuten und eine Naturwahrnehmung beschreiben, die der modernen, patriarchalen Auffassung von Schnee und Gletscher als tote, leblose Ressource entgegengesetzt ist. Der Gletscher, aus lateinisch „glacies“, meint übersetzt „das Eis“, eine Bedeutung, die sich in der in Literatur und Poesie verwendeten Bezeichnung „ewiges Eis“ als Synonym für die Gletscher widerspiegelt.[993] „Ferner“, ein Ausdruck für Gletscher, der unter anderem auch im Ötztal verwendet wird, kommt von „Firn“, dem alten Schnee, der in den Sommermonaten nicht wegschmilzt sondern liegen bleibt und sich in einem stetigen Veränderungsprozess in Eis umwandelt.

Ein Großteil des in den Alpen vorhandenen Wassers ist in den Schneefeldern und Gletschern der Berge gebunden. Das Leben im Tal ist vom Gletscher- und Schneewasser abhängig, vor allem die Landwirtschaft inneralpiner Trockenräume, so wie es auch das Ötztal einer ist.[994] Die alpine Landwirtschaft und Nutzung der Bergwiesen benötigt das (Gletscher-)Schmelzwasser, das in der warmen Jahreszeit zu Tal rinnt. Das Wasser aus dem Berginneren und vor allem das Schmelzwasser und gespeicherte Wasser im Eis der Gletscher sind Grundlage

---

992 Kluge, 2002, S. 131

993 Ursprünglich findet sich die Bezeichnung „ewiges Eis“ in der Kartographie. In einer der ältesten Gletscherdarstellungen, der historischen Landkarte von Walmund Ylg aus dem Jahre 1605, scheinen die Ferner der Ötztaler Alpen mit der Bezeichnung „Glacies continua et perpetua“ – „das geschlossene und ewige Eis“ auf.

994 Würtl, 2002, S. 61. Dass die Wichtigkeit des Wassers trotz Rückgang der landwirtschaftlich kultivierten Flächen den bergbäuerlich tätigen Menschen im Ötztal durchaus bewusst ist, zeigt das Aufbegehren gegen die Kraftwerkspläne des Landesenergieversorgers TIWAG. In den Jahren 2005/2006 bildete sich die Widerstandsbewegung „Aktionsbündnis Ötztal“ gegen das Bauprojekt zweier riesiger Staudämme im Sulztal und Rofental. 2012 wehrten sich die Ötztaler gegen die Pläne, das Wasser aus der Gurgler und Venter Ache in einem 26 km langen Stollen durch die Berge in einen geplanten Speichersee im angrenzenden Kaunertal zu leiten. 50 grundbesitzende Bauern widersetzten sich öffentlich gegen diesen „*Gewaltakt*“ und erklärten in einer Pressekonferenz: „*Wir brauchen das Wasser für die Landwirtschaft, den Tourismus und für die nächste Generation.*“ Siehe „Bauernaufstand gegen die Kraftwerkspläne der TIWAG“, Tiroler Tageszeitung, Freitag, 9. November 2012, S. 4 und weiter: „*Wir lassen uns die Lebensgrundlage nicht nehmen.*“ Siehe Bericht in der ORF Sendung Tirol Heute vom 8. November 2012.

für das Leben in den Berggebieten, der Gletscher demnach ein Naturphänomen, das aus Wasser in Form von Eis und Schnee besteht und das seinen Inhalt in Form von Schmelzwasser kontinuierlich und wenn notwendig – etwa während der sommerlichen Trockenzeit – in größeren Mengen abgibt. Der Nährstoffreichtum des Gletscherwassers macht selbiges für die Bewässerung der landwirtschaftlichen Kulturflächen besonders wertvoll, da es Schwebstoffe enthält, welche die Böden düngen.[995] Das bäuerliche Erfahrungswissen war sich dieser später naturwissenschaftlich nachgewiesenen Fähigkeit des Schmelzwassers bewusst und wandte es im alltäglichen Tätig-Sein an: Schmelzwasser aus Schnee und Lawinenresten macht die Felder fruchtbarer[996], kleine Bäche, die das Wasser der Gletscher zu Tal führen, wurden zur Bewässerung teilweise in die Bergwiesen abgeleitet. Die bergbäuerliche Kultur reagierte auf den lebenspendenden Aspekt des Wassers aus der tätigen Erfahrung über Generationen, aber auch auf die dem Gletscherwasser innewohnenden Kraft und Mächtigkeit, die zerstörerisch in Form von Hochwasser, Muren und Lawinen auf die Menschen einwirken kann. Kooperative Maßnahmen sind die über Generationen weitergegebene Antwort auf die Ambivalenz der Gletschernatur und stellen den Versuch dar, sich mit der wilden Bergnatur zu arrangieren. Solche Maßnahmen sind auch im Raum Ötztaler Alpen noch als Erfahrungs- und Erinnerungswissen greifbar, auch wenn sie in der bergbäuerlichen Praxis nicht mehr angewandt werden, wie folgendes Beispiel einer früheren bergbäuerlichen Tätigkeit zeigt: Die vom Tiefenbach-Gletscher ins Ventertal abfließenden Bäche wurden im Frühjahr, wenn sie zu viel Schmelzwasser führen, vorsorglich abgeleitet, damit sie anderswo abrinnen und mit ihrer Kraft und Wucht nicht die kostbaren, flächig begrenzten Bergwiesen über- oder wegschwemmen konnten.[997] Diese kooperative, vorsorgende Kulturtechnik widerspiegelt ein Naturverhältnis, das sich an der Natur und ihren zyklischen Schwankungen orientiert und so gut wie möglich nach den lokalen Gegebenheiten richtet.

„Die Gletscher sind besonders typische Elemente der Hochgebirgslandschaft und haben eine äußerst wichtige Funktion für die Sicherung des Wasserhaushalts und des Wasserangebots sowie auch für die Klimastabilisierung.“[998]

---

995 Vgl. Bätzing, 2005, S. 87

996 Vgl. Bätzing, 1986, S. 11

997 Dies erzählte ein Bauer aus dem Besental Richtung Vent aus der Erinnerung an seine Kindheit in einem persönlichen Gespräch am 7. August 2009.

998 Entnommen aus Haid in: Voigt, 2004, S. 81-86. Hans Haid stellt diese Formulierung der Abteilung Raumplanung des Landes Tirol dem Beschluss der Tiroler

Der Wasserreichtum der Alpengletscher und damit verbunden die fruchtbaren Hochweiden der Berggebiete waren es auch, welche die ersten Hirtinnen und Hirten aus den südlichen, tiefer gelegenen und im Sommer trockenen Ebenen mit ihren Herden in die Alpen ziehen ließ. Ihnen müssen der buchstäbliche Überfluss an Wasser in den Alpen und die saftigen Bergwiesen „paradiesisch" vorgekommen sein. Eine Vermutung, die durch Erzählungen wie etwa Sagen bestätigt wird, in denen die Berge mit der weiblichen Fülle und die Gletscher mit Leben in Verbindung gesehen werden, wie die folgenden Ausführungen noch zeigen werden. Wasser als Ur-Element des Lebens ist nachweislich ein jahrtausendealtes Kulturgut[999], was sich beispielsweise in der Wahrnehmung als „heilig" und „göttlich" bis in die Gegenwart widerspiegelt. Ein Blick in andere Berggebiete der Welt zeigt die Verehrung der Gletscher als Quelle für das lebensspendende Wasser und als heilige Wesen, beispielsweise in den Anden in Bolivien.[1000] Der Topos Gletscher als heiliger Ort, diese Wahrnehmung und Bedeutung lässt sich auch an den Pilger-Wallfahrten zu den Gletschern im indischen Himalaya erkennen, die als Ursprünge der Zuflüsse des heiligen Flusses Ganga (Ganges) verehrt werden oder an den Gletscherwallfahrten in den Anden, etwa in Peru. In den Alpen ist einer dieser Reste der ehemals naturfreundlichen Wahrnehmung des heilenden und heiligen Gletschers in jenen Überlieferungen zu sehen, die von der Anwendung des Gletschereises als Heilmittel berichten und einen Aufenthalt beim Gletscher als gut für die Gesundheit empfehlen. Noch im 19. Jahrhundert gingen im Ötztal die vor Ort lebenden Menschen zum Gletscher, um sich dort von Krankheiten zu erholen. Das Gletschereis und die am Topos spürbare Energie werden als erfrischend, kräftigend und heilend berichtet:

Es besteht *„der Brauch mancher Hirten […], die, wenn sie sich unwohl fühlen, längere Zeit auf dickes reines Fernereis ausstrecken oder in Eisklüften verweilen, um sich „aufzufrischen" und gesund zu machen.*[1001]

Landesregierung in ihrer Sitzung vom 12.03.04 gegenüber, nach dem der Gletscherschutz in Tirol „aufgeweicht", das heißt gelockert wurde.

999 Archäologische Funde in Europa lassen auf die Bedeutung des Wassers im Neolithikum um 5000 vor Christus schließen, siehe Gimbutas, 1974, S. 95. Eine ausführliche Sammlung von kulturellen Beispielen im Umgang mit dem Wasser, besonders des Wassertragens, findet sich in: Rauchegger, 2012.

1000 *„Los nevados nos dan el agua y el agua es el fundamento de la vida."* (*„Die Gletscher geben uns das Wasser und das Wasser ist die Grundlage für das Leben"*, Übersetzung U. Sch.), Walter Prudencio Magne Veliz bei einem Vortrag am 06.04.11 in Innsbruck.

1001 Bericht von Johann Nepomuk Ritter von Alpenburg in: Haid, 2002, S. 18ff.

2.2. Der Gletscher als mütterlich-gebende Natur

Ein matriarchal-lebensfreundliches Naturverhältnis nimmt die Natur als heilig-sakrale, beseelte, lebendige und mütterlich-gebende Umg*ebung* wahr.[1002] Die Verehrung der Lebensquellen als *„Allesspenderin und Muttergöttin"*[1003] ist jener tätige, kulturelle Umgang, der sich daraus folgend ergibt. Natur wird als mütterlich und gebend wahrgenommen, da sie unter anderem das Wasser spendet. Die Bergnatur ist demnach weder geizig noch karg, sondern ein Lebensraum der Fülle für eine matriarchale Kultur, die sich an dieser Wirklichkeit orientiert, das heißt an dem, was vor Ort gegeben ist.

Die matriarchale Wahrnehmung der vorhandenen Wirklichkeit drückt sich unter anderem in der Namensgebung aus. Die Schnee- und Gletscherbedeckten Berge wurden als Besonderheit[1004] betrachtet und gaben als wichtiges Charakteristikum den Alpen ihren Namen. Obwohl die Herkunft des Wortes „Alpen" in der wissenschaftlichen Literatur nicht eindeutig geklärt ist, so ist in den Verweisen auf das keltische Wort „alp" für „hoch" und auf lateinisch „alb" für „weiß"[1005] die matriarchale Wahrnehmung dessen, was da ist, konkret die Besonderheit der Höhe sowie der Gletscher und Schneefelder, erkennbar. Das Wort Alp kann jedoch auch vom akkadischen und rätischen „alpu" bzw. „alpi" für das Rind und die Rinderweide hergeleitet werden.[1006] Eine weitere etymologische Betrachtung ergibt Ähnlichkeiten zur Bedeutung des Wortes „Berg", demnach bedeutet „Alp" im altaischen „hoch, erhaben, erhöht", im baskischen ist „alpi" der Berghang und im keltischen eine Bezeichnung für den Berg an sich. Es ist allerdings durchaus möglich, eine Verbindung all dieser Stammwörter herzustellen. Bezieht man nämlich die Bedeutung des Rindes und hier vor allem die Kuh als heiliges Tier der Göttin und matriarchalen Hirt_innen-Kulturen mit ein, dann ergibt sich folgendes: „Alpu" das Rind, das erhabene, erhöhte (altaisch „Alp"), heilige Tier, das auf den hochgelegenen Weiden, rätisch „alpi", weidet. Beide, Berg und Rind, galten als erhaben, erhöht und waren folglich auch beide mit dem Wort „Alp"

1002 Vgl. Auer, 2009, S. 189

1003 Auer, 2007, S. 14

1004 Der höchste Berg der Alpen heißt schlicht und dennoch bezeichnend: Montblanc, der weiße Berg.

1005 Peskoller, 1997, S. 136, Fußnote 108. Kluge leitet das Wort „Alpen" von „alp", einem vorindogermanischen Wort für „Berg" her, das später in Verbindung mit lateinisch „albus" – „weiß" gesetzt wird, Kluge, 2002, S. 34. Zu „alb" in der Bedeutung „weiß" siehe auch Ranke-Graves, 1999, S. 75. Er weist auf die etymologische Verbindung von Albina mit Elbe, Elfe und Alb hin.

1006 Brunner/Toth, 1987, S. 67

zu benennen. Die Verbindung zur Berggöttin Alpina ist nahe liegend, wenn sie womöglich auch noch als Göttin in Kuhgestalt verehrt wurde.[1007] Der Schritt zur Entwicklung der Vorstellung einer Berggöttin Alpina ist in einer matriarchalen Spiritualität eine vernünftige[1008] Weiterentwicklung der mütterlich-göttlichen Naturwahrnehmung.[1009] Eine andere Benennung der Göttin als „Albina"[1010], griechisch „Alphito"[1011], für die Weiße, Helle, Glänzende ist ebenso verständlich, angelehnt an ihre Naturerscheinungen in Form der weißen, glänzenden Gletscher, die dann auch als Wohnstätten der Göttin gelten. Eine lokale Ausprägung der matriarchalen, weißen Berggöttin ist der Berg Similaun in den Ötztaler Alpen, mit dem sagenumwobenen Marzellferner. Die Matriarchatsforscherin Heide Göttner-Abendroth erkennt im Similaun in seiner Erscheinung als schnee- und gletscherbedeckte Pyramide oder schneeweiße Raute – die Raute ist ein *„uraltes, weibliches Symbol"*[1012] – die *„lokale Weiße Göttin der frühgeschichtlichen Hirtenkultur matriarchaler Prägung, die in dieser Alpenregion beheimatet war"*[1013]. Der Landschaftsmythologe Kurt Derungs knüpft an dieser Erkenntnis an und leitet den Namen der weißen Berggöttin von „sam", für „weiß, glänzend", „alu", das heißt „göttlich" und „ana" oder „Ana" her. Demnach ist die später mit einem männlichen Artikel ausgestattete Similaun die weiße Göttin Ana.[1014] Wobei Ana oder Anu[1015], IN ANNA[1016] oder ANAT[1017] allesamt Namen der matriarchalen Göttin in vielen alten Kulturen sind, Dana/Anna ist die uralte, europäische Urgöttin[1018]. Die altorientalische Anahita wird sogar deutlich als Quell- und Wassergöttin verehrt, von „An", das ursprünglich Himmel, Wasser oder Mutter

---

1007 Krammer-Stark, S. 66 und 80

1008 An dieser Stelle wird „vernünftig" in seiner etymologisch ursprünglichen Bedeutung als „vernehmend" und in begrifflicher Verbindung mit „wahrnehmend" verwendet.

1009 Krammer-Stark, S. 66 und 80

1010 Vgl. dazu die keltische Geschichte von „Albine", der Herrin der Meer-Feen als ein Beispiel für die Verbindung von Frauen und Wildnis, in: Werlhof, 2011, S. 204.

1011 Ranke-Graves, 1999, S. 75

1012 Göttner-Abendroth, 2003, S. 29

1013 Vgl. Göttner-Abendroth, 2003, S. 36

1014 Derungs fügt noch weitere mögliche Begriffsbedeutungen hinzu: „sama" für „Himmel" und demnach Similaun als die Himmelsgöttin Ana oder „sam" für „weiß" und „mal" für (Fels-)Berg, also der weiße Felsberg Ana, siehe Derungs, 2006, S. 92. Die in „sama" vorkommende Silbe „ma" ist die Muttersilbe, das heißt, dass Similaun als ursprünglich „Sa(m)-ma-al-ana" die weiße-mütterlich-göttliche Ana bedeuten könnte.

1015 Alteuropäischer Name der Göttin, vgl. Derungs in: James, 2003, S. 20

1016 Der Name der sumerischen Großen Göttin, vgl. Göttner-Abendroth, 1980, S. 66

1017 „Herrin der Berge", ein Name der Göttin in Palästina, Göttner-Abendroth, 1980, S. 81

1018 Göttner-Abendroth, 2005, S. 305

meint.[1019] Ranke-Graves bezeichnet Anna als einzigen umfassenden Namen für die Große Göttin.[1020]

„Die Bergmutter war gleichzeitig die Quelle des lebensspendenden Wassers und die Himmelskönigin.“[1021]

Im Namen „Similaun“ vereint sich somit in einem Begriff die allumfassende Wahrnehmung der Verbindung Berg-Himmel-Schnee/Gletscher-Wasser-Göttin-Mutter. Sie ist die Landschaftsahnin der Region, die das Lebenswasser aus ihren Schneefeldern und Gletschern für die Weiden und Talflächen gibt. Sie ermöglicht mit ihrer nährenden *„Milch der weißen Ahnfrau“*[1022] die Fruchtbarkeit der Wiesen sowie das Überleben von Menschen, Pflanzen und Tieren.

> *„Da steht überaus dominant und prägend der Similaun mit seinen weißen Eis- und Schneewänden, ein mächtiges Trapez mit dem darunter liegenden Marzellferner. Am Fuße dieses Berges, der in der Glaubens- und Vorstellungswelt der Ötztaler wie der Schnalstaler gleich dominant ist, entspringt das Wasser, das Leben.“*[1023]

Das Wasser in Form von Eis in den Gletschern und in Form von Schnee auf den Gipfeln wurde in der matriarchalen Kultur als lebensnotwendig wahrgenommen, als Heil bringend und daher heilig. Die Kontinuität der matriarchalen Naturwahrnehmung von der lebendigen und lebensspendenden Fülle des Topos Gletscher und dem Lebensreichtum, der aus der Natur und entsprechend dazu aus den Frauen kommt, ist bis heute in Sagen, Erzählungen, Berg- und Flurnamen erkennbar. Das allgemeine Weltbild, das sich darin wiederentdecken lässt, ist klar und deutlich, denn die matriarchale Spiritualität drückt sich in konkreten Naturbildern aus[1024]: Natur ist mütterlich-gebend, die Landschaft weiblich und der weibliche Leib ihr entsprechend.[1025] Naturprozesse sind zyklisch-gebärende Vorgänge, Behmann beschreibt sie als ein Ereignis, das als *„permanenter Geburten- und Wiedergeburtenzyklus verschiedener Instanzen des ‚Mütterlichen‘ (als arché = Ursprung) zu begreifen wäre“*[1026]. Das Liegen-Bleiben des Schnees und seine Verwandlung in Eis beziehungsweise seine Speicherung ist demnach Akt des Bewahrens und Bergens des Lebens wie in einem schwangeren (Gletscher-)Bauch, das Gletschertor, aus

1019 Derungs in: James, 2003, S. 20

1020 Ranke-Graves, 1999, S. 445

1021 Walker, 1993, S. 96

1022 Vgl. Derungs, 2006, S. 92f.

1023 Haid in: Alpenvereinsjahrbuch, 2004

1024 Derungs in: James, 2003, S. 12

1025 *„Das Denken in Sinnbildern und in Analogie zum Körper der Landschaftsahnin gehört zur ältesten Überlieferung der Mythologie.“* Derungs, 2006, S. 82

1026 Behmann in: Projektgruppe „Zivilisationspolitik“, 2009, S. 140f.

dem das Schmelzwasser rinnt ein gebärender Ur-Mutterschoß, der sichtbar das Wasser/das Leben bereit hält und es jahreszeitlich-zyklisch abgibt/gebiert. Hier zeigt sich die *„Natur als Gebärende als ständig wandelnde Hervorbringende“*[1027].

Die Verbindung von Wasser und Mutter ist eine der ältesten Naturwahrnehmungen. Sibylle Auer nennt das Wasser das älteste *„Sinnbild für die mütterliche Schöpfungspotenz“*[1028] und Barbara Walker bringt eine sprachliche Verbindung ans Tageslicht: *„Der Mutterbuchstabe M (Ma) war ein Ideogramm für die Wellen des Wassers“*[1029], was sich etwa in der ägyptischen Hieroglyphe „mu“, einer Zickzacklinie ausdrückt, die für Wasser steht.[1030] Die matriarchale Urgöttin schöpft aus ihrem Ur-Ozean, dieses Bild lässt sich anhand der altorientalischen Göttin Nuah oder Nu(n) wiederentdecken, *„die mit dem Urwasser vebunden ist.“*[1031] Das altorientalische Wort „Nun“ bedeutet heiliges Urmeer oder Wasser, aus dem alles Leben entstand.[1032] Der „Ur-Ozean“ in den Bergen ist das „Eismeer“, wie die Gletscher auch in der Poesie und Kunst genannt werden.[1033] Die weißen Göttinnen, die mit diesem „Ur-Eismeer“ verbunden sind, in ihm wohnen oder es selbst verkörpern sind lokal vielfältig. So erscheint der weiße Gletscher- oder Schnee-Berg auch als milchgebende Brust der Göttin[1034], die Göttin selbst als Frau mit langen Brüsten, die auf dem Gletscher wohnt, so wie es etwa die Sage von der Langtüttin beschreibt. Sie sitzt auf dem Ferner beim Niederjoch in den Ötztaler Alpen[1035], dem Ort der Wiedergeburt[1036], wo sie mit ihren Kindern wartet. Der Volkskundler Hans Haid bringt die Gestalt der Langtüttin mit dem Vorstoß der Gletscher und den hängenden Eisbrüchen in Verbindung[1037], ganz im Sinne der

---

1027 Auer, 2007, S. 75

1028 Auer, 2007, S. 141

1029 Walker, 1993, S. 1154

1030 Diese Verbindung beschreibt Krammer-Stark, 2004, S. 67.

1031 Derungs in: James, 2003, S. 15

1032 Derungs in: James, 2003, S. 20 und 24

1033 Ein Name, der sich im konkreten Flurnamen „Mer de Glace“ für einen Gletscher im Mont Blanc Massiv wiederfindet.

1034 Zur Wahrnehmung der heiligen Berge als Brüste vgl. Walker, 1993, S. 95ff. und Auer, 2009, S. 28.

1035 Vgl. Haid, 2006, S. 131 und Fuchs/Krapf, 2009, S. 20. Der Sage nach kochte die Langtüttin einem Kind die schönsten Nudeln, nachdem sie ihm die Brust gegeben hatte – wir erkennen hier die Göttin der Fülle - und ein Lager bereitete. Sie sitzt auf dem großen Ötztaler Ferner. Die Langtüttin ähnelt der Nordischen „Skogsfru“, der Herrin der Tiere mit langen Brüsten. Vgl. Duerr, 1989, S. 240

1036 Göttner-Abendroth, 2003, S. 23

1037 Vgl. Haid, 2006, S. 131

Landschaftsmythologie[1038], die sich mit den Analogien von Frauen-/Göttinleib und Landschaft beschäftigt. Es ist die Wahrnehmung der Berge als die Brüste der Großen Göttin und der mütterliche Zusammenhang von Göttin/Frau und Bergen. Eine weitere lokale Erscheinung der Großen Göttin ist die Eiskönigin Virginal, die in Schneefeldern und auf Gipfeln lebt.[1039] Barbara Walker vergleicht Virginal mit der Berggöttin Durga im Himalaya und beschreibt Virginal als die:

> *„europäische Version der Göttin des Hochgebirges, in Indien unter dem Namen Durga, die Unnahbare bekannt. Sie lebte im Hochgebirge des Himalaya und stieg zuweilen von dort herunter, um sich mit einem Mann zu vereinigen. Sie kehre jedoch immer wieder zu ihren einsamen Gletschern zurück. In europäischen Volksmärchen lebte Virginal, die Eiskönigin, allein in den reinen, oberen Schneefeldern der Berge.* (...) *weil die schneebedeckten Berge häufig mit den milchspendenden Brüsten der Mutter Erde in Verbindung gebracht wurden, ist es möglich, daß Durga, die Unnahbare und andere ihr ähnelnde Eisköniginnen die nährende Göttin personifizieren.*“[1040]

In einer anderen Sage wird Virginal als Zwergenkönigin bezeichnet, die mit ihren Zwergen in einem Palast im Berginneren regiert[1041], dieses Bild ähnelt jenem der vorhin erwähnten Langtüttin. Hier lassen sich aber auch Ähnlichkeiten zum Märchen von Schneewittchen und den sieben Zwergen erkennen und auch ein weiteres Märchen führt die Kontinuität einer matriarchalen Schneegöttin fort: Frau Holle, die Schnee- und Wettermacherin, die ihre Betten ausschüttelt, um es auf der Erde schneien zu lassen. Sie ist ursprünglich die Schneefrau Holla, Holda oder Hulda, die germanische Muttergöttin.[1042] Als Holla mit ihrem wilden Heer erscheint sie unter anderem im Naturphänomen Schneesturm. Mit Frau Holle in Zusammenhang steht die Bergkönigin „Berchta“, von althochdeutsch „Perahta“ für „die Leuchtende“[1043]. Sie ist wiederum die Helle, Glänzende, Strahlende, „*wie die silbernen Gletscher und der blaue Berghimmel*“[1044] und eine andere Bezeichnung für die weiße Frau, die Göttin der Gletscher, Firne und Bergkristalle[1045], mit ihrem Palast unter den Gletschern und ihren Priesterinnen, den Saligen.[1046] Berchta personalisiert den wilden, winterlichen Aspekt der Göttin,

1038 Vgl. dazu die Forschungen von Kurt Derungs
1039 Auer, 2007, S. 169 und Göttner-Abendroth, 2005, S. 308
1040 Walker, 1993, S. 1145
1041 Vgl. Fuchs/Krapf, 2009, S. 207ff.
1042 Rüttner-Cova, 1986, S. 69
1043 Rüttner-Cova, 1986, S. 115 und Resch-Rauter, 1992, S. 250
1044 Göttner-Abendroth, 2005, S. 26
1045 Göttner-Abendroth, 2003, S. 23
1046 Die Bedeutung der Saligen wird später herausgearbeitet.

steht aber auch in Zusammenhang mit den Schicksalsgöttinnen und ihren Attributen Spindel und Lebensfaden.[1047] An der Königin Berchta ist die patriarchale Verdrehung im Laufe der Geschichte zu erkennen, wenn daraus die „Berchten“ werden, dunkle, angsteinflößende Figuren in Tiroler Fasnachtsbräuchen. Sie verkörpern die alte, hässliche und böse Hexe. Von der ursprünglichen „Berchta“, der glänzenden, hellen Göttin ist dann nichts mehr übrig geblieben.

Trotz aller patriarchalen Einflüsse, Verdrehungen und Überlagerungen hat sich laut Derungs in Tirol ein *„bemerkenswert archaischer Mythenschatz um die Weiße Göttin“*[1048] erhalten können. Wir erkennen in einer Ausprägung der dreigestaltigen matriarchalen Göttin, der „Wilbeth“, die weiße Frau oder Mondfrau wieder. Ihr zugeordnet sind das Wasser und der Regen.[1049] Die weitere patriarchale Entwicklung inklusive der Christianisierung der alten Kulte in den Alpentälern lässt anstelle der Kultorte der weißen Göttin der Muttergottes geweihte Kirchen und Kapellen entstehen.[1050] Unter diesen sind es vor allem die Maria Schnee Kapellen[1051], die den Bezug zur weißen Naturerscheinung Schnee und Gletscher noch in sich tragen. Anstelle des Sinnbildes der nährenden Mutter Natur treten die bildlichen Darstellungen von der stillenden Gottesmutter, Maria Lactans[1052], die der natürlichen Verbindung Mutter-Brust-Leben Rechnung tragen, wenn auch in christianisierter und damit die matriarchale Muttergöttin überdeckender Art und Weise. Ein im hinteren Ötztal gesehenes Schwarz-Weiß-Foto zeigt ein Muttergottesbild samt Blumenschmuck und Kerzen auf der Vernagthütte bei Vent sowie der Beschriftung „Unsere liebe Frau im Eis“. Es beweist die Kontinuität der direkten Verehrung des Gletschers als Sitz der Muttergöttin, hier in christianisierter Form als Muttergottes, die in einen hellen Umhang gehüllt mit dem Jesuskind auf dem Schoß auf dem Gletscher sitzend thront, im Hintergrund die weißen Berggipfel.

Der Blick auf andere Berggebiete der Welt lässt auch dort Bergnamen erkennen, die mit den Begriffen „weiß“, „glänzend“, „Schnee“, „Muttergöttin“ und „Fülle“ zusammenhängen. Die schneebedeckte Annapurna im Himalaja ist die Göttin der Fülle, da Wasser für die tiefer gelegenen Terrassenfelder und Wohngebiete der dort

---

1047 Vgl. Auer, 2007, S. 74

1048 Göttner-Abenroth, 2005, S. 161

1049 Vgl. Resch-Rauter, 1992, S. 270

1050 Zur Christianisierung von matriarchalen Kultorten vgl. die ausführliche Arbeit von Auer, 2009.

1051 Im Ötztal befindet sich eine Maria Schnee Kapelle im Gemeindegebiet von Umhausen. Die Entstehungslegende erzählt von einer wundersamen Unversehrtheit der Kapelle trotz einer verheerenden Mure, welche die umliegenden Häuser zerstörte.

1052 Vgl. Derungs, 2006, S. 23f.

lebenden Menschen spendend; auch in der irischen Mythologie steht „Anna“ für die Fülle.[1053] Der Name des Chimborazo, eines heiligen, schneebedeckten Vulkans in Ecuador, bedeutet „Berg aus Eis“, „Frau aus Eis“ oder „Eisiger Thron Gottes“. Hier scheint sich der patriarchale Verdrehungsprozess bereits in den verschiedenen Namensdeutungen zu zeigen. Die weiße Frau oder die wasserspendende/milchgebende Göttin findet sich ebenso in den Pyrenäen als „Dama Blanca“ (weiß Dame/Frau) und in Portugal als „Nossa Senhora do Leite“ (Unsere „Milch-Frau“).

Die Entsprechung von Landschaft und Naturereignissen mit dem weiblichem Leib und Geburtsvorgang zeigt sich in der Betrachtung weiterer Begriffe, die im Zusammenhang mit den Erscheinungen des Gletschers Verwendung finden. Das trübe Schmelzwasser etwa ist die Gletschermilch, Wasser/Regen und Milch sind eine alte, weit verbreitete Begriffsverbindung, beides ist Lebensnotwendig und Lebenserhaltend.[1054] Die Ursilbe „QE“ drückt die Verbindung von Brust, Eis und Milch aus, denn sie steht unter anderen für die Bedeutungen Zitze, Milch, weiße Flüssigkeit, Eis, saugen, kalt und gefroren.[1055] Eine Verbindung der Ursilbe „QE“ mit dem Begriff „Kees“ für Gletscher scheint naheliegend, konnte allerdings nicht geklärt werden, zumal die Herkunftsbedeutung des Wortes „Kees“ unklar ist.[1056] Das Gletschertor ist der bereits erwähnte gebärende Schoß, aus dem das Leben in Form von Wasser hervortritt. „Der Gletscher kalbt“, heißt es, wenn ein Teil des Gletschers abbricht, ein Ereignis, das besonders in jenen Gegenden vorkommt, in denen die Gletscher direkt am Meer liegen und der Gletscherabbruch somit ins Meerwasser hineinfällt. Mit dem Ausdruck „kalben“ als Stein- oder Erdwort für „gebären“[1057] wird die matriarchale Wahrnehmung des Gletschers als gebärender Ur-Mutterschoß noch einmal deutlich. Der Vergleich mit der Göttin Danu oder Dana, eine abgewandelte Form des Namens der europäischen Urgöttin[1058], drängt sich hier auf, die als heilige Kuh mit ihrem Kalb dargestellt wird. *„In diesem Sinnbezirk ist die Göttin Danu sowohl die mit ihrem Wasser Tränkende (Fluss, Quelle) als auch die Milch Schenkende und Nährende.“*[1059] In einer Sage aus dem Wallis

1053 Ranke-Graves, 1999, S. 442

1054 Gimbutas, 1974, S. 116

1055 Die englischen Bedeutungen sind: teat (primary), milk, (yellowish) white, juice (what is pressed from something globular), suck, ice, icicle, fang (pointed tooth), pointedly angled, cool/cold, congeal, coagulate, freeze, gum, formant of (thick) liquid names; entnommen aus: http://geocities.com/Proto-language (23.07.08)

1056 Kluge, 2002, S. 481

1057 Margotsdotter-Fricke, 2008, S. 118

1058 Göttner-Abendroth, 2005, S. 305

1059 Derungs in: James, 2003, S. 16

wird der „Lange Gletscher“ sogar als „weiße Kuh“ bezeichnet.[1060] Eine weitere Analogie der matriarchalen Spiritualität fügt sich hier hinzu: das Bild des Mondes als weiße Milchkuh, die jeden Morgen die Sonne als ihr goldenes Kalb gebiert.

> *„Ein Rest der ältesten Zeit. Eine Gefährtin und Beschützerin der Hirten. Eine Beschützerin der wilden Berge mitsamt allem Getier und den milchigweißen Strömen aus dem Gletscher, den segenspendenden Wassern zum Beweiden der tiefer gelegenen Almböden.“*[1061]

Der Gletscher ist ein ambivalentes Naturphänomen, für den Menschen auf Dauer „unwirtlich“ und wild[1062] gleichzeitig lebenspendend und mütterlich-gebend. Es ist eine Polarität, wie sie auch die matriarchale Göttin in sich vereint: das Leben gebärend und wild, hell und dunkel[1063], Tod und Wiedergeburt bringend. Die Berggöttin als die Große Wilde und gütig-gebende Erdmutter ist eine besondere Variante der Großen Göttin des Lebens. Liebe zu und Ehrfurcht vor ihr spiegeln in einer matriarchalen Spiritualität das ambivalente, an der Natur orientierte Naturverhältnis wider.[1064] Der „dunkle“, verborgene, innere Aspekt des nach außen hin hellen, weißen Gletschers und die Verbundenheit von beiden Polaritäten in einem Topos wird in der Vorstellung der darin verorteten, im Inneren verborgenen Anderswelt noch deutlicher erkennbar.

2.3. Die Paradies- und Anderswelt im und unter dem Gletscher

Die im Transzendenzverhältnis eingebetteten Fragen nach dem Woher und Wohin finden in einer matriarchalen Wahrnehmung und Erfahrung mit der Natur und der daraus resultierenden matriarchalen Spiritualität konkret verortet an Naturplätzen als Topoi des Werdens und Vergehens ihre Beantwortung. Die Kontinuität dieser Naturwahrnehmung lässt sich sowohl in gewissen Flurnamen als auch in Sagen bis in die Gegenwart erkennen. Die matriarchale Spiritualität beinhaltet ein Sinn gebendes, im konkreten Leben der Menschen eingebettetes, an der tätigen Erfahrung und dem Erkennen der Naturprozesse aufbauendes, allen zugängliches Weltbild.[1065] In den Sagen wird dieses Weltbild und die damit verbundene Wahrnehmung von Natur sowie die Art und Weise des Zusammenlebens, die Kultur, vermittelt. Sagen als mythologische Erzählungen können

1060 Haid, 2004, S. 63
1061 Haid, 2008, S. 83
1062 Vgl. die Gletschervorstöße und Gletschersee-Ausbrüche, die das Ötztal über die Jahrhunderte immer wieder überschwemmten.
1063 Vgl. Gimbutas, 1974, S. 152
1064 Vgl. Sheldrake, 1994, S. 15
1065 Vgl. Derungs in: James, 2003, S. 12

konkrete Schilderungen von Sinnbildern und Resten einer früheren, matriarchalen Kultur beinhalten, denn, wie Kurt Derungs mit seinen Forschungen zeigt: „*in der Mythologie haben matriarchale Spuren überlebt.*"[1066] Der Volkskundler Hans Haid bezeichnet Sagen als die „*Kerne unserer alten Kulturen*"[1067], Renate Krammer-Stark spricht von ihnen als „*Trägerinnen einer „archaischen", matriarchalen und subsistenzorientierten Kontinuität.*"[1068] Es sind alte, vergessene Weltbilder, die sich in diesen mündlich weitergegebenen und erst viel später niedergeschriebenen Erzählungen erhalten konnten, auch wenn sie mit der Zeit Veränderung erfuhren und der wahre Kern der Sagen von christianisiertem Beiwerk und patriarchalen Verdrehungen erst wieder zu befreien ist. Aussagen der einstigen Kulturen über ihr Verhältnis zur Natur und den Lebewesen sind jedoch erhalten geblieben, vom historischen Ballast befreit können die grundlegenden Denk- und Lebensweisen wieder zum Vorschein gebracht werden. Die Wiederentdeckung der Reste einer zweiten Kultur, der matriarchalen Vergangenheit, kann also über die Deutung von Mythen und Sagen geschehen, mit dem Ziel, diese matriarchalen Reste als solche zu erkennen und den heutigen Gegebenheiten entsprechend wiederzubeleben.[1069]

Hinsichtlich des Topos Gletscher fällt die an mehreren konkreten Orten auftretende Sage auf, die von schönen und reichen Almen, Dörfern oder Städten berichtet, die als „Strafe" vom Eis verdeckt wurden und unter den Gletschern verborgen sind: unter der Pasterze beim Großglockner, am Hochkönig – hier ist es die Sage von der „Übergossenen Alm"[1070] –, am stark vergletscherten Bergmassiv Blüemlisalp mit dem Blüemlisalpgletscher[1071] – hier konnte sich der Inhalt der Sage sogar stark verkürzt im Flurnamen selbst erhalten –, unter dem Marmolada-Gletscher in Italien sowie dem Mer de Glace im Mont-Blanc-Massiv.[1072] Diese häufig auftretende Sage könnte auf ein konkretes Geschehen im Alpenraum hinweisen, eine plötzliche, drastische Klimaverschlechterung in der Zwischeneiszeit im Neolithikum[1073] und den raschen Vorstoß der Gletscher sowie deren Ausbreitung über vormals von Menschen genutzte Kulturflächen. In der Sage könnte

1066 Derungs in: James, 2003, S. 15

1067 Haid, 1990, S. 18

1068 Krammer-Stark, 2004, S. 60

1069 Vgl. Göttner-Abendroth, 1980, S. 8f.

1070 Würtl, 2002, S. 27

1071 Haid, 2004, S. 66f. Der zweithöchste Gipfel des Blüemlisalp-Bergmassivs heißt bezeichnenderweise „Wyssi Frau", also Weiße Frau. Ein weiterer Gipfel trägt den Namen „Wildi Frau" – Wilde Frau.

1072 Vgl. Bernhard in: bergundsteigen, 2/06, Innsbruck, 2006, S. 5f

1073 Vgl. Göttner-Abendroth, 2005, S. 307

aber auch ein Hinweis auf ein goldenes Zeitalter in den Alpen enthalten sein, in der das Klima für landwirtschaftliche Tätigkeiten in hohen Lagen günstiger war. Solche Mythen vom „Goldenen Zeitalter" sind bis heute in vielen Kulturen auffindbar, sie erzählen von paradiesischen Verhältnissen in der Vergangenheit, als die Menschen im Einklang mit der Natur lebten und einer plötzlichen Veränderung dieses Zustandes. Der matriarchatsforschende und patriarchatskritische Blick lässt folgende Interpretation zu: Die Sage von unter dem Gletschereis verborgenen Städten könnte den Untergang des Matriarchats im Alpenraum als einer reichen Hirt_innenkultur der Altsteinzeit[1074] erzählen, was der wissenschaftlich gängigen Meinung von „primitiven" steinzeitlichen Hirten und Jägern, die in den Sommermonaten auf Beutezug durch die Berge streiften, widerspricht. Die Ursachen für diesen Untergang sind ebenfalls in der Sage enthalten, zum einen ist es ein nicht vorhersehbares Naturereignis, der Vorstoß der Gletscher und durch die Zwischeneiszeit bedingte schwierige klimatische Verhältnisse für das Leben in den Bergregionen. Zum anderen ist eine drohende Patriarchalisierung der zivilisatorischen Verhältnisse zu erkennen, gewisse matriarchale Grundsätze des Zusammenlebens wie Gastfreundschaft, die Heilighaltung der Lebensmittel und die Achtung der Ältesten und Frauen drohen nicht mehr berücksichtigt zu werden, wie die Sage erzählt. Göttner-Abendroth sieht darin eine Entwicklung, die zeigt, dass matriarchale Grundprinzipien schon nicht mehr eingehalten werden[1075], bevor die Klimaveränderung eintritt, es sich bei den Bewohner_innen der Dörfer zum Zeitpunkt der Sage also bereits um eine durch den Patriarchalisierungsprozess bedrohte und geschwächte Gesellschaft handelt. Die durch die patriarchalen Einflüsse von außen ausgelösten zivilisatorischen Veränderungen und Störungen der naturverbundenen Kultur schwächten die Gesellschaft und machten sie für ökologische Veränderungen anfälliger.[1076] Plausibler scheint jedoch, dass sich in der Sage die Sorgen der matriarchalen Urbevölkerung vor den sich annähernden patriarchalen Einflüssen, Umbrüchen und Veränderungen ausdrücken.[1077]

1074 vgl. Göttner-Abendroth, 1988, S. 102. Archäologische Ausgrabungen von einer zu dieser Zeit, rund 7000 v. Chr., bestandenen urban-matriarchalen Kultur finden sich etwa in Chatal Hüyük in Anatolien. Zum Matriarchat in Tirol siehe Auer, 2009. Auer bettet das Sammeln und Jagen der steinzeitlichen Kulturen in ein spirituelles Naturverhältnis ein und bezeichnet sie als „*Subsistenz orientierte und zugleich magische (also die Verbindung erkennende und pflegende) Tätigkeiten.*" Auer, 2009, S. 257

1075 Göttner-Abendroth, 2005, S. 308

1076 Vgl. dazu die These des Zusammenhangs von ökologischen Veränderungen bzw. Krisen und patriarchalen Einflüssen von außen, zurückzuführen u.a. auf die Störung der naturverbundenen, lokalen Subsistenzkultur. Vgl. Davis, 2004

1077 Margotsdotter-Fricke, 2008, S. 72

Diese würden den Untergang der lokalen matriarchalen Kultur bedeuten, so die Sorge, was schließlich, verstärkt und beschleunigt durch Klimaveränderung und Gletschervorstoß, auch tatsächlich eintritt.[1078] In den Ötztaler Alpen handelt die lokale Version der eben erwähnten, an mehreren Orten auffindbaren Erzählung vom Untergang einer matriarchalen Gesellschaft vom Verschwinden zweier Dörfer mit den Namen Tanneneh und Donanä oder Onanä.[1079]

> *„Die Stadt Tanneneh liegt unter dem Gurgler Ferner und unter dem Grafferner, die Städte Donanä und Onanä liegen unter dem Langtauferer Ferner und dem Vernagtferner. [...] Unter den Gletschern liegen zwar nicht sagenhaft reiche, goldene Städte, sondern höchstwahrscheinlich eher kleine Almsiedlungen oder kleine Dörfer der Jungsteinzeit.“*[1080]

Hans Haid liefert auf die Erkenntnisse der Matriarchatsforschung verweisend bereits eine umfassende Interpretation der Sage.[1081] Die Namen der untergegangen Dörfer bezieht er auf die Göttin Dana beziehungsweise Ana/Anna und erkennt in der Sage einen Rest matriarchaler Kultur einer Zivilisation rund um die Göttin Dana, die ihren Lebensraum im hinteren Ötztal, Schnalstal und Langtauferer Tal hatte.[1082] Die christlich-patriarchale Umdeutung der ursprünglichen Sage erzählt später ebenso von einer prachtvollen Stadt Dananä, dann aber heißt es von den Bewohner_innen:

> *„Diese waren jedoch ein in alle Laster und Gräuel des Heidentums versunkenes Volk.“*[1083] Im Vergleich dazu lebte unweit *„ein frommer, gottesfürchtiger Bauer, der samt seiner Familie und seinem zahlreichen Gesinde mit ganzer Seele der jungen christlichen Glaubenslehre anhing. Des Himmels Segen waltete darum auch sichtbar über seinem Hause.“*[1084]

Neben der Sage von den untergegangenen Städten weisen weitere Bilder und Erzählungen in die räumliche Tiefe des Gletschers. Im Inneren des Gletschers befindet sich die Anderswelt als der Ort der Ahnen und ungeborenen Seelen, es ist ein Verbindungsort der Generationen, jener die vorausgegangen sind und jener,

---

1078 Vgl. dazu die Erklärung der Entstehung des Patriarchats durch Klimaverschlechterung und einfallende indogermanische Reiterhorden. *„Den letzten Rest gab dieser Kultur der Frauen und Mütter das Christentum und die endgültige Eroberung der Alpentäler durch indoeuropäische Völker.“* Haid, 2004, S. 73

1079 Die Sage kann nachgelesen werden in: Haid, 2006, S. 121 und 123ff., 128ff., siehe auch S. 131.

1080 Haid in: Alpenvereinsjahrbuch Berg 2004, S. 52

1081 Haid in: Alpenvereinsjahrbuch Berg 2004, S. 52f.

1082 Ebda.

1083 Haid, 2004, S. 57

1084 Haid, 2004, S. 57

die noch kommen werden.[1085] Seine Ambivalenz als leben- und todbringend sowie die Verbindung von Gegenwart und Vergangenheit spiegelt sich in dieser Wahrnehmung wider, die einen gänzlich anderen Umgang mit dem Gletscher bedingt. Zerstörung würde die Störung der Anderswelt bedeuten, die Zerstörung des Lebensortes und Wohnortes der Ahn_innen und ist deshalb ein Tabu.

Es stellt sich die Frage nach den Gründen für die Wahrnehmung des Gletschers als Anderswelt, Durchgangswelt der Seelen vor der Wiedergeburt und Aufenthaltsort der Ahn_innen. Der Topos Gletscher ist nicht als Lebensort für die Menschen geeignet, er stellt also einen Grenzbereich beziehungsweise einen Bereich jenseits des menschlichen Alltags dar. Durch das Wasser ist er jedoch mit den Lebensorten der Menschen verbunden, die wasserspendende Eigenschaft prägt die Wahrnehmung des Gletschers als Ort, aus dessem Inneren das Leben stammt, beziehungsweise als Topos, der das Leben an anderen Topoi ermöglicht. Zudem spielt sicher auch die andere Zeit-Dimension, die mit dem Topos Gletscher als dem „ewigen Eis“ verknüpft ist und die über das menschliche Erfahrungswissen sowie das Denken in sieben Generationen hinaus geht, eine gewichtige Rolle. Diese übermenschliche Dimension macht den Gletscher zum heiligen Naturort, zum Ort der Erfahrung nach dem Tod und vor der Wiedergeburt. Die katholische Fortführung der Verortung der Anderswelt im Topos Gletscher entwickelte die Vorstellung, im Gletscher hielten sich die armen Seelen auf.[1086] Die sogenannte „Kalte Pein“, welche die armen Seelen zu erleiden hätten, wäre demnach das alpine Pendant zum Fegefeuer, eine christliche Denunzierung der matriarchalen, mit angenehmen Assoziationen verknüpften Anderswelt.

In Verbindung mit der Anderswelt und dem Reich der Ahnen[1087] als Ort des Todes und der Wiedergeburt steht die weiße Ahnfrau. Hier liegt der Verweis auf die Saligen Fräulein, die unter anderem im Inneren des Gletschers, in der Anderswelt wohnen, nahe.[1088] Mit ihrer weißen, leuchtenden, strahlenden Erscheinung entsprechen sie der glänzenden Berggöttin Alpina/Albina und zu guter Letzt dem Naturphänomen Gletscher selbst.

> *„In allen diesen Sagen hören wir von Frauen oder Mädchen. Sind es Erinnerungen an alte weibliche Gestalten, vielleicht an verschwundene Salige oder Mütter oder andere wissende Frauen?“*[1089]

1085 Vgl. Peskoller, 2008, S. 194

1086 Vgl. Scharfe, 2007, S. 82

1087 Auer, 2007, S. 279

1088 Werlhof sieht in den Saligen *„Übergangsgestalten zwischen der Anderswelt und der hiesigen Welt.“* Werlhof, 2011, S. 200

1089 Haid, 2004, S. 62

2.4. Die Saligen als Seele der (Gletscher)-Natur

> *„Weißes Gewand, blondes Lockenhaar, so tanzen sie über Gletschergründen ihren Reigen. So sitzen sie beim Spiel tief drinnen im Berg in gold- und diamant glänzenden Hallen.*"[1090]

Zu den bekanntesten Alpensagen zählen jene von den Saligen oder Wilden Fräulein.[1091] Ihre Wohnorte sind die höchsten Alpenregionen, die Gletscher und Ferner und die darin verborgene Anderswelt[1092], aber auch die Flachsfelder im Tal.[1093] In den Erzählungen um diese geheimnisvollen Frauen konnte sich die Erinnerung an die alte naturfreundliche Lebensweise der Alpenbewohner_innen erhalten, es sind *„Reste und Erinnerungen an eine matriarchal geprägte Zeit der Alpen"*.[1094]

Der Name der Saligen oder seligen Fräulein[1095] geht auf das althochdeutsche Wort „salig" zurück, einem Vorläuferbegriff von „selig", und kann etymologisch betrachtet mit „glücklich" und „gütig" übersetzt werden.[1096] In der Literatur finden sich in der Deutung des Namens der Saligen Frauen aber auch Hinweise auf einen keltischen Begriff „salanos", der heil, ganz, gesund, heilig bedeutet[1097] und eine Verbindung mit lateinisch „salvus" für *„heil, gerettet, wohlbehalten"*[1098] und gesund. Die Silbe sal/hal ist heute noch in den Wörtern Salz, Salbe und Salbei[1099] zu entdecken, sie verweist auf eine alteuropäische Wortwurzel sal/sel für „Wasser".[1100] Ergänzend ist die etymologische Betrachtung des Wortes „Salz" zu erwähnen, das auf ein (indo-)germanisches Herkunftswort *sel für „Bodensatz" zurückgeht und damit in Verbindung stehend die Begriffe „Sediment und Schlamm".[1101] Der

---

1090 Haid, 1992, S. 188

1091 Die Saligen in den Sagen im Raum Ötztaler Alpen kommen häufiger vor als in anderen alpinen Bergregionen. Vgl. Haid in: Alpenvereinsjahrbuch, 2004

1092 Haid, 2004, S. 73

1093 Göttner-Abendroth sieht darin einen Hinweis auf den frühen, von Frauen gepflegten Ackerbau in den Alpen, Göttner-Abendroth, 2005, S. 196

1094 Haid, 2004, S. 73

1095 In einigen Varianten der Sagen ist die Rede von den seligen Fräulein, vgl. Fuchs/Krapf, 2009, S. 93.

1096 Siehe Kluge, 2002, S. 840

1097 Resch-Rauter, 1992, S. 317. Zu „salanos" ist der Hinweis auf „Selena" aufschlussreich, was die „Mondin" bedeutet und das daraus abgeleitete englische Wort „silly", das ursprünglich „gesegnet" meinte und später zu „dumm" verdreht wurde. Siehe Walker, 193, S. 734.

1098 Stowasser, 1994, S. 453

1099 Resch-Rauter, 1992, S. 317f.

1100 Derungs, 2006, S. 214

1101 Kluge, 2002, S. 783

Sinnzusammenhang Wasser/Schlamm[1102]–heilig–heilend[1103] verdichtet sich demnach im Namen der Saligen Frauen, die der Namensbedeutung entsprechend und den Erzählungen nach auf oder im Wasser, etwa in Form von Gletschereis, wohnen.

> *„Der Gletscher ist nach den Vorstellungen der Alten nicht tot, sondern belebt von vielfältigen Wesen, die alle in irgendeiner Weise für das Gute wirken."*[1104]

> *„Die Saligen stellen einen Ausschnitt der großen Göttin dar und stehen in Beziehung mit der heilenden, ausgleichenden Kraft der Natur, mit der Fähigkeit, eine gestörte Harmonie wieder ins Gleichgewicht zu bringen. [...] Damit stehen die Saligen in der Tradition so vieler Kulturen, die alle ihre Heilgöttinnen hatten, weil sie wussten, dass ihnen die Natur alles zur Verfügung stellt, um Krankheiten, Naturkatastrophen oder andere gestörte Harmonien wieder ins Lot zu bringen."*[1105]

In den Erzählungen der Saligen kommt die matriarchal-lebensfreundliche Wahrnehmung des Topos Gletscher personifiziert zum Ausdruck, das Gletscherbild konkretisiert sich in den Sagen von den Saligen als weiße und weise, wissende Frauen oder Erscheinungsformen der alpinen Göttin selbst.[1106] Dabei liegt der Vergleich mit dem dreigestaltigen matriarchalen Göttin-Bild nahe, denn die Saligen treten in den Sagen meist zu dritt auf, eine Ausdrucksform, die später in den drei Bethen Wilbeth, Ambeth und Borbeth sowie christianisiert in den drei heiligen Madln Katharina, Margaretha und Barbara sowie den drei heiligen Königen (Königinnen) weitergetragen wird.[1107]

Passend zu den Saligen soll an dieser Stelle kurz auf die Geschichte der „Geierwally" hingewiesen werden: Die Hauptfigur Wally im Roman „Geierwally" von Wilhelmine Hiller ist eine selbstbewusste Bergbauerntochter, die sich vom Leben im Dorf abwendet, von ihrem Vater in die Eiswelt des Marzellferners verbannt wird und dort Hilfe bei den Saligen sucht. Nach ihrer Rückkehr ins Dorf berichtet

---

1102 Vgl. hierzu auch den Verweis von Sibylle Auer auf den etymologischen Zusammenhang von Mutter und Moder – Schlamm, Auer in: Projektgruppe „Zivilisationspolitik", 2009, S. 181, Fußnote 19 sowie den Begriff „Essigmutter" als der „Bodensatz im Essig", Kluge, 2002, S. 260.

1103 Vgl. dazu auch eine der Herkunftsdeutungen des Begriffs „Alchemie" als „heilige Flüssigkeit" oder „Umgang mit dem schwarzen Nilschlamm", der die Böden in zyklisch wiederkehrenden Überschwemmungen fruchtbar werden ließ. Vgl. das Interview mit Claudia von Werlhof in: Die andere Realität, 2013

1104 Bernhard, 2006, S. 57

1105 Bernhard, 2006, S. 58

1106 Vgl. Fuchs/Krapf, 2009, S. 80

1107 Vgl. Haid, 1990, S. 148ff. und Haid in: Alpenvereinsjahrbuch 2004, S. 48 sowie zur ursprünglichen Bedeutung der drei heiligen Könige vgl. Haid, Gerlinde in: Luger, 1995, S. 159ff.

sie von den Seligen Fräulein und nennt sie die Töchter von Murzoll, die in den weiten Hallen des Eis leben, weiße, schneeglitzernde Gestalten in wallenden Nebelgewändern mit einer Herde Gämse.[1108] Der katholische Priester im Dorf wertet dieses Gerede als „heidnisch" ab.[1109] Die im Roman geschilderte Reaktion spiegelt die wirklich stattgefundene Denunzierung, Transformation und Verniedlichung – allesamt patriarchale Methoden – der Sagen von den Saligen wider. Zu Beginn des 19. Jahrhunderts noch kam es im Ötztal zu einem Aufstand, da *„sich ‚aufgeklärte' Ötztaler gegen diese angeblich diskriminierenden ‚Märlein' wehrten. Es seien lediglich bunte Lügengeschichten, die in dumme Bücher kommen."*[1110] Die Verdrehung des Inhalts in später entstanden Saligen-Sagen entspricht ebenso dem Patriarchalisierungsprozess. Die Saligen werden dann zu bösen alten Hexen[1111] oder durch hässliche, furchterregende Fasnachtsgestalten ersetzt.[1112]

Die Bedeutung der Saligen wieder wahrnehmend, was auch der Häufung der Sagen in den Ötztaler Alpen entspricht, soll im Folgenden eine ausgedehnte Betrachtung anhand der fünf zivilisatorischen Grundverhältnisse und fünf politischen Sinne[1113] geschehen, welche die matriarchale Gestaltung der „Saligen-Kultur", wie sie in den Erzählungen beschrieben wird, aufzeigen soll.[1114] Aus dieser bewussten Wahrnehmung können Erkenntnisse für ein neues, lebensfreundliches Verhältnis zum Topos Gletscher gewonnen werden, die in einer sich daran orientierenden, zukünftigen nicht-patriarchalen Zivilisation, im Sinne einer Ordnung des Zusammenlebens[1115], weitergetragen werden können.

1108 Aus: Hiller, 1921, S. 50

1109 Hiller, 1921, S. 209.

1110 So berichtet der Zeitgenosse, Schriftsteller und Naturwissenschaftler Adolf Pichler, zitiert nach Haid in: Alpenvereinsjahrbuch, 2004, S. 51

1111 Vgl. Fuchs/Krapf, 2009, S. 79

1112 Letztere Methode hat Aktualität und scheint als eine „logische", der Zeit entsprechende Reaktion patriarchal vereinnahmter Kunst: in der Inszenierung der Oper „La Wally" am Tiroler Landestheater im Winterspielplan 2012/13 werden die in der ursprünglichen Fassung der Oper vorkommenden Saligen Fräulein auf dem Marzellferner durch furchterregende Fasnachtsberchten ersetzt.

1113 Die fünf politischen Sinne bilden den Maßstab für die Gestaltung der zivilisatorischen Verhältnisse und sind: der Gemeinsinn, der Gerechtigkeitssinn, der Verantwortungs-, Freiheits- und Gleichheitssinn. Vgl. Genth in: Projektgruppe „Zivilisationspolitik", 2009, S. 36 und S. 42

1114 Grundlage für die folgende Betrachtung sind die Sagen „Die drei Seligen Fräulein ob der Morin im Ötztal", in: Fuchs/Krapf, 2009, S. 93 sowie „Die drei wilden Fräulein am Ferner", in: Haid, 2006, S. 110.

1115 Vgl. Genth in: Projektgruppe „Zivilisationspolitik", 2009, S. 34

„Die Saligen Fräulein gelten in der Sagenforschung auch als ‚Herrinnen der Tiere', als Beherrscherinnen der Hochregionen der Alpen. Sie sind helfende und auch strafende Gestalten. Sie kommen fallweise von den Bergen herunter, helfen den Bauern, geben Ratschläge, verweisen auf den Gebrauch der Kräuter, vermitteln das Wissen um die Verarbeitung von Milch zu Butter und Käse. Sie können auch Lawinen und Muren auslösen."[1116]

Ein matriarchal gestaltetes Verhältnis zur umgebenden Natur als dem grundlegenden Verhältnis einer Zivilisation, an dem sich alle anderen Formen des Zusammenlebens orientieren, ist lebensfreundlich und lebenserhaltend. Demnach wäre ein matriarchaler Umgang mit dem Topos Gletscher alles andere als ein den Gletscher zerstörender[1117], sondern einer, der sich an den Zyklen und Gegebenheiten der Natur richtet, die Erscheinung des Gletschers wahrnimmt und sich in mimetischer Verbundenheit[1118] nach ihm ausrichtet. Die Kultur, die sich daraus entwickelt, wäre eine des Gebens und Schenkens[1119], so, wie der Gletscher sein Schmelzwasser als Gabe weitergibt.

„Die Gämsen waren ihre Haustiere; sie fütterten sie, tränkten und pflegten sie und schützten sie gegen die Jäger."[1120]

Die Saligen leben laut den Erzählungen im Einklang mit der Natur[1121], ihr Wohnort ist die Wildnis, ihre nicht domestizierten „Haustiere"[1122] sind die Tiere des Berges, allen voran die Murmeltiere und Gämsen, die sie vor Jägern und Wilderern beschützen.[1123] Ihr Wesen wird als freundlich, liebenswürdig und gütig-gebend beschrieben, mit weisen Ratschlägen belohnen sie die ihnen wohl gesinnten Alpenbewohner_innen. Gleichzeitig gelten sie aber auch als rächend,

---

1116 Haid in: Alpenvereinsjahrbuch Berg 2004, S. 48

1117 Vgl. dazu das Kapitel Gletscher im ersten Teil.

1118 Vgl. dazu den Mimesis-Begriff bei Renate Genth als „nachahmendes Geschehen", das dem Mutter-Kind-Verhältnis entspringt. Genth, 2002, S. 24ff.

1119 Vgl. Wörer in: Projektgruppe „Zivilisationspolitik", 2011, S. 179-202

1120 Haid, 2004, S. 51

1121 Vgl. Fuchs/Krapf, 2009, S. 77ff.

1122 Die Tiere, mit denen sich die Saligen umgeben, können als Begleittiere oder Totemtiere gedeutet werden. Das Wort „Totem" stammt von „Ototeman", was „aus demselben weiblichen Schoß" bedeutet. Im Totemtier und im Begleittier der Saligen spiegelt sich demnach ein ebenbürtiges, verwandtschaftlich-geschwisterliches Naturverhältnis wider. Vgl. dazu Derungs in einem Vortrag am 6.3.10 an der Universität Innsbruck.

1123 Hier drängt sich ein Vergleich der Saligen mit der griechischen Waldgöttin Artemis, der Hüterin der Wildnis und der wilden Tiere, auf, die auch als Bergmutter gilt. Vgl. Fuchs/Krapf, 2009, S. 89

vor allem, wenn ihnen selbst oder ihren Haustieren Bedrohung widerfährt und die Freiheit beschnitten wird.

> *„Ungeteilte Freiheit gibt es nur dort, wo alle vorab Gleiche sind; und zwar darin, dass sie in aller fröhlichen Vielfalt und Ungleichartigkeit eben frei sind von jeglichem Übergriff."*[1124]

Freiheits- und Gleichheitssinn sind für die Kultur der Saligen prägend, alle Lebewesen sind frei und einzigartig. Für die Saligen gilt die Gleichheit in Bezug auf die für alle gleich geltende Freiheit der Tiere, etwa der Gämsen und Murmeltiere. Sie schützen sie vor dem Übergriff durch den Menschen und fordern den Respekt für die Tiere von den Männern, die sie besuchen, ein. Dem Naturverhältnis nach ist dieses Verhalten Ausdruck einer lebensfreundlichen Kultur.[1125]

> *„Weiters musste er ihnen versprechen, nie eine Gämse oder ein Schneehuhn, ja nicht einmal ein Murmeltier zu jagen."*[1126]

In einer romantisch ausgeschmückten Version der Sage, aufgezeichnet zu Beginn des 20. Jahrhunderts, finden wir im Kern den Hinweis darauf, dass die Saligen neben den Tieren auch den Pflanzen wohl gesinnt sind und ihr Wissen um deren Nutzen als Heilkräuter oder Nutzpflanzen, wie etwa den Leinen liefernden Flachs, an gute Menschen weitergeben.[1127] Die Saligen weben die aus der Flachspflanze gewonnene Fäden, die wie das Mondlicht erscheinen, zu feinstem Leinentuch.[1128] Ebenso schenken sie den Menschen die Kunst der Verarbeitung von Milch zu Butter und Käse.[1129] In den Sagen rund um die Saligen tauchen

---

1124 Vgl. Genth in: Projektgruppe „Zivilisationspolitik", 2009, S. 40.

1125 *„Ob Freiheit und Gleichheit als derartige Naturgaben respektiert werden, bezeichnet die Lebensfreundlichkeit einer Zivilisation."* Genth in: Projektgruppe „Zivilisationspolitik", 2009, S. 41

1126 Haid, 2004, S. 54

1127 *„Mit Augen blau wie die Blüte des Flachses, mit Haaren blond wie frisch gehechelter Flachs, im weißen Gewande, wallen sie auf den Bergwiesen und segnen Pflanze und Kraut.[…] in der Kristallgrotte sponnen sie den Zwirn, den sie braven Mädchen zur Ausstattung schenken und der nie reißt."* Adolf Pichler, Wanderbilder, 1906, Auszüge abgedruckt in Haid, 2002, S. 143. Die Saligen erinnern in ihrer Tätigkeit des Flachsspinnens an die dreifache Göttin in Gestalt der Schicksalsgöttinnen, siehe Walker, 1993, S. 965.

1128 Vgl. dazu die in der matriarchalen Spiritualität vorkommende Verbindung von Frau/Göttin und Mond sowie die Farbe des weißen Leinentuches, des weißen Mondlichtes und des weißen Schnees auf dem Gletscher. Vgl. zu den Saligen die namensähnelnde Gestalt der Selena, der Mondin, vgl. Walker, 1993, S. 734.

1129 Siehe dazu den aufschlussreichen Artikel: Haid in: Alpenvereinsjahrbuch, 2004. Die matriarchal-mütterliche Weitergabe des Wissens um die Verarbeitung der

wiederholt die Attribute Fruchtbarkeit und Fülle auf. So wird erzählt, dass sich die Saligen unter die Menschen mischen, indem sie zum Beispiel, wie in später entstandenen Versionen der Sagen erzählt wird, einen Bauer heiraten. Sobald stellt sich Glück, Segen und Fruchtbarkeit auf dem Hof ein, alles blüht und gedeiht, vorausgesetzt die matriarchalen Grundsätze von Freiheit, Naturfreundlichkeit und einer Kultur der Gabe, die das salige Fräulein zu Beginn einfordert, werden eingehalten. Ist dies nicht der Fall und kommt es zum Bruch mit der matriarchalen Kultur, verlässt die wilde Frau den Hof und mit ihr verschwinden Glück und Segen sowie das Wissen um die tätigen Praktiken im Umgang mit der Natur.[1130] Die Konsequenzen des patriarchalen Handelns sind unmittelbar, wie diese Passage der Saligen-Sage zeigt, sie führen zu einer Verschlechterung der Verhältnisse. Eine Tatsache, die hinsichtlich des gegenwärtigen Naturumgangs und daraus resultierend der Veränderungen in den zivilisatorischen Verhältnissen zum Nachdenken anregen sollte.

> *„Diese magischen Praktiken wurzeln im verwandtschaftlichen Naturverständnis und pflegen das Wissen um die Zusammenhänge, so wie in vielen Tiroler Sagen helfende Almgeister die Ungerechtigkeit auszugleichen versuchen, umverteilen (Gaben) und achtungsvolles Verhalten belohnen.“*[1131]

Es ist die Fülle und Prosperität, die hier zum Ausdruck kommt und möglicherweise, so wie die Sagen von den unter den Gletschern verschwundenen Städten, Hinweis auf ein goldenes Zeitalter in den Alpentälern sind. Solange die Saligen vor Ort sind, gibt es genügend und gute Nahrung, fette Almwiesen, Milch gebende Kühe, Getreide und Heilkräuter, Brotwecken und Garnknäuel, die nie enden, kurz gesagt: paradiesische Zustände in der Fülle der alpinen Natur.

> *„Gegen die Leute waren sie freundlich, kamen zu ihnen in liebenswürdiger Gestalt und gaben ihnen allerlei weise Ratschläge.“*[1132]

Das politische Verhältnis als die Weise des Zusammenlebens mit den anderen Menschen ist in der „Saligen-Kultur“ vom Gemeinsinn geprägt. Hilfsbereitschaft und Gastfreundschaft sind eine Selbstverständlichkeit und tauchen als

---

Milch als auch das matriarchal-mütterliche Verhältnis zur Kuh und zu anderen Milch gebenden Nutztieren drückt sich im englischen Wort „daughter“ und dem deutschen „Tochter“ und seiner etymologischen Verwandtschaft zu „melken“ aus. Siehe dazu König in: Projektgruppe „Zivilisationspolitik“, 2009, S. 352

1130 Die Sage dazu findet sich in Fink, 1996. S. 8f. Die Saligen wollen keinen Lohn für ihre Gaben, vgl. Fuchs/Krapf, 2009, S. 77.

1131 Auer in: Projektgruppe „Zivilisationspolitik“, 2009, S. 192

1132 Haid, 2004, S. 51

Verhaltensweisen der Saligen besonders im Umgang mit jungen Männern auf: *„Sie sangen wunderbare Lieder, sie stellten ihm die feinsten Speisen vor, wie er zuvor nie gesehen und gekostet hatte. Auch sagten sie ihm, er könne von nun an kommen, so oft er wolle.“*[1133] Bedingungslose Gastfreundschaft ist ein Merkmal matriarchaler Gesellschaften[1134] und als ein Aspekt zu erkennen, der auf ein Leben in Gemeinschaft sowie in Folge auf ein matriarchales politisches Verhältnis der „Saligen-Kultur“ hinweisen könnte. Der Verantwortungssinn gegenüber der Natur und den Tieren ist ein weiteres Zeichen für die Lebensfreundlichkeit der Saligen, sie beschützen die Natur und ihre Lebewesen und fühlen sich für den Erhalt derselben verantwortlich. Als egalitär kann das Verhalten der Saligen im Umgang mit den Menschen im Tal erkannt werden, wenn sie hinabsteigen, um mit ihnen zu leben und für sie zu arbeiten, unter der Bedingung, dass ihr Name nicht ausgesprochen werden darf, denn dann würde ihre „übermenschliche“ Natur aufgedeckt werden.

Das nächste zivilisatorische Verhältnis nach Genth drückt den Umgang mit den vorangehenden und nachkommenden Generationen aus, in den alltäglichen Subsistenztätigkeiten, aber auch in der kulturell-rituellen Verbindung mit den Ahninnen und Ahnen. Der Kristallpalast der Saligen im Inneren des Gletschers ist nicht nur ihr Wohnort, sondern kann durchaus auch als Anderswelt gedeutet werden. Hier nehmen sie etwa den jungen Hirten oder Jäger auf, um ihn nach einer Zeit des Aufenthalts in ihrem Reich, dem Ort der Ahnen[1135], im Sinne einer Wiedergeburt oder einer Art Initiation wieder an die Welt freizugeben. Die respektvolle Verbindung zwischen den Generationen ist aber auch in der Weitergabe der Subsistenztätigkeiten und des Erfahrungswissens erkennbar. Die Saligen weisen als weise Frauen die Bewohner_innen der Alpentäler in die Kunst des Flachsanbaus und in weitere agrikulturelle Praktiken ein. Eine Zivilisation, die sich an dieser Haltung orientiert, gibt ebenso das Wissen an die jüngere Generation weiter und schafft dadurch die Basis für eine Kontinuität der Subsistenzkultur.

> *„Auch hatten sie ihm mitgeteilt, er dürfe an jedem Vollmondabend auf drei Tage wieder zu Besuch kommen.“*[1136]

Das Geschlechterverhältnis der „Saligen-Kultur“ zeigt in der Betrachtung der Sageninhalte, in denen sie meist jungen Männern begegnen, eine eindeutig matriarchale Ausrichtung. Die Aufforderung des Wiederkommens bei Vollmond

1133 Haid, 2004, S. 51

1134 Göttner-Abendroth, 2005, S. 308

1135 Auer, 2007, S. 279 und Göttner-Abendroth, 2005, S. 308

1136 Haid, 2004, S. 54

ähnelt der Besuchsehe in noch lebenden matriarchalen Gesellschaften.[1137] Der Hirte oder Jäger, der in seinem Streifzug durch die Berge den Saligen Frauen begegnet, ist aber auch mit der Person des grünen Mannes[1138] vergleichbar, der als Beschützer der Tiere und Vegetationsheros der matriarchalen Göttin auftritt.[1139] Unter diesem Blickwinkel können die ebenfalls in Alpensagen vorkommenden Eismandl als junge Männer oder Söhne der Göttin erkannt werden. Sie leben im Eis, in Eishöhlen und bewachen die darin verborgenen Schätze, sind großzügig und hilfsbereit den Guten gegenüber.[1140] Durch das Gletschertor oder eine Felsgrotte dringt der Hirte oder Jäger in das Innere des Göttin-Leibes, konkret in den glitzernden und glänzenden Kristallpalast der Saligen, ein, diese erwarten ihn mit wunderbaren Liedern, üppigem Essen und Liebkosungen. Der Eintritt in den Gletscherpalast ist eine Analogie zur geschlechtlichen Vereinigung des jungen Geliebten mit der Göttin(-mutter) beziehungsweise mit den Saligen als eine Erscheinungsform der Göttin in ihrem Kristallpalast-Tempel. Diese Vereinigung finden wir in der matriarchalen Mythologie als Heilige Hochzeit oder „hieros gamos" wieder. Die Vereinigung von Frau/Salige und Mann/Hirte entspricht der matriarchalen Spiritualität und den Riten und Kulten, in denen diese zum Ausdruck kommt. Der Austritt des jungen Mannes durch das Gletschertor, eine Felsspalte oder Schlucht kommt einer (Wieder-)Geburt aus dem Gletscher als der Gebärmutter der Erde gleich. Es ist ein uraltes, spirituelles Grundmuster, dem zu Folge die Frau als Verkörperung/Verleiblichung der unsterblichen, kosmischen und allumfassenden Göttin in Verbindung mit dem sterblichen, männlichen und menschlichen Priester oder Heros tritt, sich mit ihm jährlich einmal im Ritual der Heiligen Hochzeit vereinigt und dadurch beide Geschlechter gemeinsam zum Fortbestand des Lebens beitragen. Nach Derungs kann diese Version der Saligen-Sagen jedoch auch als Motiv der schamanischen „Weltreise" gedeutet werden.[1141] Es ist eine Art Initiation der jungen Menschen, die den Zyklus von Tod und Wiedergeburt nachempfindet. Zwischen den beiden Ereignissen steht der Aufenthalt bei der Ahnin oder Göttin, währenddessen der Jüngling oder die junge Frau praktische Fähigkeiten erlernen[1142] mit dem Ziel,

1137 Vgl. Göttner-Abendroth, 1988a und 2000

1138 Der matriarchale Mann, christianisiert der Christophorus oder auch in der ähnlichen Figur des Robin Hood.

1139 Vgl. Derungs, 2006, S. 96 sowie Göttner-Abendroth, 1980 und Margotsdotter-Fricke, 2008, S. 143

1140 Vgl. Sage bei Haid, 2006, S. 114f.

1141 Vgl. Derungs, 2006, S. 96

1142 Margotsdotter-Fricke, 2008, S. 102 und 110f sowie Werlhof, 2011, S. 201. Vgl. dazu auch das Märchen von Frau Holle.

die „*Magie der Welt [zu] erkennen*“[1143]. Die jungen Menschen qualifizieren sich vor dem Antritt zur „Weltreise“ oft durch Hilfsbereitschaft und Großherzigkeit und gelangen so zur Ahnin/Göttin an einen verborgenen Ort, um vorbereitet und initiiert in das Leben auf der Erde zurück zu kehren.

Im Eintreten des Hirten in den Gletscherpalast und seiner anschließenden Wiedergeburt lässt sich das Transzendenzverhältnis der „Saligen-Kultur“ als Leben-Tod-Wiedergeburt-Zyklus und damit als matriarchal erkennen. Es ist die Wahrnehmung der Naturzyklen des Werdens und Vergehens und des ewigen Kreislaufs des Lebens[1144], die diesem Verständnis vorausgeht. Am Topos spiegelt der auf dem Gletscher liegen bleibende Schnee diesen Zyklus wider, er vergeht/stirbt, in dem er sich in Eis verwandelt und in dieser Form in den Leib des Gletschers eingeht. Dort aufbewahrt tritt er später als Schmelzwasser aus dem Inneren des Gletschers, wo die Saligen wohnen, wieder in den lebendigen Zyklus der Natur ein, beziehungsweise trägt dadurch zur Fruchtbarkeit der Natur bei. Die bereits im Generationenverhältnis erwähnte Wahrnehmung des Kristallpalastes der Saligen im Gletscherinneren als die Anderswelt ist ebenso im Sinne einer matriarchalen Spiritualität von der zyklischen Wiedergeburt zu verstehen. Der Saligenpalast ist der mythische Glasberg, in dem eine schöne Prinzessin wohnt, etwa in Gestalt der Saligen. Er ist aber auch der Ort der Ahn_innen und des Aufenthalts zwischen Leben und Tod, wie er im Märchen von Schneewittchen als Glassarg auftaucht, in dem sie schläft, um wiedergeboren zu werden.[1145] Im jüngeren Märchen „Die Unendliche Geschichte“ von Michael Ende taucht dieses Bild mit der gütigen „Kindlichen Kaiserin“, auch „Mondenkind“ genannt, wieder auf. Sie trägt strahlend weißes Haar und ist in weißes Gewand gekleidet, lebt im Elfenbeinturm im Reich „Phantásien“, wohin das Menschenkind Bastian gelangt, um dort, in einer Art Initiationsreise, seinen wahren Willen zu finden.

> *„Immer wieder berichten die alten Sagen vom ‚verschwundenen Mann im Hinteren Eis‘, von einem Hirten oder Jäger, der in das Reich der Saligen vorgedrungen war und der eine von diesen geheimnisvollen Frauen geschützte Gämse schießen bzw. erlegen wollte. Beim Nachlesen in den verschiedenen Sagensammlungen hat es sich dann bestätigt: Dreimal berichten Sagen konkret über das Ereignis, dass ein Mann im Ferner verschwunden ist, immer im ‚Hinteren Eis‘, also in der Gletscherwelt des hintersten Rofentales.“*[1146]

1143 Margotsdotter-Fricke, 2008, S. 163

1144 Vgl. Göttner-Abendroth, 2005, S. 135. Vgl. dazu auch Derungs in: Projektgruppe „Zivilisationspolitik“, 2011, S. 324f.

1145 Derungs, 2006, S. 41

1146 Haid in: Alpenvereinsjahrbuch, 2004, der Text ist auch abrufbar unter: www.cultura.at/haid/texte (11.03.08)

Zu den vielfältigen, allesamt matriarchalen Deutungen der Sagen von den Saligen oder wilden Frauen und auch wilden Männern ist noch eine weitere zu erwähnen. Es könnte sich bei den Erzählungen um eine mündliche Weitergabe der Erinnerung an eine geschichtliche Wirklichkeit handeln, an eine alpine, matriarchale Urbevölkerung, die sich auf der Flucht vor von außen einwandernden patriarchalen Gruppen in die entlegenen Täler, Wälder und Bergregionen zurückzog, um dort weiterhin ihre naturfreundliche Kultur leben zu können.[1147] Im unvermeidbaren Aufeinandertreffen mit den Einwanderern zeigen sie diesen, ihrer matriarchalen Kultur des Gebens folgend, ihre Kenntnisse und Techniken der Agrikultur sowie jene Orte, wo Mineralien zu finden sind.[1148] An den Sagen vom Verschwinden der Saligen von den Bauernhöfen und ihrem Rückzug in die wilde Natur wird die Erinnerung an den weiteren geschichtlichen Prozess ersichtlich: Mit dem Bruch der matriarchalen Regeln und der Vertreibung der Frauen beziehungsweise der Be- und Entmächtigung der weiblichen Fähigkeiten und Weisheit wurde nicht nur die matriarchale Zivilisation verdrängt, transformiert und ausgelöscht. Fruchtbarkeit und Prosperität sowie das Leben in und mit der Fülle der Natur gingen ebenso verloren.[1149] Eine Konsequenz, die sich ebenso in den gegenwärtigen Szenarien an Naturzerstörung widerspiegelt, wie im ersten Teil an den vier Topoi des Berges aufgezeigt wurde.

Abschließend zur Betrachtung der Saligen-Sagen und ihrer Bedeutung für ein neues, matriarchal orientiertes Naturverhältnis ist folgender Aspekt zu berücksichtigen: Die Saligen können auch unter jenem Verständnis betrachtet werden, das sie als die Personifizierung der Dimension der „Seele“ in den Bergen wahrnimmt. Der etymologische Zusammenhang von „salig“ und „Seele“ ist zwar nicht nachweisbar[1150], doch bestätigt die Landschaftsmythologie, dass „*die Seele der Landschaft an zahlreichen außergewöhnlichen, sprich heiligen Plätzen, oft in weiblich-göttlichen Gestalten personifiziert auftritt.*“[1151] Es ist Zeit, sich der Präsenz der Saligen wieder zu erinnern und die (Gletscher-)Natur als beseelte und lebendige wahrzunehmen. Die Bewahrung der Gletscher und der Natur im Allgemeinen bedeutet auch: „*Es geht um die Rettung unserer Seele.*“[1152]

1147 Vgl. dazu Fuchs/Krapf, 2009, S. 104 und Göttner-Abendroth, 2005, S. 318

1148 Vgl. Fuchs/Krapf, 2009, S. 79

1149 Dieses Motiv findet sich auch im rätoromanischen St. Margaretha-Lied wieder, das von einer Hirtin handelt, welche die Alm verlassen muss. Mit ihr verschwindet auch die Fruchtbarkeit und Fülle der Natur. Siehe Haid, 1990, S. 55ff.

1150 Kluge gibt die Herkunftsbedeutung des Begriffs Seele als unklar an, Kluge, 2002, S. 837. Vgl. dazu auch Fuchs/Krapf, 2009, S. 79

1151 Fuchs/Krapf, 2009, S. 107

1152 Weber, 2008, S. 270

„Demzufolge erfahren Menschen in herrschaftsfreien, matriarchalen Verhältnissen die Natur als lebendig und beseelt, als Hervorbringende, die gibt und nimmt bzw. wandelt, als Zusammenhang. Matriarchale Gesellschaften pflegen diese Verbindungen als ein mütterliches bzw. fürsorgliches ‚Sich-Kümmern-Um' genauso zwischen den Generationen wie zwischen den Geschlechtern, gestalten Politik in diesem Sinne herrschaftsfrei, wie die Erfahrung der Mutter Erde Quelle der sakralen Begegnungen ist."[1153]

Die Saligen sind Ausdruck einer animistisch-matriarchalen Spiritualität sowie Naturphilosophie, die von der Beseeltheit und Lebendigkeit der Natur Ausgang nimmt.[1154]

3. Das, was (noch) da ist, wahrnehmen und vor weiterer Zerstörung bewahren

In Zeiten verheerender Zerstörung und „Neuschöpfung" am Topos Gletscher ist die Wahrnehmung der Lebendigkeit des Gletschers Notwendigkeit/Not wendend. Die Gletscher sind für das Leben in den Bergen unab*ding*bar, sie können nicht als *Ding* behandelt, abgeschafft und neu ersetzt werden, ohne dass dies lebensbedrohliche Konsequenzen hätte. Zum Leben in den Bergen gehören die Gletscher dazu, jeder von ihnen ist verortet beziehungsweise hat seinen fixen Ort an einem Berg. Die Gletscher sind sichtbarer Ausdruck einer horizontalen Ausdehnung in den Bergen, dort, wo die Vertikale dominiert, und füllen den Gebirgsraum mit ihrer *Mater*ie. Der Berg trägt den Gletscher wie eine Mutter ihr Kind, sie bilden eine Einheit, weit weg vom Geschehen „unten", im Tal. Die Verbindung zum „Unten" ist jedoch durch das Wasser gegeben, es rinnt von den Gletschern und Schneefeldern auf den Bergen zu Tal, dosiert und nährstoffreich, um die Kulturflächen zu bewässern und fruchtbar zu machen. Das Wasser ist jenes Lebenselement, das die Gletscher immer schon als Ausdruck ihrer Fülle und Kraft abgaben. Erst die durch den Fortschritt ausgelöste und durch die Maschinentechnik potenzierte Entwicklung macht das Gletscher-Schmelzwasser zu einem substanziellen Produkt eines zu Ende gehenden Naturphänomens. Um diesen beschleunigten Prozess Einhalt zu gebieten, gilt es, den Schnee von gestern[1155], das heißt die Ferner, gegenwärtig als lebendig wahrzunehmen und vor weiterer Zerstörung zu bewahren.

Die bewusste Wahrnehmung und Behandlung der noch vorhandenen Gletscher als Lebewesen kann ohne viel Aufwand, eigenmächtig und individuell

1153 Auer in: Projektgruppe „Zivilisationspolitik", 2009, S. 181

1154 Vgl. dazu Derungs in: Projektgruppe „Zivilisationspolitik", 2011, S. 325

1155 „Ferner" könnte mit „Schnee von gestern" übersetzt werden, denn der Begriff „Ferner" stammt von „Firn", was „alter Schnee" bedeutet, siehe Kluge, 2002, S. 295.

geschehen, etwa durch die Kommunikation mit dem Gletscher und das sich Annähern an die Ferner.[1156] Die Wiedererinnerung eines matriarchalen Naturverhältnisses, wie es etwa in Flurnamen, Erzählungen und Sagen noch bewahrt werden konnte, erweist sich dabei als hilfreich, um zu einem neuen/alten Umgang mit dem Topos zu gelangen. Es gilt, sich auf die Suche nach diesen matriarchalen (Gletscher-)Resten zu begeben, aus diesen zu lernen und sie auf dem Weg in eine neue, zukunftsfähige und lebensfreundliche Zivilisation mitzunehmen.

Im folgenden Kapitel richten sich Blick und Wahrnehmung auf den Topos Gipfel, das „Oben". Auch dieser ist ein Ort, der das Wasser speichert und dadurch das Leben im Tal ermöglicht, die schneebedeckten Gipfel werden weltweit aufgrund dieser Eigenschaft verehrt. Der Gipfel kann allerdings auch Ort echter, tiefer Kommunikation und Kontemplation sein, der Ort der Wildnis, an dem sich eine neue Naturverbindung wieder aufnehmen lässt. Der Gipfel ist einer jener Bergorte, an denen tiefe Wahrnehmung der Verbundenheit mit der Natur stattfinden kann, wie die folgenden Ausführungen zeigen.

1156 Etwa im Zuge von bewussten Wanderungen zu Gletschern hin oder Kunstwerken und Informationsveranstaltungen zum Thema Gletscher, um die Wahrnehmung und Sensibilität für dieses Naturphänomen zu stärken.

Oben
Topos Gipfel

1. Der Gipfel als Tabu-Ort und Topos für eine ästhetische Wiederannäherung an die Bergnatur

Trauer und Schmerz über die Zerstörung der Natur sind Ausdruck der Verbundenheit mit ihr, wie das vorhergehende Kapitel aufzeigte. Ein erster Schritt aus der Traumatisierung, die aus der fortschreitenden Zerstörung des Berges resultiert, ist es, wieder bewusst in Beziehung zu treten mit der Natur[1157] und allen Entfremdungstendenzen widerstrebend die Nähe zu ihr zu suchen. Es gilt, sich der (Berg-)Natur wieder anzunähern, sich in und auf die Berge zu begeben und die Verbindung zu ihnen zu spüren, in einer sinnlich-leiblichen, tiefen Wahrnehmung. Damit ist ein bewusstes sich Zuwenden gemeint, welches das Mitgefühl und die Betroffenheit[1158] über das, was gegenwärtig den Bergen angetan wird, nicht ausklammert. Die lebensfreundlichen Gefühle und der Leib wurden durch die Patriarchalisierung des Umgangs mit der Natur verunglimpft und verdrängt, vom „rationalen", „logischen" Denken und dem „reinen" Geist getrennt. Angesichts der zerstörerischen Auswirkungen der Prozesse, wie sie im ersten Teil an den vier verschiedenen Topoi des Berges aufgezeigt wurden, ist es höchst an der Zeit, das Naturverhältnis wieder zu ästhetisieren. Das bedeutet im Sinne einer Naturästhetik[1159], es wieder auf eine leiblich-sinnliche Wahrnehmung zu gründen.

Der Begriff „Wahrnehmung" beinhaltet das Tun-Wort „wahren", im weiten Sinne ist damit beachten, behüten und bewahren gemeint.[1160] Mit dem Wort „wahren" sprachlich verwandt sind aber auch die Aufmerksamkeit und das Schauen. Das lateinische Verb „vereri" steht ebenso in etymologischer Verbindung mit der Wahrnehmung, es kann mit *„scheuen, besorgt sein, verehren; fürchten"*, aber auch, und das ist hinsichtlich der *sinnlichen* Wahrnehmung bedeutend, mit „riechen" übersetzt werden.[1161] Was lässt sich nun aus diesen etymologischen

1157 Vgl. Isabelle My Hanh Derungs in: Projektgruppe „Zivilisationspolitik", 2011, S. 275-290

1158 Vgl. Böhme, 2001, S. 31

1159 Böhme, 1989

1160 Kluge, 2002, S. 969

1161 Kluge, 2002, S. 968f.

Zusammenhängen der Begriffe erkennen? Zum einen sind es eindeutig die Sinne, konkret sehen und riechen, welche mit der Wahrnehmung verbunden sind. Die leiblichen Sinne, die den Menschen mit seiner Mitwelt in Kommunikation treten lassen, sind Grundlage der Wahrnehmung, es ist also primär der Leib und nicht das Denken und der Verstand allein, der uns und unser Dasein in der Welt bestimmt. Auf die Bedeutung der Sinne wird später in der Beschäftigung mit der Ästhetik noch einmal zurück zu kommen sein. Als zweiter Aspekt lässt sich im Begriff „Wahrnehmung“ und in seiner Verbindung mit „be-wahren“ die Kultur erkennen, die in ihrer etymologischen Herkunft aus lateinisch „cultura“ und als Ausdruck einer matriarchalen Zivilisation einen sorgsamen, pflegenden und behütenden Umgang mit dem Leben meint und das Leben zu erhalten, zu *bewahren* versucht. Es ist ein Umgang mit der Natur, der über das leibliche Tätig-Sein und die Sinne geschieht und eine achtende, verehrende Beziehung zur Natur miteinschließt. Der Begriff „wahrnehmen“ steht in seiner Verknüpfung mit „bewahren“ und „wahren“ aber auch mit „warnen“ und „warten“ in Verbindung. Letzteres meint das Innehalten und die Langsamkeit, die es braucht, um in Kommunikation mit der Natur zu treten. Dem Fortschrittsgedanken und damit dem von der Natur fortschreitenden, sich entfremdenden, maschinentechnisch beschleunigten Umgang ist diese Haltung entgegengesetzt. Ein wahrnehmendes, empfindsames Naturverhältnis inkludiert die Sensibilität und Feinfühligkeit für das, was mit der Natur geschieht. Über die sinnliche Wahrnehmung wird die feinfühlige Verbindung zur Natur gestärkt und erhalten, mögliche auftretende Probleme und Veränderung können dadurch früh erkannt und darauf reagiert, beziehungsweise vor stattfindenden Zerstörungen und ihren Konsequenzen gewarnt werden. Warnen und wahrnehmen sind sprachverwandte Begriffe. Die wirkliche, sinnlich-leibliche Wahrnehmung der Verbundenheit mit der Natur zieht demnach nur eine einzige Konsequenz mit sich: sich auf die Seite der Natur zu stellen und wie eine Art „whistle blower“ oder Hüter_in der Natur vor jeglicher zerstörerischen Bedrohung derselben mit Vehemenz zu *warnen*. Dies wäre eine allumfassende und der Verbundenheit allen Seienden entsprechende, *wahrnehmende* Haltung.

„Die Natur, insbesondere die Bergnatur, ist Grund für ein sinnlich/sinnvolles Denken.“[1162]

Der eigene Leib und die Sinne sind die Erkenntnisquelle, aus der sich die Gestaltung der fünf zivilisatorischen Verhältnisse speist. Hinsichtlich des grundlegenden Verhältnisses zur Natur ist es die Ko-Präsenz[1163] oder das Miteinander von Naturerscheinung/Befindlichkeit/Anwesenheit des Wahrgenommenen, kurz die

---

1162 Peskoller, 1997, S. 64

1163 Vgl. Böhme, 2001, S. 73 sowie S. 81

Natur, etwa in der Erscheinungsform Berg als Lebewesen, und die leibliche Befindlichkeit/Anwesenheit des wahrnehmenden Subjekts. Wahrnehmen heißt die *„räumlich ausgebreitete[n] Präsenz“*[1164], die Sphäre einer Naturerscheinung zu spüren und die eigene Befindlichkeit/Leiblichkeit und leibliche Anwesenheit darin oder dazu.[1165] Wahrnehmung kann demnach als *„das sinnliche Sichbefinden in Umgebungen“*[1166] bezeichnet werden, das leiblich-sinnliche und bewusste *Da-Sein* in der gegebenen und gebenden Natur, in der Verbundenheit alles Seienden. Eine naturfreundliche Wahrnehmung stellt das Leben und die Natur in den Mittelpunkt und versteht sie als Ausgangspunkt allen Tuns. Wenn ich mich selbst als leiblich-fühlendes Naturwesen inmitten von lebendig-fühlender Natur[1167] wahrnehme, das heißt die *„Selbsterfahrung des Naturseins“*[1168] mache, dann führt die Bewusstwerdung der eigenen sinnlichen Natur zum Erkennen[1169] des Wesens der Natur und umgekehrt wird Naturerkenntnis zur Selbsterkenntnis.[1170] Erst die bewusste Verbindung von Natur und Menschennatur macht Erkenntnis möglich.[1171] Dieses Erkennen lässt ein *„Ökologisches Selbst“* entstehen, das es laut Tiefenökologie zu entwickeln gilt[1172], um in der gegenwärtigen Krisensituation in eine zukunftsfähige Lebensweise zu gelangen. Es ist die Empfindung und *Ein*sicht oder „Alles ist Eins“-Sicht des in der Natur eingebunden Selbstseins, die *„Bewusstwerdung der Verbundenheit“*[1173]. Das Empfinden und Wiederfinden dieser Verbundenheit ist ein eigenmächtiger Schritt, der aus sich selbst heraus gemacht werden kann und verlangt, sich auf die Suche zu begeben, um die Naturverbindung wieder zu finden, sie wahrzunehmen und wieder empfindsam zu werden.[1174]

1164 Böhme, 1992, S. 137f.

1165 Vgl. Böhme, 2001, S. 73 sowie S. 81

1166 Böhme, 1989, S. 10

1167 Natur ist Fühlen, siehe Weber, 2008.

1168 Böhme in: Böhme/Schiemann, 1997, S. 29

1169 Die Verbindung von Leibsinnlichkeit und Erkenntnis zeigt sich etwa an der hebräischen Silbe „Da-“ für Blut, die im Begriff „Ja-Da-“ für Erkenntnis beinhaltet ist. „Ja-Da-“ bedeutet aber auch wahrnehmen, innewerden, achtgeben, sich kümmern, verstehen. Jutta Voss sieht in diesem sprachlichen Zusammenhang einen Hinweis auf die Bedeutung der Menstruation und des Menstruationsblutes in den alten Kulturen. Voss, 1988, S. 28

1170 Böhme in: Böhme/Schiemann, 1997, S. 41

1171 Vgl. Werlhof/Schweighofer/Ernst, 1996, S. 102

1172 Macy/Young Brown, 2007, S. 60

1173 Werlhof in: brennstoff, 2007, S. 10. Vgl. dazu auch Werlhof, 2010a.

1174 Vgl. dazu die Bedeutung von „empfinden“ als „herausfinden, wahrnehmen“. Kluge, 2002, S. 243

Es gilt, sich in und für die Natur zu öffnen, die Wahrnehmung zu erweitern, alle Sinne und das Gespür mit einzubeziehen und in „*totale Kommunikation mit allem, was uns umgibt*“[1175] zu treten, auch wenn dies nicht mehr nur eine „heile“, gesunde Natur betrifft, sondern auch die Naturzerstörungen miteinschließt. Unser Leib und unsere Sinne sind unsere „*Verbindung zur Welt*“[1176], durch sie ist es möglich, die Zeichen der Natur zu vernehmen und daraus ein vernünftiges[1177] Handeln sowie Veränderungen im Tun abzuleiten. „*Vernunft erscheint als eine empfängliche Haltung*“[1178], als eine empfängliche Wahrnehmung, welche die Natur als Ausgang für das eigene Tun nimmt.

Eine derartige, in einem lebensfreundlichen Naturverhältnis eingebettete Wahrnehmung der Umgebung beinhaltet das Gefühl für den Lebens- oder Aufenthaltsort, beziehungsweise das sinnliche Bezogen sein und die Liebe zum Ort/ Topos. Erst durch ein liebendes Mitgefühl wird erkennen möglich[1179], nicht von ungefähr hängt der Begriff „kennen“ etymologisch mit „fühlen“ zusammen.[1180] Die Bedeutung des empathischen Gefühls gilt es bewusst zu machen und zuzulassen, man könnte sagen es ist eine Art „topophile“[1181] Haltung einzunehmen, um zur Erkenntnis der Verbundenheit zu gelangen.[1182] Die Wahrnehmung der Natur wurzelt im Topos, dem konkreten Ort und Raum des Seienden, denn es sind die „*emotionalen Fähigkeiten, etwas zu begreifen, mitzufühlen, zu verantworten, die alle kleinräumig, konkret gebunden sind.*“[1183]

Die „Boden-Erfahrung“ als das bewusste Spüren des *Da-Seins* an einem bestimmten Ort liegt jeder Räumlichkeitserfahrung zugrunde: „*Der ‚natürliche Weltboden‘ ist Bedingung der Möglichkeit leiblicher Wahrnehmung von Raum.*“[1184] Das Gefühl für den Raum und die Wahrnehmung der Sphäre sind an einen Ort/Topos, die damit verbundenen Sinneseindrücke und die Beziehung

---

1175 Burat in: Centro di Ecologia Alpina, 1996, S. 22

1176 Genth, 2002, S. 12

1177 Vgl. Genth, 2002, S. 11, „Vernunft“ ist eine begriffliche Weiterentwicklung von „vernehmen“, siehe Kluge, 2002, S. 955 und nach Genth braucht es ein „*vernehmendes Naturverhältnis, um dem Lebendigen wieder Raum zu geben*“, Genth in: Projektgruppe „Zivilisationspolitik“, 2009, S. 47.

1178 Genth, 2002, S. 162

1179 Vgl. Werlhof, 1991, S. 16

1180 Beide stammen von der weiblichen Ursilbe „Kall“ ab, siehe Fester, 1980, S. 95.

1181 Von „topos“ für „Ort“ und griechisch „phil“ für „Freund“.

1182 Vgl. dazu die Ausdrücke „feeling for a place“ und „bioregionalism“ des Tiefenökologen Arne Naess. Naess, 2008, S. 110.

1183 Ullrich in: Lutz, 1999

1184 E. Husserl zitiert nach: Dünne/Günzel (Hrsg.), 2006, S. 110

zu diesem Ort, das heißt das „Sich-bezogen-Fühlen" zu ihm oder die *„subjektive Empfindungsfähigkeit"*[1185] gebunden. In matriarchalen Zivilisationen ist der Kultplatz der konkrete Ort und Raum, an dem das sinnliche Wahrnehmen und Erkennen des mütterlichen Zusammenhangs[1186] und der Verbindung zur Natur ausdrücklich im Mittelpunkt stehen. Es ist der Topos, an dem die Kommunikation mit der Natur rituell und gemeinschaftlich gepflegt wird. Naturwahrnehmung geschieht in einem matriarchalen Naturverhältnis, aber auch unmittelbar durch die alltägliche Arbeit und das naturverbundene Tun[1187], denn jede Handlung ist sakral und eingebettet in eine matriarchale Spiritualität. Die Spiritualität der Verbundenheit alles Seienden als Ausdruck des naturfreundlichen matriarchalen Transzendenzverhältnisses ist an dem orientiert, was ist, und beinhaltet das *„Wahrnehmen als Weise leiblicher Anwesenheit"* in der Natur sowie das *„Spüren, in welcher Umgebung man sich befindet"*.[1188] Kontemplative Raumerfahrung und die Einbettung der Wahrnehmung des Topos und des Raumes in ein spirituelles Transzendenzverhältnis bedeutet, die Erfahrung des eigenen sinnlichen Leibes in einem Raum zu machen, in einer gerade sinnlichen, materiell-lebendigen und eben nicht übersinnlichen, rein geistigen Welt.[1189]

„Erst in der Raumkontemplation entfaltet sich das kontemplative ästhetische Bewußtsein in vollem Umfang."[1190]

Die bewusst subjektive, sinnlich-leibliche Annäherung an die Natur sowie das bewusste Verweilen am Topos sind erste Schritte, um sich der naturwissenschaftlich-objektiven, rationalen Entfremdung, das heißt der versuchten Trennung von der Natur zu widersetzen. Die Erkenntnis, die sich aus der sinnlichen und gefühlsmäßigen Wahrnehmung ergibt, ist die Ästhetik[1191], ein ästhetisches Bewusstsein für die Natur demnach ein sinnlich-erkennendes Bewusstsein. Der Begriff Ästhetik stammt von griechisch „aisthánestai" für „wahrnehmen" und meint damit im Zusammenhang stehend auch „Sinneswahrnehmung".[1192] Aussagekräftig ist dabei die etymologische Verwandtschaft mit lateinisch „audire" für „hören", was

1185 Genth in: Projektgruppe „Zivilisationspolitik", 2009, S. 62
1186 Vgl. Auer, 2007, S. 102
1187 Vgl. Bätzing, 1986, S. 124
1188 Böhme, 2001, S. 31
1189 Vgl. Seel, 2001, S. 83
1190 Seel, 1991, S. 55
1191 Gernot Böhme definiert Ästhetik als die „Lehre von der Erkenntnis", siehe Böhme, 2001, S. 7. Im 18. Jahrhundert tauchte Ästhetik als die „Lehre von der Schönheit" auf, Kluge, 2002, S. 66.
1192 Kluge, 2002, S. 66

konkret einen der leiblichen Sinne betont. Nach den Mythen einiger Völker ist das Hören jener Sinn, der allen anderen Sinnen vorausgeht, was sich in ihren Weltentstehungserzählungen und in ihrer Naturwahrnehmung widerspiegelt.[1193] Renate Genth beschreibt die *Mimesis* als *„lebendige, aus der Fülle aller Sinneswahrnehmung geborene Intelligenz“*[1194], die als Anverwandlung an die mütterliche Natur geschieht und meint, dass vor allem das Hören als unmittelbarer Sinn wichtig ist.[1195] *„Der Anfang ist Hören“*[1196], drückt es auch Mary Daly aus und schließt daraus den Handlungsschritt: *„den Ruf der wilden Natur [...] zu hören und ihm zu folgen“*[1197]. Zur Begriffsverwandtschaft von „hören“ gehört aber auch „sich zugehörig fühlen“, von „gehören“ als Intensiv-Form zu „hören“.[1198] Auf jemanden hören meint nicht nur in Kommunikation mit ihm zu treten, sondern ist Ausdruck eines Zugehörigkeitsgefühls, dass aller Entfremdung entgegen gerichtet ist. Die etymologische Verbindung von „hören“ mit griechisch „koéo“ für „ich bemerke, vernehme, höre“ und lateinisch „caveo“ für „ich nehme in acht“[1199] unterstreicht den bereits in den vorherigen Ausführungen herausgearbeiteten Zusammenhang von Wahrnehmung-Vernehmen-Vernunft-Erkenntnis-Ästhetik-Kultur und der Verbundenheit alles Seienden.

In der Verbindung der Begriffe „wahrnehmen“ und „hören“ drückt sich die Form des naturfreundlichen Transzendenzverhältnis aus, wenn bedacht wird, dass im Transzendenzverhältnis die Fragen nach dem Woher und Wohin des Lebens selbst gestellt werden. Wahrnehmen heißt demnach hinzuhören, welche Antworten die Natur bereit hält und was von ihr auf diese Fragen zurück kommt, heißt kommunizieren mit der Natur. Ein wahrnehmendes

---

1193 Bei den australischen Aborigines gibt es eine mythologische Erklärung, dass die Welt mit all ihren Naturerscheinungen durch singen geschaffen wurde. Der Zusammenhang zwischen Hörsinn und Wahrnehmung zeigt sich auch im indischen „Nada Brahma“, dieser Begriff erklärt die Welt als Klang.

1194 Genth, 2002, S. 38

1195 Vgl. Genth, 2002, S. 58. Die Betonung des Hörens in der Naturwahrnehmung findet sich in der Aussage: „Man hat das Schneien richtig gehört“ wieder. Diese Aussage tätigte ein inzwischen bereits verstorbener Ötztaler in einem Gespräch über Lawinen und anderen Naturgefahren und der Frage nach der Voraussagbarkeit der Naturprozesse ohne technische Hilfsmittel. Er betonte die Wichtigkeit der alltäglichen Wetterbeobachtung, das „ins Wetter schaugn“ war eine selbstverständliche, mit der Agrikultur verbundene Tätigkeit. Tonbandaufnahme dieses Gesprächs vom 30.04.10 vorhanden.

1196 Daly, 1991, S. 432

1197 Daly, 1991, S. 360. Im Vergleich dazu ist „Pinakarri“ eine Methode der Aborigines des tiefen Zuhörens in Achtsamkeit, ohne Wertung und in Verbindung mit bewusster Atmung.

1198 Vgl. Kluge, 2002, S. 339

1199 Kluge, 2002, S. 421

Transzendenzverhältnis basiert auf einem freundlich-verbundenen Umgang mit der Natur. Die Absurdität des zerstörerischen, patriarchalen Umgangs mit der Natur wird vor diesem Hintergrund deutlich: Es ist ein wider-sinniges im buchstäblichen Sinne gegen die Sinne, den Leib und die Natur gerichtetes, absurdes[1200] Verhalten, das sich nicht im Einklang mit den natürlichen Zyklen und der Ordnung der Natur befindet. Für diejenigen, die ihr Gehör und ihre Wahrnehmung schärfen, ist es misstönend, unharmonisch, unverständlich und falsch.

Aufgrund der Topographie in den Bergen wäre neben den fünf Sinnen ein weiterer, „sechster" Sinn zu erwähnen: der kinästhetische Sinn. Es ist der Bewegungs- oder Gleichgewichtssinn, der – und hier taucht wieder der Zusammenhang zur Ästhetik und zum Hören auf – im Ohr verortet ist.[1201] Kinästhetisch ist dieser Sinn deswegen, weil er die Bewegung betrifft, die Bewegungsempfindung, die von Topos und Raum abhängig ist. Hier schließt sich der Kreis zur vorhin erwähnten verorteten Wahrnehmung und kontemplativen Raumerfahrung. Es geht dabei um das „Sich-an-der-Wirklichkeit-Orientieren", an dem, was ist, ohne menschliches Zutun: *„Das Wirkliche ist für die Ästhetik primär das Gegenwärtige, die spürbare Anwesenheit."*[1202] Demnach ist die sinnliche Wahrnehmung vorerst ohne Werturteil[1203] und nicht am Nutzen orientiert.[1204] Ein ästhetisches Naturverhältnis geht im Gegensatz zum maschinentechnischen und kapitalistischen Naturumgang vom gegebenen Naturzustand als vollkommenen aus.

„Erst war die Natur das Vorbild, dann wurde sie zum Nachbild der Kunst."[1205]

Ein kurzer Rückblick auf die Entstehung der Naturästhetik und den Zusammenhang von Kunst und Ästhetik zeigt, dass sich die Ästhetik als Theorie bereits sehr früh von der in ihr begriX ich enthaltenen sinnlichen Wahrnehmung einer lebendigen Natur entfremdete. Im Mittelalter scheiterte die Ästhetik an der christlichen Jenseitsorientierung und der damit zusammenhängenden Verachtung des Irdischen, der Materie, der Natur, des Leibes und der Frauen. In der frühchristlichen Malerei ist Natur eine Nebensache und wird dem entsprechend im Hintergrund oder als dekoratives Beiwerk dargestellt. Die spätere, klassische Ästhetik sah zwar Natur als Vorbild für das künstlerische Werk, sie nimmt in

1200 „absurd" entlehnt von lateinisch „absurdus" für „misstönend", siehe Kluge, 2002, S. 11

1201 Diesen Gedankengang verdanke ich Siegfried Riccabona, ehemaliger Landesumweltanwalt von Tirol, in einem Workshop zu Landschaftsbild und Raumplanung.

1202 Böhme, 2001, S. 56

1203 Seel, 1991, S. 68

1204 Seel, 1991, S. 38 sowie S. 42 und S. 277

1205 Seel, 1991, S. 11

ihrer Postulierung des Schönen und Erhabenen jedoch das neuzeitlich-moderne Verständnis einer Unvollkommenheit von Natur in die Kunst auf und daraus folgend ihre Verbesserung[1206] beziehungsweise verbesserte, makellose Darstellung in der Abbildung der Natur[1207]. Die ästhetische Diskussion des 19. Jahrhunderts macht aus der Prämisse „Natur als Vorbild" für die abbildende oder nachbildende Kunst die „Kunst als Vorbild" der ästhetischen Betrachtung von Natur. Unsere Wahrnehmung der Natur ist seither eine voreingenommene, durch Kunst und durch Bilder geprägte.[1208] Gegenwärtig sind es vor allem Fotografien in der Werbung und die dadurch vermittelten Bilder von unberührter Natur und Wildnis, wie sie vor allem im Tourismus zur missbräuchlichen Verwendung kommen.

> *„In der ökologischen Naturästhetik selbst geht es eigentlich und primär um die ästhetische Naturerfahrung."*[1209]

Die sinnliche Erkenntnis[1210] von den Resten der noch vorhandenen ersten, das heißt wilden und ursprünglichen Natur und den Einbezug von Leib und Natur, das „Sich selbst als natürlich wahrnehmen" sowie die Natur als natürlich-lebendig wahrzunehmen stehen im Vordergrund einer neuen Naturästhetik, die mit dem Beiwort „ökologisch" die Naturverbindung zu betonen versucht. Es geht dabei um einen vernünftig-vernehmenden Naturumgang, der gefühlsgeleitet ist und sich der Intuition wieder besinnt, dem Handeln nach der inneren Stimme, sich aber auch und damit in Verbindung an der Stimme der umgebenden Natur orientiert.[1211] Aus einer ökofeministischen Perspektive könnte von einer ökofeministischen Naturästhetik oder „Gyn-Ästhesie" gesprochen werden, welche die weibliche Mitempfindung[1212] und die Verbundenheit von Frauen(-Leib) und Natur als Grundlage nimmt. Eine matriarchale Naturästhetik wäre demnach ein die Mutter als Anfang wahrnehmendes[1213]/erkennendes

1206 Vgl. Behmann in: Projektgruppe „Zivilisationspolitik", 2009, S. 140ff.

1207 Vgl. Böhme, 1989, S. 7

1208 Vgl. Seel, 1991, S. 173

1209 Böhme, 1989, S. 12

1210 Böhme, 1989, S. 8

1211 *„the direction taken by that decision which is in harmony with the nature of human beings and thereby with natura naturans"*, Naess, 2008, S. 86

1212 Daly, 1991, S. 45 und S. 332. Daly bezieht sich dabei u.a. auf die Schriften von Thomas von Aquin.

1213 Die Muttersilbe „Maa" bedeutet auch „sehen" siehe Auer, 2009, S. 61 sowie Auer, 2009, S. 125, Fußnote 901. Es ist das Sehen und damit das Begreifen des „Woher" des Lebens, aus den Frauen und der (Mutter) Natur.

und verehrendes ökologisches Bewusstsein. Daraus resultierend ergibt sich ein mütterlich-sorgsamer Umgang mit der Natur.

> *„Wir brauchen, zuerst und als Fundament, Sinnlichkeit.“*[1214] *„Kontakt zur Erde gewinnen wir über die Sinne, über die Tiefenwahrnehmung der sinnlich-physischen Gestalten, die uns umgeben.“*[1215]

All diesen begrifflichen Betrachtungen der Ästhetik ist eines gemeinsam: Es braucht die Rückkehr zu anderen Formen der Naturerfahrung, die nicht maschinentechnisch oder naturwissenschaftlich-objektivierend sind, sondern sich an der magischen Naturerfahrung orientieren, die sinnlich-leiblich sind und sich in ihrer Spiritualität auf die Verbundenheit alles Seienden konzentrieren. Eine solche Naturerfahrung erkennt die Ebenbürtigkeit und Verwandtschaft[1216] aller Lebewesen, da alle aus einer Ur-Mutter geboren sind.[1217] Die etymologische Betrachtung des Begriffes „verwandt“ zeigt die Herkunft aus „verwenden“, was wiederum „sich einander zuwenden“, „miteinander verkehren“ bedeutet.[1218] Hier erscheint erneut der Hinweis auf die Bedeutung der Sinne, das Zuhören und Hinschauen, aber auch das Gespür und allgemein die Kommunikation für bedeutsam. „Verwandt“ und „verwenden“ bildeten sich ursprünglich aus „winden“, was „umhüllen, binden“ meint und wiederum die (Mutter-Kind-)Verbindung ausdrückt.[1219] Auch „wandern“ steht in dieser sprachlichen Verwandtschaft.[1220] Dieser Begriff, der eine sich bewegende Tätigkeit am Berg und zum Topos Gipfel hin beschreibt, und seine etymologische Verknüpfung mit der Wahrnehmung unserer Verbundenheit mit den Naturerscheinungen bilden an dieser Stelle die Überleitung von der bisherigen Betrachtung der Ästhetik zum Topos Gipfel.

1214 Kirchhoff, 2009, S. 155

1215 Kirchhoff, 2009, S. 156

1216 *„Landschaft ist Verwandtschaft“*, so drückt Kurt Derungs das matriarchalphilosophische Naturverhältnis aus. Derungs in: Projektgruppe „Zivilisationspolitik“, 2011, S. 326

1217 Derungs bringt in diesem Zusammenhang das Totemistische an der matriarchalen Naturphilosophie ein: *„Der Totemismus ist demnach ein Verwandtschaftsverhältnis, in dem sich die Menschen einst von einer weiblichen Urahnin herleiten und sich so untereinander verwandt fühlen.“* Derungs in: Projektgruppe „Zivilisationspolitik“, 2011, S. 326. Der Begriff „Totem“ stammt aus einer indigenen nordamerikanischen Sprache und bedeutet dort als „ototeman“ so viel wie „aus demselben weiblichen Schoß“. Ebda.

1218 Kluge, 2002, S. 958

1219 Kluge, 2002, S. 991

1220 Kluge, 2002, S. 972

2. Auf den Gipfel gehen, sich ihm verwandtschaftlich zuwenden und ihn als Topos des lebendigen Berges wahrnehmen

Vom Tal aus betrachtet ist der Gipfel der erhabenste Ort des Berges, jener Topos, der sich am nächsten zum Himmel befindet, aber auch am weitesten vom Leben „unten", im Tal entfernt ist. Dennoch steht das „Ganz oben" mit dem „Unten" in Verbindung, es sind zwei Pole von ein und demselben. Die Topoi Gipfel und Tal gehören zusammen, sie sind ökologisch verbunden[1221], etwa durch den Schnee, der zuerst ganz oben auf irdischen Grund fällt und dort am längsten liegen bleibt. Er verwandelt sich später in das lebensnotwendige Wasser, das erst gespeichert wird und schließlich gut dosiert nach unten fließt, bis in das Tal. So wie am Topos Gletscher ist das Wasser die sichtbare Lebens-Verbindung der Topoi, von „unten" und „oben", „oben" und „unten".

Etymologisch betrachtet beschreibt der Gipfel nicht nur den höchsten Ort, sondern all das, was er krönt, nämlich den ganzen Berg. Er ist nicht getrennt zu sehen vom übrigen Leben am Berg, kein losgelöster, überirdischer Ort oder gar ein vom Leben losgelöster Ort, eine angeblich „tote Zone"[1222], der keine Funktion für das Leben zugeteilt wird. „Gipfel" bedeutet „Spitze" und ist eine Verkleinerungsform des mittelhochdeutschen Wortes „gupf(e)", was dem Begriff „Kuppe" entspricht.[1223] Erwähnenswert ist an dieser Stelle, dass auch der Begriff „Ort" ursprünglich „Spitze" bedeutet[1224], der Gipfel ist demnach *der* Ort des Berges im wahrsten Sinne des Wortes. „Kuppe" leitet sich wiederum von lateinisch „cupa"[1225] ab, was mit „Tonne, Fass" übersetzt werden kann. Es handelt sich bei „cupa" also um ein gewölbtes Gefäß, gleichzeitig ist aber auch auf die etymologische Verwandtschaft mit den griechischen Begriffen für Höhle und Becher hinzuweisen.[1226] Das englische Wort für Becher, „cup", trägt diese Wortbedeutung noch in sich. Im deutschen Begriff „Kuppel" findet sich ein Zusammenhang mit arabisch „al-qubba", das „gewölbtes Gebäude, Gemach"[1227] bedeutet. Der Gipfel ist demnach der höchste Punkt des gewölbten Leibes, der eine Höhle oder

1221 Vgl. Bätzing, 2005, S. 33

1222 In Anlehnung an den Begriff der „Todeszone" im Höhenbergsteigen, welche ab einer Höhe von 7000m beginnt.

1223 Kluge, 2002, S. 358

1224 Kluge, 2002, S. 671. Vgl. dazu auch Auer, 2009, S. 164.

1225 Kluge, 2002, S. 548

1226 Stowasser, S. 134

1227 Kluge, 2002, S. 548

einen Raum beinhaltet, der erhabenste Topos oder der Nabel des Berg-Bauches der Muttergöttin oder des schwangeren Bauches der Großen Göttin mit ihrem Inneren als Gebärmutter. Hier fügt sich die Wortherkunft von „Berg“ dem Sinn entsprechend ein: „Berg“ stammt von einem Verb ab, das „sich erheben, hoch werden, wachsen“[1228], im weitesten Sinne könnte man auch hinzufügen „sich wölben“, bedeutet, in Zusammenhang mit indogermanisch „b^{h}er“ für „tragen, bringen“ von dem auch das Wort „gebären“ abstammt für „austragen, zu Ende tragen“[1229]. Ebenso steht „Berg“ in begrifflicher Verwandtschaft mit „Geburt“.[1230] Sowohl der Gipfel als auch der Berg sind demnach in ihrer Wortherkunft einzubetten in den Sinnzusammenhang der Wahrnehmung einer mütterlich-gebenden und die Fülle bergenden Natur. Der Gipfel ist der Topos, an dem die Masse des Berges, seine (Ge-)Wichtigkeit und seine Gravitationskraft[1231] kulminieren, eingedenk der verschiedenen Bedeutungen von lateinisch „gravis“ für „schwer, gewichtig, hoch, bedeutend“, aber auch für „tief“ sowie „würdevoll, erhaben“ und „schwanger“[1232].

„Das Steinerne ist stark bindend“[1233], da verdichtete Materie und damit Lebensenergie, gleichzeitig werden die *„Alpen mit steigender Höhe für die Menschen immer unwirtlicher“*[1234]. Das heißt, mit steigendem Anteil an verdichteter Materie, an Stein und Fels, je höher steigend und je näher zum Gipfel gelangend wird der Berg zu einem Ort, an dem Menschen nicht dauerhaft leben können. Aus dieser natürlichen Gegebenheit des nicht menschlichen Lebensortes erklärt sich die in manchen Kulturen verhaftete Wahrnehmung des Gipfels als Tabu-Ort in seinem ursprünglichen Sinne[1235], nämlich als „nicht betretbarer“ Ort, der dem weltlichen Zugriff entzogen ist. Die Tatsache, dass die hoch gelegenen Gipfel nicht einfach zugängliche und erreichbare Orte sind und deshalb oft und über Jahrtausende unerreicht und unbetreten blieben, folglich nur von der Ferne und

1228 Kluge, 2002, S. 110

1229 Kluge, 2002, S. 325

1230 Vgl. Peskoller, 1997, S. 9. Im Hebräischen „Hara“ für „heiliger Berg“ und „schwangerer Bauch“ ist der Zusammenhang von Berg und Bauch deutlich zu erkennen, siehe Krammer-Stark, 2004, S. 240.

1231 Auer bezeichnet die Gravitation und den Magnetismus als hervorbringende Kräfte, die den Raum und die Materie beeinflussen. Vgl. Auer, 2009, S. 976

1232 Nach Stowasser, S. 228

1233 Peskoller, 1997, S. 188

1234 Bätzing, 2005, S. 34

1235 Das Wort „Tabu“ stammt vom polynesischen Begriff „tapu“ ab, der ursprünglich *„geweihte, unberührbare Dinge, die dem weltlichen Zugriff entzogen waren“* meint, siehe Kluge, 2002, S. 902.

von unten wahrgenommen werden konnten, ließen den Topos Gipfel zu einem heiligen Ort und Sitz des Göttlichen werden.

„Das Mächtig-Heilige ist immer auch das Unberührbare.“[1236]

Der Gipfel ist kein „Topos“, in seiner Bedeutung als „Platz zum Wohnen“[1237] und doch wurde er im Laufe der Zeit zu *dem* Topos/Ort mit entscheidender Bedeutung[1238]: Wer auf dem Gipfel steht, steht auf dem Haupt-/Scheitelpunkt und Höhepunkt des Berges. Die lange Zeit unerreichbaren, mächtigen und heiligen, über dem irdischen Leben im Tal gelegenen, höchsten Gipfel werden durch ihre Besteigung und Betretung vor allem ab dem 18. Jahrhundert mit dem aufkommenden Alpinismus für immer mehr Menschen zugänglich.[1239] Die damit zusammenhängende Entsakralisierung und Objektivierung sowie Besetzung des Gipfels sowie später die Beschleunigung der Naturerfahrung an diesem Topos durch die Maschinentechnik beziehungsweise die Bedeutungsverlagerung auf das alpinistische Subjekt und seine Leistung wurden im ersten Teil bereits herausgearbeitet. Die alpinistische Entwicklung führt bis zum gegenwärtig stattfindenden Skitourismus mit seiner massenhaften „Anästhesierung“, das heißt der Ausklammerung echter sinnlicher Wahrnehmung: „Naturerfahrung“ passiert auf dem Lift sitzend oder rasant über die präparierten (Kunstschnee-) Pisten wedelnd. Statt Wind und Wetter zu hören, dröhnt Apré-Ski-Musik in die Ohren, das Riechen und Schmecken wird von industriell gefertigter Nahrung im Selbstbedienungs-Bergrestaurant befriedigt, das Fühlen der Kälte und des Windes wird durch beheizte Sessellifte, Gondeln oder im Inneren des Gletscherrestaurants sitzend ausgeklammert. Alle anderen Sinne sind manipuliert und vereinnahmt, der Blick fällt wenn, dann nur durch Fensterfronten auf die „Wildnis“. Auch der Sehsinn ist manipuliert, denn die Aussicht wird auf die Panoramafenster reduziert, die architektonisch derart platziert wurden, dass sie jene Ausschnitte präsentieren, wo sich Gletscher und Bergwelt möglichst von der „unberührten“ Seite zeigen, ohne „Zivilisationsspuren“ und technisch-maschinelle Transformation. Abbilder der Natur werden zu Vorbildern, das Sehen der Natur nach dem ausgerichtet, was bereits durch Werbung, Prospekte und schöne Bilder vermittelt wurde. Am Gipfel angelangt wird dem Genießen des Augenblickes mit allen Sinnen kaum Zeit und Raum gegebenen, der Blick richtet sich vielmehr auf das bereits Vorgegebene und Bekannte, durch Aussichtsplattformen, Fernrohre, Panoramafenster und Fotokameras. Die Menschen sehen dadurch nicht

1236 Voss, 1988, S. 141

1237 Bauer, 1988

1238 Bauer, 1988

1239 Vgl. dazu Scheiber, 2005 sowie Grupp, 2008

mehr in die Weite und weiten den Blick, sondern durch ein enges Fernrohr in die Ferne, in die Natur, von der man sich entfernt hat.[1240]

Im Hinblick auf die ästhetische, das heißt sinnlich-erkennende Wahrnehmung gilt es nun, den Gipfel als bedeutenden Topos und Naturort wieder zu erkennen und die Verbindung zu ihm bewusst wieder wahrzunehmen. Wenn Natur „*mütterlich tragender Grund*"[1241] ist, dann trifft diese Wahrnehmung auch für den Berg und den Gipfel zu. Auf dem Gipfel stehend oder sitzend ist der Berg ein tragender Mutterbauch. Dies wieder zu spüren ist die Aufgabe ästhetischer, sinnlich-erkennender Naturerfahrung an diesem Topos. Anstelle des sportlich-alpinistischen Bergsteigens würde daraus resultierend ein ästhetisches Annähern an den Gipfel oder Begehen[1242] desselben als spirituelle Erfahrung treten. Nur so kann bewusste Wahrnehmung und Bewusstwerdung der Verbundenheit geschehen. Statt erkaufter, schnell konsumierter Gipfel-Bahn*fahrt*[1243] wäre es eine echte, entschleunigte Natur*er*fahrung, im wahrsten Sinne des Wortes, denn „erfahren" stammt von althochdeutsch „faran" für „zu Fuß gehen" ab.[1244] Zu Fuß auf den Gipfel des Berges zu gehen und sich bewusst und kontemplativ wieder der Natur zuzuwenden bedeutet Annäherung statt Entfremdung, meint aber auch, sich auf die Seite der Natur zu begeben, dorthin, wo wir hingehören. Der Wunsch „Berg Heil", den sich die Bergsteiger_innen am Gipfel oft zusprechen, würde somit zu „Berg heil" werden, zu einem bekräftigenden Ausruf der am Topos Gipfel angekommenen Bewusstwerdung, dass es sich bei dieser Art von Bergbesteigung um eine heilende/heilsame Tätigkeit handelt, welche die Verbundenheit mit der Natur und den Berg als heil[1245], im Sinne seiner lebendigen Gesamtheit, wahrnimmt. Das ästhetische Berge-Besteigen als eine neue, auf den Resten einer alten Naturwahrnehmung anknüpfende Art des Bergsteigens, würde die sinnliche und leibliche Wahrnehmung

1240 Vgl. dazu: „*Die Menschen halten sich die Ohren zu, damit sie sie [die Natur] nicht hören. Sie sehen nicht mehr in die Weite, sondern fern*", Werlhof, 1991, S. 185.

1241 Böhme, 1992, S. 15

1242 Begehen ist hier in seiner umfassenden Bedeutung gemeint, als sich bewegende Tätigkeit – „entlanggehen" –, aber auch als wahrnehmende Tätigkeit – „besichtigen" – und rituelle/spirituelle Tätigkeit – „feiern". Alle drei Bedeutungen in Anführungszeichen gehören zur Wortherkunft von „begehen", siehe Kluge, 2002, S. 102.

1243 Siehe dazu das Kapitel Topos Gipfel im ersten Teil.

1244 Diese Bedeutung hat sich noch in „Fährte" erhalten, vgl. Fester, 1980, S. 24. Das Wort „Wallfahrt" kommt demnach von „zur Quelle gehen" oder auch „zur Höhle gehen", denn „Wall" stammt von der Urslibe „Kall" für „Höhle" ab, vgl. Fester, 1980, S. 100.

1245 „Heil" stammt von germanisch „*haila-" für „heil, ganz, gesund" ab, was sich in der eigentlich tautologischen Redewendung „heil und ganz" widerspiegelt. Kluge, 2002, S. 401

in den Vordergrund rücken, die ganz anders ausgerichtet ist als die sportliche Tätigkeit mit einem auf Geschwindigkeit und Leistung trainierten maschinenhaften Körper. Dazu braucht es ein Öffnen von Augen, Ohren und den anderen Sinnen mit dem Ziel, den Blick zu weiten, das Hören zu verfeinern, alle Sinne zu gebrauchen und das wahrzunehmen und zu spüren, was an Natur da ist. Gleichzeitig braucht es aber auch Ruhe und Zeit, damit die Möglichkeit entstehen kann, intensiv im Moment und bei sich zu sein und sich gleichzeitig der Verbindung mit der Natur hinzugeben. Echte, tiefe und weitreichende ästhetische Erfahrung ist nur in der Langsamkeit möglich. Geschwindigkeit engt die Wahrnehmung ein und führt zur Entortung, Langsamkeit lässt Orte erkennen.[1246] Sie gibt auch jenen Rhythmus vor, welcher im Einklang mit der alpinen Natur schwingt.[1247]

> *„Wir müssen uns explizit zur Wildnis bekennen, um im Gleichgewicht mit dem Leben zu existieren.“*[1248]

Für eine ästhetische Erfahrung des Topos Gipfel braucht es neben der eigenen sinnlichen Offenheit und Bereitschaft sowie der Langsamkeit aber auch den freien Naturraum. Frei meint hier frei von Transformierungen, Besetzungen und Vereinnahmungen durch maschinentechnische Bauten und touristische „Kulturmaßnahmen“. Es braucht die Wahrnehmung von und Wiederverbindung mit der freien Natur, der alpinen Wildnis, an den immer weniger werdenden Orten, wo sie als solche noch vorzufinden ist.

3. Eine Ästhetik der Verbundenheit in und mit der Wildnis

Die ästhetische Wahrnehmung im Tätig-Sein in und mit der alpinen Natur begreift diese als ambivalent[1249]: Zum einen sind die Berge mächtig, kraftvoll und kräftigend, Wasser- und damit Leben spendend und mütterlich-gebend, zum anderen zeigt sich die alpine Natur in gewissen Ausdrucksformen wie beispielsweise Muren, Hochwasser, Lawinen und Felsstürzen als gegenüber der menschlichen Kultur „zerstörerische“ und todbringende Natur.[1250] Was in einem patriarchalen Kontext als feindlich angesehen wird und daher bekämpft, reguliert, kontrolliert, transformiert und zu ersetzen versucht wird, ist in einem matriarchal-freundlichen Naturverhältnis Ausdruck der Allmächtigkeit von

1246 Peskoller, 1997, S. 117

1247 *„Langsamkeit aller biologischen Prozesse ist ein zentrales Merkmal des alpinen Ökosystems.“* Vgl. Bätzing, 1986, S. 8

1248 Weber, 2010, S. 35

1249 Frömming, 2005, S. 162

1250 Sheldrake, 1994, S. 15

Natur und ihrer umfassenden, zyklischen Integrität von Leben und Tod. Natur als nahrungsspendende, freundliche, aber auch wilde, unbezähmbare Mutter Natur entspricht dem ursprünglichen organischen Weltbild.[1251] Natur ist Wildnis und erscheint als Leben bringendes und Leben nehmendes Doppelbild der wilden Frau: *„Das Lichte und das Dunkle sind beide Seiten der weiblich gesehenen Wildnis und nicht voneinander zu trennen.“*[1252] Die Reaktionen auf diese Ambivalenz drücken sich in der matriarchalen Kultur in Erzählungen und Sagen über wilde Frauen oder die Wilde als Name für die (Berg-)Göttin aus. Diesen kulturellen Ausdrucksformen gemein ist eine Haltung der Ehrfurcht vor der Natur.[1253] In den beiden im Wort „Ehrfurcht“ enthaltenen Begriffen „Ehre“ und „Furcht“ verdichtet sich der matriarchale Naturumgang, der die Berge als Anwesenheit der Göttin selbst verehrt, sie achtet und daraus eine Spiritualität entstehen lässt, die von der Lebendigkeit der Natur, der Wildnis, Ausgang nimmt. Gleichzeitig entsteht daraus eine Haltung der Furcht oder Scheu[1254] vor der Mächtigkeit und Gewaltigkeit der Natur, die jegliches menschliche Tun *nach* ihr ausrichtet und nie *voraus* setzt, wie sie zu sein hat oder die Natur gar zu ersetzen versucht. Die ästhetische Wahrnehmung erkennt die Gewaltigkeit der Berge als ihre Lebendigkeit, Stärke[1255] und Kraft, akzeptiert diese als Grundlage für das nachgerichtete Handeln und interpretiert sie nicht als Gewalttätigkeit[1256], auf die gewalttätig, beherrschend und zähmend zu reagieren ist. *„Zunächst also ist das Wilde schlicht das Lebendige“*[1257], das in seiner kraftvollen Lebendigkeit sein gelassen wird. Die Natur, so wie sie ist, sowie die ökologische Wirklichkeit[1258] anzuerkennen und sich danach zu richten ist Methode einer naturfreundlichen, matriarchalen Kultur.

> *„Wildnis ist ein Begriff für die erste, ursprüngliche Natur, ihre Lebendigkeit und ihren Eigensinn, ihre Weisheit, Kraft, ihre Liebesfülle und ihr Gesetz.“*[1259]

In Bezug auf den Topos Gipfel bekommt die Ehrfurcht als Scheu die zusätzliche Bedeutung des vor-sichtigen, vorausschauenden und um sich schauenden[1260],

---

1251 Vgl. Merchant, 1994, S. 17

1252 Werlhof, 2011, S. 206

1253 Collard, 1988, S. 20

1254 „Ehrfurcht“ bedeutet „Achtung und Scheu“, siehe Kluge, 2002, S. 228.

1255 In „walten“ steckt die Silbe „wal-“ für „stark sein, herrschen“. Vgl. Kluge, 2002, S. 971

1256 Vgl. Werlhof, 1991, S. 181

1257 Weber in: oya. anders denken. anders leben, November/Dezember 2010, S. 34

1258 Weber, 2010, S. 35

1259 Werlhof, 2010a, S. 303

1260 Es besteht eine sprachliche Verwandtschaft zwischen „Scheu“ und „schauen“, siehe Kluge, 2002, S. 800.

wahrnehmenden Steigens auf den Gipfel. Sich der Wildnis anzunähern ist eine konkrete, sinnlich-leibliche Erfahrung der Allmächtigkeit und der Verbundenheit mit der Natur. Gefühle der Lebendigkeit, Fülle und Heimat[1261] beziehungsweise Geborgenheit entstehen, wenn man etwa ohne technische Hilfsmittel auf einen hohen Gipfel steigt oder sich über längere Zeit in der (wilden) Natur aufhält.[1262] Die eigene Wahrnehmung wird intensiviert und erweitert, man ist ganz bei sich, im Innersten angekommen, gleichzeitig nach außen hin geöffnet[1263] und über sich hinaus, die Lebendigkeit der Umgebung wahrnehmend, eingebettet in die Verbundenheit des Lebens. Die wilde Bergnatur wird als lebendige Natur erfahren, „Berge leben!" zum konzentrierten Ausruf dieses sinnlich-erkennenden Erlebnisses.

> *„Wer sich in der Wildnis auskennt, ist wirklich frei und kennt seine Sinne, den Sinn."*[1264]

Sich der Wildnis wieder anzunähern, sich in ihr aufzuhalten, ihre Sprache wieder verstehen zu lernen[1265] und sie sinnlich-horchend[1266] wahrzunehmen hat mit Erkennen und Weisheit zu tun.[1267] Die Spiritualität, die daraus entsteht, ist eine Spiritualität der Verbundenheit, der Liebe und des Lebens. *„Leben ist Lieben"*[1268], und die Liebe zur Wildnis ist die *„Liebe zu einem lebenden Stück Welt"*[1269]. *„Sie ist daher auch der Weg zur Erkenntnis der ‚Großen Mutter' oder ‚Göttin' in allem."*[1270]

Die Verbindung von der Wildheit der Natur und der Göttin in ihren Erscheinungen der Landschaft, diese Wahrnehmung konnte sich in den Resten der matriarchalen Kultur bis in die heutige Zeit etwa in Bergnamen erhalten. In einer matriarchalen Spiritualität versinnbildlicht die Große Göttin die Verbindung Menschen und Natur, da alle Lebewesen aus ihr geboren sind.[1271] Bereits in den Kulturen der Altsteinzeit und frühen Jungsteinzeit in Europa findet sich die Verehrung

1261 Werlhof, 2010a, S. 305

1262 Die Autorin spricht hier von persönlichen Erfahrungen als Bergsteigerin und Wanderführerin sowie Teilnehmerin von Wildnis- und Naturerfahrungskursen.

1263 Werlhof, 2011, S. 210

1264 Werlhof, 2010a, S. 305

1265 Vgl. Werlhof, 2011, S. 211

1266 *„In der Wildnis hört man nicht nur, man horcht."* Werlhof, 2011, S. 211. Der etymologische Zusammenhang von „Ästhetik" als die sinnliche Erkenntnis und „audire", dem lateinischen Wort für „hören", wurde bereits herausgearbeitet.

1267 Werlhof, 2011, S. 189

1268 Werlhof, 2010a, S. 310

1269 Weber, 2010, S. 36

1270 Werlhof, 2011, S. 212

1271 Vgl. Lerner, 1997, S. 191

von Muttergöttinnen.[1272] In den Alpen ist die „Wilde" die Göttin des Anfangs[1273], sie steht in ihrer Begrifflichkeit in Zusammenhang mit „Veleda", der „Wilden", der allmächtigen, unbezwingbaren Göttin.[1274] Gewaltig, mächtig, wild, diese Charaktereigenschaften der Göttin sowie der Natur fanden ihren Ausdruck in der Benennung der umgebenden Natur, auch im Ötztal. Die höchsten Gipfel tragen ihre Namen: Hochwilde, Wilde Leck, Wildes Mannle, Wildspitze, die höchste Erhebung der Ötztaler Alpen. Die schneebedeckte Hochwilde mit ihren Gletschern ist die *„Eiskönigin, die Leuchtende, Strahlende"*[1275]. In der dreigestaltigen matriarchalen Göttin entspricht Wilbeth dem Topos Gipfel aber auch dem Gletscher. Sie präsentiert den jugendlichen, wilden Aspekt der Göttin. Mit ihrer weißen Erscheinung ist Wilbeth, später unter ihrem christianisierten Namen Katharina, dem Himmel und dem Mond zugeordnet.[1276] Die jugendlichen, weiß gekleideten Saligen wurden bereits am Topos Gletscher näher betrachtet, auch sie werden als wilde Frauen bezeichnet, die ewig jung und unsterblich an den höchsten Bergtopoi leben. Der wilde Mann hingegen entspricht dem vergänglichen Aspekt des irdischen Lebens, er ist der Jahresheros[1277], der sich mit der wilden Frau als Repräsentantin der Göttin oder mit Wilde, der Göttin selbst, vereint, was den Fortbestand des Lebens in den Bergen ermöglicht.[1278] Das „Wilde Mannle", ein Gipfel bei Vent im Ötztal, materialisiert und konkretisiert durch seine Lage unterhalb und neben der Wildspitze und durch seinen Namen die Kombination von Berggöttin – die Wilde (Spitze) – und ihrem menschlichen Begleiter, dem wilden Mann. [1279] In der Bezeichnung „Wildes Mannle" ist jedoch bereits die patriarchale Verniedlichung des Wilden (Mannes) und seiner starken, kräftigen Aspekte zu erkennen.[1280]

So wie der Topos Gletscher ist auch der Gipfel durch seine Lage außerhalb des menschlichen Dauersiedlungsraums ein Grenzbereich und daher ein „Zwi schenort", an dem sich die Ahn_innen aufhalten, ein heiliger Ort. Auch die wilden Männlein halten sich laut einigen Sagen so wie die Saligen auf dem Gipfel

---

1272 Lerner, 1997, S. 62

1273 Mantl, 1967, S. 104

1274 Vgl. Mantl, 1967, S. 103

1275 Mantl, 1967, S. 104

1276 Vgl. Resch-Rauter, die Bezug auf das matriarchale Dreistock-Weltbild nach Göttner-Abendroth nimmt. Resch-Rauter, 1992, S. 232

1277 Vgl. Göttner-Abendroth, 1980

1278 Der Lokalforscher Norbert Mantl sieht in den wilden Männern vermännlichte Priesterinnen der Urmutter, siehe Mantl, 1967, S. 202.

1279 *„Bei den Kelten hatte die Muttergöttin auch ihren wilden Mann, den Heros."* Werlhof, 2011, S. 200

1280 Vgl. Werlhof, 2001, S. 199

auf[1281] und steigen manchmal ins Tal herab, um das Vieh der bäuerlichen Familien zu hüten und ihnen auf dem Hof zu helfen.[1282] Wie bereits am Topos Gletscher herausgearbeitet, lässt sich auch an dieser Erzählung der Hinweis auf eine matriarchale Urbevölkerung im Alpenraum erkennen, die sich auf der Flucht vor patriarchalen Einwanderern in die höchsten Regionen, bis hinauf auf die Gipfel zurückgezogen hatte.

4. Der Gipfel als Haupt der Göttin und heiliger Ort

„The holy mountain was both, a queen and a mass of minerals.“[1283]

Die aus der leiblich-sinnlichen Tätigkeit entstandene matriarchale Ästhetik der alpinen Natur vereinbarte sowohl die materiell sichtbare und be-greifbare Anwesenheit der Berge als eine Aufhäufung von Gestein, Fels und Mineralien als auch die spirituelle Wahrnehmung des Berges als Leben spendende Königin[1284] und Mutter-Göttin. Der Gipfel galt daher als heiliger Ort des Lebens. Der gesamte Berg versinnbildlicht nicht nur den Leib der Ahnin und Göttin, sondern er ist die Göttin selbst. Die Landschaftsmythologie[1285] entdeckt die Reste dieser matriarchalen Naturwahrnehmung wieder und integriert sie in ein altes/neues Verständnis von Landschaft als lebendiger Umgebung:

> *„Die Landschaft wird dabei gesamthaft als weiblich aufgefasst, oder ein Berg, ein Hügel und eine Quelle stehen pars pro toto für die mythisch-weibliche Naturlandschaft.“*[1286] *„Das Denken in Sinnbildern und in Analogie zum Körper der Landschaftsahnin gehört zur ältesten Überlieferung der Mythologie.“*[1287]

Eine der ältesten Wahrnehmungen von Bergen und Hügeln ist jene als Brüste und Bauch der Landschaftsahnin[1288], der sich die in und um den Bergen lebenden Menschen als Nachkommen verbunden fühlen. Der Berg wird zum Leib und damit

---

1281 Vgl. Scharfe, 2007, S. 82

1282 Haid, 2006, S. 118

1283 *„Der heilige Berg war beides, eine Königin und eine Masse von Mineralien.“* (Übersetzung U.Sch.). Siehe Naess, 2008, S. 72

1284 Das Wort „Königin“ stammt etymologisch gesehen von indogermanisch „gena“ für „gebären“ ab, vgl. Krammer-Stark, 2004, S. 65.

1285 Derungs, 2006

1286 Derungs in: Projektgruppe „Zivilisationspolitik“, 2011, S. 328

1287 Derungs, 2006, S. 82

1288 Derungs, 2006, S. 156. Als der Ur-Berg wird auch die Plazenta wahrgenommen – der weibliche Leib entspricht der mütterlich-gebenden Natur. Vgl. Voss, 1988, S. 26

zur immanenten Präsenz der Göttin[1289], der Gipfel in vielen Mythologien zu dem Ort, wo das Leben entsteht, wo die Berggöttin selbst das Leben, etwa in Form von Schmelzwasser aus dem auf dem Gipfel liegen gebliebenen Schnee, gebiert.[1290] Der Doppelgipfel des Narrenkogels bei Umhausen im Ötztal kann in diesem Wahrnehmungszusammenhang betrachtet werden. In seinem Namen steckt die alteuropäische Silbe „nar/nor" für „Wasser".[1291] Der Narrenkogel ist demnach Quell-Topos des lebenspendenden Wassers sowie die mütterlich-gebende Ahnfrau in ihrer Erscheinung mit dem nährenden Doppelgipfel selbst, an deren Fuße das Dorf sowie die Felder und Wiesen für die landwirtschaftliche Tätigkeit liegen. Das Wasser kann hier konkret vor Ort der allgemeinen matriarchalen Wahrnehmung des Schmelzwassers von den Bergen entsprechend als die Muttermilch gesehen werden, die aus den Brüsten der Bergmutter zu Tal fließt und so das Leben im Alpental ermöglicht.[1292]

Die Verbindung von Stein, Berg, Gipfel, Ahnensitz, Schoß und Thron erscheint in dieser Ästhetik als verständlicher Sinnzusammenhang der Hervorbringenden.[1293] Der Gipfelaufbau ist dominant, erhöht und von weitem sichtbar[1294], so wie es später auch der Thron des Herrschers oder der Hochaltar in den Kirchen zu sein hat – bei beiden handelt es sich um patriarchalisierte Versionen und Transformationen des gebärenden Mutterschoßes. Die ursprüngliche Bedeutung des Thrones als Schoß der Muttergöttin und damit Ort des Lebens versinnbildlicht dem/der aufmerksamen Betrachter_in konkret und sichtbar die weiße Pyramide oder das Dreieck des Similaungipfels, aus dem das Wasser durch das daraus hervorgehende Niedertal rinnt und dort, so wie in den tiefer gelegenen Regionen das Überleben von Pflanzen, Tieren und Menschen ermöglicht. Der, oder wie im vorhergehenden Kapitel Topos Gletscher erläutert eigentlich *die*, Similaun bei Vent im hinteren Ötztal erscheint als ein derartiges Schoßdreieck und in der Namensbedeutung als weiße Göttin der Landschaft. Es ist der Berg der schwangeren Landschaftsgöttin, das Leben kommt aus ihrem Gletscherschoß.[1295]

Flurnamen als kultureller Ausdruck der Wahrnehmung einer Landschaft sind Verortungen oder „Topoisierungen" einer Spiritualität der Verbundenheit mit der

---

1289 Vgl. Auer, 2007, S. 120 und 125

1290 Vgl. Biraghi/Villa in: Zucca, 2005, S. 63

1291 Vgl. Derungs, 2006, S. 62

1292 Andere leiten den Bergnamen von germanisch „Narren/Norren" für „hochgelegene magere Böden oder Kuppen" her, was auch der ökologischen Wirklichkeit des Narrenkogels entspricht. Siehe Oberhauser, 2000, S. 56

1293 Auer, 2009, S. 121

1294 Vgl. Zucca in: Zucca (Hrsg.), 2000, S. 46

1295 Derungs, 2006, S. 38

umgebenden Natur. Die Wahrnehmung des Topos, des Ortes der Naturerscheinung und damit verknüpft die Wahrnehmung des Raumes[1296], den die Naturerscheinung erfüllt, führen zu einer Personifizierung der Landschaft, was die Kommunikation mit der Natur erleichtert, konkretisiert und rituell ermöglicht. Dies ist Ausdruck der Wahrnehmung von Natur als Subjekt sowie bleibender Ausdruck einer kollektiven Ästhetik von Natur, die an die nächsten Generationen weitergegeben wird. Die Kontinuität von Flur- und Bergnamen allein sichert allerdings die weiterhin bewusste Wahrnehmung sowie den naturfreundlichen Umgang mit dem Topos nicht. Trennung, Entfremdung und Zerstörung sind dann „logische" Konsequenz, wenn Bergnamen zwar weiterhin in Karten und im täglichen Umgang weitergeführt werden, jedoch die hintergründige Namensbedeutung, die Tiefe, der spirituelle Kontext verdrängt worden sind. Orientierung im Wahrnehmungsraum ist nur möglich, wenn Mythologie und Spiritualität der Landschaft weitergegeben werden, Flurnamen daher als konzentrierte Begrifflichkeiten einer umfassenden, begreifenden und sinnlich-leiblichen Ästhetik verstanden werden.

Die *„alteuropäische Verehrung weiblicher Gottheiten überlebte jedoch in kulturellen Relikten bis zur Gegenwart."*[1297]

Noch einige Beispiele aus dem Raum Ötztal sollen Erwähnung finden und die matriarchal-spirituelle Vergangenheit dieses Kulturraumes aufzeigen, um daraus Wegweiser für eine neue/alte Wahrnehmung der Natur als mütterlich-gebende und daraus resultierend für einen freundlich-lebenserhaltenden Umgang mit ihr zu erkennen. Die weiße Berggöttin Similaun ist eine Erscheinung der dreigestaltigen Göttin in der Region, diese Einsicht ergibt sich, wenn man die nächstgelegenen Berggipfel in die Betrachtung mit einbezieht. Im Umkreis von fünf Kilometern erheben sich westlich der dominant weißen Göttin Similaun die Hintere Schwärze, in deren Namen sich der schwarze, dunkle Aspekt der alten Weisen oder die schwarze, fruchtbare Erdgöttin erkennen lassen, sowie die Rötenspitze, ein Name, der auf die dritte Farbe in der matriarchal-göttlichen Dreigestalt hinweisen könnte, die Farbe Rot. Sie versinnbildlicht die Fruchtbarkeit sowie die lebensschenkende Eigenschaft der dreigestaltigen Göttin.[1298] Die Verbindung rot-schwarz-weiß findet sich bezeichnenderweise auch östlich der Similaun wieder, in den Bergnamen der ihr nahe gelegenen Gipfel Schwarze Wand und Roter Kofel. In Anbetracht der gehäuft vorkommenden „Mut"-Berge im hinteren Ötztal[1299]

1296 Vgl. Böhme, 1992, S. 138

1297 Gimbutas, 1994, S. 134

1298 Vgl. Auer, 2009, S. 151

1299 Bei Vent im hinteren Ötztal gibt es eine Mutmalspitze und einen Mutsbichl. Bei Obergurgl einen Berg mit dem Namen Hohe Mut.

und ihrer Nähe zu den Gipfeln der Wilde sowie der matriarchalen Wahrnehmung der Landschaft in der Vergangenheit erscheint ein weiterer Hinweis bedeutsam: „MUT" ist der Name der archaischen Muttergöttin in ihrer Trinität Jungfrau/Farbe Weiß, Mutter/Farbe Rot und Greisin/Farbe Schwarz.[1300] Im pharaonischen Ägypten wird MUT/NUT zum männlichen Atum/Aton-Gott[1301], der den Eigennamen der Göttin verdreht in seinem Namen usurpiert und damit die Göttin ersetzt. Andere leiten den Bergnamen Mut von lateinisch „mutilus" für verstümmelt, stumpf her und übersetzen ihn deshalb mit „Hügel" oder „Bergkuppe".[1302]

Ein kurzer Verweis auf die Sagen von Menschen, die zu Fels erstarren oder verwandelt werden, soll die animistische Spiritualität[1303] verdeutlichen, die von einem beseelten, verwandtschaftlichen und magischen Naturverhältnis Ausgang nimmt. Stein und Fels sind demnach lebendige Wesen beziehungsweise die verstorbenen Ahnen und Ahninnen[1304] und komplettieren die Wahrnehmung der Landschaft als allumfassende Göttin der Fülle, die Leben und Tod in sich vereint.

> *„Die Berggöttin als Ahnensitz wie die (Wieder)geburtsgöttin wurzelt in einer totemistischen und animistischen Naturverehrung, in der der Tod wie das Leben als Kreislauf wahrgenommen werden."*[1305]

Die patriarchale Verdrehung und Diffamierung dieser Wahrnehmung drückt sich in den späteren Sagenversionen aus, in denen die Verwandlung in Stein als angebliche Strafe für eine sündhafte Tat passiert.[1306]

5. Den Gipfel wieder als heiligen Topos und nicht zu transformierenden Ort der tiefen Wahrnehmung der Naturverbindung „tabuisieren"

Die Wiedererinnerung der matriarchalen Wahrnehmung des Topos Gipfel inkludiert die Anerkennung der Weiblichkeit und Mütterlichkeit der Berge, um daraus ein lebensfreundliches Naturverhältnis abzuleiten und ist nicht nur

---

1300 Vgl. Walker, 1993, S. 748

1301 Vgl. Auer, 2007, S. 30

1302 U.a. Oberhauser, 2000, S. 41f.

1303 Genth spricht von einem Animismus der Natur, vgl. Genth, 2002, S. 69.

1304 Derungs, 2006, S. 277

1305 Auer, 2009, S. 157. Die Vorstellung, die Berge seien der Sitz der Ahnenseelen, findet sich auch in anderen Kulturen, beispielsweise bei den Zapatisten in Mexiko. Siehe den Hinweis von Werlhof in: Kumar, 2007, S. 261

1306 Vgl. dazu die Sage von der Frau Hitt, einer Felsformation bei Innsbruck sowie die Deutung dieser Erzählung bei Auer, 2009, S. 157f.

Notwendigkeit, sondern Geste des Widerstandes gegen die zusehende Verdrängung der Wildnis und das entfremdete Verhältnis zu ihr. Sich in die Wildnis zu begeben wird mit steigender touristischer und wirtschaftlicher Besetzung und Transformation der Berge unmöglich gemacht beziehungsweise ist im touristischen „All-Inclusive-Angebot" nicht inkludiert. Wer per Seilbahn bequem, wind- und wettergeschützt auf den Gipfel fährt, oben angekommen ein schnelles Foto klickt und im Gipfelrestaurant auf über 3000 m Seehöhe durch das Panoramafenster auf die wilden Bergspitzen blickt, um später wieder mit der Bahn oder auf präparierten (Kunstschnee-)Skipisten hinunter zu fahren, erlebt die Wilde (Natur) in ihrer Kraft und Lebendigkeit wenig bis gar nicht.[1307] Wie anders gestaltet sich da das sommerliche Aufsteigen zu Fuß vom Tal über die Gletscher hinauf auf den Gipfel der Wilde (Wildspitze), der zwar mit einem Gipfelkreuz versehen, aber davon abgesehen weder bebaut noch touristisch besetzt wurde, in direktem (Haut-)Kontakt mit Wind und Wetter und mit jedem Schritt, der sich mit steigender Höhe verlangsamt, in eine noch tiefere Wahrnehmung des Berges gelangend. Solche persönlichen Erlebnisse[1308] sind in einem massentouristischen System zur Seltenheit geworden und verlangen in einer leistungssportlichen Gesellschaft nach der persönlichen Entscheidung für eine bewusste Wahrnehmung und ein bewusstes Innehalten. Diese Erfahrungen können weder in Eile erlebt noch als Ware erkauft werden. Das bewusste Aussteigen aus dem System und Aufsteigen auf den Gipfel lässt ihn jedoch wieder in seiner Ursprünglichkeit und Natürlichkeit als wilden, von Menschen nicht auf die Dauer besetzbaren Topos wahrnehmen, an dem ein Sich-Aufhalten und ein ungestörtes, intensives Wahrnehmen der Verbindung zur Bergnatur (noch) möglich sind. Dann kann auch das mimetische Vermögen wieder von seiner pathologischen Verdrehung als Aneignung, Besetzung und versuchte Ersetzung des Topos geheilt werden und zu einem heilenden, umfassenden Sich-Annähern und -Anverwandeln an die mütterliche Natur zurückkehren. Auf den Gipfel zu gehen, inne zu halten, wahrzunehmen und um Verzeihung zu bitten sind Heilmittel, um zu einer erneuten tiefen Verbindung mit dem Topos zu gelangen. Diese Erkenntnis erfüllt mit Ehrfurcht, Liebe und Dankbarkeit.

Der Gipfel, in höchsten Höhen weiß bedeckt mit Schneefeldern, die das Wasser speichern, ist so wie der Gletscher ein Ort des Lebens. Auch das Berginnere

---

1307 Ich beziehe mich hier auf das aktuelle Beispiel eines Panorama-Gipfelrestaurants auf 3440 m Seehöhe, dem angeblich höchsten Restaurant der Alpen, mit direktem Blick auf die Wildspitze. Dieses Gebäude wurde von Pitztaler Gletscherbahnen erbaut und im Herbst 2012 eröffnet.

1308 Die Verfasserin spricht hier auch von ihrer persönlichen Erfahrung.

ist ein solcher Topos, aus dem das Wasser kommt, ein Topos, dem die Anderswelt zugeordnet wurde, ein mütterlich-bergender und gebärender Ort. Diese Entsprechungen von „oben", „außen" und „innen", den mütterlich-gebenden Topoi des Berges ist mit Dankbarkeit zu begegnen, wie das folgende Kapitel zeigt. Die matriarchalen Erzählungen in Verbindung mit dem Topos Berginneres sind wieder zu erinnern, um in eine lebensfreundliche Zukunft zu gelangen.

Innen
Topos Berginneres

1. Dankbarkeit und Respekt vor der Lebendigkeit des Ortes und seinen lebensspendenden Schätzen als Ausdruck der Naturverbundenheit

Die Wiedererinnerung der Naturverbundenheit durch die Annäherung an den Topos und die sinnliche Wahrnehmung desselben sind Schritte auf dem Weg des Verzeihens und der Aufarbeitung des Schmerzes ob der Zerstörung der Natur, die es aufzuhalten gilt. Dieser Schmerz ist aus der Sicht der Tiefenökologie Ausdruck der Liebe und Verbundenheit zur Natur.[1309] Eine Haltung der Dankbarkeit für das Geschenk des Lebens spielt in diesem Verständnis eine wichtige Rolle als Ausdruck der tiefen Verbindung mit dem Leben.[1310] Trotz oder gerade wegen aller Zerstörungen und irreparablen Schäden ist es notwendig, um Verzeihung zu bitten, wie im Kapitel Topos Gletscher aufgezeigt wurde, die Verbindung zur Natur wieder bewusst wahrzunehmen, wie im vorigen Kapitel am Topos Gipfel deutlich wurde, und Dankbarkeit zu zeigen. Danken verbindet Geist und leibliche Sinne, es ist Ausdruck einer sinnlichen Kommunikation mit der Natur. Im Begriff „Kommunikation" steckt lateinisch „munus" übersetzt „die Gabe" – das Gefühl der Dankbarkeit lässt die Bedeutung des Lebens als Geschenk und dessen, was uns die Natur gibt, bewusst werden.[1311] Die natürliche Um*gebung* ist mütterlich-*gebend*, sie ermöglicht das Leben und ist der Raum, in dem Lebendiges „Da-Seien"[1312] findet. Matriarchale Spiritualität anerkennt die Weiblichkeit und Mütterlichkeit der Natur, ein matriarchales Naturverhältnis nimmt Ausgang von der Mutter Natur als Ursprung allen sichtbar-materiellen Lebens. Der naturfreundlichen menschlichen Haltung des Dankens gehen ein Inne-Halten und die bewusste Wahrnehmung des „Außen" voraus, dessen, was außerhalb des eigenen Leibes an Lebendigem da ist. Es ist die Wahrnehmung der An-Wesenheit der lebendigen Natur und folglich ein kommunikativer Umgang

1309 Vgl. Macy, 2007

1310 Vgl. Macy, 2007, S. 104f.

1311 Vgl. dazu und zur matriarchalen Kultur der Gabe: Wörer in: Projektgruppe „Zivilisationspolitik", 2011

1312 In Anlehnung an die „Verbundenheit alles Seienden". Vgl. Werlhof, 2012, S. 28

mit ihr, indem zur Sprache gebracht wird, was gespürt wird. „Danken" hängt etymologisch mit „denken" und „tongue", dem englischen Begriff für Zunge zusammen, also mit dem Sinnesorgan für das Schmecken und der sprechenden Kommunikation. Dankbarkeit und ein dankendes Verhältnis zum Leben verbindet aber auch die Generationen, jene die vorausgegangen sind mit jenen, die gegenwärtig leben und jenen, die noch kommen werden, in dem Sinne, dass dadurch das Eingebettet-Sein in räumlich größere und zeitlich über die eigene Lebensdauer hinausreichende Zusammenhänge bewusst wird.

Ein matriarchales Naturverhältnis ist liebend und achtungsvoll, geprägt von einem sakralen und magischen Naturumgang.[1313] Ein derartiger, an der Magie orientierter Naturumgang ist nach Werlhof *„ein Wissen und Handeln, das sich an der lebendigen Verbundenheit alles Da-Seienden orientiert, an einem „magan", einem Mögen und Ver-Mögen, nämlich ursprünglich dem der Mutter (ma), mit ihren Hervorbringungen – gan, gen – umzugehen.*"[1314] Der Berg trägt und birgt in seinem Inneren, so wie eine matriarchale Mutter Geborgenheit gibt. Die Gefühle, die aus dieser Wahrnehmung entstehen, sind Dankbarkeit, Liebe, Bezogen-Sein und Ehrfurcht. In Ehrfurcht steckt, wie bereits erwähnt, die Ehre, aus germanish *aizo, was „Achtung" bedeutet[1315], sie inkludiert also einen achtungsvollen, verehrenden Umgang, denn *„in der Achtung der Natur wird dem Mysterium Leben begegnet*"[1316]. Die Verehrung von Naturerscheinungen ist Ausdruck der erkennenden Wahrnehmung darüber, dass sich darin die Lebenskraft manifestiert und konkretisiert. Dankbarkeit gegenüber der Natur ist Naturverehrung und damit Ausdruck einer matriarchalen Naturphilosophie.[1317] Mit der Naturverehrung verbunden ist die Ahn_innenverehrung als soziales verbindendes Element, auch zwischen den Generationen. In Ehrfurcht steckt aber auch die Furcht, im Sinne des *„um die Ehre besorgt*"[1318] Seins. Ein dankendes, ehrfürchtiges Verhältnis zur Natur meint demnach auch die Achtsamkeit und Sorge um die Natur, also die lebensfreundliche cultura/Kultur.

Die Berge tragen, bergen in ihrem Inneren und bieten Lebensraum, sie sind Orte des Lebens oder Topoi der lebensspendenden Elemente, wie es etwa das Wasser eines ist. Eine Haltung der Dankbarkeit darüber hat auch mit der

---

1313 Vgl. Auer, 2007, S. 29

1314 Werlhof, 2012, S. 28. Magie ist demnach das Vermögen mit den Hervorbringungen von der Mutter (Natur) umzugehen.

1315 Kluge, 2002, S. 228

1316 Riane Eisler zitiert nach Auer, 2007, S. 14

1317 Vgl. Derungs in: Projektgruppe „Zivilisationspolitik", 2011, S. 325

1318 Kluge, 2002, S. 228

Anerkennung der Grenzen des menschlichen Handelns zu tun, mit dem Feingefühl für das richtige Maß im Umgang mit der Natur, für das, was aus ihr entnommen werden darf. Diese Haltung anerkennt, dass die Natur es ist, die gibt, und erst in einem weiteren Schritt die Menschen es sind, die von der Fülle nehmen/leben dürfen. Ehrfurcht und Respekt ob der Eigenmächtigkeit und Größe der Natur finden in Feiern, Kulten und in den trotz Patriarchalisierung verbliebenen Resten einer matriarchalen Kultur ihren Ausdruck, die Heiligkeit des Lebens und die Abhängigkeit von Mutter Erde[1319] stehen dabei im Mittelpunkt. Solche Feiern sind Feste der Dankbarkeit, in denen sich das gemeinschaftliche Verbundenheitsgefühl manifestiert. Die christianisierten Erntedank-Feste und -Prozessionen, wie sie beispielsweise auch im Kulturraum Ötztal durchgeführt werden, sind wohl religiös überdeckte Reste einer ursprünglichen Spiritualität der *„Feier des Lebens als Gabe der Göttin“*[1320]. Die magisch-ästhetischen Feste dienten dazu, in Kommunikation mit der Natur zu treten[1321] und die Verbundenheit alles Seienden sinnlich-leiblich zu erfahren. Die Orte für diese Kulturhandlungen wurden in einer naturverbundenen kulturellen Vergangenheit nach topographischen Besonderheiten ausgesucht, wie es etwa Höhlen, Anhöhen oder Berggipfel sind. Diese Kultorte waren demnach *„Erfahrungsorte des sakralen Zusammenhangs“*[1322], *„die die Pflege und Verehrung der mütterlich-kosmischen Ordnung veranschaulichen und ermöglichen“*[1323]. Sie sind, einem Uterus gleich, Räume des Werdens und Vergehens in der Natur, aber auch Räume des Entstehens von Kultur.[1324]

Der Zusammenhang von Kultur und Höhle verdichtet sich in der Ursilbe KALL für Höhle.[1325] Richard Fester bezeichnet die weibliche Ursilbe KALL als eine von sechs Archetypen der Sprache, in der sich ein umfassender Sinnzusammenhang manifestiert und konzentriert. KALL bedeutet demnach nicht nur Höhle, sondern auch Vertiefung, Wölbung, Leib, Boden, Erde[1326], aber auch Schale, Quelle, Tal, Schoß[1327]. Die etymologische Bedeutung des Begriffes „Wallfahrt“

1319 Vgl. Mies/Shiva, 1995, S. 29., vgl. den indischen Begriff der „Erdfamilie“ – Shiva, 2006, S. 9

1320 Auer, 2007, S. 177

1321 Vgl. Auer, 2007, S. 202

1322 Auer, 2007, S. 433 Die spätere Christianisierung vieler solcher Kultorte zu Wallfahrtsorten hat bereits Sibylle Auer in ihrer umfassenden Arbeit dargelegt. Vgl. Auer, 2009

1323 Auer, 2009, S. 95

1324 Vgl. Auer, 2009, S. 93

1325 Fester, 1980, S. 103

1326 Vgl. Fester, 1980, S. 80

1327 Vgl. Auer, 2007, S. 217

als *„zur Quelle oder Höhle gehen“*[1328] drückt ebenso den ursprünglichen sakral-rituellen Umgang mit dem Topos „Berginneres“ aus und verortet die Haltung der Dankbarkeit. Die vielen Bergheiligtümer und Marien-Wallfahrtsorte zeugen trotz Patriarchalisierung und Christianisierung heute noch von jener alten Beziehung, sie waren in ihrer Ursprünglichkeit Kommunikationsorte, in denen die Verbundenheit und Dankbarkeit gegenüber der Göttin/(Mutter) Natur erfahren und zum Ausdruck gebracht wurden.[1329]

2. Das Berginnere als mütterlicher Ort des Lebens

Auf dem sinnlich-ästhetischen Erkenntnisweg, der aus dem gegenwärtigen patriarchalen, zerstörerischen Verhältnis zur Natur hinaus führt, gilt es auch am Topos Berginneres eine tiefe Wahrnehmung dessen, was da ist, sowie eine Ästhetik der Weiblichkeit des Berginneren zu erlangen. Ein matriarchal-magisches Naturverhältnis nimmt Natur als beseelt, lebendig und mütterlich wahr[1330], die daraus entstehende matriarchale Spiritualität verehrt die Lebensquellen als *„Allesspenderin und Muttergöttin“*[1331]. Diesem Verständnis nach ist das Hervorquellen und Herausfließen des lebenspendenden Wassers aus dem Berginneren ein matriarchaler, am mütterlichen Ursprung verorteter, gebärender Vorgang. Das Innere des Berges ist demnach der das Leben bergende Raum, die Gebär-Mutter.[1332]

> *„Der Raum ist immer ein uteriner [...] Das Schwingen, Pulsieren des Raums ist die Raum-Zeit, der Zeitraum.“*[1333]

Die Bedeutung des Berginneren als signifikanten Topos des Berges veranschaulicht der etymologische Zusammenhang von Berg, bergen und gebären in der Bedeutung von tragen, sich regen, sich heben, allesamt Tun-Wörter der

---

1328 „Erfahren“ kommt vom althochdeutschen „faran“ für zu Fuß gehen, vgl. Fährte für Fußabdruck (Fester, 1980, S. 24), Wallfahrt bedeutet „zur Quelle oder Höhle gehen“, denn die Ursilbe KALL, später WALL, bedeutet Höhle (Fester, 1980, S. 100).

1329 Ein solches Höhlen- oder Grottenheiligtum, das später christianisiert wurde ist etwa der Wallfahrtsort Lourdes in Frankreich. Rohrecker, 2005, S. 60.

1330 Vgl. Auer, 2009, S. 189

1331 Vgl. Auer, 2007, S. 14

1332 Die Wahrnehmung des (Erd-)Inneren als Ort aus dem das Leben geboren wird, findet sich auch in anderen Kulturen wieder, etwa in den Mythologien der indigenen Stämme Nordamerikas. Vgl. Abram, 2012, S. 226ff.

1333 Werlhof, 1991, S. 188. Vgl. dazu den indigenen Begriff für die Mutter Erde in den Anden: „Pachamama“, der eigentlich „Raum-Zeit-Mutter“ bedeutet, also ein allumfassender, kosmologischer Begriff ist. Hinweis von Claudia von Werlhof.

Hervorbringung aus dem Inneren. Der Berg ist demnach weder tote Materie, noch inhaltlose, formale Form[1334], sondern lebendiger, nicht-menschlicher Mutterleib, der aus seinem Inneren das Leben gebiert, er ist leibliche Anwesenheit der hervorbringenden Göttin. Die sprachliche Bedeutung des Topos korrespondiert mit archäologischen Funden, die in Höhlen, etwa in der Tischoferhöhle bei Kufstein, gemacht wurden. Sie lassen sich auf ein Alter von 27000 bis 28000 Jahren datieren und sind somit die ältesten archäologischen Beweise für die menschliche Besiedelung in Tirol.[1335] Später datierte Funde aus der Frühbronzezeit lassen auf die Bedeutung der Tischoferhöhle als Kultort und Bestattungsort schließen[1336], es handelt sich dabei also um einen konkreten Topos der Feier der Verbundenheit alles Seienden und damit um einen bedeutenden Ort für eine naturverbundene Kultur in der Geschichte Tirols. Die eiszeitlich genutzten Kulthöhlen in Europa wurden als *„Gebärmütter der Erdgöttin“*[1337] wahrgenommen und dienten als spirituelle Wiedergeburtsorte sowie konkrete Frauen-Aufenthaltsorte für das Gebären. Die Begriffe Frau, Berg und Höhle verbinden sich in einem matriarchalen Sinnzusammenhang.[1338]

> *„Die Frauenmagie war somit auf das Engste mit den Höhlen, dem Uterus der Erdgöttin, verbunden.“*[1339]*„On a symbolic level the cave represents the archetypal female womb and is as such found in most of the myths which deal with the origins, the beginnings and the emergence of mankind.”*[1340]

Der in diesem Zitat vorkommende englische Begriff “female womb” kann im Deutschen mit „Mutterleib“, aber auch mit „weiblicher Schoß“ übersetzt werden. „Schoß“ geht sprachlich gesehen auf „Winkel“ und „Dreieck“ zurück[1341], ein Zusammenhang, der sich im Wort „Schoßdreieck“, aber auch in den in archäologischen Funden vorkommenden Dreiecken widerspiegelt, die etwa als Verzierung auf Töpferwaren und Steinen gefunden wurden. Dazugehörend ist das Labyrinth

1334 Vgl. Ernst in: Werlhof/Schweighofer/Ernst (Hrsg.), 1996
1335 Würtl, 2002, S. 100, zur Tischoferhöhle vgl. auch Auer, 2009, S. 249ff.
1336 Vgl. Harb, 2002, S. 46
1337 Werlhof, 2011, S. 196. Eiszeitliche Kulthöhlen als als Orte der Wiedergeburt erwähnt auch Duerr, 1989, S. 43.
1338 Zucca in: Zucca (Hrsg.), 2007, S. 65
1339 Auer, 2009, S. 202
1340 *„Symbolisch gesehen repräsentiert die Höhle den archetypischen weiblichen Schoß/Mutterleib und als solche findet sie sich in den meisten Mythen, die von den Ursprüngen, den Anfängen und der Entstehung der Menschheit handeln.“* [Übersetzung U. Sch.] Siehe Zucca, 2007, S. 64
1341 Kluge, 2002, S. 823

zu erwähnen, sprachlich übersetzt der „Steinkreis" oder „Kreise um einen Stein". Labyrinthe sind demnach Ausdruck des Schoß-Sinnbildes und Orte, an denen der heilige Zugang zum weiblichen Schoß[1342] nachempfunden beziehungsweise rituell erfahren werden kann. In den Bedeutungszusammenhang von Schoß und Dreieck als Orte/Räume des Lebens sind auch Töpfe und Kessel zu zählen[1343], als ursprüngliche magische Orte des Kochens und der Veränderung, der matriarchalen Alchemie, die später *„in der patriarchalisierten Alchemie als Öfen, Phiolen und künstliche Uteri für das ‚Große Werk' der Lebensschöpfung außerhalb des Frauenleibes wiederkehren."*[1344] Weitere solche uterine Räume, welche der Höhle und dem Berginneren entsprechen, allerdings später patriarchalisiert wurden, sind Wohnhütten, (Bauern-)Höfe/Häuser, Tempel und Kirchen.[1345]

> *„Die Höhle als begehbarer Unterschlupf macht die Natur als hervorbringende Mutter erfahrbar, sie gleicht einem Eingang in den chthonischen [d.h. irdischen/unterirdischen, Anmerkung U.Sch.] Leib, schützt vor Regen und Wind und birgt Schätze."*[1346]

Matriarchale Spiritualität ist direkt mit dem Berginneren und Höhlen verbunden.[1347] Die Kulthöhle als betretbarer Ort des Berginneren ist ein *„uteriner Raum, an dem die mütterliche, kosmische Ordnung geehrt und gepflegt wird"*[1348]. Die Tiefen des Berges, die Höhlen, Seen und Schluchten waren in der Weltsicht der frühen Kulturen der Mutterschoß der Göttin und daher heilige Orte, aus dem sie das Leben gebar und in den das Leben auch wieder zurückkehrte.[1349] Diese archaische Wahrnehmung spiegelt sich immer noch in den bereits an den anderen Topoi erwähnten Mythen und Erzählungen etwa rund um die Saligen Fräulein wider sowie in Resten des alten bäuerlichen Weltbildes im Alpenraum: Seen und Teiche galten als fruchtbar, ein Bad darin verhalf jungen Frauen zu einem Kind. Ähnlich verhält es sich mit dem Mythos, dass die Bäuerinnen ihre Neugeborenen aus dem Wasser holen.[1350] Der Blick in andere (Berg-)Gebiete festigt die Annahme, dass es sich bei lokalen Kulturgebärden um verortete Ausdrücke

---

1342 Derungs in: James, 2003, S. 22

1343 *„Töpfe und Kessel versinnbildlichen den Universalschoß der Göttin und die Erfahrung der Alles-Nährenden."* Auer, 2009, S. 322

1344 Werlhof, 2011, S. 200f.

1345 Vgl. Auer, 2009, S. 202ff.

1346 Auer, 2009, S. 252

1347 Vgl. Fester, 1980 S. 33

1348 Vgl. Auer, 2007, S. 77 sowie S. 131

1349 Im Sanskrit bedeutet das Wort für Heiligtum gleichzeitig auch Schoß. Vgl. Auer, 2009, S. 227

1350 Fink, 1969, S. 38

eines allgemeinen matriarchalen Naturverhältnisses handelt, der lokale Kultort ein Mikrokosmos ist, der dem Makrokosmos des Hervorbringens entspricht.[1351] Stein und Göttin/Frau haben in vielen Kulturen dieselbe mythologische Bedeutung.[1352] In den Pyrenäen wird die Göttin Mari als Stein in Höhlen verehrt, hier drängt sich der Vergleich zum altorientalischen Wort „Mar" für „Schoß, Bauch" auf.[1353] Auf der griechischen Insel Kreta sind heute noch Höhlen als Kultorte der minoischen Muttergöttin Rhea, mit ihrem Sinnbild, der Schlange bekannt.[1354] Die Naturwahrnehmung von den Bergen als Anwesenheit der Hervorbringenden gibt das matriarchale Volk der Kagaba-Kogi in der Gebirgsregion „Sierra Nevada" in Kolumbien in ihrem Weltbild der Berge als Gebärmütter und Ahninnen an die nächste Generation weiter.[1355] Das Wort „Beth" für „Stein, Haus, Schoß"[1356] ist vorindoeuropäischen Ursprungs und taucht in den Namen der drei (keltischen) Bethen Anbeth, Willbeth und Borbeth wieder auf. Sie präsentieren die Dreigestalt der matriarchalen Göttin. Borbeth, später christianisiert die heilige Barbara, ist jene von den Dreien, die dem Berginneren zugeordnet werden kann. Sie ist die schützende, bergende Göttin, die mit der ihr zugewiesenen Farbe Schwarz die Erde, aber auch die Unterwelt verleiblicht. Die Kontinuität dieses Zusammenhangs lässt sich bis in die Gegenwart erkennen, die heilige Barbara wird heute noch als Heilige und Beschützerin der Bergleute verehrt. Ihre Attribute sind Kelch und Turm, der Kelch kann dabei als Sinnbild für den weiblichen Schoß gesehen werden[1357] und der Turm als Abbild des Berges in dessen Inneren sich der Ort des Lebens befindet.[1358]

Einen weiteren Hinweis auf die Verbindung des Inneren und der zyklischen Leben-Tod-Göttin gibt das Wort HEL, wovon „Höhle" und später abwertend „Hölle" etymologisch abstammen. Es drückt den hellen-weißen, aber auch erdig-dunklen Aspekt der Erdgöttin aus[1359], die im Berginneren, in Höhlen, aber auch im Sumpf und Moor sowie in Brunnen beheimatet ist. Man denke in diesem Zusammenhang an das Märchen von Frau Holle, deren Reich/Anderswelt

1351 Vgl. Auer, 2009, S. 108
1352 Vgl. Derungs in: James, 2003, S. 35
1353 Derungs in: James, 2003, S. 16
1354 Vgl. Göttner-Abendroth, 1988a, S. 98
1355 Göttner-Abendroth, 2000, S. 36
1356 Vgl. Derungs in: James, 2003, S. 35
1357 Vgl. Eisler, 1989
1358 Der Turm ist nach Mantl ein weltweit verbreitetes Symbol für den Berg. Vgl. Mantl, 1967, S. 117
1359 Rüttner-Cova, 1986, S. 73

über einen Brunnen erreicht beziehungsweise im Sinne einer Wiedergeburt verlassen werden kann. Eine weitere lokale Version der matriarchalen Göttin ist Frau Hitt bei Innsbruck. Die Felsformation personifiziert die Ahnin oder die Immanenz der Göttin. Sie ist die Bergmutter, die in ihrer leiblichen Verbindung von Stein und Lebensenergie das Leben in ihrem Schoß birgt und behütet.[1360] Bei der Sagenerzählung über die Versteinerung der Frau Hitt als Folge eines Fluches handelt es sich bereits um eine spätere, patriarchale Verdrehung der ursprünglichen Naturwahrnehmung. Weitere steingewordene Sinnbilder der Muttergottheit sind die Schalensteine, die sich über den gesamtem Alpenraum verstreut finden lassen. Ihre genaue Bedeutung konnte zwar bis heute nicht geklärt werden, jedoch werden sie mehrfach in der Literatur als in Stein geformte Sinnbilder für den fruchtbaren Mutterschoß gesehen[1361], durch die in Verbindung mit der mütterlichen Lebenskraft getreten werden konnte.

„*Seinsverdichtungen von Baum/Stein und Quellkulten bzw. deren Kombination verleiblichen sowohl das Hervorbringen, wie das Nähren und das Behüten (Bergen) und veranschaulichen die Verbundenheit.*“[1362]

Einer der frühesten Kultorte, das Feuer, soll an dieser Stelle nähere Betrachtung finden und damit in Zusammenhang der Berg aber auch der Begriff „Topos“. Sibylle Auer hat die Bedeutung der Feuerstelle beziehungsweise des Herdes als „*Räume des Werdens*“ herausgearbeitet und vergleicht diese mit dem Frauenleib sowie dem „*Berg als sakraler Ofen, als Leibhöhle der Urmutter.*“[1363] So wie der Berg in seiner Anwesenheit aber auch in seiner etymologischen Begrifflichkeit eine hervorbringende und zugleich bergende Naturerscheinung ist, ist auch das Feuer gebärend und Schoß der Toten zugleich[1364], also Ausdruck der zyklisch-wandelnden Natur.

„*Vergleichbar mit dem Berg, der Quelle oder dem Baum erfuhren die Menschen auch das Feuer […] als Immanenz der Göttin, als Mutterschoß bzw. Mutterbrust und zyklische (Menstruations)Kraft.*“[1365]

Auch der Begriff Topos steht in seiner näheren etymologischen Betrachtung in direkter Verbindung mit dem Feuer. Auf den ersten Blick ist er zwar – als griechisch τοπος – der Ort, der Platz, der Raum, die Stelle, Stätte, aber auch die Ortschaft

1360 Rohrecker, 2005, S. 92
1361 Vgl. Resch-Rauter, 1992, S. 253 sowie Haid, 1990, S. 38
1362 Auer, 2009, S. 403
1363 Auer, 2009, S. 197, Fußnote 1421
1364 Auer, 2009, S. 199
1365 Auer, 2009, S. 202

und Landschaft, in speziellen Bedeutungszusammenhängen auch die *„kranke Körperstelle, der Begräbnisplatz“*[1366]. Die etymologische Herleitung ist allerdings nicht sicher nachvollziehbar.[1367] Die weitere Suche in außergriechischen Sprachen lässt auf litauisch „tampù, tàpti“ stoßen, was mit „werden“ übersetzt wird.[1368] Der Topos ist demnach ein Ort des Werdens, wo man hingelangen will, im Sinne eines Ortes des guten Lebens. Geht man in der Sprachgeschichte noch weiter zurück, findet man eine etymologische Verbindung von „Topos“ mit der urindogermanischen Wurzel „*tep-“ für „warm sein“, das sich auch in lateinisch „tepere“ wiederfindet, ein Wort, das mit „lau, warm sein, verliebt sein, glühen, in Liebe erwärmen“ übersetzt wird: *„So muß das Nomen rei actae *tópo- zum Zeitpunkt seiner Bildung ‚warmer Platz, warm gewordene Stelle‘ bedeutet haben.“*[1369] Das heißt, „Topos“ ist ursprünglich der warme Platz oder die warme Stelle, möglicherweise der Raum um das Herdfeuer im Haus oder das Feuer in der (Kult-)Höhle beziehungsweise in diesem Sinne die Höhle selber, die durch das Feuer zum Topos wird, zum konkreten, warm gewordenen Platz im Inneren des Berges, ein Ort des Lebens und Werdens[1370], der Ort, aus dem das Leben kommt. Im Zusammenhang mit dem Leib lässt sich Topos als die warme Stelle im Inneren deuten, an dem Mann sich – lateinisch „tepere“ – „in Liebe erwärmen kann“. Der Uterus als der warme Raum im Inneren des weiblichen Leibes und *der* Ort des Werdens fügt sich an dieser Stelle sogleich in die etymologische Deutung von „Topos“ ein.

Die Sinnverbindung Berg und Feuer findet sich konkretisiert und verortet in jenen Flurnamen wieder, welche die Begriffe „Ofen“ oder „Kuchl“ beinhalten. Sie sind Lokalisierungen der makrokosmischen Wahrnehmung von der mütterlich-wandelnden Natur. Der Flurname „Kalte Kuchl“ am Glungezer[1371], einem Berg bei Innsbruck, kann in dieser (Be-)Deutung verglichen werden mit dem Flurname „Katz-Babelas-Kuchl“ in der Nähe des Dorfes Sautens am Eingang des Ötztales. Dabei handelt es sich um eine (Wohn-)Höhle in einem Felsblock, der inmitten eines bewaldeten Bergsturzgebietes liegt. Der Flurname klingt auf den ersten Blick eigenartig und ist bei näherer Betrachtung aufschlussreich: „Baba“ ist der Name der Großmutter, der Ahnfrau, „Kuchl“ ihre Feuerstelle, ihr Herd oder Ofen, das heißt im matriarchal-ästhetischen Sinne ihre Leibhöhle. „Baba“ ist somit lokales Namensbeispiel für die Ahnfrau in der Landschaft.

1366 Meier-Brügger in: Meiser (Hrsg. u.a.), 1997/98, S. 99
1367 Meier-Brügger in: Meiser (Hrsg. u.a.), 1997/98
1368 Pokorny, 1959, S. 1088
1369 Meier-Brügger in: Meiser (Hrsg. u.a.), 1997/98, S. 100
1370 Vgl. dazu die bereits erwähnte Bedeutung von Höhlen als Orte des Gebärens.
1371 Auer, 2009, S. 123

„Katz“ könnte für die Katze stehen, das Begleittier der patriarchalisierten Hexe, vormals der Großen Göttin.[1372] Auch der Landschaftsmythologe Kurt Derungs erwähnt die Katze als ein Tiersymbol der schwarzen Göttin.[1373] Der Volkskundler und Heimatforscher Hans Haid leitet das Wort „Katz“ im Flurnamen „Katz-Babelas-Kuchl“ von „Gatze“ ab, einer alten Bezeichnung für „Schöpflöffel“ und „Babele“ von „Barbara“.[1374] Auch diese beiden Deutungen, der Schöpflöffel als Kochwerkzeug in Schoßform, lassen sich in die Wahrnehmung des Ortes als Schoß der Erdgöttin einweben. Barbara ist, wie bereits verdeutlicht wurde, die christianisierte Form von Borbeth, des schwarzen Aspektes der dreigestaltigen Göttin. Sie wird mit der Dunkelheit, der Farbe Schwarz, der Erde, dem Schoß und der Höhle in Verbindung gesehen. Der Hinweis auf die Legende, dass in der konkreten Felshöhle einst Menschen gehaust hätten, kann – sieht man von der historischen Festsetzung auf die Pestzeit ab – ebenso im erwähnten Sinnzusammenhang gesehen werden: „Katz-Babelas-Kuchl“ ist der lokale Topos des Berginneren/Felsinneren als Sitz der Ahnin, ein Ort des Lebens und des Werdens. Auch von anderen Gegenden sind solche Verortungen bekannt, so gibt es in Norddeutschland auf der Insel Sylt die sogenannte „Mootjis Küühl“, was mit „Großmütterchens Kuhle“ übersetzt wird, eine Steinsetzung, die den Sitz der Ahnin präsentiert.[1375] Die Höhle als Uterus, als *„Raum des Werdens gleich einem Backofen“*[1376] und als Ahnensitz ist eine der ältesten Wahrnehmungen matriarchaler Naturästhetik. Bereits in der Altsteinzeit war das Feuer fester Bestandteil des Höhlenkultes[1377] und der Verehrung der Göttin als Leben spendende, ein Zusammenhang, der in der bereits erwähnten Tischoferhöhle deutlich hervortritt, wenn man die Herkunft des Flurnamens für diese steinzeitliche Kulthöhle betrachtet: Tischoferhöhle heißt übersetzt der Riesenofen.[1378] „In Teufels Küche kommen“, dieser Ausdruck spiegelt die spätere patriarchale Verdrehung und Dämonisierung des ehemaligen heiligen Zentrums, die Transformation des weiblichen Kultortes des Werdens, der Feuerstelle wider. Die lebensfreundliche Höhle und nahrungsspendende Küche, der Ort des Werdens, wird zum Ort des Schmerzes und der Zerstörung, zur Folterküche, zur Hölle.[1379]

1372 Vgl. Walker, 1993, S. 533
1373 Derungs, 2006, S. 114
1374 Vgl. Haid, 2006, S. 9f.
1375 Vgl. Margotsdotter-Fricke, 2008, S. 29
1376 Auer, 2009, S. 254
1377 Vgl. Auer, 2009, S. 198
1378 Vgl. Auer, 2009, S. 255
1379 Vgl. Margotsdotter-Fricke, 2008, S. 67 und S. 166

2.1. Das Berginnere als Wasser und Erze spendender Topos

„Das Wasser als Lebensquelle ist eines der ältesten, wenn nicht das älteste Fruchtbarkeitssinnbild.“[1380]

Die Lebenswichtigkeit des Wassers wurde bereits an den anderen Bergtopoi Gletscher und Gipfel aufgezeigt sowie die Wahrnehmung dieser beiden Topoi als Orte des Werdens und Lebens. Wasser und Schlange sind Sinnbilder, die archäologisch nachgewiesen bereits in der Jungsteinzeit für die Lebensenergie und den Wiedergeburtszyklus standen.[1381] Das Wasser als das Urelement ist Grundlage für die Entstehung allen Lebens, aus dem Wasser geht im Ur-Mythos die gehörnte Schlange hervor, die ein Ei legt, aus dem in Folge Himmel und Erde sowie die Sterne entstehen.[1382] Das Wasser als überlebenswichtiges Element ist sakral und Sinnbild der ewig Hervorbringenden und Gebärenden.[1383] Im Hinblick auf den Topos Berginneres, der in einem matriarchalen Weltbild den Schoß der Berggöttin präsentiert, ist das Wasser, das als Quellwasser aus dem Berginneren hervortritt, das heilige Schoßwasser der Erdgöttin.[1384] Es ist die Gabe der umgebenden Bergnatur, die den Fortbestand des Lebens in den Bergen ermöglicht.

Die Wahrnehmung der Bergnatur als Hervorbringende drückt sich in konkreten Quell-Orten und Erzählungen in den Alpen aus. In den Dolomiten ist Danna beziehungsweise Tanna der Name der mütterlichen Königin der Crodères, dem „Feenvolk“ der Dolomitensagen. Sie sind die „Felsgeborenen“, also die zum Fels/Berg gehörenden Menschen, Tanna ist ihre Mutter, die das Wasser und damit das Leben aus den Felshöhlen hervorquellen lässt.[1385] In „Tanna“ lokalisiert sich die Göttin der jungsteinzeitlichen Mittelmeerkultur mit dem Namen „Dana“ oder „Danai“.[1386] Ein sehr alter Quell-Ort ist die sogenannte Kaser im Niedertal bei Vent im Ötztal. Die Sage erzählt von einer schwangeren Frau, die hierher kam, um zu gebären. Um diesen ursprünglichen Kern

1380 Auer, 2009, S. 130

1381 Gimbutas spricht von der „Neolithic-Chalcolithic-era“ um rund 5000 vor Christus, Gimbutas, 1974, S. 95.

1382 Gimbutas, 1974, S. 102. Vgl. den Mythos von Ouroboros, den griechischen Namen für die Weltschlange, die sich in den Schwanz beißt und eine Eiform annimmt, das Weltei, aus dem die Große Göttin Himmel und Erde gebar. Walker, 1993, S. 827 sowie S. 201

1383 Vgl. Auer, 2007, S. 125 sowie Auer, 2009, S. 116 und S. 132.

1384 Vgl. Derungs, 2006, S. 261

1385 Göttner-Abendroth, 2005, S. 182

1386 Göttner-Abendroth, 2003, S. 22 und Haid in: Alpenvereinsjahrbuch, 2004

der Sage entstand später die weitere Erzählung, die sehr stark an die biblische Herbergssuche von Josef und Maria in Bethlehem erinnert: Eine Familie wollte aufgrund von Schlechtwetter in der Alm auf der Kaser Unterschlupf finden. Sie wurden jedoch vom Oberhirten unfreundlich abgewiesen, worauf die Familie bei den Schafen und Geißen im Stall übernachten musste. In dieser Nacht gebar die Frau ein Kind. Alsbald belegte ein Fluch die Kaser und von der ehemaligen fruchtbaren und reichen Alm blieb lediglich eine Schäferhütte übrig.[1387] Die Sage rund um die Kaser gibt, von patriarchalisiertem und christianisiertem Ballast befreit, in ihrem Kern jene alte Wahrnehmung wieder, die den natürlichen Gegebenheiten des Ortes entspricht: Die Kaser ist ein Heiligtum oder ein Kultplatz rund um eine heilige Quelle und damit Ort der Hervorbringenden. Das Wasser, das aus dem Schoß der Erde als kostbares Gut hervortritt, ist jenes Element am konkreten Ort, das Leben ermöglicht, fruchtbares (Weide-) Land entstehen lässt[1388] sowie Tiere und Menschen ernährt. Die Erzählung von der schwangeren Frau, die auf die Kaser kommt, um zu gebären, unterstreicht die Bedeutung des Ortes als Topos des Lebens und Werdens. Diese Frau ist aber auch Sinnbild der Göttin des Ortes, der Hervorbringenden.[1389] Hier auf der Kaser öffnet sich der Schoß der Frau/Göttin, um neues Leben zu gebären, es handelt sich deshalb um einen sakralen Ort, einen Topos von besonderer Wichtigkeit. Die Steinsetzungen, die als Teil einer matriarchalen Kultur erkannt wurden – einer davon als Ahnfrauen- oder Urmutterstein, die Quelle wiederum tritt unterhalb eines „Sitzsteines" hervor, dem ein weißer, dreieckiger Stein hinzugefügt wurde – untermauern die Annahme der Kaser als eine Kultstätte[1390], als heiliger Ort in der matriarchalen Kultlandschaft der Region, nördlich und südlich des Tisenjochs mit der Similaun als Berggöttin.[1391] Der direkte Blick von der Kaser zum schneeweißen Schoßdreieck und Gipfel der Similaun, mit dem darunterliegenden Marzellferner als Ahnenseelen-Sitz[1392] und Wohnort der Saligen Frauen machen die Kaser zu einem allumfassenden Topos, an dem sich die vier Bergtopoi Gipfel, Gletscher, Inneres und Tal auf magisch-matriarchale

1387 Die komplette Sage findet sich in Haid, 2006, S. 112. Ein Felssturz könnte als natürlicher Grund für das Verlassen der Kaser ausschlaggebend gewesen sein beziehungsweise die Entstehung der Sagengeschichte beeinflusst haben. Hinweis von Hans Haid bei einer Wanderung zur Kaser am 15.08.13.

1388 Vgl. Göttner-Abendroth, 2003, S. 31

1389 Vgl. Göttner-Abendroth, 2003, S. 31 sowie Auer, 2009, S. 116

1390 Göttner-Abendroth, 2003, S. 26

1391 Vgl. Göttner-Abendroth, 2003, S. 35

1392 Vgl. dazu Haid in: Alpenvereinsjahrbuch 2004

Art und Weise vereinen. Die spirituelle Bedeutung dieses einzigartigen Ortes zeigt bis in die Gegenwart Beständigkeit.[1393] So erzählen die heutigen Bewohner_innen von Vent sich immer noch die Sage von der Kaser, bezeichnenderweise tritt hier vor allem das Element der schwangeren Frau, die dort ein Kind gebiert, stark in den Vordergrund. Die später an der Kaser errichtete St.-Anna-Kapelle ist auch heute noch Wallfahrtsziel einiger Venter Familien.[1394] Ein weiterer matriarchaler Quell-Ort in der näheren Umgebung ist die „Mueterle-Quelle" bei Innerhütt im Passeier. Dieser Wallfahrtsort mit dem offiziellen, christianisierten Namen „Maria an der Quelle" geht auf eine Entstehungslegende zurück, nach der ein Junge beim Spielen im Sand eine Marienstatue fand. Daraufhin wurde an dieser Stelle eine Kapelle gebaut. Das Wasser der „Mueterle-Quelle"/ Mutterquelle soll heilend sein.[1395] Der Name sowie die Verbindung von Wallfahrtsort und Wasser findet regionale Entsprechungen in Kaltenbrunn im Kaunertal oder Frauenbrunnen im Gurgltal bei Imst, das Wasser aus letzterem soll sogar leicht radonhaltig sein. Der Zusammenhang von natürlicher Radioaktivität der Quellen mit der Erfahrung, dass dieses Wasser in Maßen genossen gut und gesund ist, sorgte für eine dankbare und respektvolle Nutzung der Quellen aus dem Berginneren, ohne jedoch davon eine „Über-Nutzung", über das natürliche Maß hinaus, abzuleiten, wie es gegenwärtig geschieht.[1396] Das sogenannte „Pseirerbrünnl" an der Engstelle des Tals zwischen Umhausen und Längenfeld war eine dieser radonhaltigen natürlichen Quellen im Ötztal. Es wurde angeblich von Vorbeikommenden gerne aufgesucht, um zu rasten und sich für den weiteren Fußmarsch durch das Tal zu stärken. Die Herkunft des Quellnamens konnte nicht geklärt werden.

1393 Trotzdem ist die Kaser nicht vor Zerstörung sicher. Durch Weg-Bau wurde das ursprüngliche Ensemble bereits in Mitleidenschaft gezogen und erst im Jahre 2012 ein stehender Stein/Menhir umgeworfen.

1394 *„Bevor es zuschneit müssen wir auf die Kaser gehen"*, so die mündliche Auskunft im Gespräch mit einer Venterin am 14.12.07. Die Mutter dieser Venterin konnte sich angeblich noch an die Ochsenalm auf der Kaser erinnern. Sie erzählte immer von einer schwangeren Frau, die zu Fuß ins Schnalstal gehen wollte und aufgrund eines plötzlichen Schneefalls auf der Kaser Rast machte. Die Frau versprach, wenn alles gut ginge, an diesem Ort ein Bildstöckl zu errichten. Inzwischen steht dort eine Kapelle. *„Einmal im Jahr gehen wir dorthin, denn da ist die Muttergottes drinnen, und die hilft halt"*, so die Aussage der Venterin. Als noch die Großmutter lebte, ging man jeden Sonntag auf die Kaser wallfahren, mit *„Kind und Kegel"*. Gespräch vom 14.12.07 als Tonaufnahme erhalten.

1395 Rinner, o. J. A., S. 124

1396 Siehe dazu das Kapitel Berginneres im ersten Teil dieser Arbeit.

Neben dem lebenspendenden Wasser als Schatz, den der Berg in seinem Inneren geborgen hält und wieder hervorbringt, waren es Erze und Mineralien, welche früh die Wahrnehmung des Berginneren als Schoß/Gebärmutter prägten. Der Vergleich von weiblichem Leib und Leib der Erde sowie die Annahme, dass Erze, Mineralien und Metalle im Bauch von Mutter Erde heranwachsen, um schließlich geboren zu werden, entsprechen einem organischen Weltbild von Natur.[1397] Die Metalle wurden als Embryonen im Berginneren, der Gebärmutter der Erde, wahrgenommen[1398], die Erz-Adern präsentierten sich wie Pflanzen oder unterirdische Äste eines Baumes.[1399]

> *„Der Schoß der Erde war die Mutter nicht nur von Metallen, sondern überhaupt von allem Lebendigen.“*[1400] *„Alchemistisch ist zunächst der Gedanke, daß die Erde nicht nur einmal, bei ihrer Entstehung, Metalle ausgeboren habe, sondern diese weiter in ihrem >>Schoß<< wachsen lasse.“*[1401]

Dem organischen Weltbild und der matriarchalen Ästhetik folgend ist Natur die Magna Mater, die Große Mutter, ihr Inneres sakraler Raum und dementsprechend Höhlen Orte für magisch-sakrale Kulthandlungen. Das *„Eingehen in den Schoß der Mutter Erde“*[1402] geschieht, um in tiefe Verbindung mit den Kräften der Natur zu gelangen und ist ein Akt der Dankbarkeit für das Leben. Dem rituellen Aufenthalt im Inneren folgt das Heraustreten oder Herauskriechen aus dem Bauch der Erde als eine Art Wiedergeburt. Eine Form dieser kultischen Interaktion mit dem geheiligten Inneren der „Magna Mater Erde“[1403] war der Bergbau in seiner ursprünglichen, naturfreundlichen Version als sakraler Naturumgang und kulturelle Praxis, um in Kommunikation mit der Erde zu gelangen.[1404] Bergbauliche Tätigkeiten wurden als heilige, erotische Kulthandlungen vollzogen, als ein In-Verbindung-Kommen mit der gewaltigen Fülle und Sexualität der Erde.[1405] Somit könnte im Bergbau ursprünglich eine Vereinigung, im Sinne des „hieros gamos“, der heiligen Hochzeit mit dem Berginneren, der

---

1397 Merchant, 1994, S. 37ff.

1398 Vgl. Böhme, 1988, S. 91 und Merchant, 1994, S. 20 sowie S. 37f.

1399 Vgl. Merchant, 1994, S. 41

1400 Merchant weist auf die Kontinuität dieses Weltbildes bis zum Beginn der Neuzeit hin, für Paracelsus war die Erde noch ein nährender und lebensspendender Schoß. Merchant, 1994, S. 39

1401 Verweist Hartmut Böhme auf E.T.A. Hoffmann, siehe Böhme, 1988, S. 123.

1402 Sheldrake, 1994, S. 20

1403 Siehe Böhme, 1988, S. 158

1404 Vgl. Böhme, 1988, S. 77ff.

1405 Vgl. Böhme, 1988, S. 92f. sowie S. 107

Göttin vollzogen worden sein. Hartmut Böhme sieht ähnlich wie Carolyn Merchant den großen Bruch mit diesem alten, organischen Weltbild rund um das Jahr 1500, mit Beginn der Neuzeit, vorher galt die *„Erde als mütterlicher Leib und der Bergbau als behutsame, kultisch begleitete Kommunikation des Menschen mit dem geheiligten Inneren des Erdkörpers*“[1406]. Dieser Intention folgend war menschliches Handeln von Respekt vor der Heiligkeit des Erdinneren geprägt sowie auf die Schonung der Natur als Lebendige ausgerichtet. Mit dem geheiligten Inneren musste behutsam umgegangen werden, die Weltsicht der Erde als Mutter wirkte als *„normative Handlungshemmung*“[1407]. Im Bergbau führte diese Haltung zur Begrenzung dessen, in welchem Ausmaß und auf welche Art und Weise Erze und Metalle entnommen werden durften. Ein ausbeuterisches und zerstörerisches Verhalten war in einer Kultur, die auf der Wahrnehmung des Erdinneren als sakralen Raum, als Uterus von Mutter Erde und auf einem freundlichen Naturverhältnis basierte ein *Sakrileg*.[1408]

Reste der ehemals matriarchalen Wahrnehmung des Berginneren und des Bergbaus als eine damit verbundene Handlung können durch die Betrachtung gewisser Begrifflichkeiten aus der Bergbau-Sprache sowie Erzählungen und Sagen ans Tageslicht geholt werden. Der Fels, aus dem die Metalle und Erze, zum Beispiel das Gold, herausgeholt werden, ist das sogenannte „Muttergestein“.[1409] „Bey unser Frauen Geburth“[1410] hieß ein altes Bergbaugebiet am Larchkogel bei Längenfeld im Ötztal. Dieser Flurname weist auf archaische Art und Weise auf

1406 Böhme, 1988, S. 77. Vgl. auch Merchant, 1994.

1407 Vgl. Merchant, 1994, S. 34

1408 Wobei an dieser Stelle die etymologische Betrachtung des Begriffes „Sakrileg“ die Aussage verstärkt: Sakrileg stammt von lateinisch „sacrilegium“, was mit „Entweihung“ oder „Tempelraub“ übersetzt wird. Siehe Kluge, 2002, S. 781. In der ausbeuterischen Form des Bergbaus wird tat-sächlich und wortwörtlich ein Sakrileg begangen, nämlich die Ausraubung des Tempels als des heiligen Innenraum der Göttin. Lateinisch „templum“ bedeutet „Beobachtungsraum“, „geweihter, heiliger Raum“, „Heiligtum“, siehe Stowasser, 1994, S. 506. Die Privatisierung (von lateinisch „privare“ für „rauben“) von Wasser-Quellen oder Bergbaugebieten, siehe dazu Kapitel Berginneres im ersten Teil, bekommt unter dieser Perspektive des „Tempelraub“ eine weitere, schreckliche Dimension.

1409 „Muter“, der Name der Prospektoren, also jener, die vorausschauend die geologischen Untersuchungen durchführen, ob Erze im Inneren verborgen sind, steht nicht in direktem Zusammenhang mit „Mutter“, sondern mit „Mut“ in der Bedeutung „Absicht“. Muter sind jene, welche die Schätze im Berg (ver-)muten, im Sinne von „nachsuchen“. Vgl. Kluge, 2002, S. 640.

1410 Mutschlechner in: Klebelsberg, R.(Hrsg.), 1963, S. 27

den matriarchalen Sinnzusammenhang des Topos Berginneres als Ort des Werdens und Hervorbringens und den weiblichen Leib beziehungsweise den Akt des Gebärens hin. Die heilige Anna, die christianisierte „Großmutter-Göttin“[1411], gilt als die „Erzmacherin“[1412], die in ihrem Mutterschoß die Erze reifen lässt, ehe sie sie hervorbringt. Hier scheint ein Vergleich mit der Entstehungssage des Bergbaugebietes am Schneeberg in Passeier passend, das bereits im ersten Teil als regionales Beispiel für die Entwicklungen im Bergbau näher beleuchtet wurde. In dieser Sage ist es eine Salige, die ähnlich der heiligen Anna als Erzmacherin auftritt und die Erze in ihrem Schoß bereit hält:

> *„Einst zog ein Jäger aus dem Passeiertal zum Schneeberg, um dort Gämsen zu jagen. Als er in Seemoos, auf einem Felsblock ruhend, die umliegenden Grate nach dem Wild abäugte, sah er am Ufer des stillen Alpsees eine Salige sitzen, angetan mit silberschimmerndem Kleid, so weiß und glänzend wie die umliegenden Firne. Sie winkte den Jäger zu sich und zeigte ihm funkelndes Edelgestein, das in ihrem Schoß lag. All die Schätze wollte sie dem Jäger geben und ihm deren Fundstelle zeigen, wenn er ihr verspreche, abzulassen von der weiteren Verfolgung des unter ihrem Schutz stehenden Wildes. Sie forderte, dass er seine Armbrust vernichte und schwöre in Zukunft nicht mehr auf die Jagd zu gehen. Der Jäger zerschmetterte seine Armbrust und leistete den Schwur. Die Salige zeigte sodann dem Jäger in den Felsen Spalten voll edlem Silbererz. Sie drohte ihm aber auch mit schwerer Strafe, wenn er seinen Schwur brechen würde, und ebenso plötzlich war sie dem Auge des Jägers entschwunden. Bald zogen mit dem Jäger Bergknappen auf die unwirtlichen Bergeshöhen. Stollen um Stollen wurden eröffnet, und überall fand sich reiches Erz, das in schwerer Menge zu Tal gebracht wurde. Während der strengen Wintermonate ruhte die Arbeit; sobald aber der Föhn das Eis brach, zogen stets vermehrte Knappenscharen nach dem erzreichen Schneeberg, auf dem bald ein ganzes Dörflein erstand. Der Jäger wurde sehr reich und hatte alles, jedoch in seinen alten Tagen erwachte wieder die Jagdlust in unbezähmbarer Kraft; er verfertigte sich eine neue Armbrust mit starker Sehne und erlegte damit, ohne an den geleisteten Schwur zu denken, (an einem Sonntag) einen prächtigen Gamsbock. Doch die Strafe folgte sogleich, ein Felsblock löste sich von der Wand und zermalmte den Frevler unter seinem Sturz. Als aber die Knappen am anderen Tag wieder zur Grube kamen fanden sie kein Silber, sondern wertloses Blendegestein, das sich nicht schmelzen ließ.“*[1413]

Die Entstehungssage vom Schneeberg lässt matriarchale Elemente der Saligen-Sagen, wie sie bereits in den beiden vorhergehenden Kapiteln herausgearbeitet wurden, wiedererkennen: Es handelt sich wiederholt um einen Jäger oder jungen Hirten, der sich in die Berge begibt, dort auf ein Saliges Fräulein trifft und

1411 Walker, 1993, S. 40
1412 Böhme, 1988, S. 69
1413 Haller/Schölzhorn, 2008, S. 9f.

sie in ihr Reich, die Anderswelt oder den Ort der Ahnen, begleitet, woraus er reich beschenkt und wiedergeboren in das Tal zurück kehrt. In der Schneeberg-Version der Sage zeigt ihm die Salige das funkelnde Edelgestein, zuerst in ihrem w/leiblichen Schoß, dann in einer Felsspalte, dem Schoß der Mutter Erde. Darin kann jene Kulthandlung matriarchaler Zivilisationen erkannt werden, die bereits in der Betrachtung der Saligen-Sagen am Topos Gletscher zur Sprache kam: die Heilige Hochzeit/hieros gamos des (grünen) Mannes/des Heros – hier in Gestalt des Jägers – mit der Göttin beziehungsweise ihrer weiblichen Erscheinung – hier in Gestalt der Saligen –, aber auch im konkreten Naturtopos, der Felsspalte. Bedingung für diese Vereinigung ist die Rückkehr zu einem matriarchalen, lebensfreundlichen Naturverhältnis, der Jäger muss seine Waffe ablegen und schwören, weder Tier noch Natur (Felsspalte) auszubeuten. Der Bruch des Schwures und die Wiederaufnahme der Jagdtätigkeit sowie die Ausbeutung des Berginneren durch den aufkommenden kapitalistischen Bergbau weisen auf die patriarchale Entwicklung und Entfremdung von der Natur hin. Die Folgen sind verheerend, der Jäger stirbt, die Schätze des Berginneren als mater-ialisierter Ausdruck der Fülle der Natur sind verschwunden. Aufschlussreich an der Sage ist die Erwähnung, dass die Salige, als ihr der Jäger begegnet, an einem See sitzt. Das Wasser oder der See versinnbildlichen wie der Schoß den konkreten Ort des Werdens und Hervorbringens, so wie es auch die Höhle einer ist. Von einer Felshöhle oder Grotte auf der Seeber Alpe handelt eine weitere Sage aus dem Passeier, es wird erzählt, dass ihre Wände mit glänzenden Karfunkelkristallen ausgeschmückt sind und die Felsenhöhle von Gnomen bewacht wird. In der Region Hinterpasseier und Ridnaun, in dem sich das Bergbaugebiet Schneeberg befindet, ist neben der Sage von den Gnomen auf der Seeber Alpe allgemein eine „*auffallende Häufung von Norggensagen*“[1414] vorzufinden. Norggen sind so wie die Gnome eine Art Zwerge oder Kobolde, die sich den Menschen gegenüber als freundlich und hilfsbereit erweisen und ihre Dienste verrichten. Diese Sagengestalten könnten Erinnerung an eine geschichtliche Wirklichkeit sein, nämlich den Rückzug einer Restbevölkerung der matriarchalen, alpinen Ur-Zivilisation auf und in die Berge als Reaktion auf patriarchale Einflüsse von außen.[1415] Im Motiv des Bewachens und Beschützens des Berginneren vor jeglicher Ausbeutung klingt noch ein matriarchales, freundliches Naturverhältnis und eine Kultur der Pflege und Sorge durch. Der Hinweis, dass man die Norggen für ihre Arbeit nicht bezahlen darf, sondern unbelohnt lassen muss, sonst verschwinden sie wieder, könnte von einer

---

1414 Haller/Schölzhorn, 2008, S. 11
1415 Vgl. Göttner-Abendroth, 2005, S. 318

vorkapitalistischen Wirtschaftsweise zeugen, die auf gegenseitige Hilfe und dem erwartungslosen Geben beruhte.

2.2. Die Anderswelt, der Ort des Übergangs

Der Topos Berginneres ist Raum des Werdens, aber auch des Vergehens, an dem sich der natürliche Leben-Tod-Leben-Zyklus manifestiert und konkretisiert. Das Innere des Berges und Höhlen sind Aufenthaltsorte der Toten sowie Herkunftsorte des Lebens. Naturverehrung und Ahnenkult fallen in einer matriarchalen Wiedergeburtsmythologie an einem Ort zusammen[1416], denn der Tod bedeutet nichts anderes als die Rückkehr in den Schoß der Erdmutter vor der Wiedergeburt aus ihr. Das Berginnere ist demnach Aufenthalts-, Durchgangs- und Wandlungsort, die sich dort befindliche Anderswelt konkret und immanent in der Natur verortet.[1417] Bereits die alteuropäischen matriarchalen Kulturen beinhalteten eine zyklische Wiedergeburtsmythologie, was etwa in der Form der Bestattungen und Gräber zu erkennen ist sowie an der etymologischen Verbindung von Englisch „tomb" (für Grab) und „womb" (für Mutterleib/Schoß).[1418] Das unterirdische Grab war der Mutterleib, aus dem Leben wieder neu entstehen konnte. Die Kontinuität dieser Spiritualität zeigt sich etwa an der keltischen Mythologie, nach der die Verstorbenen die vorübergehende Zeit bis zur Wiedergeburt *„im bergenden Schoß der heilenden Urmutter Erde"*[1419] verbringen, in der so genannten „Anderen Welt" oder Anderswelt, die im alpinen Raum vor allem in den Höhlen der Bergwelt verortet wurde und eine starke Ähnlichkeit mit dem Reich der Saligen Fräulein, so wie es in den Sagen geschildert wird, aufweist.

> *„Die keltische Anderswelt im bergenden, mütterlichen Schoß der Erde war ein Ort des Lichtes, der Fülle und des Heils für den vorübergehenden, paradiesischen Aufenthalt der Seelen."*[1420]

Die Wahrnehmung der Anderswelt als helles Paradies im Schoß der Muttergöttin[1421] verbindet sich mit „Hel", dem Namen der Erdgöttin, die im Berginneren, in Höhlen, Brunnen, Sümpfen und Mooren anwesend ist. Aus Hel wird

1416 Derungs in: James, 2003, S. 14

1417 *„Die Anderswelt ist also kein Jenseits und kein Zeichen einer Transzendenz, sondern einer Immanenz."* Werlhof, 2011, S. 201

1418 Gimbutas, 1994, S. 128

1419 Rohrecker, 2003, S. 37

1420 Rohrecker, 2003, S. 85

1421 Vgl. Werlhof, 2011, S. 201

später Holla, die Muttergöttin, und das helle Totenreich[1422] sowie im weiteren Verlauf der patriarchalisierten Geschichte die Hölle.

Weitere regionale (Alpenraum) und lokale (Ötztal) Beispiele von Sagen und konkreten Verortungen können Hinweise auf eine ehemals matriarchale Kultur und Vergangenheit sein: Donna Kelina, die Dolomitengöttin, bewohnt einen Palast im Berg, in dem die neuen Menschen geboren werden.[1423] Petza oder Bercht lebt mit ihren verzauberten Kindern im Inneren des Patscherkofels, des Kofels der Petza[1424], so berichtet eine Sage über den „Hausberg" von Innsbruck. Sie ist die lokale Version der Berggöttin mit der Anderswelt in ihrem Inneren, in der sich die Ahnenseelen aufhalten. Bezeichnend ist hier der Hinweis auf die mögliche etymologische Herkunft von „Kofel" aus romanisch „cubulum" für „Höhle"[1425], demnach wäre der Patscherkofel der Höhlenberg der Göttin Petza/ Berchta. Im Ötztal tauchen die Saligen Fräulein neben den Bergtopoi Gletscher und Gipfel auch am Topos Berginneres auf. Eine konkrete Sage erzählt von ihrem unterirdischen Wohn-Palast in der Felswand von Burgstein bei Längenfeld:[1426]

> *„Das Schlaraffenland liegt im Ötztal zwischen Brand bei Längenfeld und Burgstein. Dort hat ein Bursch sieben Wildfrauen ihr Lied singen gehört. Er isch ihnen nachgegangen, aber sie sind weggelaufen vor ihm. Der Bursch ischt ihnen immer hinterherglaufen und ischt zu einem großen Tor gekommen. Dahinter hat er eine herrliche, reiche Landschaft gseachn. Der Bursch wollt das schöne Land betreten, aber die Fräulein haben gegen ihn gekämpft, und vor seinen Augen haben sie das Tor verschlossen. Und später hat er den Eingang nimmer finden können."*[1427]

Die Wahrnehmung von der Unterwelt oder Anderswelt als Ort des Reichtums, des Überflusses, als Paradies ist auch in anderen Mythologien überliefert.[1428] Eine weitere Sage aus dem Ötztal weist ebenso Ähnlichkeiten auf und verbindet die Bergtopoi Gletscher und Berginneres. Sie erzählt von drei wilden Fräulein, die am Fernerrand (Gletscherrand) in einer Felsgrotte leben, die *„glänzte und glitzerte von Gold und Silber und Edelstein"*[1429]. Ein junger Hirte wird freundlich aufgenommen, sie singen ihm wunderbare Lieder und reichen ihm köstliche

1422 Vgl. Rüttner-Cova, 1986, S. 73
1423 Siehe Werlhof, 2011, S. 193
1424 Vgl. Resch-Rauter, 1992, S. 245
1425 Oberhauser, 2000, S. 24. Kluge übersetzt Kofel mit „felsige Bergkuppe", weist aber darauf hin, dass die Herkunft des Begriffes unklar ist. Kluge, 2002, S. 508
1426 Nach einer Sage, vgl. Haid, 2006, S. 68
1427 Auszug einer Sage zitiert nach: Werlhof, 2011, S. 192
1428 Siehe Derungs in: James, 2003, S. 54
1429 Haid, 2006, S. 110

Speisen. Sobald ein patriarchales Element auftaucht – der junge Hirte erzählt seinem Vater von den Erlebnissen bei den Saligen – bleibt die Felsgrotte für immer verschlossen, das freundliche Verhältnis zur Natur und ihre Fülle sind damit verloren. Wie bereits von anderen Sagen bekannt, gibt es auch im Rettenbachtal bei Sölden wilde Fräulein, die manchmal ins Tal kommen, um den Bauern zu helfen. Oben leben sie in sogenannten „Freilaslöchern", was mit „Höhlen der Fräulein" übersetzt werden könnte, und dorthin locken sie die jungen Burschen.[1430] Sagengestalten wie die wilden Männer und Frauen, die in den Bergen leben und sich in Höhlen und Schluchten verstecken und magische Fähigkeiten besitzen, wurden bereits an den anderen Bergtopoi näher betrachtet, sie finden sich in Geschichten und Erzählungen im gesamten Alpenraum verbreitet wieder.[1431]

Ein weiteres Element, das wiederholt in Sagen vorkommt, ist die Verbindung von Stein und Fels mit dem lebenspendenden Aspekt der Natur. Es sind Erzählungen von Kleinkindern, welche der Mutter oder den Eltern von einem Raubvogel entrissen werden und in einer Felswand verschwinden, um schließlich im Fels wieder aufzutauchen und gesund zur Mutter oder zu den Eltern zurückkehren.[1432] Dieses Motiv beinhaltet auch die Sage von der Engelswand bei Umhausen im Ötztal, die den Flurnamen erklären soll. Ein Knabe wird vor den Augen seiner Eltern, die an der Wand vorbei spazieren, von einem Adler „entführt" und in sein Nest im Felsen gebracht. Plötzlich erscheint ein weißer Engel, der das Kind rettet und zu den Eltern zurück bringt. Der matriarchatsforschende Blick erkennt in dieser Sage mehrere Elemente, welche die Engelswand zu einem (Kult-)Ort der Hervorbringenden werden lassen: Der Knabe oder Jüngling ist ähnlich dem jungen Hirten in den Saligen-Sagen, der männliche Heros, der mit Hilfe eines schamanischen Begleittieres, dem Adler, in die Anderswelt gelangt, um initiiert und wiedergeboren zu werden. Die Anderswelt ist in diesem Falle das Adlernest in der Felswand beziehungsweise der Felsen selber. Der weiße Engel erinnert deutlich an die weißen Saligen Fräulein oder auch an „Wilbeth", eine der drei Gestalten der Göttin. Sie ist die weiße Frau oder helle Göttin, die am Beginn des wiedergeborenen Lebens steht, den Austritt des Jünglings aus dem dunklen, schwarzen Inneren begleitet. Die Erscheinung der weißen Frau kann zudem passend in Verbindung mit einer Wallfahrtskapelle unweit der Engelswand gebracht werden. Die Kapelle ist „Maria Schnee" geweiht, der

1430 Haid, 2006, S. 87

1431 Vgl. Zucca, 2007, S. 66f.

1432 Siehe dazu die Sage bei Längenfeld, in der die Saligen als Retterinnen und Hervorbringerinnen des Kindes vorkommen, aufgezeichnet in: Fuchs/Krapf, 2009, S. 93f.

weißen, strahlenden, christianisierten Form der Göttin, und könnte auf einen alten lokalen Kult um Wilbeth, die weiße Göttin, hinweisen.[1433] Eine ähnliche Initiationsreise, wie wir sie hier in der Sage rund um die Engelswand erkennen, ist auch Inhalt des Märchens von Rotkäppchen, das in den Wald zur Großmutter/zur Ahnin geht und in das Haus der Ahnin/den Bauch des Wolfes einkehrt, um daraus wiedergeboren zu werden.[1434]

Die Engelswand ist Topos einer weiteren Sage, die im Zusammenhang mit dem Berginneren und der Anderswelt nähere Betrachtung finden soll, die Sage von der „Rößlerin von Hall", an deren Ende es heißt: *„Plötzlich sauste durch die Luft ein feuriges Schwein daher, auf dem eine Weibsperson saß, und fuhr durch das Tor in die Wand hinein."*[1435] Auffallend ist das Reittier der Frauengestalt, ein Schwein. Dieses Tier galt in alten Kulturen als Begleittier der Göttin und deshalb als heiliges Tier.[1436] Andere Sagenversionen erzählen von einem feurigen Wagen, der in die Wand hineinfährt, und auf dem die Rösslerin von Hall[1437] sitzt. Hier ergibt sich eine faszinierende Parallele zu einem sumerisch-babylonischen Textauszug, der da lautet: *„Der Weg in das Land des Todes führte über die Straße des Siegeswagens oder die Straße ohne Wiederkehr in den Körper des Mutterberges hinein."*[1438] Auch die Schilderungen von der „Wilden Jagd" – der wilden Göttin, die mit den toten Seelen in ihren heiligen Berg hineinfährt – beinhalten ein ähnliches Motiv. Im Inneren des Berges befindet sich die Anderswelt, wo die Ahnenseelen auf die Wiedergeburt warten.[1439] Die Felsspalte ist in der allgemeinen und konkreten matriarchalen Wahrnehmung das Tor oder die Pforte zwischen Leben, Tod und Wiedergeburt.[1440] Meist ist der Eingang zur Anderswelt an der Westseite des Berges, dort wo die Sonne untergeht, gelegen, auch die Engelswand ist südwestlich ausgerichtet. Eine andere Sage wandelt das ursprüngliche Motiv des Jungen oder

---

1433 Zum Zusammenhang von Maria Schnee Heiligtümern und heiligen Plätzen der Wilbeth vgl. Resch-Rauter, 1992, S. 270 und S. 277.

1434 Vgl. Margotsdotter, 2008, S. 141. Bezeichnenderweise kommt Rotkäppchen/das neue Leben erst aus dem Bauch heraus, nachdem ein Jäger/der grüne Mann auftaucht und in das Haus der Großmutter/Ahnin eintritt, d.h. sich mit ihr vereint. Zur Bedeutung des Wolfs als heiliges Totemtier siehe Walker, 1993, S. 1175f.

1435 Nach einer Sage, siehe Haid, 2006, S. 25

1436 Vgl. Voss, 1988

1437 Dass mit Hall die gleichnamige, jedoch über 60 Kilometer entfernte Stadt in Tirol gemeint sein soll, scheint hier unlogisch. Jedoch fällt die Ähnlichkeit des Beinamens „Hall" der Rösslerin mit „Hel" der Erdgöttin und „Höhle" oder „Hölle" auf.

1438 Walker, 1993, S. 96

1439 Göttner-Abendroth, 2005, S. 148

1440 Vgl. Auer, 2009, S. 126

der jungen Frauen, der/die in das Reich der weißen Göttin eintritt, in christlich-patriarchaler, dämonisierender Manier um. Sie erzählt von einem Burschen, der am sogenannten „Spielroan“ bei Umhausen in einem Theaterspiel derart gut den Satan verkörperte, dass er eines Tages sich wirklich in den Teufel verwandelte:

> *„Der Höllische fuhr dann plötzlich mit seinem neuen Genossen fort, über die ‚Löde‘ hinaus gegen die Engelswand, um damit durch die dortige Höllentür in die Teufelsheimat zu verschwinden.“*[1441]

Erst der Pfarrer konnte den Burschen, so die Sage weiter, retten, nachdem er in einer christlichen Prozession mit dem Allerheiligsten in der Hand zur Höllentür zog, worauf diese sich öffnete und den „Teufelsspieler“ wieder freigab. Das Tor zur paradiesischen Anderswelt wird in dieser Version zum Höllentor verdreht, die Göttin des Berginneren wird zum Teufel dämonisiert, die eigenmächtige Kraft der Hervorbringenden durch ein christlich-patriarchales, erzwungenes Öffnen der Felspforte ersetzt.

3. Die Lebendigkeit des Berginneren gegenwärtig dankbar wahrnehmen

Die Beispiele und Betrachtungen von Erzählungen und konkreten Verortungen lassen das Berginnere als Topos der Hervorbringenden und Raum der gebärenden Kraft der Bergnatur erkennen. Die darin in Resten noch vorhandene matriarchale Spiritualität gilt es wieder aufzuspüren und daran anzuknüpfen, sie entspricht der Wahrnehmung der Lebendigkeit des Berginneren und lässt daraus abgeleitet einen naturfreundlichen Umgang mit der Natur entstehen. Eine Haltung gegenüber der Natur, die von Dankbarkeit, Ehrfurcht und Respekt vor dem lebendigen Inneren und seinen Schätzen geprägt ist, schließt ein zerstörerisches und ausbeuterisches Verhalten per se aus. Wenn eine Entnahme der Naturgüter notwendig ist, dann geschieht diese folglich in einem kommunikativen, in Verbindung tretenden Austausch, in Dankbarkeit für die Gaben der Natur und in Anerkennung der Grenzen dessen, was vorhanden ist. Ist die Entnahme von einer lebensfreundlichen und die Verbundenheit wahrnehmenden Intention geleitet, so ergibt sich aus diesem Naturverhältnis die Gestaltung der anderen zivilisatorischen Verhältnisse. Die Nutzung der Schätze aus dem Berginneren, etwa des Radon- und Schwefelwassers, folgte demnach gemeinschaftlich, sozial, frei und in überschaubaren Dimensionen. Das Wasser wäre dann wieder Allgemeingut, das allen in Gemeinschaft zu Gute kommt.

1441 Haid, 2006, S. 33

Pläne, die diesen Aspekt berücksichtigen und auf die Ursprünglichkeit der Schwefelquelle zurückzuschauen versuchen, sind vorhanden, ein neues „Naturbadl" in Längenfeld soll entstehen, möglichst ohne Maschinentechnik und in überschaubarem Rahmen. Gekoppelt mit einem kleinen Museum soll diese Einrichtung die ursprüngliche Nutzung des Schwefelwassers aus dem Berginneren aufzeigen und wieder möglich machen. Inwieweit dies wirklich gelingt und ein neues, altes „Naturbadl" nicht als weitere touristische Attraktion inszeniert wird, bleibt abzuwarten. Im Bezug auf das Radonwasser wäre eine dankbare, naturfreundliche Nutzung von Respekt ob der Wirksamkeit und der Eigenmacht dieses Naturguts geprägt. Sie würde den ursprünglichen Ort, im konkreten Falle den unterirdischen, radonangereicherten See, akzeptieren, das was zum Berginneren gehört auch dort belassen und nicht gewaltsam an die Erdoberfläche zu bringen versuchen, noch dazu wenn dies nur als „Scheinargument" für die Installation einer touristischen Kur- und Wellnesseinrichtung benützt wird.

Das Innere, etwa in Form von Höhlen, gehört zum Berg wie der Gletscher und der Gipfel, sie sind allesamt Topoi der Hervorbringenden sowie der lebenspendenden Bergnatur. Ihnen ist in Dankbarkeit und Verbundenheit zu begegnen, um in eine neue, zukunftsfähige Zivilisation zu gelangen. Die Zuwendung zum vierten Topos des Berges komplettiert die Verbindung innen und außen, oben und unten und somit den Berg in seiner Gesamtheit, als möglichen Raum des guten Lebens, wie im folgenden Kapitel am Topos Tal sichtbar gemacht werden soll.

Unten
Topos Tal

1. Das Tal als Lebensraum sowie als Topos der Fülle und möglicher Ort des guten Lebens

Der Blick auf einen in Resten noch vorhandenen freundlichen Umgang mit der Natur am vierten Topos Tal lässt diesen als zukunftsfähigen Lebensort der Fülle erkennen. Hier fließen die lebensspendenden Kräfte der vier Bergtopoi „innen“ und „außen“, „oben“ und „unten“ etwa in Form des Wassers zusammen. Dieser Wahrnehmung folgend zeigt sich der Berg in seiner „Allumfasstheit“ als Raum des guten Lebens, als Lebensraum. Zum Leben im Tal braucht es das Schmelzwasser des „Oben“, es ist die Verbindung zum „Unten“, es rinnt von den Gletschern und Schneefeldern auf den Gipfeln zu Tal, dosiert, stetig und nährstoffreich, um etwa die Agrarkulturflächen zu bewässern und fruchtbar zu machen.[1442] Ebenso ist das Berginnere ein mütterlich-bergender und gebärender Ort aus dem beispielsweise das Wasser in Quellen hervortritt. Diesen Entsprechungen von „oben“, „außen“ und „innen“ als mütterlich-gebende Topoi, die allesamt Orte und Räume der Hervorbringenden und lebensspendenden Bergnatur sind, fügt sich das Tal als jener Topos hinzu, an dem mit der mütterlich-gebenden Natur im Einklang und abgestimmt auf ihre Zyklen alltäglich gelebt, gearbeitet und gewohnt werden kann. Das Tal ist aber auch der Topos an dem die patriarchale Utopie einer *Schöpfung des Berges aus seiner Zerstörung* am weitesten fortgeschritten ist: in der tatsächlichen versuchten Ersetzung der alpinen Natur und des Erlebnisses in dieser Natur durch eine maschinentechnisch hergestellte künstliche Ersatzwelt.[1443]

Die Gletscher und Bäche – aus dem Schmelzwasser von „oben“, „innen“ und „außen“, das heißt von den Gipfeln, den Fernern und aus den Quellen gespeist – haben dem „Unten“, dem Tal ihre Form gegeben. Sie waren und sind formende

1442 Die Wichtigkeit des Wassers für die bergbäuerliche Kultur bezeugen heute noch die vielen Bewässerungswaale in der Region, in denen das Wasser aus den von den Bergen kommenden, Schmelzwasser führenden Bächen zu den Feldern und Wiesen geleitet wurde. Die Organisation und Instandhaltung dieser Waale erfolgte gemeinschaftlich, das Wasser sowie die dazugehörige Infrastruktur waren Allgemeingut.

1443 Vgl. dazu das touristische Großprojekt „AREA47“ am Eingang des Ötztales und dessen patriarchatskritische Betrachtung im ersten Teil, Kapitel „Topos Tal“.

und gestaltende sowie die Talböden verändernde und mit Schlamm, Sand, Steinen und Erde nährende Kräfte. Die Täler sind in der heute erscheinenden Form Ist-Zustand eines ständig sich verändernden und in Veränderung befindlichen, von den Zyklen der Natur beeinflussten Prozesses, der zusehends durch das Eingreifen der Menschen und potenziert durch die Maschinentechnik beschleunigt und transformiert wird. Die Erscheinungsformen der Täler können, der Landschaftsmythologie entsprechend[1444], welche die Analogien zwischen weiblichem Leib und Natur hervorhebt, wie folgt betrachtet werden: als „V-Tal", vergleichbar mit einem engen Durchgang ähnlich dem Weg aus dem Mutterschoß, aus dem das Lebenswasser, Menstruationsblut, das Kind, das geboren wird, oder das Schmelzwasser von den Berghöhen und aus dem Berginneren kommend herausfließt. Gipfelaufbau und Tal können in dieser Betrachtungsweise als komplementäre Formen gesehen werden, als zwei Dreiecke. Das eine, nach unten geöffnete (^) versinnbildlicht das „Oben", aber auch eine gebärende, hervorbringende Haltung, das andere Dreieck, nach oben geöffnet (v) ist das enge Tal, aber auch, wie erwähnt, die Schlucht, der Durchgang und Ausgang in der hervorbringenden Natur. Beide, das „Oben" und das „Unten", komplettieren sich in der Form einer Raute (◊) oder Yoni[1445], dem Topos per se als Ort, aus dem das Leben hervortritt. Das Tal in seiner anderen, weiten Form als „U-Tal", mit einem breiteren, ebenen Talboden, der bewirtschaftet und bewohnt werden kann, ist vergleichbar mit der Form einer Schale oder einem Kelch sowie mit dem bergenden und bei sich aufnehmenden Mutterschoß sowie der Mondsichel. Sie allesamt sind Sinnbilder für die Fülle des Lebens.[1446] Hier tritt der Berg als Gebende und das Leben bei sich aufnehmende, als Bergende auf, als „natura naturans" (hervorbringende Natur), die dem Prinzip der Fülle[1447] folgt.

Wenden wir uns nach der Betrachtung der *Form* des Topos seiner Begrifflichkeit zu, indem wir die etymologische Herkunft von „Tal" näher beleuchten, dann stoßen wir auf die weibliche Ursilbe KALL, die bereits in der Beschäftigung mit dem Topos „Berginneres" und der Höhle als bedeutsam herausgearbeitet werden

---

1444 Vgl. die Forschungen und Arbeiten von Kurt und Isabelle Derungs.

1445 Yoni ist die Vulva und wird u.a. als Dreieck, Fisch oder doppelt zugespitztes Oval versinnbildlicht, letzteres ähnelt einer Raute. Die Yoni ist *„Mittelpunkt der religiösen Verehrung im Tantrismus"*, vgl. Walker, 1993, S. 1181 und findet sich auch in christlichen Darstellungen wieder, etwa als Mandorla, als ovale Umrahmung für Jesusbilder. Die Mandorla stammt aus der orientalischen Kunst und wird auch „das Gefäß des Fisches" genannt. Walker, 1993, S. 655

1446 Vgl. Auer, 2009, S. 123

1447 Vgl. Weber, 2008, S. 14

konnte. „KALL“ ist nach Richard Fester eine von sechs Archetypen der Sprache, in der sich ein umfassender, weiblicher Sinnzusammenhang manifestiert und konzentriert. KALL bedeutet nicht nur Höhle, sondern auch Vertiefung, Wölbung, Leib, Boden, Erde[1448], aber auch Schale, Quelle, Tal und Schoß.[1449] Aus KALL leitet sich unter anderen die Silbe TAL ab, die für „unten“, Boden und Erde steht.[1450] Die umfassende Silbe KALL ist Ausdruck des Zusammenhangs von Leben/Leib und mütterlicher (Berg-[1451]) Natur beziehungsweise der dazugehörigen Kultur. Aus ihr entwickelte sich das lateinische „colere“ (col-ere) für aushöhlen und pflegen, bebauen[1452] und aus „colere“ beziehungsweise dem dazugehörigen Substantiv „cultura“ das Wort Kultur. „*Kul*-tur“ und „*col*-ere“ stehen demnach in sprachlicher Verbindung mit KALL, als dem Leib, dem Boden, der Erde und mit dem Tal als das „Unten“ in den Bergen. Das Tun-Wort „colere“ bedeutet in weiterer Folge aber auch bebauen, bearbeiten, bewirtschaften, bewohnen, Sorge tragen, wahren, hochhalten, verehren, heilig halten, feiern und schätzen.[1453] Es meint das Bebauen und Bearbeiten von Grund und Boden, etwa des Gartens oder Ackerbodens, aber auch das Bewohnen des Ortes, des Topos. Somit ist die Agrikultur die *grund*legende Kultur.[1454] Das dazugehörige männliche Nomen „cultor“ bedeutet der Bearbeiter, (Be-)Bauer, Bewohner, Freund, Liebhaber und Verehrer. Das weibliche „cultrix“ meint die Betreuerin, Pflegerin, Bewohnerin sowie die Tempelhüterin, also die Hüterin des Tempels als den heilige Raum[1455]/ Schoß der (Erd-/Berg-)Göttin. Damit ist „cultrix“ die Bewahrerin der Natur, die in „cultura“ die Bearbeitung, Bebauung, den Anbau, die Pflege, Verehrung und Huldigung durchführt sowie im „cultus“ die (Ahnen-)Kultur, die Lebensweise sowie die Fülle und Üppigkeit feiert.[1456] Der Begriff Kultur beinhaltet den Bezug/das Bezogen-Sein zur und den Umgang mit der Natur.[1457] Kultur ist

1448 Vgl. Fester, 1980, S. 80

1449 Vgl. Auer, 2007, S. 217

1450 Vgl. Fester, 1980, S. 80

1451 Den Namen der keltischen Berg- und Wintergöttin sowie eines Berges in Irland „Caill-each“ soll ebenfalls von der Ursilbe KALL abstammen. Vgl. Rohrecker, 2003, S. 84

1452 Kluge, 2002, S. 545

1453 Stowasser, S. 97

1454 Vgl. dazu Werlhof in: Spielmann (Hrsg.), 1994, S. 142

1455 Das Wort Tempel stammt von lateinisch „templum“ ab, was „Beobachtungsraum“, „heiliger, geweihter Raum“ bedeutet.

1456 Stowasser, S. 132

1457 Nach Peskoller wäre demnach eine Definition von Kultur angesichts des Leben in den Bergen an den vielfältigen natürlichen Erscheinungen, dem Topos sowie der etymologischen Herkunft aus KALL entsprechend die Wahrnehmung der Verbindung Leib/Leben-Boden/Erde-Frau/Natur und inkludiert das Handeln danach, im Sinne einer mimetisch an der Mutter-Kind-Beziehung orientierten Pflege des Lebens und der Natur aus der Sorge um den Fortbestand derselben. Diese Art von Sorge unterscheidet sich jedoch von jenen Intentionen, die hinter der Vorgehensweise des „Erhaltens" von Natur und der Ausweisung von Naturschutz-Flächen stecken. Durch diese Art von Naturschutz wird Natur von Kultur getrennt, die sinnlich-tätige Kooperation mit ihr unmöglich gemacht. Auf der einen Seite befindet sich dann, einem ab- oder ausgegrenzten Areal gleich, die geschützte Natur, die nicht mehr begriffen und mit der nicht mehr gearbeitet werden darf. Auf der anderen Seite, außerhalb der unter Naturschutz gestellten Flächen, passiert „Kultur" in ihrer zerstörerischen Form der Ausbeutung von nicht geschützter Natur, die angeblich weniger wert sei und daher keines Schutzes bedarf.[1458] Diese Vorgehensweise wurde im ersten Teil am Topos Tal als Methode des kapitalistisch-patriarchalen Systems herausgearbeitet. Die mütterliche Sorge und Pflege hingegen entspricht einer sinnlich-leiblichen, egalitären Beziehung zur Natur, die auf die Erhaltung des ökologischen Gleichgewichts abzielt. Eine ihre ursprüngliche Bedeutung patriarchal-verdrehende, zerstörerische „Kultur" „pflegt" hingegen das Töten und die Trennung der Bezogenheit, pflegt die Entfremdung und verdrängt das Prinzip der mütterlichen Sorge aus dem Naturverhältnis sowie den anderen zivilisatorischen Verhältnissen. Es ist von grundlegender Bedeutung für eine Zivilisation, ob ihre Kultur wirklich, also im Wirken und im Tun, eine Pflege des Lebendigen betreibt oder dieses vielmehr zerstört. Wenn der tätige Umgang mit dem, was ist, also die Kultur, von Sorge geleitet ist, gleichzeitig aber auch von Respekt vor der Natur und ihren Lebewesen, da sie als „heilig" empfunden werden[1459], dann lassen sich darin mehrere matriarchale Grundhaltungen erkennen: Sorge empfindet zuallererst, von Beginn allen Naturgeschehens – der Geburt – an, die Mutter

---

dem Tätig-Sein auszurichten: „*Angesichts des Alpinen müsste das Kleinräumige, sprich die Vielfalt, Abweichung und Differenz, in die Definition [von Kultur, Anm. U. Sch.] verstärkt Eingang finden, aber auch die Dimension der Tätigkeit, in der die Wechselwirkungen von Innen und Außen hervortreten, und die Dimension der Verhaltensmodellierung, die das Frühere vom Späteren unterscheidet, und nicht wie in der Dimension der Güter und Produkte das Höhere vom Niederen.*" Peskoller in: Holzner/Walde, 2005, S. 345f.

1458 Vgl. dazu das Kapitel „Topos Tal" im ersten Teil. Zur Kritik am Naturschutz-Gedanke siehe Werlhof, 1991, S. 165ff.

1459 „*Die Heiligkeit der Erde schafft Achtung und Respekt vor ihr.*" Pérez-Vitoria, 2007, S. 19

um ihr Kind.[1460] Sie sorgt sich, wenn das Verhältnis ungestört ist, um sein Wohlbefinden, darum, dass es keinen Hunger erleidet, es nicht friert und in Sicherheit aufwachsen kann. Dieser Sorge geht ein Gefühl der Verbundenheit voraus, und diese Verbindung ist für jedes Geborene überlebensnotwendig, denn ohne das mütterliche oder mitmenschliche Umsorgen oder die Pflege ist ein Säugling nicht lebensfähig. Das natürliche, ungestörte, matriarchale Mutter-Kind-Verhalten ist das primäre, grundlegende, an dem sich eine das Leben pflegende Kultur sowie alle zivilisatorischen Verhältnisse mimetisch orientieren. Kultur ist Ausdruck des Umganges mit Natur durch Mimesis, das heißt durch nachahmendes Geschehen. Mimesis orientiert sich nach Renate Genth am Wirklichkeitssinn, als die Fähigkeit der lebendigen, sinnlich-leiblichen Orientierung in der Welt[1461], die Wahrnehmung der und *„Annäherung an Wirklichkeit“*[1462] sowie das Sich-Anverwandeln daran.[1463] Mimesis ist demnach keine Aneignung, sondern inkludiert, dem Freiheits- und Gleichheitssinn nach Genth folgend[1464], das *„Geltenlassen der gegebenen Natur“*[1465], das Natursein- und Geschehen-Lassen, denn alle Lebewesen sind gleich, indem sie in ihrer Verschiedenheit und Einmaligkeit egalitär behandelt werden und zugleich frei von jeglicher Art von Übergriffen sind.[1466] Eine mimetische Haltung achtet die Natur, nimmt sie als Gegebene und Gebende wahr und orientiert sich daran.[1467] Natur ist die Hervorbringende in ihrer Vielfalt und Fülle, Mimesis braucht diese *„Vielfalt der natürlichen Erscheinungswelt“*[1468], um sich entfalten zu können. Was passiert

---

1460 Kultur ist das *„Sich kümmern um Nachkommen“*, Werlhof, 1996, S. 14.

1461 Vgl. Genth, 2002, S. 23f. sowie Genth in: Projektgruppe „Zivilisationspolitik“, 2009, S. 50

1462 Genth, 2002, S. 55

1463 Genth, 2002, S. 25

1464 Freiheit und Gleichheit werden nach Genth in einer lebensfreundlichen Zivilisation als im Naturverhältnis eingeschriebene Kategorien wahrgenommen, als Maßstab dient der Freiheits- und Gleichheitssinn. Vgl. Genth in: Projektgruppe „Zivilisationspolitik“, 2009, S. 41f.

1465 Böhme, 1989, S. 28. Gernot Böhme bezieht sich in seinen Betrachtungen auf den Mimesis-Begriff bei Adorno.

1466 *„Gleich sind alle darin, dass sie als Ungleichartige frei sind. Sie sind so ungleichartig und einmalig wie alle Naturerscheinungen.“* Genth in: Projektgruppe „Zivilisationspolitik“, 2009, S. 40; Genth bezeichnet die Freiheit als *„Freiheit vom Übergriff“* als die wirkliche Freiheit. Genth in: Projektgruppe „Zivilisationspolitik“, 2009, S. 41

1467 Böhme spricht von einem nichtmanipulativen Naturverhältnis, vgl. Böhme, 1989, S. 29.

1468 Genth, 2002, S. 53

mit der Mimesis, wenn die natürliche Vielfalt, etwa die Biodiversität, durch das Fortschreiten und die Ausdehnung des patriarchalen Zerstörungsprojektes verloren geht beziehungsweise diese durch eine maschinentechnologische Einfalt und Monotonie ersetzt wird, wie es gegenwärtig und auch an den vier Bergtopoi der Fall ist? Die krankhafte Transformation von Mimesis ist nach Genth eine Form der „*Pathologisierung*"[1469] der ursprünglich lebensfreundlichen, sich der Natur anverwandelnden Mimesis und hat ein pathologisches, naturfeindliches Handeln zur Folge. Ein der ursprünglichen Bedeutung von Mimesis entsprechender Naturumgang wäre ein von Freiheits- und Gleichheitssinn geleiteter und lebensfreundlicher, die dazugehörige Kultur als die Pflege des Lebens, des (Tal-)Bodens und der Berge entspräche einem verwandtschaftlichen, egalitären, matriarchalen Verhältnis zur Natur. Wir Menschen sind ihr zugehörig und an dieser Zugehörigkeit und Verbindung beziehungsweise analog zur gebenden Natur richtet sich ein *zukunfts*fähiges Zusammenleben in den zivilisatorischen Verhältnissen aus.

In Anbetracht des matriarchal-mütterlichen Verhältnisses zur Natur erscheint eine weitere ursprüngliche Bedeutung von „Kultur" bedeutsam: das Wahren oder auch Bewahren – in „colere" als „wahren", „hochhalten" – und damit im Zusammenhang das Beachten und Behüten – etwa in „cultrix", der „(Tempel-) Hüterin". Im Mutter-Kind-Verhältnis eingebettet ist der behütende, behutsame Umgang mit dem Lebendigen sowie die Sorge darum, dass diejenigen Bedingungen gewahrt und beachtet werden, die den Fortbestand des Lebens sichern. Hier kommt die Art der Gestaltung des Generationenverhältnisses zum Tragen. Eine Haltung des Wahrens oder Bewahrens ist dahingehend ausgerichtet, auch für die kommenden Generationen die Lebensgrundlagen zu sichern und damit verbunden das bereits vorhandene Erfahrungswissen über den Umgang mit der Natur, etwa in Form von Erzählungen, Praktiken und Handlungen sowie deren Weitergabe zu beachten. Kultur braucht demnach sowohl die Erinnerung an die Vergangenheit, die Lebensweisen der älteren Generationen, soweit diese lebensfreundlich waren und sind, als auch das Mit-Einbeziehen der Zukunft, das heißt der Lebensmöglichkeiten für die nachkommenden Generationen. In der etymologischen Betrachtung des Wortes „wahren" erscheint ein weiterer Aspekt von Bedeutung, nämlich die Verbindung zu lateinisch „vereri", was „scheuen, verehren", aber auch „sich fürchten"[1470] bedeutet. Es kann die Furcht im Sinne einer Sorge um die Zukunft und den Weiterbestand des Lebendigen sein, aber

1469 Genth, 2002, S. 39 und 41
1470 Kluge, 2002, S. 968f.

auch die Furcht im Sinne einer Ehr-Furcht als den Respekt vor der wilden Natur und ihren Eigenheiten. *„Das weibliche Erfahrungswissen um die zyklischen Zusammenhänge entstand aus der Pflege der ‚Wildnis'"*[1471], dieser Aussage folgend kann der Ursprung einer weiblichen, mütterlichen Kultur im sorgsamen, achtsamen und respektvollen, „ehrfürchtigen" Umgang mit der wilden Natur erkannt werden.[1472]

Abschließend soll in der etymologischen Betrachtung des Begriffes Kultur noch auf die letztgenannten Bedeutungen von lateinisch „colere" hingewiesen werden – „heilig halten" und „feiern" – sowie auf „cultura" für „Verehrung" und auf „cultus" als die Feier. Im Feiern sowie im Kult steckt das Ritual, die heilige Handlung, die Ausdruck der Verbundenheit ist und sowohl den Kult als auch die Kultur als alltägliche Pflege und Feier des Lebens erkennen lässt.[1473] Es wird deutlich, dass Kultur und damit jedes Tun ursprünglich als „heilig" und heilend betrachtet wurde, das heißt weder elitär-priesterlich noch getrennt vom alltäglichen Leben und von der Natur geschah, sondern bewusst, sinnlich-erfahrend, im Moment befindlich und in der Verbundenheit alles Seienden von jeder und jedem, egalitär vollzogen werden konnte.

> *„Die schlichteste, praktische Handlung war [in matriarchalen Kulturen, Anm. U. Sch.] zugleich Ritual."*[1474]

Nach dieser umfassenden Betrachtung des Wortes Kultur wird deutlich, dass eine Trennung oder Gegenüberstellung von Natur und Kultur nicht der ursprünglichen Begriffsbedeutung von Kultur entspricht. Das Absehen von der anfänglichen Bedeutung sowie die Separation von Natur und Kultur ist Methode der versuchten Umsetzung eines naturfeindlichen, nicht das Leben pflegenden, patriarchalen Naturverhältnisses. Natur ist jedoch, diesem Verhalten widersprechend, primär und grundlegend, Kultur der Umgang mit dem Grundlegenden, dem Boden, dem Tal und der Natur und damit Ausdruck einer Verbundenheit, an der sich das Denken, Fühlen und Handeln orientiert. Wenn Natur als mütterlich-gebende und hervorbringende wahrgenommen wird, dann folgen daraus ein mütterlich-sorgsamer und pflegender Umgang mit der Natur sowie eine matriarchale, lebensfreundliche Kultur und ein dementsprechendes Zusammenleben in den zivilisatorischen Verhältnissen.

1471 Werlhof in Likus: dBerg, 2002, S. 30, zitiert nach Auer, 2007, S. 142

1472 Vgl. Boff, 1999b, S. 209

1473 Vgl. Werlhof, 1996, S. 14 sowie Auer, 2009

1474 Göttner-Abendroth, 2005, S. 140. Siehe dazu auch das Beispiel aus den Anden in: Pérez-Vitoria, 2007, S. 85.

2. Im Tal-Boden verwurzelt: Auf Spurensuche nach den matriarchalen Resten und einer naturfreundlichen Lebensweise

Betrachtet man das Leben im Tal anhand der patriarchatskritischen und matriarchatsforschenden Perspektive, so haben sich trotz aller Transformationen, Veränderungen und Zerstörungen dennoch teils jahrtausendealte Reste einer alpinen Subsistenzkultur erhalten können. Diese Reste einer in Kooperation mit der Natur entstandenen Kultur sind etwa in bestimmten Formen des Brauchtums, in Liedern, Erzählungen und Sagen sowie im Erfahrungswissen und in Praktiken der bergbäuerlichen Kultur zu finden. Auf diesen Fragmenten einer noch vorhandenen matriarchal geprägten Subsistenz-Kultur anzuknüpfen erscheint, neben der bereits erwähnten Wichtigkeit der Naturwahrnehmung und -ästhetik und diese inkludierend, als ein möglicher Weg in ein zukunftsfähiges Leben am Topos Tal.

Der spurensuchende Blick nach den matriarchalen Resten einer bergbäuerlichen, subsistenzorientierten und mit der Natur kooperierenden Kultur reicht zurück bis in die Steinzeit. Die Gebiete im hintersten Ötztal dienten in den Sommermonaten als Weide- und Lagerflächen für Hirt_innen und ihre Schaf- und Ziegenherden, die aus den südlich und tiefer gelegenen, trockenen Tälern kamen. Die Matriarchatsforscherin Heide Göttner-Abendroth sieht im sogenannten „Ötzi“, dem Mann aus dem Eis, ein Mitglied einer matriarchal geprägten Zivilisation in den Tälern des heutigen Südtirols mit einer sommerlichen Weidewirtschaft in den Bergen samt Ackerbau- und Hirt_innenkultur.[1475] Göttner-Abendroth bezeichnet allgemein die Jungsteinzeit als noch matriarchale Epoche in Europa, in der Garten- und Ackerbau, Spinnen und Weben als magische, matriarchale Künste sowie die Domestizierung von Tieren entwickelt wurden.[1476] Sibylle Auer analysiert die Jungsteinzeit als eine Epoche, in der egalitäre, matriarchale und subsistenzorientierte, sakrale Gesellschaften rund um und in Tirol lebten.[1477] Der Beginn der Sesshaftigkeit und die damit verbundene Agrikultur brachten eine noch stärkere Bindung an Boden, Erde und Jahreszeiten mit sich.[1478] Das Tun/die Kultur im Einklang mit der Natur prägte die Art von Spiritualität dieser matriarchalen Gesellschaften, die Erde sowie die Bergnatur als Hervorbringende und das Leben Ermöglichende wurden als „heilig“ und mütterlich-gebend

1475 Vgl. Göttner-Abendroth, 2003, S. 21
1476 Göttner-Abendroth, 2005, S. 134 und 140
1477 Vgl. Auer, 2007, S. 306 und S. 388
1478 Vgl. Gimbutas, 1974, S. 237

erfahren. Tanna/Dana/Ana war der Name der Göttin dieser matriarchalen Kultur der Jungsteinzeit mit ihren Erscheinungen in der Landschaft, ein Name, der sich auf eine ältere, mediterrane Göttin bezieht und der sich, wie bereits am Topos Gipfel erwähnt, immer noch in Flurnamen und Bergbenennungen wiederfinden lässt.[1479] Die Wohnhütten einer sesshaft gewordenen matriarchalen Bevölkerung sowie daraus später entstehend der Bauernhof waren uterine Orte des Werdens und des Seins[1480], heilige Räume/Tempel des Lebens in und aus denen, einem Mutterschoß gleich, das Leben heranwuchs, gepflegt und umsorgt wurde. Dementsprechend ist der Bauernhof etymologisch betrachtet *„ursprünglich der Tempel der Göttin oder das Haus der Göttin, in dem die Bäuerin wohnt“*[1481]. In Bezug auf die Bergnatur und bergbäuerliche Kultur ist zudem auf folgende ursprüngliche Bedeutung des Begriffs „Hof“ hinzuweisen: *„Denkbar ist, dass das Wort zunächst ein Anwesen oder Heiligtum auf einem Hügel bezeichnete“*[1482].

Es folgen nun einige Beispiele von konkreten Orten, Sagen und Erzählungen, die Reste einer animistisch-matriarchalen, lebensfreundlichen Kultur bewahren konnten und die als fragmentarische Erinnerungen an ein vorpatriarchales Leben am Topos Tal gesehen werden können.

2.1. Konkrete Orte, Sagen und Erzählungen

„Ötztal“, den Namen des Tals selbst, das Mittelpunkt dieser Betrachtungen ist, leitet der Landschaftsmythologe Kurt Derungs vom alteuropäischen Wort „aits“ ab, das für „Fels, Stein“ steht und heute noch im Baskischen wiederzufinden ist.[1483] Der Herkunft von Ötztal aus „aits“ würde „Etz-tol“, so die Aussprache des Talnamens im hier gesprochenen Dialekt, entsprechen, sowie die erste urkund-

1479 Göttner-Abendroth, 2003, S. 22

1480 Vgl. dazu die etymologische Herleitung von „Bauer“ in Zusammenhang mit „bauen“, dessen Ausgangsform wiederum in einem indogermanischen Verb liegt, das „werden, sein“ bedeutet. Siehe Kluge, 2002, S. 96

1481 Krammer-Stark, 2004, S. 164

1482 Kluge, 2002, S. 417. In sprachlicher Verwandtschaft mit „Hof“ stehen desweiteren die Begriffe: hobeln, Hübel/Hubel und Hügel.

1483 Vgl. Derungs, 2006, S. 94. Andere leiten den Flurname Ötztal von „etze“ für Weide ab, vgl. in: Klebelsberg, 1963, was zwar der Nutzung der Hochweiden im Ötztal entspreche, allerdings als ein Wort aus einer jüngeren Sprache gedeutet wird, als jener der alteuropäischen Hirt_innen-Kultur. Gerlinde Haid sah eine Verbindung von „Ötztal/Etztal“ mit dem Flurnamen Etschtal und „Etsch“ in Südtirol – mündlicher Hinweis von Hans Haid. Kurt Derungs erkennt darin möglicherweise ein altes Wasserwort, mündlicher Hinweis am 14.08.13 in Vent im Ötztal.

liche Nennung aus dem 12. Jahrhundert als „Etzetal". Das Ötztal wäre demnach das Fels- oder Steintal[1484], nicht nur seiner naturräumlichen Gegebenheiten nach, sondern auch mit dem Hohlen *Stein* am Ende – oder von Süden her gesehen am Beginn – des Tales, ein Kultort und, so könnte man schlussfolgern, ein womöglich dem ganzen Gebiet als „Tal des Steins" („aits-Tal") namensgebender Ort. Derungs wie Göttner-Abendroth erkennen im Hohlen Stein, an dem archäologische Untersuchungen Spuren einer 10.000 Jahre langen Nutzung nachweisen konnten[1485], einen alten Thronstein, das heißt (Mutter-)Schoßstein[1486]. Auch Sibylle Auer sieht im Hohlen Stein einen wirtschaftlichen und sakralen Ort des Lebens, den Namen des wenige hundert Meter entfernt liegenden Ortes Vent leitet sie von „Fende"[1487], althochdeutsch „fenni, fenna" ab, der sumpfigen Wiese.[1488] Das Moor, der Schlamm oder Sumpf in seiner Bedeutung als erdig-fruchtbarer und damit mütterlicher Ort des Lebens[1489] wurde bereits am Topos Berginneres erwähnt. Nach Derungs war das Ötztal ein Rückzugsgebiet einer alteuropäischen Göttinkultur[1490], die matriarchale Naturwahrnehmung des Hohlen Steins, seine Bedeutung als sakraler Ort und Topos des Lebens mit den anliegenden fruchtbaren Wiesen würde sich in eine derartige Kultur einfügen. Demnach wäre das heutige Vent mit seinen aus dem Schmelzwasser der umliegenden Berge und Gletscher genährten Wiesen Ort der Fülle und des Lebens dieser alteuropäischen Kultur. Die „Similaun" wäre die Berggöttin, die, mit ihrem weißen,

---

1484 Derungs, 2006, S. 94

1485 Archäologische Grabungen konnten eine menschliche Nutzung dieses Platzes bis ins 8. Jahrtausend v.Chr. nachweisen. Siehe auch www.vent.at/main/DE/VE/SO/orte/geschichte/index.html (18.05.12) sowie www.naturpark-oetztal.at/naturerlebnis/hot-spots-kultur/jaegerlager-hohler-stein.html (18.05.12)

1486 Derungs, 2006, S. 291 sowie Göttner-Abendroth in: Planet Alpen, 2003. Zur Verbindung von Stein, Thron und Schoß siehe Auer, 2009, S. 121.

1487 Die Aussprache des Ortsnamens im Dialekt als „Vende/Fende" etwa in „z' Vende/Fende", das heißt wortwörtlich: „in Vent", entspricht eher der älteren Bezeichnung „Fende" von althochdeutsch „fenni/fenna" als der offiziellen Bezeichnung „Vent".

1488 Vgl. Auer, 2007, S. 277. Laut Kurt Derungs könnte Vent auch von einem alten Stein- oder Felswort abstammen.

1489 „Moder" und „Mutter" stehen in begrifflicher Verwandtschaft, vgl. Auer in: Projektgruppe „Zivilisationspolitik", 2009, S. 181, Fußnote 19. Der fruchtbare Schlamm als Grundlage für das Leben spiegelt sich auch im Begriff „Alchemie" wieder, das als arabisch „keme" den schwarzen Nilschlamm meint: „*Dieser Schlamm machte durch periodische Überschwemmungen das Land um den Nil herum fruchtbar.*" Werlhof, 2010c, S. 107.

1490 Derungs, 2006, S. 95.

pyramidenförmigen Gipfelaufbau und dem darunterliegenden Marzellferner im Niedertal als ihrem nach oben geöffneten Schoßdreieck – beide zusammen bilden in ihrer Form eine Raute –, das Tal nährt. Der Hohle Stein kann, indem er sich „landschaftsmythologisch betrachtet" in den Raum einfügt, als ein besonderer Kultort (der Göttin) gedeutet werden, der dem gesamten Gebiet („aits"-Tal/Etztol/Ötztal) seinen Namen gab.[1491]

Die These vom Ötztal als Rückzugsgebiet für eine matriarchale Urbevölkerung untermauern Erzählungen von „wilden" Menschen, die an mehreren Orten im Tal zurückgezogen hausten. Im Sulztal bei Längenfeld etwa ist die Rede von zwei Weiblein auf der Sulztaler Alpe, in Umhausen sind es zwei Frauen mit den Namen „Unza" und „Munza", die in einem Erdloch im Wald am Tauferberg wohnen, einer, wie es in einer anderen Überlieferung heißt, *„unheimliche[n] Behausung von Hexen und ‚Putzen' (Kobolden)"*[1492]. Im Windachtal bei Sölden wird von zwei Männern und einer Frau erzählt, die dort zurückgezogen hausen, in Längenfeld sind es zwei schöne Frauen, die manchmal auf dem Frauenstein sitzend gesehen werden und sonst in einer tiefen Höhle wohnen.[1493] „Runa" und „Tuit"[1494] sind die Namen zweier wilden Fräulein, die im Rettenbachtal bei Sölden in Felsenhöhlen leben, heute ist dies das vom Skitourismus am meisten veränderte und genutzte Seitental des Ötztales, mit dem Rettenbachferner am Talschluss. Im Königstal bei Gurgl gibt es einen kleinen Hügel mit Steinen, der der Sage nach Eingang zu einer Wohnhöhle von wilden Fräulein gewesen sein sollte.[1495] Die alte Wohnhöhle „Katzbabelas-Kuchl" im „Forchet"-Wald bei Sautens war bereits Gegenstand einer genauen Betrachtung im vorherigen Kapitel „Berginneres". All diesen Erzählungen und Sagen gemeinsam ist die zurückgezogene Lebensweise der genannten wilden Menschen in den Hochtälern und Seitentälern oder im Wald sowie das Motiv der Todesnachricht: Eine der Frauen kommt ins Dorf, um vom Tod der anderen zu berichten und so womöglich auf das drohende Aussterben der alten, wilden Ur-Bevölkerung hinzuweisen. Die Erzählungen

1491 Eine weitere Deutung von Ötztal als „Stein-/Felstal" lässt der Name des Ortes Oetz im vorderen Tal gelegen zu. Seine Pfarrkirche thront, das ganze Talbecken überschauend, auf einem Fels oberhalb des Ortskerns. Es könnte sich dabei um einen Kultfelsen/-stein handeln, der durch den Bau der Kirche christianisiert wurde. Der Name Oetz würde sich demnach und Kurt Derungs folgend von alteuropäisch „aits" für Fels, Stein herleiten, als der Ort mit dem markanten und kultisch wichtigen Felsen.

1492 Schöpf, 1856, S. 6

1493 Nach alten mündlichen Überlieferungen, vgl. Haid, 2006, S. 60, 63 und 82

1494 Ebda. S. 87

1495 Haid, 2006, S. 134f.

können als lokale Erinnerung an jene geschichtliche Entwicklung gesehen werden, durch die eine alteuropäische, matriarchale Bevölkerung im und um den Alpenraum gezwungen wurde, vor dem Eintreffen indoeuropäischer, patriarchalisierter Reitervölker ab 3200 v. Chr.[1496] in die abgelegenen (Hoch-)Täler zu flüchten.[1497] Dort lebten sie als *„wilde Frauen und Männer"*[1498], oder auch „kleines Volk" genannt, noch in ihrer naturfreundlichen Kultur fort. Im gesamten Alpenraum sind Sagen zu entdecken, die von der Freundlichkeit dieser Menschen und ihrer Hilfsbereitschaft erzählen.[1499] Die naturräumlichen Gegebenheiten der Berge, die Schutz, Rückzugsmöglichkeiten und Geborgenheit boten, führten wohl auch dazu, dass die Erinnerung an diese Zeit sowie Reste dieser Kultur bewahrt und gleichermaßen vor den zerstörerischen Einflüssen beschützt werden konnten.[1500] Vor allem in den entlegenen und abgeschiedenen Regionen des Alpenraumes konnte dadurch die Kontinuität bestimmter Kulturformen gewahrt werden und sich länger als in anderen Gegenden Reste der alteuropäischen Kultur mit ihren Mythen, Ritualen und Bräuchen erhalten.[1501] Göttner-Abendroth bezeichnet die Täler und Berglandschaften des heutigen Tirol als *„lange bestehendes Rückzugsgebiet matriarchaler Stämme"*[1502]. Im Ötztal weisen einzelne Wörter im Dialekt sowie Flurnamen, die keiner indogermanischen Sprache zugeordnet werden können, auf eine ehemalige, prä-indogermanische, eine alteuropäische Sprache sprechende Urbevölkerung in diesem Gebiet hin.[1503]

Die wehmütige Erinnerung an die Zerstörung der ursprünglichen matriarchalen Kultur in den Alpen durch den Patriarchalisierungsprozess drückt das rätoromanische „La canzun de Sontgia Margriatha" (Das Lied der heiligen Margaretha) aus.[1504] Hans Haid vergleicht dieses Lied mit den Sagen von den verschwundenen Almen und Dörfern unter Gletschern, wie sie auch in den

1496 Die Zeitangabe bezieht sich auf die Forschungen von Marija Gimbutas. Siehe Krammer-Stark, 2004, S. 244

1497 Vgl. Auer, 2009, S. 309

1498 Vgl. dazu auch die Bezeichnungen: wilde Leute, Wildmännlein, Waldmännlein und Zwerge und die Erzählungen davon. Vgl. Göttner-Abendroth, 2005, S. 159

1499 Göttner-Abendroth, 2003, S. 24 und Zucca, 1998, S. 17

1500 Hans Haid spricht im Zusammenhang mit den Alpensagen von den Bergen als Rückzugsgebiet, in denen sich Reste des alten Wissens durch mündliche Überlieferung über mehr als fünf Jahrtausende erhalten konnten. Siehe dazu: Haid, 2004

1501 Vgl. dazu Zucca in: Zucca (Hrsg.), 2002, S. 46

1502 Göttner-Abendroth, 2005, S. 161

1503 Siehe dazu beispielsweise die Deutung einiger Bergnamen in den Ötztaler Alpen in: Haid, 2009.

1504 Vgl. Haid, 1990, S. 55ff.

Ötztaler Alpen vorkommen.[1505] Das Lied handelt von einer jungen Frau namens Margaretha, die die Alm verlassen muss, da die Männer die dortige Wirtschaft übernehmen und keine Frau mehr auf der Alm dulden. Alsbald geht mit ihrem Verschwinden auch die Prosperität der Almwirtschaft sowie die Fülle der Natur verloren, das Wasser im Brunnen vertrocknet, die Gräser und Kräuter verdorren. Hans Haid meint im Namen Margaretha die *„rätische Muttergottheit MADRISA“*[1506] zu erkennen, Sibylle Auer sieht in „Reitia“ den Namen für die Herrin der Tiere und des Lebens, die Göttin der Hirt_innen und bezeichnet sie als Muttergöttin in Tirol.[1507] Margaretha ist eine der drei „Heiligen Madln“[1508], welche die christliche Umformung des matriarchalen, dreifaltigen Göttinnen-Bildes[1509] darstellen. Der im Lied angedeutete Bruch mit der alten, matriarchalen Kultur, der mit der Übernahme der Almwirtschaft durch die Männer passiert, kann nach Göttner-Abendroth als Hinweis auf eine ältere Hirtinnen-Kultur gedeutet werden.[1510] Ebenso verhält es sich mit den Sagen von den Saligen Fräulein als Hirtinnen, welche die Gämsen als ihre „Haustiere“ hüten und sie beschützen: *„All diese Sagen weisen darauf hin, dass es vor der Männerwirtschaft eine ältere Kultur gegeben hat, die von Frauen getragen wurde und in der sie in den Alpen die Hirtinnen waren.“*[1511]

Die entlegenen Täler und Berge dienten Jahrhunderte später, etwa im Mittelalter, ebenso als Rückzugsgebiet für Andersdenkende, Oppositionelle zur herrschenden Macht, freie Bäuerinnen und Bauern sowie Widerständige, die sich nicht von den kirchlichen und feudalen Mächtigen unterwerfen lassen wollten.[1512] Auch die Geschichte von der Geierwally reiht sich ein in den Mythos der widerständigen, wilden, mit den Naturkräften verbundenen Frauen und Männer. Geierwally verlässt als junge Frau den väterlichen Hof, um in Freiheit und Unabhängigkeit von den gesellschaftlichen Normen zu leben. Ihre antike Vorläuferin ist die Menade, die sich in die Berge, wo die wilden Tiere leben, zurück zieht und dort selbst zur wilden Frau wird, in dem sie sich mit dem Pflanzen- und Tierreich verbindet.[1513] Eine weitere Erinnerung an die Verbundenheit von

1505 Haid, 1990, S. 56. Zu diesen Sagen siehe das vorhergehende Kapitel Gletscher.
1506 Haid, 1990, S. 58
1507 Vgl. Auer, 2007, S. 364
1508 Katharina, Margaretha und Barbara
1509 die junge Frau, die fruchtbare Frau sowie die weise Alte
1510 Göttner-Abendroth, 2003, S. 17f.
1511 Göttner-Abendroth, 2003, S. 18
1512 Vgl. Zucca, 1998
1513 Vgl. Zucca, 1998, S. 16

Frauen und wilder Natur ist die mündliche Überlieferung einer „Vorsehung" aus dem Ötztal: In der Sage von der Schönfiecht-Mure bei Huben/Längenfeld tauchen zwei fremde Frauen auf, die die drohende Gefahr wahrnehmen und darauf hinweisen. Der Kern der Erzählung wird später verdreht und die beiden Frauen als Hexen dargestellt, welche die Mure ausgelöst hätten.[1514]

Nimmt man das spät-matriarchale dreigestaltige Göttin-Bild der jungen, fruchtbaren und weisen Frau zur Kenntnis, lässt sich dem entsprechend dem Topos Tal die Erdgöttin in ihrer Fülle zuordnen, die mit ihren fruchtbaren Böden das Leben ermöglicht. Sie ist Ambeth, die Frauengöttin, versinnbildlicht in Tiergestalt als Drache oder Kröte und in der Farbe Rot. Später wird daraus bereits christianisiert Margaretha oder Maria mit dem (Jesu-)Kind[1515], letztere findet sich in den meisten Kapellen im Tal, im Wald oder am Berg wieder. Der Großteil dieser Stätten, in denen sich Reste einer nicht religiös-institutionalisierten, naturverbundenen, animistisch-matriarchalen Spiritualität ausdrücken, ist der Muttergottes Maria geweiht.[1516] Die Transformation dieser ehemaligen Orte der Natur- und/oder Ahninnenverehrung in Marienheiligtümer geschah durch die christlich-patriarchale Methode der Usurpation und verdeckt die ursprüngliche Wahrnehmung des Topos als Begegnungsort mit dem Göttlichen und als Kultplatz.[1517] Ein lokales Beispiel für diese Art von Überdeckung beziehungsweise Transformation und Besitzergreifung ist die Entstehungsgeschichte der Wallfahrtskirche in Gries im Sulztal bei Längenfeld. Ursprünglich befand sich am Ort des heutigen Kirchleins ein Steinhaufen, also womöglich eine alte Kultstätte[1518] der Verehrung der Natur oder Erscheinung der Göttin/Ahnin in ihrer verdichtetsten Form, im Stein. Laut Legende kam eines Tages ein fremder Pilger des Weges, der, als er den Steinhaufen sah, die Bevölkerung des Dorfes aufforderte, aus den Steinen ein Kirchlein zu bauen, *„darin Maria Hilf rasten soll"*[1519]. Der Pilger verschwand darauf hin und wurde nie mehr gesehen. Auffallend an der Erzählung ist die abwertende Bezeichnung der vorchristlichen Stätte als „Steinhaufen" sowie die patriarchal-alchemistische Vorgehensweise: Der Pilger

1514 Vgl. Haid, 2006, S. 66

1515 Vgl. Resch-Rauter in Bezug auf das matriarchale Dreistock-Weltbild nach Göttner-Abendroth, 1992, S. 232 sowie Rohrecker, 2005, S. 166

1516 Dazu passt die naturverbundene Erklärung einer alten Ötztaler Bäuerin als Antwort auf die Frage, warum sie die Gottesmutter derart verehre: Weil der Herrgott sei auch nur ein Mann gewesen.

1517 Vgl. Derungs, 2006, S. 147 und Auer, 2009

1518 Vgl. Haid, 2006, S. 53

1519 Vgl. die Entstehungslegende in Haid, 2006, S. 53

veranlasst die Zerstörung/Mortifikation des alten Kultortes sowie seine Transformation beziehungsweise Neuschöpfung durch das aus der Zerstörung gewonnene Material - die Steine, zu einem neuen, größeren und angeblich besseren, christlich-monotheistischen Bau, zur Wallfahrtskirche. Ein Mirakelbuch sowie Votivtafeln aus dem 19. Jahrhundert, welche „Wunderheilungen" bezeugen sollen sowie die Beliebtheit des Wallfahrtsortes bei der einheimischen Bevölkerung weisen auf die Kontinuität in der Wahrnehmung dieses Ortes als „Kultort" und besonderen Topos hin. Jeweils am 13. jeden Monats findet beispielsweise eine Frauen-Fußwallfahrt von Längenfeld aus startend nach Gries statt. Noch ein weiterer Hinweis auf die ursprüngliche Verehrung der Landschaftsahnin kann wahrgenommen werden: Die Glocke im Turm des Kirchleins ist einer Sage nach eine Wetterglocke. *„Anna Maria heiß i, alle Wetter vertreib i. Zu Gries im Kirchturm bleib i"*[1520], soll eine Stimme gerufen haben, als man versuchte, die Glocke in den Turm der Pfarrkirche von Längenfeld zu hängen. In „Anna Maria" entdecken wir den Namen der Muttergöttin der bereits erwähnten matriarchalen Kultur der Jungsteinzeit wieder: Tanna/Dana/Ana. Sie ist die Landschaftsahnin, die mit der wilden Natur und dem Wetter in Verbindung steht und dieses zu beeinflussen vermag, da sie auch selbst die Natur ist.[1521] Von der Wallfahrtskirche Maria Hilf in Gries ergibt sich der Blick hinein in das Sulztal mit einer markanten Fels- und Schneepyramide am Talschluss, die zusammen mit dem engen Tal eine Rautenform bildet. Der Name dieses Felsgipfels lautet bezeichnenderweise *Mutter*bergerseespitz.

Ein abschließendes Beispiel für die christliche Diffamierung eines womöglich alten Stein-Kultplatzes lässt sich in der Sage von Rusilena erkennen.[1522] Sie soll der Erzählung nach außerhalb des Dorfes auf einem Hof gewohnt haben, also außerhalb der „Zivilisation" und damit im Grenzbereich zur Wildnis, einer „Hagazussa"/Heckenreiterin oder Hexe[1523] gleich. Rusilena soll eine lustige und ledige junge Frau gewesen sein, die gerne tanzte. Eines Nachts habe sich der

1520 Nach einer Sage, siehe Haid, 2006, S. 54

1521 Der Zusammenhang von Wettermachen und Frau bzw. Göttin oder später Maria kann auch in der Kapelle des Larstighofes im Hoarlachtal bei Niederthai/Umhausen entdeckt werden. Dort heißt es auf einer holzgeschnitzten Tafel an der Außenwand etwa wie folgt: *„Schmerzensmutter heiß ich, alle Wetter weiß ich, alle Wetter vertreib ich, in der Larstigkapelle bleib ich."*

1522 Die Sage findet sich abgedruckt in Haid, 2006, S. 93.

1523 Der Begriff „Hexe" stammt nach Kluge von althochdeutsch „hagzussa" ab, darin befindet sich das Wort „hag" – Umzäunung, Weideplatz oder Hecke – und „zussa" als Geist, Gespenst, mächtiges Wesen. Kluge, 2002, S. 411 und 383. Das ähnlich klingende „Zussla" wird als weibliches Kosewort gegenwärtig immer noch im Ötztaler Dialekt verwendet.

Teufel selbst zu ihr gesellt und mit ihr gesungen und getanzt haben, wodurch Rusilena am nächsten Morgen die Frühmesse im Dorf versäumte. Aus Schmach erhängte sie sich oberhalb des Hofes im Wald an einem Baum, wo heute noch eine Steinplatte mit ihrem Fußabdruck zu sehen sei. Wir erkennen in dieser Sage die verdrehte und diffamierte Form einer Erinnerung an einen ursprünglichen matriarchalen Kultplatz zu Ehren von Rusilena, der lokalen Erscheinung der Göttin Ana (Rusil-ENA) in einem Baum und einer Steinplatte im Wald. Es handelt sich dabei um einen alter Kultort, wo zu Ehren von Rusilena, der lokalen Göttin, womöglich getanzt, gesungen und gefeiert wurde – ein Kult, der später eine christlich-patriarchale Diffamierung erfährt, indem der Teufel mit ins Spiel gebracht und das lebenslustige Treiben als Sünde verurteilt wird, was zum Selbstmord, zur Tötung/Mortifikation der Göttin Rusilena führt.

„Jahrhunderttausende begriff sich der Mensch allein, indem er sich inmitten der Natur verstand.[…] Die Ordnung der übrigen belebten Welt war unabdingbar, um die eigene zu verstehen.“[1524]

Die Wahrnehmung und Berücksichtigung der naturräumlichen Gegebenheiten prägte die Entstehung einer bergbäuerlichen, mit der Natur kooperierenden, matriarchalen Kultur, die zum Ziel hatte, langfristig die Stabilität des Naturraumes zu erhalten, um in den Alpentälern überleben zu können. Das Tätig-Sein sowie die Kultur orientierten sich an der mütterlich-hervorbringenden Natur und ihren (jahreszeitlichen) Zyklen. Trotz patriarchaler Vereinnahmung und Veränderung der ursprünglichen, naturfreundlichen Kultur konnten sich Reste davon als zweite, verdeckte Kultur bis in die Gegenwart erhalten. Um der Zerstörung von Natur Einhalt gebieten zu können ist es notwendig, sich der Wichtigkeit dieser Reste eines egalitären und in Verbundenheit gelebten Umgangs zu besinnen, nicht nur grundlegend mit der Natur sondern auch in den anderen zivilisatorischen Verhältnissen, etwa im Generationenverhältnis. Es gilt, das weitere Zusammenleben (wieder) so zu gestalten, dass die naturfreundlichen Aspekte in Arbeit und Leben der Vorfahren wieder wahrgenommen werden und darauf aufbauend versucht wird, diese für die Gestaltung einer zukunftsfähigen Lebensweise am Topos Tal zu verwenden.[1525] Die Methode, die dabei zur Anwendung kommt, folgt – in Anlehnung an Helga Peskoller – dem Spurenlesen der Vergangenheit und Wiedererinnern von Vergessenem.[1526]

1524 Weber, 2008, S. 135
1525 Zur Bedeutung des lokalen, bäuerlichen Wissen siehe auch Pérez-Vitoria, 2007, S. 219.
1526 Vgl. Peskoller, 1997, S. 164

2.2. Die Bedeutung des Subsistenzkultur-Wissens und die Frage nach der Weitergabe

„The mountain told us to protect our past so we would have a future.“[1527]

Der Topos „Tal“ sowie die Felder, Alm-, Weideflächen und Bergwiesen sind in ihrer gegenwärtigen Erscheinungsform Kulturlandschaft, entstanden durch jahrtausendelange Bearbeitung der alpinen Natur in der Ausübung bergbäuerlicher Tätigkeiten.[1528] Die gegenwärtig stattfindende Zerstörung von Natur und (Kultur-)Landschaft bedeutet gleichzeitig auch eine Zerstörung von Kultur[1529] beziehungsweise den Verlust einer Ökonomie und Technik, welche die ökologischen Nutzungsgrenzen sowie die Naturzyklen berücksichtigte und kleinräumig-lokal ausgerichtet war. Mit diesem Verlust einher geht eine Entfremdung, das heißt die Transformation ehemals verbundener Verhältnisse in entfremdete, auf Trennung ausgerichtete – eine Entwicklung, die nicht nur im Umgang mit der Natur, sondern auch in den anderen zivilisatorischen Verhältnissen, etwa im Generationenverhältnis, zu erkennen ist. Wenn Kulturlandschaft das Resultat des Tätig-Seins der vorangegangen Generationen ist, dann spiegelt der Umgang mit dieser Kulturlandschaft nicht nur die Art des Naturverhältnisses sondern auch des Generationenverhältnisses wider. Ein zerstörerischer Umgang mit Natur zerstört auch die Verbindung zwischen den Generationen und führt zum Vergessen der früheren Lebensweise sowie zum Bruch in der Weitergabe des Erfahrungswissens über die ökologischen Zusammenhänge und deren Auswirkungen auf die Gestaltung von Ökonomie und Technik.[1530] Das Generationenverhältnis einer naturfeindlichen, patriarchalen Zivilisation ist von Beliebigkeit geprägt und nicht von Respekt und Wertschätzung der jeweiligen Erfahrungen und des Erfahrungswissens als besondere (Weiter-)Gabe.[1531] Das Verhältnis zwischen den Generationen ist entfremdet, eine Würdigung der „weisen Alten“ findet kaum mehr statt, die Verbindung zum aus einem naturfreundlichen Umgang mit der

1527 Ins Englische übersetzter Ausspruch der Zapatistas, zitiert in: Kumar, 2007, S. 237. Auf Deutsch etwa wie folgt (Übersetzung U. Sch.): *„Der Berg sagte uns, dass wir die Vergangenheit schützen sollen, um eine Zukunft zu haben.“*

1528 Vgl. Bätzing, 1986, S. 24

1529 Vgl. Weber, 2008, S. 139

1530 Vgl. Bätzing, 2003, S. 90, S. 96 und S. 98

1531 Diese Beliebigkeit lässt sich auch in den anderen patriarchalisierten Verhältnissen erkennen, etwa im Geschlechterverhältnis, das durch die moderne Gender-Debatte und -Forschung von einer utopischen Vorstellung einer geschlechter- und frauenlosen Zivilisation zu ersetzen versucht wird. Vgl. Werlhof, 2011, S. 112ff.

Bergnatur entstandenen Erfahrungswissen ist unterbrochen. *„Erfahrung wird als nichtig betrachtet und verworfen."*[1532] Ein sozialer „Gedächtnisverlust"[1533] oder eine soziale Demenz[1534] herrschen vor.

> *„Verloren ist das, was Illich als ‚vernakulär' bezeichnet, die ursprünglich aus der Dorfgemeinschaft oder dem verwandtschaftlichen Zusammenhang herausgekommenen Wertvorstellungen, Tätigkeiten, Kenntnisse und Kultur, die praktisch ganz zerstört worden sind."*[1535]

Sich dieses Verlustes sowie der vorherrschenden Geringschätzung des Erfahrungswisssens und der Lebensweisheit der älteren Generationen bewusst zu werden[1536] und, bei sich selbst beginnend, wieder in Verbindung mit der Vergangenheit beziehungsweise den Vertreter_innen dieser Generationen zu treten, sind erste Schritte in der Wiederumkehrung der zivilisatorischen Verhältnisse in von Freundlichkeit, Offenheit und Verbundenheit geprägte. Ähnlich wie in der bereits als notwendig erachteten Neuausrichtung des Naturverhältnisses an einer wahrnehmenden Ästhetik ist es auch im Generationenverhältnis wichtig, eine sinnlich-erkennende, wahrnehmende Haltung einzunehmen. Dabei sind das Sehen, Hören und Tasten von zentraler Bedeutung. Wissen steht in etymologischer Verwandtschaft mit lateinisch „video" – „ich sehe" –, es ist also jene Tätigkeit, die mit dem Sehen, Erblicken und Erkennen zusammenhängt. Der Hörsinn wurde bereits in seiner sprachlichen Verbindung von lateinisch „audire" für „hören" und griechisch „aisthetos", dem Herkunftswort für „Ästhetik", als bedeutender Sinn für die ästhetische Wahrnehmung erkannt. Damit gewinnen das Hinhören und Zuhören an Bedeutung, was ein „Sich-Zeit-nehmen" inkludiert sowie eine Haltung der Aufmerksamkeit für das, was die andere Person zu erzählen hat. Die Wichtigkeit des Tastsinns kann im Begreifen festgemacht werden, als das miteinander Tätig-Sein und das daraus erfolgende Be-Greifen und Erlernen der an der Natur orientierten Kulturpraktiken. Dementsprechend passiert

---

1532 Genth in: Projektgruppe „Zivilisationspolitik", 2009, S. 44f.

1533 Macy/Young Brown 2007, S. 179

1534 Wobei auch hier die etymologische Betrachtung aussagekräftig ist: „Demenz" von lateinisch „de-mentis" für „von Sinnen", „unsinnig" drückt zudem die unsinnige, die Sinne sowie die sinnliche Wahrnehmung und den Leib ausklammernde, anästhetische patriarchale Haltung aus.

1535 Werlhof in: Bammé, 2009, S. 852

1536 *„The awareness of a lost harmony with [the] environment goes together with a similar feeling towards relationship among people."* Giardelli in: Zucca (Hrsg.), 2005, S. 139 (*„Das Bewusstsein über die verlorene Harmonie mit der Umgebung geht mit einem ähnlichen Gefühl was die zwischenmenschlichen Verhältnisse betrifft einher."* Übersetzung U. Sch.)

die Wissensweitergabe im Tun sowie im aufmerksamen Beobachten und Zuhören. Die bewusste Wieder-Wahrnehmung der Reste einer Kultur in Verbundenheit mit der Natur, die in den Erinnerungen und Verhaltensweisen der älteren Menschen im Tal noch zu finden ist, entdeckt mögliche Anknüpfungspunkte für ein zukunftsfähiges Weiterleben im Tal. Der Blick in die Vergangenheit und das Hinhören auf die lebensgeschichtlichen Erzählungen der älteren Talbewohner_innen lässt eine zu verschwinden drohende, in Resten noch vorhandene, subsistenzorientierte, bergbäuerliche Kultur im Ötztal erkennen.[1537]

Subsistenz ist Lebensproduktion, ist die Sorge[1538] um den Erhalt und Weiterbestand des Lebens in den verschiedenen, nicht kapitalisierten Tätigkeiten des Alltags. Dazu gehört auch die (kleinbäuerliche) Selbstversorgungswirtschaft, aber nicht nur, denn Subsistenz ist mehr als nur eine Art von Ökonomie oder Wirtschaftsform, sie ist eine allumfassende Lebensweise. Dies soll im Weiteren durch die Verwendung des Begriffes „Subsistenzkultur" deutlich gemacht werden. Am Wandel in der Einbindung/Wertschätzung der Subsistenzkultur in die Gesellschaft zeigt sich der Wandel des Naturverhältnisses. Subsistenz auf rein wirtschaftliche Tätigkeiten und Selbstversorgung zu beschränken entspreche einer von Trennung ausgehenden, kapitalistisch-patriarchalen Methode der Abwertung und „Unsichtbarmachung"[1539] von lebenserhaltender Kultur und Natur sowie einer patriarchal-alchemistischen Verwertung der Subsistenztätigkeiten als von der Kultur losgelöste, kulturlose, natürliche „Rohstoffe" für die kapitalistische Ökonomie. Kapitalistisches Wirtschaften (miss-)braucht die Subsistenz als seine Grundlage. Der Begriff Subsistenzkultur erweist sich als geeigneter, um auf die „Umfasstheit" der Subsistenz als naturverbundene Lebensweise zu verweisen, das zu dieser Lebensweise gehörende und aus ihr entstehende Erfahrungswissen ist demnach als Subsistenzkultur-Wissen zu benennen. Diese Art von Wissen reicht weit über das moderne „Know-How" als Ansammlung von Informationen, Daten und „reiner", unhinterfragter Theorie hinaus. Es ist eine umfassende Weisheit, die aus der Erfahrung und dem Leben entsteht, aus dem Tun und Tätig-Sein mit der Natur und in Bezug zum Lebensort.

1537 Dies ist die Erkenntnis einer über mehrere Jahre durch die Autorin erfolgten, nicht standardisierten Feldforschung im Ötztal.

1538 Vgl. hier die Bedeutung von „cultura"/Kultur als die sorgsame Pflege.

1539 Subsistenz ist so wie die Natur und die Frauen die unsichtbare ökonomische (bzw. ökologische) Grundlage, die von der kapitalistischen Wirtschaft ausgebeutet wird, sozusagen die unter der Oberfläche liegende, verdeckte, unsichtbare Ökonomie. Vgl. dazu das Eisberg-Modell der kapitalistisch-patriarchalen Wirtschaft nach Maria Mies in: Mies, 2008, S. 176.

Im Subsistenzkultur-Wissen sind Praxis und Theorie verbunden, dies inkludiert die Erfahrung, das Gespür, die Gefühle, die Erinnerung, die Sinne, den Leib und grundlegend die Natur, den Topos. Ein derartiges Wissen beinhaltet die lokalen Verbindungen[1540] und Bezüge, es ist vernakuläres, das heißt in das Dorf und in die Gemeinschaft eingebettetes, Erfahrungs- und Lebenswissen. Nach Renate Genth sind Subsistenztätigkeiten im Generationenverhältnis[1541] eingelagert, nach Ivan Illich als vernakuläre Genus-Tätigkeiten im Geschlechterverhältnis: Subsistenz ist eine „*genusgebundene Überlebensform*"[1542]. „Genus" ist nach Illich tätiger Ausdruck der Verbindung zwischen den Geschlechtern, die gemeinsam an einer lebenserhaltenden Zukunft arbeiten, wobei jede und jeder ihre und seine Tätigkeiten ausführt. Die Betonung der Weiblichkeit der Natur und deren Anerkennung ist Grundlage für das vernakuläre Tun und Handeln.[1543] Unter dem Begriff „vernakulär" versteht Illich ein gemein-gemeinschaftliches, bodenständiges und verwurzeltes[1544] Tätig-Sein, in dem leben und wohnen, produzieren und konsumieren eins sind sowie darauf ausgerichtet, „*in den Spuren vergangenen Lebens [zu] bleiben*"[1545]. Hier lässt sich auch bei Illich ein Hinweis auf die Wichtigkeit des Generationenverhältnisses erkennen, auf eine in der Vergangenheit und im Wohnort verwurzelte Lebensweise. Besonders in der Beziehung zwischen den einzelnen Generationen und im Umgang mit der älteren Generation angesiedelt sind das Subsistenzkultur-Wissen und dessen Weitergabe. Ein in freundlicher Verbundenheit gestaltetes Generationenverhältnis bezieht die Vorfahren und Nachkommen in das zivilisatorische Zusammenleben, in die gegenwärtige Lebensweise mit ein. Es ist von Respekt und Achtung vor den Erfahrungen sowie dem Erfahrungswissen der älteren Menschen geprägt und inkludiert das Annehmen und Weitergeben dieser Erfahrungen, eine Haltung, die nur aus der Verbundenheit heraus und nicht in Entfremdung oder Trennung geschehen kann.[1546] Für die in der gegenwärtigen Krisensituation notwendige Umgestaltung des zivilisatorischen Verhältnisses zwischen den Generationen erscheinen dabei folgende Fragen von Wichtigkeit: Welches Wissen, im Sinne eines „*für das Überleben ausschlaggebende[n] Subsistenzwissen[s]*"[1547], haben wir

1540 Vgl. Schweighofer, 1996, S. 218
1541 Genth in: Projektgruppe „Zivilisationspolitik", 2009, S. 46
1542 Illich, 1983, S. 118
1543 Vgl. dazu Illich, 1983
1544 Illich, 1983, S. 178
1545 Vgl. Illich, 1983, S. 80
1546 Genth in: Projektgruppe „Zivilisationspolitik", 2009, S. 44f.
1547 Siehe Mies/ Shiva, 1995, S. 22 und auch S. 37

von unseren Vorfahren erhalten? Wie behandeln wir dieses in unserer Wahrnehmung, in unserem Denken und Tätig-Sein, in unserem Tun? Wie wirkt sich unser eigenes Verhalten auf die zukünftigen, nachkommenden Generationen aus?

> *„Wir müssen das Potenzial, das in der Beziehung zu unseren Vorfahren liegt, wiederbeleben, wenn wir den Wandel zu einer lebenserhaltenden Gesellschaft schaffen wollen. Mit anderen Worten, wir müssen selbst als die Ahnen handeln, die wir sind – gegenüber unseren Nachfahren. Wir müssen […] eine tiefe und echte Verbindung zu den vor und nach uns lebenden Generationen pflegen.“*[1548]

Eine wertschätzende Haltung der Anerkennung und Weitergabe des Erfahrungswissens führt zu einer Stärkung des Generationenverhältnisses in Verbundenheit und wirkt dadurch dem vorherrschenden patriarchalen Trennungsprozess entgegen. Dabei ist es notwendig, das alte, naturverbundene Wissen und Tätig-Sein in seiner Bedeutung wahrzunehmen, anzunehmen, zu bewahren und weiterzugeben, in dem versucht wird, es als gelebte Praxis in das gegenwärtige Tun einfließen zu lassen. Es gilt, das Wissenskontinuum über Generationen, das auf Subsistenzkultur beruht, nicht abreißen zu lassen sondern daran weiterzuknüpfen. Dabei geht es nicht um die Fixierung oder „Einfrierung“/Archivierung des alten Wissens beziehungsweise um die Beibehaltung seines Status Quo sondern um seine Weitergabe, Vermittlung und Weiterentwicklung als Teil einer lebendigen und gelebten Kultur. Mehr als das bloße Erinnern, im Sinne einer Belassung des Vergangenen in der Vergangenheit, ist ein Wieder-Erinnern als neue Art des Denkens[1549] von Nöten, als ein Prozess der durch die Vergessenheit hindurch geht, das Vergessene nicht nur erinnert, es auch aufnimmt, in die Gegenwart bringt und auf dem Weg in die Zukunft umgestaltend mitnimmt.

In der Beantwortung der Frage nach der Art der Weitergabe des Subsistenzkultur-Wissens ist auf die Mimesis als nachahmende Haltung zu verweisen, die in einem freundlichen Generationenverhältnis eingebettet ist. Damit ist die Weitergabe durch Nachahmung, Achtung, Respekt gemeint, aber auch die Lust, Heiterkeit und Lebensfreude im zivilisatorischen Zusammenleben.[1550] In einer subsistenzorientierten Kultur geschieht die Weitergabe im Tätig-Sein und nachahmenden Tun als gemeinsamer, gemeinschaftlicher Vorgang, an dem mehrere Personen und Generationen mitwirken.[1551] Gegenwärtig wieder in diese mimeti-

1548 Macy/Young Brown, 2007, S. 166. Es geht dabei darum, in einem mehrere Generationen mit einbindenden zeitlichen Kontext zu denken und zu handeln.

1549 Vgl. Ernst in: Werlhof/Schweighofer/Ernst, 1996, S. 84

1550 Genth, 2002, S. 42

1551 Hier fallen die Erzählungen der Gesprächspartner_innen im Ötztal ein, die des Öfteren von der Heiterkeit und Freude beim gemeinsamen Arbeiten auf dem Feld

sche Sphäre zu gelangen kann etwa in der bewussten Entdeckung und Anerkennung von subsistenzorientiertem Wissen und alten Überlieferungen geschehen, in denen sich das lebensfreundliche Naturverhältnis einer subsistenzorientierten Kultur erhalten konnte. Die Rehabilitierung matriarchaler Kulturpraktiken[1552], also von Tätigkeiten in und mit der Natur als mütterlich-hervorbringende, ist notwendig, um aus der gegenwärtigen Praxis eines zerstörerischen Naturumgangs herauszutreten. Das Erfahrungswissen der älteren Generation ist unter einer neuen, matriarchalen und subsistenzorientierten Perspektive[1553] zu betrachten: Ist dieses einem matriarchalen, allverbundenen Naturverhältnis entsprungen und wenn ja, wie können diese Praktiken der Vergangenheit gegenwärtig wieder angewandt werden, um ein zukunftsfähiges Leben zu ermöglichen?

„Es war noch nie so notwendig wie heute, den lebendigen Zusammenhang zwischen gestern, heute und morgen in den Köpfen und Herzen zu erhalten."[1554]

3. Subsistenz als neue/alte und zukunftsfähige Lebensform am Topos Tal

Das angeblich obsolete, nicht mehr zeitgemäße und unnütze, da nicht verwertbare Subsistenzkultur-Wissen wurde in den bisherigen Ausführungen wider der kapitalistisch-patriarchalen „Logik" als möglicher Anknüpfungspunkt für ein zukunftsfähiges Leben am Topos Tal herausgearbeitet. Daraus folgend kann die dem Erfahrungswissen zugrundeliegende Wirtschafts- und Lebensform der Subsistenz als Alternative zum derzeitig vorherrschenden System erkannt werden. Entsprechend dieser Bedeutung soll die Subsistenz in den weiteren Ausführungen eine genauere Betrachtung erfahren und in Folge mögliche Antworten auf die Frage gefunden werden, ob und wie durch eine neue, auf vergangene Erfahrungen aufbauende Subsistenzkultur gegenwärtig ein zukunftsfähiges zivilisatorisches Zusammenleben in den Bergen gestaltet werden kann.

---

oder auf der Alm handeln, es wurde gesungen und gelacht, abends saß man zusammen und ließ den Tag gemeinsam ausklingen.

1552 Vgl. Behmann in: Projektgruppe „Zivilisationspolitik", 2009, S. 145.

1553 Die Subsistenzperspektive ist ein ökofeministischer, theoretisch-praxisorientierter wissenschaftlicher Ansatz, der von Veronika Bennholdt-Thomsen, Maria Mies und Claudia von Werlhof in den 1970er Jahren in Bielefeld erarbeitet wurde: *„Die Subsistenzperspektive ist kein ökonomisches Modell, sondern eine Perspektive, eine Orientierung für gesellschaftliches Denken und Handeln."* Mies, 2008, S. 192

1554 So Maria Mies in ihrem autobiographischen Werk „Das Dorf und die Welt" im Kapitel „Ich schreibe gegen das Vergessen an". Siehe Mies, 2008, S. 8

„Subsistenzproduktion oder Lebensproduktion umfasst alle Arbeit, die bei der Herstellung und Erhaltung des unmittelbaren Lebens verausgabt wird und auch nur diesen Zweck hat.“[1555]

Das Wort Subsistenz beinhaltet, seiner sprachlichen Herkunft nach von lateinisch „subsistere“ abstammend, mehrere Verben/*Tun*-Wörter, die Ausdruck von Kontinuität und Fortbestand sind: bleiben, verharren, widerstehen, zugrunde liegen, die Grundlage bilden. „Subsistenz“ meint demnach ein Tun und Tätig-Sein, das sich an den Prämissen Beständigkeit, Widerstand und Weiterbestehen orientiert. Als Lebensökonomie[1556] und grundlegende Kultur ist Subsistenz mehr als nur Selbstversorgung oder eine bestimmte Art von Wirtschaftsform[1557] sondern allgemein und umfassend *„Leben in Fülle“*[1558] beziehungsweise der *„Umgang mit der Fülle des Lebens“*[1559] und demzufolge auch ein *„respektvoller Umgang mit der Natur in uns und um uns“*[1560]. Ausdruck dieses Umgangs sind alte Organisationsformen des Zusammenlebens in Familie, Verwandtschaft, Nachbarschaft und Freundschaft wie Gastfreundschaft, Kult, Freundlichkeit, Erotik, Neugier, Geselligkeit, Fröhlichkeit, Gemeinschaft, gemeinsames Essen und Feiern.[1561] Unter den Sammelbegriff Subsistenz fallen die vielen alltäglichen Arbeiten, die selbsttätig, eigenmächtig und selbstsicher verrichtet werden können und einen wirklich begreifbaren Lebensreichtum, statt einen abstrakten Geldreichtum[1562], erarbeiten, durch konkretes, sinnliches Tun, vor Ort und mit dem Topos verbunden. Subsistenz*kultur* ist demnach die Kultur des alltäglichen Lebens und verbunden mit Erd-Spiritualität[1563], das heißt sie wird in Verbundenheit mit dem Boden, der Erde und den lokalen Naturgegebenheiten, dem Topos als Ort des Lebens ausgeführt.[1564] Demzufolge reicht eine Kultur der Subsistenz über die materielle Sicherung der Grundbedürfnisse und die materielle Selbständigkeit hinaus und lebt von der Verbindung Leib, Seele und Geist, fühlen,

1555 Mies, 2008, S. 188

1556 Bennholdt-Thomsen/Holzer/Müller (Hrsg.), 1999, S. 13

1557 *„Das Tätigsein mit dem Boden, genauso wie mit dem Leib, ist eine Kultur und nicht einfach eine Wirtschaft.“* Werlhof in: Spielmann (Hrsg.), 1994, S. 22

1558 Werlhof, 1996a, S. 161

1559 Werlhof, 1996a., S. 175

1560 Werlhof, 1996a, S. 167

1561 Vgl. Werlhof, 1996a, S. 163f.

1562 Vgl. dazu Titel und Inhalt des Buches: Bennholdt-Thomsen, Veronika: Geld oder Leben. Was uns wirklich reich macht, München, 2010

1563 Werlhof in: Kumar, 2007, S. 382

1564 Vgl. Werlhof in: Saracino/Moser, 2012, S. 67f.

denken und handeln. Subsistenz und Boden bedingen einander[1565], ohne Boden ist keine Subsistenz möglich, der Boden gibt Verwurzelung, ist Basis, aus der die Subsistenz als lokale, verortete, bodenverbundene, „topische" Ökonomie entstehen kann. Die damit verbundene Kultur ist eine lebendige, sie ist *„im Leben verwurzelt – im Leben der Erde und im Leben der Gemeinschaft"*[1566]. Damit hängt Subsistenz unmittelbar mit einer lebensfreundlichen Spiritualität zusammen, deren Leitidee die Verbundenheit allen Seienden ist.

Betrachtet man den ökonomischen Aspekt, so kann Subsistenz als eine *„Wirtschaft bezeichnet werden, die sich an der ersten Natur orientiert"*[1567] und in einem Verhältnis der Zugehörigkeit zu ihr steht. Subsistenzorientiertes Tätig-Sein ist kommunizieren, ist sehen und wahrnehmen, was in der Natur vorgeht, ist darauf antworten und verantwortlich zu handeln. Die Sensibilität für die natürlichen „Begrenzungen" und Gegebenheiten von Menschen, Tieren und Natur ist eine der Subsistenz inhärente, verantwortlich-wahrnehmende Fähigkeit, die von der *„Orientierung an den lokal begrenzten Möglichkeiten"*[1568] ausgeht, diese erkennt und akzeptiert. Nur so viel darf an und von der Natur genommen beziehungsweise verändert werden, wie zum guten, das heißt natur- und lebenserhaltenden Leben für alle, nötig ist.[1569] Die Anerkennung der Natur sowie die daraus sich ergebende Begrenztheit der Möglichkeiten für das menschliche Tun ist Grundhaltung der Subsistenz,[1570] die damit verbundene Ökonomie kann nach Shiva als Bedarfswirtschaft oder *„Bedürfnis-Befriedigungswirtschaft"*[1571] bezeichnet werden. Rituale und Gesetze gegen den Missbrauch der Ressourcen und gegen Naturzerstörung[1572] sind dazugehörige kulturelle Methoden, um das zivilisatorische Zusammenleben im Rahmen der Lebensfreundlichkeit zu halten.

> *„Subsistenz ist eine Ökonomie, die im Prinzip auf Selbsterhaltung aufbaut und darüber hinaus in Austausch gerät, die aber dadurch nicht ausbeutbar ist, sich gegen Ausbeutung sperrt und auch gegen Herrschaft."*[1573]

1565 Vgl. Werlhof in: Kumar, 2007, S. 260
1566 Shiva, 2006, S. 177
1567 Walch, 2009, S. 108
1568 Müller, 1999, S. 41
1569 *„[…] jedem Geschöpfe, das man bedarf, all das zu gewähren, was es zu seinem Leben und Wohlbefinden braucht"* – so beschreibt Peter Rosegger den Naturumgang in der kleinbäuerlichen Kultur, siehe Rosegger, o. J., S. 289. Ein derart freundliches Verhältnis, vor allem zu den Tieren, konnte auch in den Feldforschungsgesprächen im Ötztal wahrgenommen werden.
1570 Vgl. Seel, 1991, S. 31
1571 Walch, 2009, S. 108
1572 Vgl. Merchant, 1994, S. 98
1573 Werlhof in: Bammé, 2009, S. 840

Subsistenz inkludierte historisch betrachtet eine nicht-hierarchische, egalitäre, kleinbäuerliche Nutzung der natürlichen Güter und damit verbunden die eigenmächtige Kontrolle derselben.[1574] Die Nutzung von Wasser, Wald, Almflächen und bestimmten Böden etwa wurde lokal, gemeinschaftlich und selbstbestimmt verwaltet. Diese souverän und gemeinschaftlich-dörflich verwalteten Güter hießen Allmende[1575], sie waren Teil einer Kultur, die durch Eigenversorgung, regionale Selbstbestimmung und eine autonome Lebenssicherung[1576] gekennzeichnet war. Die „Urgemeinde" meinte die lokale Wirtschaftsgemeinschaft, die einem egalitären politischen Verhältnis folgend in basisdemokratischen Entscheidungen den Zugang zu den Gemeingütern sowie die gemeinsame Verwaltung und Pflege derselben regelte. Im Ötztal wurden beispielsweise die heute noch bestehenden Bewässerungswaale auf diese Art und Weise gehandhabt und genutzt. Arbeiten und Produkte wurden in Gemeinschaft, in Zusammenarbeit der Geschlechter und Generationen, lokal und regional erbracht, jedes Individuum hatte und kannte seinen Platz, seine Verortung innerhalb der Verwandtschaft sowie im Dorf.[1577] Diese vergangene lokale Ökonomie[1578] beinhaltete Handwerksberufe, kleinbäuerliche Landwirtschaft, Gärten, lokale und regionale Wirtschaftskreisläufe und beruhte auf Gegenseitigkeit, Verbindung/Verbindlichkeit und Überschaubarkeit.[1579] Geldwirtschaft und Lohnarbeit wurden in der bäuerlichen Kultur, zu Beginn ihres Auftretens und Einflussnehmens in die lokalen Ökonomien, noch als ein Zeichen von Armut und Abhängigkeit gesehen.[1580]

> *„Wie kommen wir dahin, dass die Landwirtschaft nicht bloß eine Land-Wirtschaft, eine Ökonomie, sondern eine Kultur ist, dass sie nicht vom übrigen Leben oder anderen Tätigkeiten getrennt ist, z. B. von den sogenannten geistigen Tätigkeiten. Das Tätigsein mit dem Boden, genauso wie mit dem Leib, ist eine Kultur und nicht einfach eine Wirtschaft."*[1581]

Im gegenwärtig vorherrschenden, neoliberal-kapitalistischen Wirtschaftsystem fristet die Subsistenz ein Schattendasein, sie wird – obwohl sie das patriarchale System stützt und so wie die Frauen und die Natur seine Grundlage bildet[1582] – in

---

1574 Vgl. Krammer-Stark, 2004, S. 145f.

1575 Allmende oder Gemain, was die *„wirtschaftliche Nutzung durch die dörfliche Gemeinschaft"* bedeutete, vgl. Oberhöller, 2006, S. 45.

1576 Vgl. Oberhöller, 2004, S. 106

1577 Vgl. dazu den Begriff *„vernakulärer Genus"* von Ivan Illich. Illich, 1983

1578 Müller, 1999, S. 33

1579 Vgl. Schweighofer, 1996, S. 43ff.

1580 Vgl. Rosegger, o. J., S. 273

1581 Werlhof in: Spielmann (Hrsg.), 1994, S. 22

1582 Siehe Bennholdt-Thomsen in: Projektgruppe „Zivilisationspolitik", 2011, S. 228

Form ihrer Ökonomie als auszubeutende Ressource behandelt, in Form ihrer Kultur als auszulöschende, da in ihrer Eigenmächtigkeit und Unabhängigkeit „Gefahr“ bergende, Opposition. Auf dem Weg in eine alternative Zivilisation ist eine neue Wahrnehmung und Ästhetik der Subsistenz notwendig. Es gilt, Subsistenz wieder als das, was sie ist und ihrer Bedeutung entsprechend in den Mittelpunkt allen Tuns zu stellen: als lebensspendendes und lebenserhaltendes Tätig-Sein, als sinnliche Produktion und Konsumtion.[1583] Subsistenz bedeutet mehr als Selbstversorgung, sie schafft Unabhängigkeit und ein Gleichgewicht zwischen geben und nehmen, führt zu einem Mehr an Lokalität und Regionalität, lässt zum Land, zum Boden und zum Gemeineigentum, zur Gemeinschaft zurückkehren und ist eine Kultur, die kooperativ, respektvoll, solidarisch, sorgsam, sozial und ökologisch ausgerichtet ist.[1584] In Hinblick auf die Bedeutung des Topos geht es unter anderem darum, vor Ort und im Einklang mit der natürlichen Umgebung subsistenzorientiert zu leben, zu produzieren, die Produkte lokal zu konsumieren und überschaubare wirtschaftliche Kreisläufe zu schaffen.[1585] Der Topos Tal als der Grund und Boden ist dabei wieder als Grundlage des Lebens wahrzunehmen und *„an seinem Ort äußerlich und innerlich nach bestem Vermögen in Einklang mit der Natur zu leben“*[1586].

„Der Boden ist also die Voraussetzung für die Regeneration des Lebens von Natur und Gesellschaft. Die Erneuerung der Gesellschaft beinhaltet daher die Bewahrung der Integrität des Bodens; sie bedeutet den Boden heilig zu halten.“[1587]

„Unten“, am Talboden, dem Topos Tal als konkreten Ort des Lebens ist die umfassende, alle zivilisatorischen Verhältnisse umgreifende Subsistenzkultur Zukunftsperspektive und Handlungsmöglichkeit für ein Leben im Einklang mit der Natur. Nur so wird die „Allumfasstheit“ des Berges als lebendige und lebensspendende Natur wahrgenommen.

1583 Vgl. Mies/Shiva, 1995, S. 389 und S. 394ff.

1584 Vgl. dazu die sogenannten ecologically based self-managing projects in den Ländern des Südens, selbstbestimmte und eigenmächtig durchgeführte, an der Natur orientierte Initiativen. Vgl. Valdés Gutiérrez in: Kumar, 2007, S. 303

1585 *„to produce high quality goods while being friendly to the environment, and to give a sense of belonging back to one's own original culture and to the place where one was born“*, Zucca, 1995, S. 3 (*„um Produkte von hoher Qualität zu produzieren, gleichzeitig freundlich zur natürlichen Umgebung zu sein und der eigenen ursprünglichen Kultur sowie dem Platz an dem man geboren wurde durch Zugehörigkeit einen Sinn zurück zu geben.“* Übersetzung U. Sch.)

1586 Abt in: GAIA, Nr. 6, 1992, S. 327

1587 Shiva in: Mies/Shiva, 1995, S. 144 zitiert nach Pérez-Vitoria, 2007, S. 47

Außen + Oben + Innen + Unten
Topos Berg

Zusammenschau Tell II: Der Berg als umfassender Lebensraum und *DER* Topos

der Berg trägt
Er bewegt
öffnet sich

aus Deinen Brüsten
die Milch
aus
Deinen Klüften
das Blut
erdverschmiert

gebären
nähren
hervorbringen
das Land
die Weite
das Leben[1588]

Berge sind Lebensraum, trotz der erfahrenen Beschädigung und Zerstörung in Vergangenheit und Gegenwart, trotz ihrer Dämonisierung, Objektivierung, Ausbeutung, Transformation bis hin zu ihrer versuchten, utopischen Ersetzung. So wie die vier Topoi des Berges als konkrete Orte und Räume der Hervorbringung und des Werdens, des Lebens und allen Lebendigen wahrgenommen wurden, kann auch der Berg allgemein und in seiner „Allumfasstheit" als „Gesamt-Topos" erkannt werden.

Lebensspendend und lebendig, so empfanden und empfinden Zivilisationen, die mit der Natur und in Orientierung daran in einer naturfreundlichen Kultur

---

1588 Auszug aus einem Gedicht von Annemarie Regensburger in: Berge Bewegen, Ausstellungskatalog, Stams, 2008. Teile der folgenden Ausführungen sind entnommen und überarbeitet worden aus: Scheiber in: Behmann/Frick/Scheiber/Wörer (Hrsg.), 2013

leben, ihre Umgebung. Der Berg als lebendiger und lebensspendender, als hervorbringender Topos, diese Wahrnehmung zeigt sich nicht nur in weitergegebenen Flurnamen und Erzählungen, sondern auch und grundlegend in der Etymologie des Begriffs „Berg“ selbst. Das griechische Wort „topos“ ist, seiner älteren Bedeutung und der etymologischen Herkunft entsprechend, ein Ort des Lebens und Werdens[1589], ein Ort, an dem das Leben entsteht, heranwächst und hervortritt. Im Hinblick auf den Körper/Leib lässt sich „topos“ als der warme Raum im Inneren – des weiblichen Leibes – deuten, so wie „arché“, das in seiner ursprünglichen Bedeutung „Gebärmutter“ und „Ursprung“ meint. In diesen Sinnzusammenhang von „topos“ und „arché“ als innerer und ursprünglicher Raum, aus dem das Leben kommt, fügt sich die etymologische Bedeutung von „Berg“ ein. „Berg“ steht in sprachlicher Verwandtschaft mit „Geburt“, aus „bhera“, was „sich erheben, wachsen, bewahren, tragen, bergen“ meint, aus indogermanisch „b^her“ für „tragen, bringen“ und „b^herg^h“ für „bewahren“ abstammend, was sich auch in Griechisch „phérein“ für „tragen“ wiederfindet.[1590] „Berg“ steht aber auch in begrifflicher Verbindung mit „verbergen“ sowie „schützen“ und ist mit „gebären“ für „austragen, zu Ende tragen“[1591] sowie „Geburt“[1592] verwandt. Ein altes Wort für „Gebärmutter“ ist „Bärmutter“, der Begriffsherkunft entsprechend eigentlich „Bermutter“[1593]. Aus der etymologischen Betrachtung der für diese Arbeit wichtigen Begriffe „arché“, „topos“ und „Berg“ ergibt sich die Erkenntnis, dass sie einem Bedeutungsfeld entstammen, das den Ursprung des Lebens in den Mittelpunkt stellt.

Eine Lebensweise und Kultur, die von *mater arché* Ausgang nimmt, würde sich, wenn sie in der natürlichen Umgebung der Berge, etwa im alpinen Lebensraum, beheimatet ist, auch an der ursprünglichen Begriffsbedeutung von Berg/„b^hera“ und damit der Verbindung von Berg und Geburt orientieren. Dementsprechend müsste sie nicht nur allgemein als matriarchal sondern spezifisch als *„montiarchale“* Lebensweise bezeichnet werden, von lateinisch „mons, montis“ für „Berg“[1594] und arché. Es wäre eine Kultur, die vom Berg als Ursprung (des Lebens)

1589 Vgl. dazu die bereits erwähnte Bedeutung der Höhlen als Orte des Gebärens und das Kapitel „Topos Berginneres“ im zweiten Teil.

1590 Siehe Kluge, 2002, S. 110f.

1591 Diese Bedeutung für „gebären“ gibt Kluge an: Kluge, 2002, S. 335.

1592 Vgl. Peskoller, 1997, S. 9.

1593 Vgl. Kluge, 2002, S. 335 und dazu zum Wort „gebären“: *„Die Schreibung mit ä ist etymologisch unrichtig.“* Kluge, 2002, S. 335. In der Ähnlichkeit von „Bermutter“ und „Bergmutter“ zeigt sich die begriffliche Verwandtschaft von „gebären“ und „Berg“.

1594 Von *men für „emporragen“, siehe Stowasser, S. 322. Barbara Walker weist darauf hin, dass lateinisch „mons“ auch eine Bezeichnung für das weibliche Genital ist, vgl. dazu „mons veneris“ für „Venushügel“ oder „Venusberg“. Walker, 1993, S. 98.

Ausgang nimmt. *Mater arché* drückt die Wahrnehmung der wirklichen Herkunft allen Lebens aus der Mutter (Natur) und damit verbunden Ereignisse der Geburt oder Hervorbringung als allgemeines, grundlegendes mütterliches Geschehen in der Natur aus. Mutter Erde/Natur ist Vorbild für die Menschen(- Mütter) und nicht umgekehrt: *„Die Geburt ist Mimesis, durch die die Frauen die heiligen Gebärvorgänge der Erdmutter wiederholen."*[1595] Diese zyklisch-fließende Entsprechung zeigt die Verbundenheit und ist eine der intensivsten sinnlich-leiblichen Wahrnehmungen von Natur. In Hinblick auf die Berge meint diese grundlegende matriarchale Erkenntnis: Die Berge selbst sind Erscheinungen der Göttin, die das Leben hervorbringt, bei sich leben lässt und ernährt. Die schwangere Menschenfrau ahmt den Berg mimetisch nach, in Analogie zur Natur wird sie durch die Schwangerschaft selber zum Berg und die mimetische Verbindung von Frau und Berg/Natur so konkret sichtbar. Als „Ur-Berg" gilt die Plazenta[1596], diese Analogie spiegelt etwa auch der hebräische Begriff „Hara" für „heiliger Berg" und „schwangerer Bauch" wider.[1597] Der gewölbte Leib, der eine Höhle oder einen Raum, den Topos als Ort des Lebens birgt, ist der Berg-Bauch der Mutter(Göttin) oder der schwangere Bauch der Menschenfrau. Sowohl der schwangere Bauch als auch der Berg sind demnach einzubetten in den Sinnzusammenhang der Wahrnehmung einer mütterlich-hervorbringenden und die Fülle des Lebens bergenden Natur. Die Fragen des Transzendenzverhältnisses, jene nach dem Woher und Wohin des Lebens, sind damit beantwortet: Der Berg ist, so wie die Natur im Allgemeinen, weiblich/mütterlicher Ursprung des Lebens. Durch die patriarchal-alchemistische Transformation wird er vom Ursprung des Lebens zum Ort des Tötens, der Schaffung neuen „Lebens" und zum Rohstoff(-lieferanten) für die versuchten Materialisierungen der Natur-Ersetzungsutopie.

Die matriarchale Ästhetik hingegen nimmt die „Rohstoffe" des Berges als Naturgüter und ihn selbst umfassend in seiner natürlichen Gegebenheit als Naturerscheinung aus Gestein, Fels und Mineralien wahr und integriert dies in die spirituelle Wahrnehmung des Berges als Hervorbringende, Königin[1598] und Mutter(Göttin). Der Berg in seiner Gesamtheit ist nicht nur ihr Leib – etwa als ihre Brüste oder ihr Bauch – sondern die irdische Anwesenheit der Göttin selbst.[1599] Weltweit sind die Namen der Berge immer noch Träger und Fürsprecher eines

1595 Böhme, 1988, S. 90
1596 Vgl. Voss, 1988, S. 26
1597 Siehe Walker, 1993, S. 97
1598 „Königin" stammt etymologisch gesehen von indogermanisch „gena" für „gebären" ab, vgl. Krammer-Stark, 2004, S. 65.
1599 Vgl. Auer, 2007, S. 120 und 125

matriarchalen Naturverhältnisses und einer Spiritualität, die von der mütterlich-gebenden Natur Ausgang nimmt. Der höchste Berg der Erde, die Qomolangma, später in patriarchal-naturwissenschaftlicher Manier auf „Mount Everest“ umbenannt, gilt für die Menschen im tibetischen Himalaya immer noch als die „Mutter des Universums“. Ein weiterer Berg in der Nähe, die Annapurna im nepalesischen Himalaya, ist die „Göttin der Fülle“ oder die „Speisevolle“[1600]. „Sierra Madre“, also wörtlich übersetzt das „Muttergebirge“, bezeichnet eine Gebirgskette in Mexiko, dieser Name ist allerdings auch in anderen Weltgegenden wieder zu finden. „Panorama“, die griechische Große Göttin, ist die „Universelle Bergmutter“[1601], die alles sieht und später der patriarchal-touristischen „Logik“ folgend zum bloßen ästhetisch-oberflächlichen Panorama-(Ab)-Bild verkommt. Der Blick zurück in die Geschichte zeigt bereits um 40.000 v. Chr. den Berg Sinai in seiner Wahrnehmung als weibliche Brüste als Kultberg einer prähistorischen, afrikanischen, matriarchalen Megalith-Kultur.[1602] Sinai ist dem Landschaftsmythologen Kurt Derungs folgend aber auch der vorbiblische *„Berg der Mond- und Wassergöttin Sinann“*[1603]. Die Wahrnehmung einer mütterlich-gebenden Naturerscheinung konnte sich demnach über Jahrtausende erhalten, bis zur patriarchalen Besetzung durch das Wort und die biblischen Gesetze eines monotheistischen, erdfernen Gottes. In Mesopotamien wurde um 2400 v. Chr. die Göttin Nin(k)hursag als die Königin des Berges verehrt[1604], sie ist gleichzeitig die Göttin der Fruchtbarkeit und Vegetation.[1605] Hier drückt sich die Wahrnehmung der Berge als lebenspendende aus. Fülle, Leben und Agrikultur, dieser Sinnzusammenhang lässt sich auch an der ägyptischen Göttin Mersegert oder Meritseger erkennen. Als Göttin mit Schlangenkopf, mit Stierhörnern und der Sonnenscheibe oder in Kuh-Gestalt wird sie, wenn sie von den westlichen Bergen kommt, „Felsendame“ oder „Gipfeldame“[1606] genannt, vergleichbar mit der ägyptischen Göttin Hathor.[1607]

> *„Die liegende Berggöttin selbst ist schwanger und gebar ihren gehörnten Sohn, [...] als morgendliche Sonne, wie wir es von Hathor und Horus kennen.“*[1608]

1600 Walker, 1993, S. 96

1601 Walker, 1993, S. 96

1602 Vgl. Birnbaum, 2001, S. 46f

1603 Derungs in: James, 2003, S. 43

1604 Vgl. Lerner, 1997, S. 196 sowie Werlhof, 2011, S. 194

1605 Vgl. Biraghi/Villa in: Zucca, 2005, S. 66

1606 „Lady of the rocks“ oder „Lady of the peak“, siehe Biraghi/Villa in: Zucca, 2005, S. 67

1607 Siehe Biraghi/Villa in: Zucca, 2005, S. 68

1608 Derungs bezieht sich an dieser Stelle auf die alte matriarchale Kultur rund um den Berg Horeb-Sinai. Derungs in: James, 2003, S. 46

Berge als Orte des Lebens und der Fülle, da Ursprung für alle Quellen, allen Wassers, diese Wahrnehmung findet sich in der alten chinesischen und iranischen Kultur wieder.[1609] Auf den Zusammenhang der ägyptischen Hieroglyphe „mu" für Wasser und den Buchstaben M, enthalten im englischen „mountain" oder lateinischen „mons" für Berg als Zeichen für die Brüste der Großen Göttin und den Berg weist Renate Krammer-Stark hin.[1610] Die Muttersilbe „Ma" fügt sich in diesem Sinne und in diesen Sinnzusammenhang ein. Ein weiterer Name für die Berggöttin ist Hera, sie wohnt unter anderem auf den Berggipfeln der griechischen Insel Kreta und lässt die Erde grün werden.[1611] Auch die indische Erdmutter Shakti, mit ihrem älteren Namen Uma, wohnt auf einem Berggipfel, so wie Parvati, die Berggöttin mit anderem Namen, die in Verbindung mit Annapurna, der nährenden Göttin, gebracht wird.[1612] Das Symbol von Uma/ Shakti ist die weiße Kuh[1613], die Milch gibt. Der Hinweis auf die schneebedeckten Gipfel und die weißen Gletscher, von denen das lebenspendende Wasser zu Tal rinnt, bringt die grundlegende Wahrnehmung der Bergnatur als mütterlichgebende und gebärende in den verschiedensten Mythologien der Welt als gemeinsamen Nenner einer matriarchalen Vergangenheit zu Tage. Alle vier Berg-Topoi vereinen sich schließlich in dem Bild vom Mondberg, das in vielen Mythologien weltweit vorkommt. Der arabische Name für diesen Mondberg lautet bezeichnenderweise „Jebel Kar-mar", was mit „Mutterberg" übersetzt werden kann.[1614]

Der *„in einem Paradiesgarten [Topos Tal als Ort der Fülle] gelegene Mondberg [Topos Gipfel und Gletscher – die Farbe weiß, wie der Mond] in dem es eine große Höhle oder ein Labyrinth gab [Topos Berginneres, alle Anmerkungen: U. Sch.], woraus die Flüsse des Lebens entsprangen."*[1615]

Wir erkennen: die Wahrnehmung der Berge als mütterlich-gebende ist die grundlegende, ursprüngliche und den Ereignissen und Geschehnissen in der Natur entsprechende, ein mimetisch daran orientiertes, lebensfreundliches und egalitäres Zusammenleben eine vernünftige und natürliche Konsequenz. Eine neue, lebensfreundliche Zivilisation nimmt in der Gestaltung ihrer Verhältnisse von der Natur, dem Boden und vom konkreten Lebensort, dem Topos, Ausgang. Auf den Berg und die vier erwähnten Topoi angewandt, kann von einer

1609 Walker, 1993, S. 97
1610 Siehe Krammer-Stark, 2004, S. 67
1611 Vgl. Göttner-Abendroth, 1980, S. 42
1612 Vgl. Biraghi/Villa in: Zucca (Hrsg.), 2005, S. 68
1613 Vgl. Göttner-Abendroth, 1980, S. 91
1614 Walker, 1993, S. 98
1615 Walker, 1993, S. 97f.

Topophilie, das heißt von einer Liebe zum Topos, gesprochen werden, die das Naturverhältnis bestimmt. Das dem entsprechende Zusammenleben könnte als eine naturfreundliche „Topie“ oder „Eutopie“[1616] bezeichnet werden, eine Lebensform, die auf die Verwirklichung des guten Lebens am konkreten Ort ausgerichtet ist.

Die Wahrnehmung sowie die Ästhetik als die Erkenntnis, die über die leiblichen Sinne gewonnen wird, haben sich als *die* Methoden erwiesen, um wieder bewusst in Kontakt mit der Natur zu gelangen und die Einheit sowie Verbundenheit zu erkennen. Es geht darum, einen „Erkenntnissinn“ für die Natur und das Leben im Allgemeinen zu entfalten[1617] als das *„Erkennen der Natur im Anerkennen der Leiblichkeit, der Mater-ie, der konkreten, sinnlichen Stofflichkeit“*[1618]. Liebe ist *das* Erkenntnismittel[1619] und ruft dazu auf, wider die Naturentfremdung und versuchte Trennung ein *„echtes Gefühl liebevoller Zuwendung zur Erde“*[1620] zuzulassen. Es gilt, sich der Natur wieder anzunähern, mit ihr zu kooperieren und in eine *„verbindende Ver-Leib-lichung/Ver-Lieb-lichung/Ver-Leben-digung“*[1621] zu gelangen, die Verbindung von Leib, Liebe und Leben wieder wahrzunehmen. Ein anderes Verhältnis zur Natur und zu den Bergen ist notwendig, eine Veränderung hin zu einem freundlichen, lebensbejahenden, die Natur und die Berge als zwar beschädigte, aber immer noch lebendige wahrnehmenden Umgang und eine Kultur, welche von den Bergen als Ursprung allen Lebens Ausgang nimmt. Es gilt, mit dem Mitmachen an der Zerstörung aufzuhören und stattdessen wieder auf die Naturverbindung zu hören, sich auf die Seite der Berge zu begeben und diese gegen das zerstörerische Tun der Macher und „Veränderer“ zu verteidigen. Die Berge so, wie sie sind, wahrzunehmen, sie zu lieben statt sie zu beschädigen und mit und in ihnen zu leben ist der einfach klingende und wohl einzig und selbständig zu begehende Weg in eine zukunftsfähige Zivilisation. Er kann nur aus einer das Leben liebenden und lebensfreundlichen Haltung heraus beschritten werden. Ein liebendes Verhältnis zur Natur kann nie lebenszerstörend sein, ein lebensbejahender Umgang mit der Natur ist einzig und allein zukunftsfähig, da wir Menschen der Natur zugehörig sind und ihre Zerstörung oder ihr Erhalt daher auch unsere Zukunft betrifft. Ein persönlicher und

1616 In Anlehnung an den Begriff „Eutopia“ des Ökonomen Manfred Max-Neef, Begründer der alternativen Barfuß-Ökonomie. Vgl. Max-Neef, 1986, S. 62ff.

1617 Vgl. Werlhof, 1991, S. 27

1618 Bennholdt-Thomsen in: Projektgruppe „Zivilisationspolitik“, S. 223

1619 Vgl. Fox Keller, 1998 sowie Werlhof, 1991, S. 16

1620 Boff, 1999b, S. 26

1621 Werlhof, 2011, S. 211

kollektiver Bewusstwerdungsprozess ist notwendig, der zu einer Veränderung des Blicks auf den Umgang mit der natürlichen Umgebung in der Heimat führt, sie als zerstörerische Beschädigungen entlarvt sowie die Lebendigkeit der Bergnatur wiedererkennen lässt.

Die matriarchatsforschende Perspektive auf die vier Berg-Topoi hat am Gletscher, am Gipfel, im Berginneren und im Tal ein freundliches Naturverhältnis sowie eine lebensbejahende Kultur an die Oberfläche gebracht und mögliche andere, nicht beschädigende Umgangsformen mit der Natur erkennen lassen. Es zeigte sich, dass trotz oder gerade wegen der bereits passierten Beschädigung der Bergnatur an den vier Topoi eine erneute Wahrnehmung ihrer zwar gestörten, jedoch noch vorhandenen Lebendigkeit notwendig ist. Einen anderen als den zerstörerischen und beschädigenden Umgang mit der Natur hat es auch in den Bergen gegeben. Aus dieser Erkenntnis entsteht die Bereitschaft *„das Patriarchat nicht mehr als die einzige Denkmöglichkeit und Lebensweise hinzunehmen“*[1622], die Totalität des patriarchalen Naturzerstörungsprojektes zu durchbrechen und sich die Frage zu stellen: Quo vadere[1623]?

1622 Kurt Derungs in der Einleitung von: AutorInnengemeinschaft, 2003, S. 8

1623 Von lateinisch „quo“ für „wohin“ und „vadere“ für „gehen“, metaphorisch aber auch für „sterben“. Das Fragezeichen soll auf diese zweite Bedeutung hinweisen und damit andeuten, dass in der gegenwärtigen Krise eine Entscheidung zwischen gehen (hinaus und weg von dem derzeitigen System) und damit leben oder sterben ansteht.

Abschluss und Ausblick

Folgewirksames Erkennen der Zerstörung des BERGeLEBEN

Das Leben in den Bergen wurde und wird gestört, der Berg selbst beschädigt und zerstört. Mit ihrer „Logik" des „ewigen" Wachstums sind die (touristischen) Macher und Profiteure angetreten, alle blindlings in den Abgrund zu führen. Von der gegebenen Natur absehend versuchen sie das utopische Ziel der Schaffung einer neuen, künstlichen Ersatznatur zu erreichen und schaffen dadurch die natürlichen Grundlagen für das Leben in den Bergen ab: die Bergnatur selbst. Was zählt, ist der schnelle, kurzfristige Profit; die langfristigen Veränderungen und Konsequenzen für die kommenden Generationen sowie die Schäden an der Bergnatur werden nicht einberechnet. Der festgelegte Weiterweg ist einspurig und folgt den Kriterien „schneller", „höher", „weiter", wie die aktuelle Situation an den vier ausgewählten Topoi des Berges zeigt:

„Außen", am Topos Gletscher, hat die Verfolgung des utopischen Ziels zur Folge, dass Natur unaufhaltsam verschwindet. Das Gletschereis ist nur mehr in kümmerlichen Resten vorhanden und wird dennoch als Ressource für die Kunstschnee-Schöpfung missbraucht, der Topos als Kulisse und Ort für massentouristische Ski-Spektakel zu Recht gerichtet. Die touristischen Macher planen sogar eine erweiterte Ausbeutung in rekordverdächtigen Dimensionen.[1624] Während der Gletscher in Zeiten des Klimawandels schwindet und nur mehr Reste von ihm vorhanden sind, wird stetig, wie am Fließband[1625] durch modernste Maschinentechnik künstlicher Ersatz hergestellt: „Es werde Schnee."[1626] Für die Macher bringt dieses Vorgehen (noch) schnellen Profit

1624 Am Zusammenschluss der Gletscher, Pitztaler Gletscher und Rettenbach- bzw. Tiefenbachferner in Sölden, wird im Hintergrund eifrig geplant. Er soll bald, alle Widerstände und Naturschutzauflagen ignorierend, realisiert werden. Dadurch würden neue Flächen des Gletschers skitechnisch erschlossen werden und das größte Gletscherskigebiet Tirols entstehen.

1625 Auf einem Förderband gleitet der Schnee portionsweise aus dem schwarzen Gebäude des „snowmakers" am Pitztaler Gletscher heraus, ehe er an seinem Ende einige Meter in die Tiefe fällt und dort aufgehäuft gehortet oder durch Pistengeräte weiterverschoben wird. Der Kunstschnee ist maschinell, standardisiert, schwer und plump im Vergleich zu den natürlichen Schneeflocken, ihrer Leichtigkeit und ihrer Einzigartigkeit.

1626 Siehe Szenario / Verortung I, Kapitel „Außen – Topos Gletscher" in Teil I.

durch den frühzeitigen Beginn der Wintersaison für den Skitourismus. Für den Gletscher ist es der sichere Tod, in seiner Lebendigkeit bereits getötet fungiert er nun als (Forschungs-)Objekt und auszubeutende Ressource für Tourismus- und Energiewirtschaft.

Die Herstellung des Kunstschnees am Topos Gletscher und andernorts ist ein Versuch, die alchemistisch-patriarchale Idee einer „Schöpfung aus Zerstörung“ zu realisieren. Ihr utopisches Ziel ist die Schaffung einer Gletscher-losen alpinen Kunstschnee-Landschaft, in der die (skitouristischen) Konsum- und Verwertungsbedürfnisse weiterhin befriedigt werden sollen.

„*Oben*“, am Topos Gipfel, ist die Unterwerfung, Eroberung und Besetzung der Natur wahrlich am Höhepunkt angelangt, der Ort in seiner ursprünglichen Natürlichkeit nicht mehr erkennbar. Zu sehr wurde er im Laufe des patriarchalen Naturveränderungsprozesses dämonisiert, erobert, unterworfen, besetzt, verformt, abgetragen und zugebaut. Der Topos ist zur profitbringenden Bergstation für den Massentourismus geworden, die maschinentechnische Fahrt hinauf zur teuren Ware. Neben die futuristische Bergstation am Gaislachkogel[1627] wurde ein zweites, modernes Gebäude hingestellt. Es ersetzt das alte, bereits abgerissene Restaurant, das im Vergleich zur fortschrittlichen Seilbahnstation plötzlich zu „altmodisch“ erschien. Das neue „*Designrestaurant*“ aus Glas und Stahl bietet elitären „*Hochgenuss auf 3.048 m*“[1628]. Sein Dach ist über eine Treppe öffentlich zugänglich und bietet direkte Sicht auf den übriggebliebenen Rest an natürlichem Gipfelaufbau aus Fels. So wie bei der neuen Bahn begegnete man beim Bau des neuen Restaurants den Veränderungen in der hochalpinen Natur, wie etwa dem Auftauen des Permafrostes, mit technischen Präventivmaßnahmen: Der Keller des Gebäudes wird durchlüftet/gekühlt, um den Permafrost zu erhalten. „Oben“ findet zusehends auch an anderen Berggipfeln eine touristische Bebauung statt, beispielsweise am Pitztaler Gletscher in „organischer“ Form einer modernen Bergstation samt Panoramarestaurant. Sie ersetzt den natürlichen Gipfelaufbau des Hinteren Brunnenkogels auf 3440 Meter Seehöhe. Der neue, utopische Ort wird als „*höchstgelegenes Café Tirols*“ beworben und bietet durch seine großflächigen Panoramafenster und die verglaste Terrasse windgeschützt und abgeschirmt den Panoramablick auf den höchsten Gipfel der Ötztaler Alpen, die Wildspitze. Ihre Wildheit ist jedoch ausgeklammert, sie dient allein als Hintergrundmotiv und Kulisse für die bis hierher mit der neuen Gondelbahn herauffahrenden Menschen.

1627 Siehe Szenario / Verortung II, Kapitel „Oben – Topos Gipfel“ in Teil I.

1628 Die Bahnen, Ausgabe 12, Juli 2013

Der Gipfel ist in seiner Ursprünglichkeit unwiederbringlich transformiert, zerstört und durch Menschen-/Maschinentechnik-Geschaffenes ersetzt worden.

„*Innen*", am Topos Berginneres, wird die mit dem Bergbau begonnene kapitalistische Ausbeutung gegenwärtig in großen Dimensionen weitergeführt. Das Wasser im Inneren ist neoliberale Begehrlichkeit, die Schätze aus dem Berginneren sind geldbringender Rohstoff. Um sie zu erbeuten und auszubeuten muss der Berg durchbohrt und seine Naturgüter entrissen, extrahiert werden. Die Hemmungen für einen derartigen gewalttätigen Umgang mit der Natur sind bereits vor Jahrhunderten durch die Dämonisierung des Berginneren und seine mechanistische Deutung beziehungsweise durch seine wissenschaftliche Eroberung gefallen. Das neoliberale, globale Wirtschaftssystem streckt seine Krallen gierig bis in das entlegene Bergtal aus und rafft, was es im Zusammenspiel mit den lokalen Politikern bekommen kann: Wasser, Grund und Boden. Der Ausbau des Kurhotels[1629] in Umhausen ist geplant, das Aqua Dome Hotel in Längenfeld wurde bereits erweitert und ein elitär-exklusiver Spa-Bereich eingerichtet.[1630] Die Begehrlichkeiten nach dem Ötztaler Wasser seitens öffentlicher oder privater Unternehmen nehmen kein Ende. Der Nutzen für die Allgemeinheit ist weitaus geringer als die Schäden durch die Zerstörung. Die Menschen vor Ort finden sich zusehends in großdimensioniert bebauter, urbanisierter Umgebung wieder, der versprochene wirtschaftliche Aufschwung tritt nur für einige wenige ein. Auswärtige und/oder private Investoren profitieren in hohem Maße.

Das Berginnere ist ausgebeutet, ausgehöhlt, erbohrt, seine Naturgüter werden als Waren für den kapitalistisch-touristischen Markt extrahiert und in neuen, künstlich geschaffenen Behältern zum Nutzen einiger weniger profitabel vermarktet.

„*Unten*", am Topos Tal, ist die totalitäre Schaffung einer künstlich-maschinentechnisch hergestellten Ersatzwelt realisiert, die Landschaft total transformiert. Die Utopie einer bodenlosen Wirtschaftsform versucht die ehemals bodenständige kleinbäuerliche Lebensweise zu ersetzen, Spaßkultur die Agrikultur. Auch hier profitieren ausländische Investoren und nur wenige im Tal. Die Politik spielt das ungerechte Spiel mit; statt dem Wohle aller, für das sie zu sorgen hätte, macht sie die Verfolgung des Eigeninteresses, den Machterhalt und das Füllen der Kassen einiger weniger – der großen Macher im Tal sowie der ausländischen Investoren – zu ihren Aufgaben. Die Menschen im Tal bekommen hier und in den anderen touristischen Bereichen schlecht bezahlte Saison-Arbeitsplätze angeboten, an denen sie ausgebeutet als (Human-)

1629 Siehe Szenario / Verortung IV, Kapitel „Innen – Topos Berginneres" in Teil I.
1630 Siehe Szenario / Verortung III, Kapitel „Innen – Topos Berginneres" in Teil I.

Ressource einem Rädchen gleich die große Maschinerie am Laufen halten sollen. Die AREA47[1631] wird unaufhörlich vermarktet und neue Attraktionen geschaffen, dass ihr Betrieb nur durch den Zuschuss öffentlicher Gelder und von Seiten des Tourismusverbandes aufrecht erhalten werden kann, wird verschwiegen. Weitere Flächen werden asphaltiert und zubetoniert, der Ausbau der touristischen Großprojekte verlangt auch nach neuen Parkflächen für die zahlreich in Privat-Autos anreisenden Massen. Straßen werden ausgebaut und verbreitert, neue urbane Infrastruktur sowohl am Eingang des Tals als auch an seinem Ende geschaffen. Seit die Passstraße am Talschluss mit neuen Aussichtsstationen aus Beton und Stahl aufgemöbelt wurde – eine weitere „Aufwertung" durch ein großes Panoramarestaurant und ein Motorrad-Museum sind geplant – nimmt das Verkehrsaufkommen im Tal auch im Sommer stetig zu. Die Menschen vor Ort leben zusehends im Durchzugs-, Tagesausflugs- und Anreiseverkehr. Die Tourist_innen kommen, konsumieren im Schnelldurchlauf und unaufhaltsam „Kultur- und Naturattraktionen" und fahren wieder. Zurück bleiben oft nur Abfälle und Abgase.

Die Talböden sind nicht mehr Kulturlandschaft sondern Grundlage für Kunst- und Konsumwelten, in denen das alpine Abenteuer beinahe ohne natürliche Natur erkauft werden kann und sich das neue, massentouristische „Erleben" alpiner Attraktionen im großen Stil abspielt. Das wirkliche Leben und Erleben in der Bergnatur bleiben außen vor.

Das patriarchal-alchemistische Projekt der Naturzerstörung und Neuschöpfung erfährt nicht nur an den vier Berg-Topoi aktuell seine spezifische und konkrete Umsetzung, sondern betrifft den Berg umfassend und in seiner Gesamtheit. Die Destruktion des Berges hat bereits begonnen, gleichzeitig ist der Versuch zu erkennen, von den Bergen unabhängig zu werden, sie durch maschinentechnisch Konstruiertes, Künstliches und alpine Kunstwelten zu ersetzen. Eine Berg-lose touristische Zukunft im Gebirge scheint am Topos Tal und, wie die Geschehnisse an den vier Topoi des Berges zeigen, insgesamt nahe zu sein. Im Bisherigen wurde der zerstörerische und beschädigende Umgang mit den Bergen an den verschiedenen Topoi konkret sichtbar und es konnte bewiesen werden: Das gegenwärtige Naturverhältnis ist patriarchal-alchemistisch und darauf ausgerichtet, die endgültige Ersetzung der Bergnatur durch eine künstlich geschaffene und maschinentechnisch hergestellte, zweite „Natur" zu vollziehen. Es zielt darauf ab, Natur im Allgemeinen und die Berge im Konkreten abzuschaffen, zu zerstören und eine neue, künstliche (Berg-)Welt zu schaffen, in der

---

1631 Siehe Szenario / Verortung V, Kapitel „Unten – Topos Tal" in Teil I.

möglichst nur eines und das massenhaft und ausgiebig geschehen soll: das Konsumieren von „Natur“ als Ware.[1632]

> *„Diese künstliche Welt soll die, die wir haben, durch etwas völlig Neues, Anderes, wirklich Entgegengesetztes ‚ersetzen‘. Diese Ersetzung der Welt setzt daher durchaus ihre Zersetzung voraus.“*[1633]

Die Methode, die in der versuchten Umsetzung der Natur-Ersetzungsutopie zur Durchsetzung gelangt, konnte allgemein als *patriarchal-alchemistische Schöpfung aus Zerstörung* erkannt werden. Konkret an den vier Topoi des Berges und den gegenwärtigen sowie historischen Geschehnissen konnten verschiedene Vorgehensweisen herausgearbeitet werden, die insgesamt als *Mortifikation des Berges und seiner Topoi* zu bezeichnen sind.

Wohin führt dieser Weg der Beschädigung und Zerstörung? Was bleibt nach der Mortifikation an Lebendigem übrig?

Die Transformation von Natur in Ware und auszubeutende Ressource mündet im Nichts. Die patriarchal-alchemistische Tötung der Berg-Topoi ist eine endgültige: Verschwundene Gletscher bleiben verschwunden, die ehemaligen Gletscherräume „Eis- und Schnee-leer“. Zerbröckelnde und abgetragene Gipfel können nicht mehr zu Bergspitzen werden. Aus dem Berginneren herausgerissene Naturgüter bleiben verschwendet, das Innere verkommt zur „leeren“, ausgehöhlten Form. Zubetonierte Tal-Böden sind nicht mehr fruchtbar, auf ihnen wächst nichts Lebendiges mehr. Angesichts dieser Vernichtung an allen Orten tauchen mögliche Bilder und Szenarien der Zukunft auf, sie zeigen trostlose und hoffnungslose Aussichten:

Ein Bergtal, zugebaut mit leer stehenden Hotels und Gästepensionen, die auf ehemals fruchtbaren Kulturlandschaften stehen, in ihren Kellern Wellnessanlagen, in denen kein Wasser mehr plätschert. Die Hallen des Kur- und Thermenkomplexes stehen ebenso leer, Wasserbecken und Badelandschaften sind ausgetrocknet, die Gebäude zu inhaltslosen Formen verkommen. „Oben“ finden sich bebaute und bröckelnde Gipfel, über die Bebauungen legen sich Eis und Schnee, keiner will mehr hier heraufsteigen, um Ruinen von Bebautem und transformierte Natur zu besichtigen. Kümmerliche Gletscherreste bedecken nur mehr wenige der höchsten Regionen, die zerfallenden Liftanlagen

1632 *„Der Massenkonsum ist zum Stützpfeiler des Profitwachstums geworden, das Streben nach Profitwachstum wiederum befeuert den Konsumismus und zusammen münden sie in der Plünderung von Mensch und Natur.“* Bennholdt-Thomsen in: Projektgruppe „Zivilisationspolitik“, 2011, S. 221

1633 Werlhof in: AutorInnengemeinschaft, 2003, S. 31

und abgestellten, verrostenden Pistengeräte werden die letzten Bruchstücke der Gletscher-Spektakel sein, dann, wenn vom Gletscherschnee und -eis gar nichts mehr übrig ist. Riesige Asphalt- und Betonflächen, die keiner mehr benützt, wasserlose Speicherteiche, die wie Krater in der Hochgebirgslandschaft wirken, sie sind zu Denkmälern des obsolet Gewordenen geworden. Die Ältesten, die noch von einem Leben vor dem Massentourismus erzählen könnten und das Erfahrungswissen über einen lebensfreundlichen Umgang mit der Natur in sich trugen, sind still und ungehört gestorben. Nur noch in Museen zeugen die ausgestellten Werkzeuge und Geräte von einer anderen Lebensweise im Tal. Keiner weiß mehr etwas damit anzufangen …

Es ist ein totalitäres Zukunftsszenario, das jegliche Hoffnung auf ein alternatives, selbstbestimmtes und unabhängiges Leben im Keim zu ersticken droht beziehungsweise objektiv gesehen unmöglich macht. Der Ist-Zustand an den vier Berg-Topoi ist in seinem naturfeindlichen und sich von der Natur entfremdenden Fortschreiten zukunftslos. Das ursprünglich Gegebene und Gebende ist transformiert und beschädigt, vielerorts nicht wiederherstellbar, es gibt kein einfaches „Zurück". Von Menschenhand zerstörte Natur kann nicht mehr zum Leben erweckt und auch nicht ersetzt werden, selbst wenn dies die patriarchal-utopischen Alchemisten in ihrem Ziel einer Schöpfung aus Zerstörung und der Schaffung einer angeblich neuen, besseren, einer zweiten Natur behaupten.

Die Berge werden trotz ihrer Besonderheit gegenwärtig zu Recht gerichtet, gezähmt, vereinheitlicht, maschinisiert, kontrolliert und transformiert, solange bis nichts (besonderes) mehr übrig ist. Die Planer, Macher und „Veränderer"[1634] handeln in verbrecherischer Manier gegen die Bergnatur und sind – ihre Lebendigkeit als Grundlage für die menschliche Existenz in ihr ignorierend – angetreten, um aus den Bergen fortschreitend fortschrittlich immer noch mehr Profit zu schlagen, koste es selbst das *Wesen*tliche, die Grundlage für das Weiterleben im Tal: die lebenspendende Kraft der Bergnatur. Die Veränderungen und Störungen im sozialen Zusammenleben, in der ästhetischen Naturerfahrung, die Verdorbenheit und Beschädigung der verschiedenen zivilisatorischen Verhältnisse werden ausgeklammert. Die Konsumierenden nehmen sie in Kauf und mit dazu das Risiko, die zivilisatorische Situation kurz vor dem Abgrund in ihrer Gefährlichkeit zu übersehen. Für Muse und Kreativität, eigene Gedanken, alternative

---

1634 Vgl. dazu den lateinisch Begriff „homo faber" als den schöpferisch-machenden Mensch sowie den von Simone Wörer entwickelten Begriff *„homo transformator"*, den verändernden Mensch und *„seine stete Funktion der Transformation, das alchemistische Um-, Über- und Entformen"*, Wörer in: Behmann/Frick/Scheiber/Wörer (Hrsg.), 2013, S. 215.

Ideen und Projekte sowie Kritik sind kein Platz und keine Zeit eingeplant, ja es herrscht Kritik- und Empfindungslosigkeit, der Vernichtung der Lebensgrundlage wird zugeschaut und kaum entgegengewirkt. Die Macher halten vielmehr an der Beschädigung und Zerstörung der Natur für den Zweck ihrer Ausbeutung und Vermarktung fest, da dies in ihrem eigenen (Profit-)Interesse liegt. Neue Projekte, welche die Bergnatur zu ersetzen versuchen, werden geplant und weiterverfolgt. Das sich vor Ort zeigende Streben nach Wachstum, Modernität und Fortschritt, nach einem Mitmachen und Konkurrieren im globalen System richtet irreversible Schäden an. Die Moderne ist in Wahrheit eine „*Mord*erne“[1635], ein utopisches Projekt, das auf Unterwerfung und Tötung abzielt. Die gegenwärtige patriarchale Zivilisation und ihre naturfeindliche „Kultur“ sind entfremdet und entfernen sich zusehends von der Natur und den lokalen Gegebenheiten. Das naturzerstörerische Tun in dieser Bergregion in den Ötztaler Alpen ist nicht zukunftsfähig, ja, der eingeschlagene Weg führt geradewegs in den Abgrund, dort wo kein Grund und Boden mehr vorhanden ist, da die natürlichen Grundlagen buchstäblich abgeschafft werden. Diese Erkenntnis lässt in Folge die Ambivalenz der Situation, in der wir uns befinden, bewusst werden: Bergnatur ist bereits beschädigt, an manchen Stellen und Orten sogar unwiederbringlich zerstört, die Berge in ihrer Lebendigkeit bereits geschändet und mortifiziert. Gleichzeitig sind Reste von Wildnis und einer Kultur in Verbundenheit mit der Natur mancherorts noch vorhanden sowie das Sehnen nach Erlebnissen in wilder und ursprünglicher Natur. Aus dieser Dualität von Naturzerstörung und Natursehnsucht ergeben sich als Konsequenz praktische Fragen nach den Wegen weg von der Zerstörung und nach den Möglichkeiten, trotz der vorhandenen Beschädigungen der Bergnatur in eine lebensfähige Zukunft zu gelangen. Welcher Weg ist einzuschlagen? Was ist sein zu lassen und was ist zu tun? Woran können wir anknüpfen und was müssen wir neu lernen?

Es gilt, der Naturentfremdung durch ein neues „Sich-Verbinden“ mit ihr entgegenzuwirken und sich stattdessen vom zerstörerischen Tun gegen die Bergnatur zu entfremden. Es gilt, mit der Zerstörung und Beschädigung des Berges an seinen vier Topoi aufzuhören und wieder auf die Natur zu hören.

Eine Haltung der Naturverbundenheit und -freundlichkeit bedeutet nicht nur den Ausstieg aus dem gegenwärtigen naturzerstörerischen Umgang mit den Bergen. Es bedeutet auch einen sich davon entfremdenden Neubeginn eines nicht von Entfremdung geprägten zivilisatorischen Zusammenlebens.[1636] Den Boden

1635 Diese Wortkombination stammt von Claudia von Werlhof.
1636 Vgl. dazu Frick, 2012

unter den Füßen und die natürlichen Grundlagen wieder wahrzunehmen sowie die Seite zu wechseln, sind notwendige Schritte auf dem Weg aus der Naturzerstörung, hin zur lebenspendenden Bergnatur und einem zukunftsfähigen Wirken in und mit ihr. Diese Erkenntnis ist folgewirksam für die natürliche Wirklichkeit und das Wirken und Tätig-Sein in ihr: Mit der Natur zu leben und zu arbeiten ist Notwendigkeit, ein Muss, wollen wir in eine lebensfreundliche Zukunft für Generationen gehen. Es handelt sich dabei um keinen romantischen Idealismus, sondern um die Aufforderung zu einem konkreten, wirklichen, vernünftig-vernehmenden Fühlen, Denken und Handeln. Es gilt, sich der *negativen* Verklärung von Vergangenheit[1637] durch Fortschritt und Moderne bewusst zu werden und sich dagegen zu wehren. Die Argumentation der Notwendigkeit, sich des Vergangenen zu erinnern und anders zu leben, wird oft mit dem Totschlagargument der Romantisierung der „guten, alten" Zeit und dem Vorwurf des Idealismus und der „Träumerei" denunziert. Es zeigt sich jedoch: Die *gegenwärtigen* Vorstellungen und versuchten Realisierungen einer „schönen, neuen Bergwelt" sind eigentlich romantisierend und idealisierend, sie schwärmen für die Maschine, das Künstliche, das Kapital. Idealistisch ist der Versuch, ein System weiterzuführen, das ohne Natur zu bestehen versucht. Es ist bodenlos, abstrakt, irreal und utopisch, da kein Bezug zur Realität beziehungsweise zur Wirklichkeit mehr besteht. Durch die Zerstörung des natürlichen Lebensraumes zerstören wir uns selber, nach und mit der Natur zu leben ist demnach auch im Interesse unseres eigenen Weiterlebens. Die Natur und das natürlich Gegebene sind materielle Basis einer zukunftsfähigen Lebensweise, das Leben und Arbeiten mit der Natur war und ist Notwendigkeit, es hat Sinn und ist sinnlich-leiblich, konkret. Die Besinnung auf den Wirklichkeitssinn als das Erkennen dessen, was gegeben ist, geht dem voraus und folglich ist das einzig „richtige", da vernünftige und zukunftsfähige Handeln: das Wirken und Tätig-Sein ausgerichtet an der natürlichen Wirklichkeit. Ein Verhalten gegen die Natur, das ihre Lebendigkeit beschädigt, hingegen ist abstrakt-utopisch, *sinn*los und zukunftslos. Gegenwärtig wird jedoch genau dieses Verhalten als zukunftsfähig und „vernünftig" dargestellt, viele lassen sich von der damit zusammenhängenden Idealisierung von Moderne und Fortschritt blenden. Sie erkennen dadurch den Totalitarismus und Fundamentalismus dieses verlogenen Systems nicht. Die Propagierung des unbegrenzten Wachstums und des zerstörerischen Umgangs mit den Bergen als angeblich einzig zukunftsfähigen ist eine Lüge. Denn dies führt eigentlich genau zum Gegenteil von dem, was behauptet wird: statt zum Wohle weniger

1637 Siehe Mies, 2008, S. 12

zum Schaden der Natur sowie der zukünftigen Generationen. Unter dieser Betrachtungsweise kann die heilsversprechende Behauptung, dieses System bringe „Wohlstand für alle" schnell entkräftet werden. Auf die Seite der Berge gewechselt ist das angeblich wohlstandbringende Vorgehen ein todbringender und zerstörerischer, Unheil stiftender Prozess. Die Aufgabe besteht nun darin, die „Normalität" der herrschenden Gewalt und die Sinnhaftigkeit des vor- und eingeschlagenen „Mainstream-Weges" in Frage stellen, so, wie das Märchen von Wohlstand, Fortschritt und Moderne als *die* Zukunftsperspektive für das Tal. Es gilt, ihr wahres Gesicht zu erkennen als „Wohlstand" für wenige, Fortschreiten von der Natur, „Morderne" und Zukunftslosigkeit.

Auf das Erkennen der Wahrheit und die Verarbeitung von durch das Erkennen ausgelösten Gefühlen wie Trauer und Schmerz folgen Wut und Empörung über die verbrecherischen Vorgehensweisen einiger weniger zum Schaden aller. Aus dieser Haltung heraus ist mutig und tatkräftig der nächste Schritt zu beschreiten: Die „Märchenerzähler", Verbrecher und Profiteure der naturzerstörerischen Projekte, die Ausbeuter der Berge benennen, ihr Tun und ihre wahren Absichten aufzeigen, öffentlich machen und anklagen. Es gilt Informationen zu verbreiten, darüber, was sich im Hintergrund abspielt und in den gängigen Medien verschwiegen wird.[1638] Es ist nötig, sich zu informieren, über das, was tatsächlich passiert und die Geschehnisse mit einem anderen Blick zu sehen, von der Natur aus: Was geschieht mit den Bergen? Das ist die zentrale Frage und Orientierung für das weitere Tun, denn es gilt aktiv zu werden und die Veränderungen eigenständig und eigenmächtig in die Wege zu leiten, gerade auch, um dem Argument der angeblichen Alternativenlosigkeit[1639] zum bestehenden System zu begegnen. Die demokratiepolitische Konsequenz daraus wäre, jene Politiker nicht mehr zu wählen, die gegen das Allgemeinwohl arbeiten und die naturzerstörerischen Projekte nicht nur genehmigen, sondern in die Wege leiten. Die politisch-aktivistische Folge wäre der Aufstand und Aufschrei:

Allgemeingut statt Privateigentum! (keine großen Investitionen und ausländische Investoren/Profiteure); *Eigenmacht statt Abhängigkeit!* (regionale Selbstbestimmung, ein gemeinsames, basisdemokratisches politisches Verhältnis, das

---

1638 Vgl. dazu den investigativen Journalismus von Markus Wilhelm und seine Internetseite www.dietiwag.org (20.09.13)

1639 Vgl. dazu „TINA" – „there is no alternative" (übersetzt: „Es gibt keine Alternative), eine von Margret Thatcher geprägte Phrase zur angeblichen Alternativenlosigkeit des neoliberal-kapitalistischen Weges. Zur wissenschaftlichen Kritik daran vergleiche Mies/Werlhof, 1998 sowie Werlhof, 2003 und Akhter in: Behmann/Frick/Scheiber/Wörer (Hrsg.), 2013, S. 176ff.

ermöglicht vor Ort zu entscheiden, wie mit den Naturgütern umzugehen ist); *Echter Naturschutz statt Naturzerstörung!* (Sanktionen bei Naturzerstörung und -ausbeutung, Gesetzte dagegen schaffen und ihre Einhaltung fordern)

Ein derartiger Aufstand kann nur gemeinsam, von vielen getragen und von „unten", „bottom up" entstehen, von Seiten der nicht Herrschenden und von Seiten der Natur. Dazu ist es notwendig, sich mit Andersdenkenden und das System Kritisierenden[1640] zu verbinden, gemeinsam Dinge verändern zu versuchen, sich gegen neue naturzerstörerische Projekte zu wehren, die Natur und eine mit ihr verbundene Kultur zu verteidigen. Das System würde zu kippen beginnen, wenn sein wahrer, gewalttätiger, verantwortungsloser und zukunftsloser Charakter von mehreren als nur von einzelnen wahrgenommen und erkannt sowie öffentlich benannt werden würde, nämlich von denen, die hier, in diesem Bergtal weiterleben wollen.

Ist erst einmal die Notwendigkeit eines Ausstiegs aus diesem zerstörerischen System erkannt, gilt es gemeinsam an einer anderen Gestaltung der zivilisatorischen Verhältnisse weiterzuarbeiten. Die Struktur des menschlichen Zusammenlebens orientiert sich an der Naturwahrnehmung beziehungsweise am Naturverhältnis. Derart, wie eine Zivilisation mit Natur umgeht, gestaltet sich das Leben in den anderen zivilisatorischen Verhältnissen als lebensfreundlich oder lebensfeindlich.[1641] Ein freundliches, liebendes Verhältnis kennt weder Trennung noch Zerstörung. Dementsprechend müsste eine alternative Zivilisation bei der Veränderung des grundlegenden Verhältnisses, jenes zur Natur, in ein liebendes-kooperatives beginnen und daraus folgend die anderen zivilisatorischen Verhältnisse umgestalten:

Das Generationenverhältnis wäre auf die Anerkennung und Wertschätzung der Lebenserfahrungen sowie des Subsistenzkultur-Wissens ausgerichtet und darauf, dessen Erlernen und die Weitergabe zu ermöglichen, vor allem auch in seinen praktischen, tätigen Formen. Es würde aber auch das „Um-Verzeihung-Bitten" beinhalten, nicht nur gegenüber der Bergnatur, der Schaden angerichtet wird, sondern auch den nachkommenden Generationen gegenüber, denen zerstörte Natur hinterlassen wird. Im Geschlechterverhältnis würden statt der Trennungen wieder Verbindungen geschaffen und gemeinsam an einer lebensfreundlichen Zukunft gearbeitet werden, in Anerkennung der lebensspendenden Weiblichkeit von Natur, Bergen sowie Frauen und der Ausrichtung allen

---

1640 Ein anderes Denken und Fühlen ist im Ötztal bereits öffentlich sichtbar, vor allem wenn es gegen die Ausbeutung und Kapitalisierung des Wassers durch die Energiewirtschaft geht.

1641 Zu den fünf zivilisatorischen Verhältnissen siehe Genth in: Projektgruppe „Zivilisationspolitik", 2009.

Tuns danach. Das politische Verhältnis würde sich der Lokalisierung und Gestaltung des Zusammenlebens an den Bedürfnissen von Natur und Gemeinschaft widmen. Nicht einige wenige schafften Profit und beuteten andere aus, sondern es herrschte echte Mitsprache bei Entscheidungen und ein gemeinsames Arbeiten an für alle guten Zukunftsprojekten. Statt kapitalistischer Ökonomie und lebensfeindlicher Technologie würde wieder eine Kultur der Lebensfreundlichkeit, gewachsen aus der Lebendigkeit der Natur gelebt werden sowie eine Subsistenz-Ökonomie der „*Produktion des Lebens*“[1642] statt einer Herstellung aus Zerstörung. Das vor Ort Produzierte würde geschätzt und lokal konsumiert werden, *Gastfreundschaft statt Fremdenverkehr* den Umgang mit anderen Menschen bestimmen. Der Vielfalt der Kreativität würde Raum und Zeit gegeben statt der Einfalt an Vorbestimmtem und alles Vereinnahmendem. Suffizienz, das heißt Genügsamkeit, sowie eine „*gemeinsame Identität und Verantwortung für den Lebensraum*“[1643] prägte das Zusammenleben. Kollektiv und gemeinschaftlich würde an der Veränderung sowie an einer selbstbestimmten und für alle wirklichen Wohlstand, im Sinne eines guten Lebens, ermöglichenden Zukunft gearbeitet werden. Die Sorge und das Sich-Kümmern um das Leben und jedes Lebewesen würde das zivilisatorische Zusammenleben in allen Bereichen bestimmen.[1644] Die Natur als Lebendige und ihre Verteidigung sowie Bewahrung vor jeglicher Zerstörung wäre Prämisse für jegliches Tun und Tätig-Sein.

Doch es stellen sich auch Fragen nach der praktischen Verwirklichung der Alternativen und der Art und Weise, wie Problemen, die auf dem Weg in eine neue Zivilisation auftauchen können, zu begegnen ist. Wie ist etwa Mimesis als das nachahmende Geschehen und das Tun, das sich an der mütterlich-gebenden Natur richtet, noch möglich, wenn Natur zerstört und nicht mehr als mütterlich gebend wahrgenommen wird; was an Naturästhetik als dem sinnlichen Erkennen der Verbundenheit mit der Natur und ihrer Lebendigkeit, wenn diese getötet wird? Wie ist der gestört-veränderten Form der Mimesis, dem gewalttätigen Tun als Antwort auf eine angeblich gewalttätige, feindliche, unwirtliche und geizig-karge Natur, zu begegnen und kann dieses gestörte Verhältnis in eine freundliche Mimesis umgewandelt werden?

Die Veränderung der Wahrnehmung von Natur ist allem anfänglich notwendig, ein sich ihr wieder als der Mütterlich-Gebenden Zuwenden und eine Anwendung dieser Wahrnehmung in der Mimesis, im nachahmenden Tun, im Tätig-Sein.

1642 Nach Maria Mies zitiert in: Shiva, 1989, S. 56
1643 Bätzing, 1986, S. 284
1644 Vgl. Akhter in: Behmann/Frick/Scheiber/Wörer (Hrsg.), 2013, S. 180

Wenn von einem neuen/anderen Tätig-Sein die Rede ist, wie schaut dieses konkret und praktisch aus? Wovon können wir in Zukunft statt des Massentourismus und der Naturzerstörung leben? Welchen anderen Weg gibt es, welche andere Art des Wirtschaftens? Was ist überhaupt noch an Subsistenz möglich, als dem nicht ausbeuterischen Tätig-Sein, das sich an den Naturzyklen ausrichtet, wenn Natur in ihrer Natürlichkeit gestört ist? Dem Fundamentalismus und Totalitarismus des kapitalistisch-touristischen Systems kann nur konkret, vor Ort und bei sich selbst beginnend, im Kleinen begegnet werden. Es sind die vielen alltägliche Handlungen, die (noch) subsistenzorientiert sind und als solche in ihrer Bedeutung wieder erkannt werden müssen: im Dorfleben und Vereinswesen, in Nachbarschaft, Verwandtschaft und Familie. Es gibt Formen des Wirtschaftens, die nicht zerstörerisch und ausbeuterisch angeleitet sind sondern gemeinschaftlich und wirklich auf das Wohl aller ausgerichtet. Sie beachten die Nutzungsgrenzen und Besonderheiten sowie Naturzyklen der Bergnatur sowie die natürlichen Gegebenheiten vor Ort, wirtschaften damit und versuchen danach zu leben, kleinräumig-lokal mit regionalen Verbindungen und in überschaubaren Kreisläufen bei jenen Produkten und Dienstleistungen, wo dies möglich ist. *Diese anderen Formen des Wirtschaftens und Lebens sind sichtbarzumachen, inklusive der Wahrnehmung und Ästhetik der dazugehörigen Subsistenzkultur, aber nicht, um sie einer kapitalistischen Verwertung auszuliefern, sondern um sie in ihrer nicht-kapitalistischen, daher nicht ausbeuterischen und nicht zerstörerischen Eigenart weiterzutragen.*

Der Fortbestand unseres Lebens in den Bergen ist nur möglich, wenn wir in unserem Denken, Fühlen, Handeln und Tätig-Sein die Berge (wieder) als lebendig wahrnehmen und respektieren.

BERG und LEBEN – diese beiden Begriffe bilden die Essenz von allem bisher Geschriebenen, ihre Verflechtung als „BERGeLEBEN" die grundlegende Botschaft. Wie ist ein zukunftsfähiges Leben in den Bergen möglich, trotz aller Zerstörung, die passiert und aller Wahrscheinlichkeit nach noch passieren wird? So lautete die Frage, die zu Beginn dieser Art von wissenschaftlicher Beschäftigung mit dem Leben in den Bergen stand. Es gibt kein Patentrezept, keine schnelle und einfache Lösung für die Lage, in der wir uns befinden, denn sie ist neu, es hat sie noch nie gegeben. Viele Fragen sind noch offen und der Ausgang der Situation kurz vor dem Abgrund ist ungewiss. Die gegenwärtige Krisensituation unterscheidet sich als „*Krise der allgemeinsten Lebensbedingungen*"[1645] von

1645 Vgl. Behmann in: Projektgruppe „Zivilisationspolitik", 2009, S. 114f.

jeglichen bisher gemachten menschlichen Erfahrungen[1646], deshalb ist auch die in ihrem Zusammenhang entstehende Frage nach dem genauen Weg aus der Krise vorerst ohne Beantwortung zu bleiben. Dennoch: *Wir können die Möglichkeit wahrnehmen, bei uns selbst zu beginnen und es zu versuchen, einen anderen Weg einzuschlagen.* Das schreckliche, zerstörerische Tun *gegen* die Berge wurde erkannt, nun gilt es die Konsequenzen daraus zu ziehen und folglich wirksam zu werden, denn: *„Es gibt etwas zu tun, viel zu tun, und zwar von der anderen Seite des Zauns, von der Wildnis aus.“*[1647]

Widmen wir uns in Verbundenheit mit der Kraft der Berge, mit Tatendrang und Tatkraft, dem Leben in den Bergen, eigenmächtig, stark und frei, kreativ und gemeinsam, hier am Topos, dem Lebensort, und jetzt!

Dies ist der Auftrag und somit bedeuten die abschließenden Worte gleichzeitig den Beginn eines Weiterarbeitens und Lebens in und *mit* den Bergen, entsprechend dem Aufruf:

Let's stop this rocky horror show
And get into the wild![1648]

1646 Vgl. Werlhof, 2012

1647 Werlhof, 2011, S. 217

1648 Dieser Aufruf kann frei übersetzt werden mit:
„Raus aus dieser schrecklichen Fels-/Berg-Zerstörung und -Inszenierung, hinein in die wilde Natur!“

Literaturverzeichnis

Abram, David: Im Bann der sinnlichen Natur. Die Kunst der Wahrnehmung und die Mehr-als-Menschliche-Welt, Klein Jasedow, 2012

Abt, Theodor: Auf der Suche nach einem Dialog mit der Natur, in: GAIA, Nr. 6, 1992, S. 318-332

Akhter, Farida: Resisting Capitalist Patriarchy: The Nayakrishi Way, in: Behmann/Frick/Scheiber/Wörer (Hrsg.), 2013, S. 171-180

Amstädter, Rainer: Der Alpinismus. Kultur – Organisation – Politik, Wien, 1996

Anders, Günther: Die Antiquiertheit des Menschen, München, 1968

Antonietti, Thomas: Vom Hotel in den Bergen zur alpinen Erlebnislandschaft, in: Luger (Hrsg.), 1995, S. 109-124

Auer, Sibylle: „Heiliges Land Tirol"? Enteignung, Zerstörung und Umwandlung von alten Baum-, Stein- und Quellkulten; sakrale Spuren in der Landschaft, Dissertation, Innsbruck, 2007

Auer, Sibylle: „Heiliges Land Tirol"? Enteignung, Zerstörung und Umwandlung von alten Baum-, Stein- und Quellkulten, Frankfurt am Main, 2009

Auer, Sibylle: Von der (geborenen) Gabe zum (getöteten) Opfer?, in: Projektgruppe „Zivilisationspolitik" (Hrsg.), 2009, S. 179-222

AutorInnengemeinschaft: Die Diskriminierung der Matriarchatsforschung. Eine moderne Hexenjagd, Bern, 2003

Bätzing, Werner: Die Alpen – Naturbearbeitung und Umweltzerstörung, Frankfurt am Main, 1986

Bätzing, Werner: Ökologische Labilität und Stabilität der alpinen Kulturlandschaft, Bern, 1988

Bätzing, Werner: Die Alpen. Geschichte und Zukunft einer europäischen Kulturlandschaft, München, 2005

Bätzing, Werner: Orte guten Lebens. Die Alpen jenseits von Übernutzung und Idyll, Zürich, 2009

Bauer, Walter (Hrsg., u.a.): Griechisch-deutsches Wörterbuch zu den Schriften des Neuen Testaments und der frühchristlichen Literatur, Berlin, 1988

Behmann, Mathias: Idee und Programm einer Matriarchalen Natur- und Patriarchatskritischen Geschichtsphilosophie. Zur Grundlegung der Kritischen Patriarchatstheorie angesichts der ‚Krise der allgemeinsten Lebensbedingungen' in: Projektgruppe „Zivilisationspolitik" (Hrsg.), 2009, S. 107-178

Behmann, Mathias/Theresa **Frick**/Ursula **Scheiber**/Simone **Wörer** (Hrsg.): Verantwortung-Anteilnahme-Dissidenz. Patriarchatskritik als Verteidigung des Lebendigen. Festschrift zum 70. Geburtstag von Claudia von Werlhof, Frankfurt am Main, 2013

Bennholdt-Thomsen, Veronika: Unbezahlt und geringgeschätzt, in: Die Bergbauern, Nr. 226/227, Wien, 1997

Bennholdt-Thomsen, Veronika/Maria **Mies**: Eine Kuh für Hillary. Die Subsistenzperspektive, München, 1997

Bennholdt-Thomsen, Veronika/Brigitte **Holzer**/Christa **Müller** (Hrsg.): Das Subsistenzhandbuch – Widerstandskulturen in Europa, Asien und Lateinamerika, Wien, 1999

Bennholdt-Thomsen, Veronika: Geld oder Leben. Was uns wirklich reich macht, München, 2010

Bennholdt-Thomsen, Veronika: Die Politik der Subsistenzperspektive, in: Projektgruppe „Zivilisationspolitik", 2011, S. 221-231

Berger, John: Sau-Erde. Geschichten vom Lande, München Wien, 1982

Bernhard, Johanna: Das Geheimnis des ewigen Eis, in: bergundsteigen, 2/06, Innsbruck, 2006, S. 52-58

Bertell, Rosalie: Kriegswaffe Planet Erde, Gelnhausen-Roth, 2011

Bhushan, Madhu: An open letter to Gandhi, in: Kumar (Hrsg.), 2007, S. 111-132

Biraghi, Valentina/Barbara **Villa**: Ladies of the peaks. Archetype of the mountain and power of the goddess, in: Zucca (Hrsg.), 2005, S. 63-70

Birnbaum, Lucia Chiavola: dark mother. African origins and godmothers, Lincoln, 2001

Blechl, Heinz P./Thomas **Huber**: Vom Lebensraum zum Bühnenbild, in: Die Bergbauern, Nr. 140/141, Wien, 1990, S. 19-20

Bockemühl, Joachim: Aspekte der Selbsterfahrung im phänomenologischen Zugang zur Natur der Pflanzen, Gesteine, Tiere und der Landschaft, in: Böhme/Schiemann (Hrsg.),1997, S. 149-189

Boff, Leonardo (Hrsg.): Das Prinzip Mitgefühl. Texte für eine bessere Zukunft, Freiburg, 1999a

Boff, Leonardo: Die Logik des Herzens. Wege zu neuer Achtsamkeit, Düsseldorf, 1999b

Böhme, Gernot: Für eine ökologische Naturästhetik, Frankfurt am Main, 1989

Böhme, Gernot: Natürlich Natur. Über Natur im Zeitalter ihrer technischen Reproduzierbarkeit, Frankfurt am Main, 1992

Böhme, Gernot/Gregor **Schiemann** (Hrsg.): Phänomenologie der Natur, Frankfurt am Main, 1997

Böhme, Gernot: Phänomenologie der Natur – ein Projekt, in: Böhme/Schiemann (Hrsg.),1997, S. 11-43

Böhme, Gernot: Aisthetik. Vorlesungen über Ästhetik als allgemeine Wahrnehmungslehre, München, 2001

Böhme, Hartmut: Natur und Subjekt, Frankfurt am Main, 1988

Brunner, Linus/Alfred **Toth**: Die rätische Sprache – enträtselt, St.Gallen, 1987

Burat, Tavo: Die Frau in den Alpen, in: Centro di Ecologia Alpina (Hrsg.), 1996, S. 19-22

Centro di Ecologia Alpina (Hrsg.): Matriarchat und Berge. Akten des Workshops vom 10.-11. März 1995, Report N.5, Trento, 1996

Collard, Andrée: Die Mörder der Göttin leben noch. Rape of the Wild, München, 1988

Daly, Mary: Gyn/Ökologie. Eine Methaethik des radikalen Feminismus, München, 1991

Davis, Mike: Die Geburt der Dritten Welt, Berlin, 2004

Derungs, Isabelle My Hanh: Wer hat Angst vor dem Matriarchat? Jenseits von Gewalt und Angst, in: Projektgruppe „Zivilisationspolitik“ (Hrsg.), 2011, S. 275-290

Derungs, Kurt: Die Natur der Göttin, in: Edwin O. James: Der Kult der Grossen Göttin, Bern, 2003, S. 12-55

Derungs, Kurt/Isabelle M. **Derungs**: Magische Stätten der Heilkraft. Marienorte mythologisch neu entdeckt. Quellen, Steine, Bäume, Pflanzen, Grenchen, 2006

Derungs, Kurt: Naturverbundenheit als zweite Kultur, in: Projektgruppe „Zivilisationspolitik” (Hrsg.), 2011, S. 309-330

Doblander, Annemarie/Hans **Haid** (Hrsg.): Lesebuch Ötztaler Alpen II, Innsbruck, 2011

Doering, Axel/Sylvia **Hamberger**: Schneekanonen, Aufrüstung gegen die Natur, Positionspapier zu Beschneiungsanlagen für den Arbeitskreis Alpen des Bund Naturschutz in Bayern e.V., keine Ortsangabe, 1996

Duerr, Hans Peter: Traumzeit. Über die Grenze zwischen Wildnis und Zivilisation, Frankfurt, 1989

Dünne, Jörg/Stephan **Günzel** (Hrsg.): Raumtheorie. Grundlagentexte aus Philosophie und Kulturwissenschaften, Frankfurt, 2006

Eisler, Riane: Kelch und Schwert. Weibliches und männliches Prinzip in der Geschichte, Gütersloh, 1989

Ernst, Werner: Metapsychologie und „egologisches" Subjekt, in: Werlhof/Schweighofer/Ernst (Hrsg.), 1996, S. 80-110

Esteva, Gustavo: Der laufende Aufstand, in: Projektgruppe „Zivilisationspolitik" (Hrsg.), 2011, S. 233-272

Federici, Silvia: Caliban and the witch, New York, 2004

Felsch, Philipp (Hrsg.): Berge, eine unverständliche Leidenschaft, Wien, 2007

Fester, Richard: Weib und Macht: fünf Millionen Jahre Urgeschichte der Frau, Frankfurt a. M., 1980

Fink, Hans: Verzaubertes Land: Volkskult und Ahnenbrauch in Südtirol, Innsbruck - Wien, 1969

Fink, Hans: Salige und Unholde. Frauengestalten der Alpensage, Bozen, 1996

Frick, Theresa: Zur Tiefenstruktur der Krise der Moderne und dem Phänomen der Entfremdung. Eine Analyse der <<Kritischen Patriarchatstheorie>>, Dissertation, Innsbruck, 2012

Forcher, Michael: Michael Gaismair: um Freiheit und Gerechtigkeit. Leben und Programm des Tiroler Bauernführers und Sozialrevolutionärs. 1490–1532, Innsbruck, 1982

Formayer, Herbert/Lukas **Clementschitsch**/Michael **Hofstätter**/Helga **Kromp-Kolb**: Vor Sicht Klima! Klimawandel in Österreich, regional betrachtet. Schwerpunkt: Tirol und der alpine Raum, Studie im Auftrag von GLOBAL 2000, Wien, 2008

Fox Keller, Evelyn: Liebe, Macht und Erkenntnis. Männliche oder weibliche Wissenschaft?, München/Wien, 1986 und Frankfurt am Main, 1998

Frömming, Urte Undine: Naturkatastrophen. Kulturelle Deutung und Verarbeitung, Frankfurt/New York, 2005

Fuchs, Margareta/Veronika **Krapf**: Von wilden und weisen Frauen, Innsbruck, 2009

Fuhs, Burkhard: Die heilende Kraft der waldigen Höhen. Die Bedeutung der Kur für die Erschließung der Umgebung Wiesbadens als Gesundheitslandschaft, in: Hessische Vereinigung für Volkskunde (Hrsg.): Berg-Bilder. Gebirge in Symbolen – Perspektiven – Projektionen, Hessische Blätter für Volks- und Kulturforschung, Band 35, Marburg,1999, S. 187-204

Genth, Renate: Über Maschinisierung und Mimesis, Frankfurt am Main, 2002

Genth, Renate: Zivilisationskrise und Zivilisationspolitik, in: Projektgruppe „Zivilisationspolitik" (Hrsg.), 2009, S. 31-58

Genth, Renate: Mimesis und Naturverhältnis, in: Projektgruppe „Zivilisationspolitik" (Hrsg.), 2011, S. 41-70

Giardelli, Paolo: Women and sentiments in the mountains, in: Zucca (Hrsg.), 2005, S. 138-144

Gimbutas, Marija: The Gods and Goddesses of Old Europe, 7000 to 3500 BC. Myths, Legends and Cult Images, London, 1974

Gimbutas, Marija: Das Ende Alteuropas, Innsbrucker Beiträge zur Kulturwissenschaft, Sonderheft Nr. 90, Innsbruck, 1994

Global2000: „Tirol im Klimawandel", Presseinformation zur Studie Formayer/Clementschitsch/Hofstätter/Kromp-Kolb, 2008

Göttner-Abendroth, Heide: Die Göttin und ihr Heros, München, 1980

Göttner-Abendroth, Heide: Die tanzende Göttin. Prinzipien einer matriarchalen Ästhetik, München, 1988

Göttner-Abendroth, Heide: Das Matriarchat I. Geschichte seiner Erforschung, Stuttgart, 1988a

Göttner-Abendroth, Heide: Das Matriarchat II, 2. Stammesgesellschaften in Amerika, Indien, Afrika, Stuttgart, 2000

Göttner-Abendroth, Heide: Auf den Spuren der Göttin, in: Planet Alpen: Der Mann aus dem Eis. Sein Lebens- und Kulturraum, Thema 1, Pro Vita Alpina/Sölden und ArcheoParc/Schnals, 2003

Göttner-Abendroth, Heide: Frau Holle – Das Feenvolk der Dolomiten. Die großen Göttinnenmythen Mitteleuropas und der Alpen, Königstein/Taurus, 2005

Griffin, Susan: Frau und Natur, Frankfurt am Main, 1987

Gröby, Thomas: Wen macht der Agrarhandel frei? in: Wege in eine bäuerliche Zukunft, Zeitschrift der ÖBV-via campesina, Nr. 320, Wien, 2011, S. 20-23

Groier, Michael: Grünland im Umbruch. Aspekte der Grünlandnutzung in Österreich, in: ÖBV-via campesina (Hrsg.): Wege für eine bäuerliche Zukunft, Nr.4, Wien, 2007, S. 12-15

Gronemeyer, Marianne: Die Macht der Bedürfnisse, in: brennstoff, Nr. 10, Wien, 2007, S. 5-12

Gruen, Arno: Der Verlust des Mitgefühls, München, 1997

Gruen, Arno: Die Rolle der Empathie und der Mutter-Kind-Bindung in der Bewusstseinsentwicklung und Geschichte des Menschen, in: Projektgruppe „Zivilisationspolitik" (Hrsg.), 2011, S. 71-76

Grupp, Peter: Faszination Berg. Die Geschichte des Alpinismus, Köln-Weimar-Wien, 2008

Gstrein, Franz Josef: Die Bauernarbeit im Oetztal einst und jetzt. Faksimile-Nachdruck der Erstauflage von 1932, Innsbruck, 1995

Gugger, Beat: Alpine Verheißungen aus dem Supermarkt. Bilder der Werbung als Abbild der gesellschaftlichen Bedeutung der Berge, in: Berg 2008. Alpenvereinsjahrbuch, München, 2008, S. 66-73

Hahn, Felix: Künstliche Beschneiung im Alpenraum. Ein Hintergrundbericht, alpmedia Hintergrundbericht. Ein Informationsdienst der CIPRA International, Schaan, 2004

Haid, Gerlinde: Hänsel und Gretel. Die nicht-autorisierte Geschichte von den Wurzeln der Alpenmusik, in: Luger (Hrsg., u.a.),1995, S. 159-166

Haid, Hans: Mythos und Kult in den Alpen. Ältestes, Altes und Aktuelles über Kultstätten und Bergheiligtümer im Alpenraum, Matterburg, Bad Sauerbrunn, 1990

Haid, Hans: Aufbruch in die Einsamkeit: 5000 Jahre Überleben in den Alpen, Bad Sauerbrunn, 1992

Haid, Hans (Hrsg.): Lesebuch Ötztaler Alpen. Reiseberichte. Poesie. Lieder & Oper, Innsbruck, 2002

Haid, Hans: Mythos Gletscher, Innsbruck, 2004

Haid, Hans: Mythos Gletscher und Wasser. Alpenkult – Kultorte in den Alpen, in: Voigt (Hrsg.), 2004, S. 81-86

Haid, Hans: Ötzis Göttinnen. Auf den Spuren von Sagen zu Stätten matriarchaler Kulturen in den Ötztaler Alpen, in: Alpenvereinsjahrbuch Berg 2004, Bd. 128, Innsbruck, 2004

Haid, Hans: Ötztal. Sagen und Mythen entdecken, Innsbruck, 2006

Haid, Hans: Similaun, Innsbruck, 2008

Haid, Hans: Von den Namen einiger Berge im Wirkungsbereich der Sektion Berlin in den Ötztaler Alpen, in: Sektion Berlin des DAV (Hrsg.): 100 Jahre Brandenburger Haus 1909-2009. Heft 4 der Schriftenreihe der DAV Sektion Berlin, Berlin, 2009, S. 26-27

Haller, Harald/Hermann **Schölzhorn**: Schneeberg. Geschichte – Geschichten – Museum, Ratschings, 2008

Harb, Isabella: Die Ausgrabungen in der Tischoferhöhle bei Kufstein in Tirol, Diplomarbeit, Innsbruck, 2002

Hechenblaikner, Lois: Hinter den Bergen: eine Heimatkunde, Heidelberg, 2009

Hegel, G.W.F.: Frühe Schriften, Werke 1, Berlin, 1986

Heindl, Bernhard: Weltmarkt & Landwirtschaft, in: Die Bergbauern, Zeitschrift der Österreichischen Bergbauernvereinigung, Nr. 193/194, Wien, 1995, S. 11-12

Hiller, Wilhelmine: Die Geierwally, ohne Ortsangabe, 1921

Holzner, Johann/Elisabeth **Walde** (Hrsg.): Brüche und Brücken. Kulturtransfer im Alpenraum von der Steinzeit bis zur Gegenwart, Wien, Bozen, 2005

Hubatschek, Erika: Zur Entwicklung der Bauernarbeit im Oetztal, in: Franz Josef Gstrein: Die Bauernarbeit im Oetztal einst und jetzt. Faksimile-Nachdruck der Erstauflage von 1932, Innsbruck, 1995, S. 77-123

Illich, Ivan: Genus. Zu einer historischen Kritik der Gleichheit, Leck, 1983

James, Edwin O.: Der Kult der Grossen Göttin, Bern, 2003

Jelinek, Elfriede: In den Alpen, Berlin, 2002

Key, Anne: The Stuff of Life: Clay, Figurines and Priestesses in Mesoamerica, in: Saracino/Moser, 2012, S. 223-236

Kimmerle, Gerd: Hexendämmerung, Tübingen, 1980

Klebelsberg, R.(Hrsg.): Ötztaler Buch, Schlern-Schriften Nr. 229, Innsbruck, 1963

Kluge: Etymologisches Wörterbuch der deutschen Sprache, Berlin, 2002

Kirchhoff, Jochen: Was die Erde will. Mensch, Kosmos, Tiefenökologie, Klein Jasedow, 2009

König, Simone: Die Kuh ist ein Geschöpf der Fülle. Auf dem Weg zu einer neuen Mensch-Tier-Beziehung, in: Projektgruppe „Zivilisationspolitik“ (Hrsg.), 2009, S. 347-376

Krammer, Josef/Franz **Rohrmoser**: Im Kampf um ihre Rechte. Geschichte der Bauern und Bäuerinnen in Österreich, Wien, 2012

Krammer-Stark, Renate: Die Zerstörung von Matriarchat und Subsistenz als Ursachen der heutigen Gesellschaftskrise? Untersucht an den Beispielländern Österreich, Ladakh und Uganda, Dissertation, Innsbruck, 2004

Kumar, Corinne (Hrsg.): Asking, we walk. The South as new political imaginary, Bangalore, 2007

Lang, Thomas: Energetische Bedeutung der technischen Pistenbeschneiung und Potentiale für Energieoptimierungen. Schlussbericht im Auftrag des Bundesamt für Energie, Bern, 2009

Lerner, Gerda: Die Entstehung des Patriarchats, München, 1997

Loibl, Elisabeth: Das Brot der Zuversicht – Über die Zusammenhänge von Esskultur und bäuerlicher Landwirtschaft, Forschungsbericht der Bundesanstalt für Bergbauernfragen, Wien, 2003

Loibl, Elisabeth/Josef **Hoppichler** (Hrsg.): Schmackhafte Aussichten? Die Zukunft der Lebensmittelversorgung, Forschungsbericht, Nr. 63, Bundesanstalt für Bergbauernfragen, Wien, 2010

Luger, Kurt (Hrsg., u.a.): Verreiste Berge. Kultur und Tourismus im Hochgebirge, Innsbruck, 1995

Lutz, Ronald: Duelle mit dem Berg, in: Hessische Vereinigung für Volkskunde (Hrsg.): Berg-Bilder. Gebirge in Symbolen – Perspektiven – Projektionen, Hessische Blätter für Volks- und Kulturforschung, Band 35, Marburg, 1999, S. 29-43

Machatschek, Michael: Naturschutz als Alibi, in: Die Bergbauern, Nr. 140/141, Wien, 1990, S. 12-13

Macy, Joanna/ Molly **Young Brown**: Die Reise ins lebendige Leben, Paderborn, 2007

Mantl, Norbert: Vorchristliche Kultrelikte im oberen Inntal, in: R. Klebelsberg (Hrsg): Schlern Schriften, Nr. 247, Innsbruck, 1967

Margotsdotter-Fricke, Dagmar: Menstruation – von der Macht zur Ohnmacht, Rüsselsheim, 2004

Margotsdotter-Fricke, Dagmar: Die gute Mär, Mutterkunde in Märchen, Rüsselsheim, 2008

Märtin, Ralf Peter: Nanga Parbat. Wahrheit und Wahnsinn des Alpinismus, Berlin, 2002

Max-Neef, Manfred: Economía descalza, Stockholm, Buenos Aires, Montevideo, 1986

Meier-Brügger, Michael: Zu griechisch τοπος, in: Gerhard Meiser (Hrsg. u.a.): Glotta. Zeitschrift für griechische und lateinische Sprache, 1.-2. Heft, Göttingen, 1997/98

Merchant, Carolyn: Der Tod der Natur. Ökologie, Frauen und neuzeitliche Naturwissenschaft, München, 1994

Mies, Maria/Vandana **Shiva**: Ökofeminismus. Beiträge zur Praxis und Theorie, Zürich, 1995

Mies, Maria/Claudia von **Werlhof** (Hrsg.): Lizenz zum Plündern, Hamburg, 1998

Mies, Maria: Frauen, Nahrung und globaler Handel, in: Martina Kaller-Dietrich/ Annemarie Schweighofer-Brauer (Hrsg.): Frauen Kochen, Innsbruck, 2001, S. 177-211

Mies, Maria: Das Dorf und die Welt, Köln, 2008

Mies, Maria: Gefangen in der Falle des Fortschritts oder Die Suche nach dem Guten Leben, in: Projektgruppe „Zivilisationspolitik", 2011, S. 209-220

Mornese, Corrado: Heretic women, in: Zucca, 2005, S. 72-79

Mosse, Georg: Gefallen für das Vaterland. Nationales Heldentum und namenloses Sterben, Stuttgart, 1993

Müller, Christa: Von der lokalen Ökonomie zum globalen Dorf, Frankfurt/ Main, 1997

Müller, Christa: Von der Subsistenz zur Warenorientierung, in: Bennholdt-Thomsen/Holzner/Müller (Hrsg.), 1999, S. 31-47

Mumford, Lewis: Mythos der Maschine: Kultur, Technik und Macht, Frankfurt am Main, 1977

Mutschlechner, Georg: Die Bodenschätze des Ötztals und ihre Erforschung, in: R. Klebelsberg (Hrsg.): Ötztaler Buch, Schlern-Schriften Nr. 229, Innsbruck, 1963, S. 23-54

Naess, Arne: life's philosophy. Reason and feeling in a deeper world, Athens/ Georgia, 2008

Neusüss, Arnhelm: Ein Ausflug ins Gebirge. Wie unser Horizont sich verschob, Berlin, 2007

Niederberger, Thomas: Rohstoffrausch ohne Grenzen?, in: Magazin Greenpeace, Nr.4, 2011, S. 20-27

Norberg-Hodge, Helena: Ökonomie des Glücks, in: oew-Rundbrief, Mai/Juni 2013, Brixen, 2013, S. 3 und 4

Oberhauser, Martin: Bergnamen in Österreich. Geschichte und Motive der Namensgebung, Diplomarbeit, Innsbruck, 2000

Oberhöller, Verena: WasserLos – Vom öffentlichen Gemeingut zur privaten Geldquelle, Diplomarbeit, Innsbruck, 2004

Oberhöller, Verena: WasserLos in Tirol. Gemein – öffentlich – privatisiert. Beiträge zur Dissidenz Nr. 19, Frankfurt am Main, 2006

Oesterreichischer Alpenverein (Hrsg.): Tat-Ort II. „Notweg" Pitztal, Fachbeiträge des Oesterreichischen Alpenvereins, Alpine Raumordnung Nr. 33, Innsbruck, 2007

Ötztaler Heimat- und Freilichtmuseum (Hrsg.): Der Haar, Längenfeld, 2004

Pérez-Vitoria, Silvia: Bauern für die Zukunft. Auf dem Weg zu einer globalen Bewegung, Zürich, 2007

Perfahl, Jost: Kleine Chronik des Alpinismus, Rosenheim, 1984

Peskoller, Helga: BergDenken. Eine Kulturgeschichte der Höhe, Wien, 1997

Peskoller, Helga: extrem, Wien, 2001

Peskoller, Helga: Berge als Erfahrungs- und Experimentierraum, in: Holzner/Walde (Hrsg.), 2005, S. 344-357

Peskoller, Helga: Wenn Berge Kulisse sind. Konkurrenz und Medien, in: Berg 2008. Alpenvereinsjahrbuch, München, 2008, S. 30-41

Pinzer, Beatrix/Egon Pinzer: Ötztal. Landschaft, Kultur, Erholungsraum, Innsbruck, 1998

Pokorny, Julius: Indogermanisches Etymologisches Wörterbuch I, Bern, 1959

Projektgruppe „Zivilisationspolitik" (Hrsg.): Aufbruch aus dem Patriarchat – Wege in eine neue Zivilisation?, Frankfurt am Main, 2009

Projektgruppe „Zivilisationspolitik" (Hrsg.): Kann es eine „neue" Erde geben? Zur „Kritischen Patriarchatstheorie" und der Praxis einer postpatriarchalen Zivilisation, Frankfurt am Main, 2011

Purtscheller, Fridolin u.a.: Geologisch-petrographische Ursachen der Radonanomalie in Umhausen (Tirol), in: Mitteilungen der Österreichischen Geologischen Gesellschaft, Wien, 1997, S. 7-13

Ranke-Graves, Robert: Die weiße Göttin. Sprache des Mythos, Hamburg, 1999

Rauchegger, Andreas: Der Homo Aquaeportans: Wasserträger, Wasserverkäufer, Wasserschenker - Körpergebärden, Kulturtechniken und kulturelle Inszenierungen, Dissertation, Innsbruck, 2012

Resch-Rauter, Inge: Unser Keltisches Erbe, Wien, 1992

Rinner, Arnold: Naturführer Hinterpasseier, o.J.A.

Rohrecker, Georg: Die Kelten Österreichs. Auf den Spuren unseres versteckten Erbes, Wien, 2003

Rohrecker, Georg: Heilige Orte der Kelten in Österreich, Wien, 2005

Rollinger, Robert: Zwischen Faszinosum und Schauder: Die Darstellung von Alpen, Alpenregion und Alpenbewohner in der antiken Geographie und Ethnographie, in: Holzner/Walde (Hrsg), 2005, S. 48-57

Roos, Martin: Helvetisches Alpentheater, in: Berg 2008. Alpenvereinsjahrbuch, München, 2008, S. 12-17

Rosegger, Peter: Jakob der Letzte, Leipzig, o.J.A.

Runggaldier, Ingrid: Frauen im Aufstieg. Auf Spurensuche in der Alpingeschichte, Bozen, 2011

Rüttner-Cova, Sonja: Frau Holle. Die gestürzte Göttin, Basel, 1986

Sailer, Gregor: Ladiz, Salzburg, 2008

Santer, Wolfgang: Modernisierung und Strukturwandel seit 1850 am Beispiel Winterstall im Ötztal, Diplomarbeit, Innsbruck, 2011

Saracino, Mary/Mary **Beth Moser**: She is Everywhere, Volume 3, Bloomington, 2012

Scharfe, Martin: Der Mensch und die Berge. Aspekte und Etappen der kulturellen Aneignung der Alpen, Mitschrift der Vorlesung an der Universität Innsbruck, Sommersemester 2004

Scharfe, Martin: Berg-Sucht. Eine Kulturgeschichte des frühen Alpinismus, Wien-Köln-Weimar, 2007

Scharr, Kurt: Leben an der Grenze der Dauersiedlung. Grund und Boden im „Ötztaler Gebirgsraum“ (Ötztal – Schnals – Passeier) vom 13. bis zur Mitte des 19. Jahrhunderts, Schlern-Schriften Nr. 314, Innsbruck, 2001

Scheiber, Ursula: Politische Berge. Das Verhältnis von Alpinismus und Politik unter besonderer Berücksichtigung der Zeit des Nationalsozialismus, Diplomarbeit, Innsbruck, 2005

Scheiber, Ursula: AUS – der Zerstörung – WEG!? Aktuelle Formen des Naturumgangs in den Ötztaler Alpen und das sinnliche Wahrnehmen als Wegweiser in ein naturfreundliches Leben in und mit den Bergen, in: Projektgruppe „Zivilisationspolitik", 2011, S. 149-178

Scheiber, Ursula: Die Berge und das Leben. Ein persönlicher Rückblick an den Anfang, in: Behmann/Frick/Scheiber/Wörer (Hrsg.), 2013, S. 59-74

Schiff, Herbert/Karl **Bochsbichler**: Die Bergbauern. Analyse einer Randgruppe der Gesellschaft, Wien, 1977

Schöpf, J.A.: Das einundneunzigjährige Leben und Wirken des Frühmessers, vulgo Höflichkeitsprofessors Christian Falkner, Salzburg, 1856

Schweighofer, Annemarie: Austauschbeziehungen in einem Tiroler Dorf im 20. Jahrhundert. Zum Verhältnis von herrschender Politik/Ökonomie und einer „Kultur der lokal überschaubaren Existenzsicherung", Innsbruck, 1996

Seel, Martin: Eine Ästhetik der Natur, Frankfurt, 1991

Sheldrake, Rupert: Die Wiedergeburt der Natur, Hamburg, 1994

Sheldrake, Rupert: Das Gedächtnis der Natur, München, 1996

Shiva, Vandana: Das Geschlecht des Lebens, Berlin, 1989

Shiva, Vandana: Erddemokratie: Alternativen zur neoliberalen Globalisierung, Zürich, 2006

Sombart, Werner: Liebe, Luxus und Kapitalismus. Über die Entstehung der modernen Welt aus dem Geist der Verschwendung, Berlin, 1992

Spielmann, Ruth (Hrsg.): Alpenweiber in BeWEGung. Dokumentation einer Tagung, Cauco, 1994

Spindler, Konrad: The man in the ice, Toronto, 1994

Spindler, Konrad: Der Mann im Eis und das Wanderhirtentum, in: Holzner/Walde (Hrsg.), 2005, S. 22-41

Stadler, Harald: „Untertan kontra Obrigkeit". Die Gletscherleiche des Wilderers Norbert Mattersberger vom Gradetzkees in Osttirol, in: Holzner/Walde, 2005

Stalla, Robert (Hrsg.): Ansichten vom Berg, München, Berlin, 2001

Steiner, Dieter: Die Universität der Wildnis: John Muir und sein Weg zum Naturschutz in den USA, München, 2011

Stowasser, Jospeh M./M. **Petschenig**/F. **Skutsch**: Stowasser. Lateinisch-deutsches Schulwörterbuch, Wien, 1994

Tazi-Preve, Irene Mariam: Mutterschaft im Patriarchat, Frankfurt am Main, 2004

Trachsel, Martin: Kriegergräber? Schwertbeigabe und Praktiken ritueller Bannung in Gräbern der frühen Eisenzeit, in: Raimund Karl (Hrsg.): Interpretierte Eisenzeiten: Fallstudien, Methoden, Theorie; Tagungsbeiträge der 1. Linzer Gespräche zur Interpretativen Eisenzeitarchäologie, Linz, 2005, S. 53-82

Tschofen, Bernhard: Berg Kultur Moderne. Volkskundliches aus den Alpen, Wien, 1999

Ullrich, Otto: Regionalisierung: Die räumliche Grundlage für eine zukunftsfähige Lebensweise, in: Lutz Finkeldey (Hrsg.): Tausch statt Kaufrausch, Bochum, 1999

Valdés Gutiérrez, Gilberto: A Wind from the South: A Vision from Latin America, in: Kumar (Hrsg.), 2007, S. 302-312

Vanzo, Günther: Heimatsterben, in: Pro Vita Alpina Information Nr. 103, Längenfeld, 2007, S. 6-7

Voigt, Beatrice (Hrsg.): Wasser. Schatz der Zukunft. Impulse für eine nachhaltige Wasserkultur, München, 2004

Voss, Jutta: Das Schwarzmondtabu, Zürich, 1988

Walch, Matthias: Das moderne Geld und die „Schöpfung einer besseren Welt" – eine patriarchatskritische Untersuchung des Geldsystems, Diplomarbeit, Innsbruck, 2009

Walker, Barbara G.: Das geheime Wissen der Frauen. Ein Lexikon, Frankfurt am Main, 1993

Weber, Andreas: Alles fühlt. Mensch, Natur und die Revolution der Lebenswissenschaften, Berlin, 2008

Weber, Andreas: Wild und gefährlich?, in: Ungezähmt. Die Wiederentdeckung der Wildnis, oya. anders denken. anders leben, Zeitschrift, Nr.05, November/Dezember 2010, Klein Jasedow, 2010, S. 32-37

Werlhof, Claudia von: Wenn die Bauern wiederkommen, Frauen, Arbeit und Agrobusiness in Venezuela, Bremen, 1985

Werlhof, Claudia von: Männliche Natur und künstliches Geschlecht. Texte zur Erkenntniskrise der Moderne, Wien, 1991

Werlhof, Claudia von: Archäologie des Patriarchat und ihre Folgen, in: Ruth Spielmann (Hrsg.): Alpenweiber in BeWEGung, Cauco, 1994, S. 19-26

Werlhof, Claudia von: El conuco – Der Versuch einer Agrarkultur, in: Ruth Spielmann (Hrsg.): Alpenweiber in BeWEGung, Cauco, 1994, S. 134-142

Werlhof, Claudia von/Annemarie **Schweighofer**/Werner **Ernst** (Hrsg.): HerrenLos. Herrschaft, Erkenntnis, Lebensform, Frankfurt am Main, Wien, 1996

Werlhof, Claudia von: MutterLos. Frauen im Patriarchat zwischen Angleichung und Dissidenz, München, 1996a

Werlhof, Claudia von: Subsistenz und Widerstand: Alternativen zur Globalisierung, Wien, 2003

Werlhof, Claudia von: Gewalt und Geschlecht, in: AutorInnengemeinschaft, 2003, S. 13-33

Werlhof, Claudia von: Das Patriarchat als Negation des Matriarchats. Zur Perspektive eines Wahns, in: Heide Göttner-Abendroth (Hrsg.): Gesellschaft in Balance. Dokumente des 1. Weltkongresses für Matriarchatsforschung 2003, Stuttgart, 2006, S. 30-41

Werlhof, Claudia von: Das Patriarchat als Utopie von einer mutterlosen Welt. „Utopie, nein danke!"; in: Beat Sitter-Liver (Hrsg.): Utopie heute I. Zur aktuellen Bedeutung, Funktion und Kritik des Utopischen, Fribourg/Stuttgart, 2007, S. 423-455

Werlhof, Claudia von: Questions to Romana, in: Kumar (Hrsg.), 2007, S. 249-268

Werlhof, Claudia von: The Interconnectedness of All Being, in: Kumar (Hrsg.), 2007, S. 379-385

Werlhof, Claudia von: Fühlen, denken und handeln in der Verbundenheit allen Seins, in: brennstoff, Nr.7, Wien, 2007, S. 8-10

Werlhof, Claudia von: Sieben Jahre im freien Fall, in: Projektgruppe „Zivilisationspolitik", 2009, S. 7-28

Werlhof, Claudia von: Das Patriarchat: „Befreiung" von Mutter (und) Natur?, in: Projektgruppe „Zivilisationspolitik", 2009, S. 59-104

Werlhof, Claudia von: „Im Grunde gibt es vor lauter Ökonomie keine Kultur mehr!", in: Arno Bammé/Wilhelm Berger/Caroline Gerschlager/Luise Gubitzer (Hrsg.): Der kalte Blick der Ökonomie. 30 Gespräche – Band 2, Marburg, 2009, S. 823-864

Werlhof, Claudia von: Soziale Bewegung, Gesellschaft, Bildung und Wissenschaft heute, Bedingungen des Studiums und praktische Konsequenzen, Manuskript zu einem Vortrag im Zuge der Studentenbewegung 2009 in Innsbruck, gehalten als „Autonome Veranstaltung“ im besetzten sowimax am 31.10.2009

Werlhof, Claudia von: Über die Liebe zum Gras an der Autobahn, Rüsselheim, 2010a

Werlhof, Claudia von: Vom Diesseits der Utopie zum Jenseits der Gewalt, Freiburg, 2010b

Werlhof, Claudia von: West-End. Das Scheitern der Moderne als „kapitalistisches“ Patriarchat und die Logik der Alternativen, Köln, 2010c

Werlhof, Claudia von: Die Verkehrung. Das Projekt des Patriarchats und das Gender-Dilemma, Wien, 2011

Werlhof, Claudia von: Das Scheitern der Moderne als „Alchemistisches System“ einer „Schöpfung aus Zerstörung“ und die Konsequenzen, in: Projektgruppe „Zivilisationspolitik“, 2011, S. 81-102

Werlhof, Claudia: The Interconnectedness of All Being: A new Spirituality for a New Civilization in: Saracino/Moser, 2012, S. 65-73

Werlhof, Claudia von: Der unerkannte Kern der Krise. Die Moderne als Er-Schöpfung der Welt. Zur Alchemie des Patriarchats, Hörbuch, arun, 2012

Werlhof, Claudia von: Das Tabu der Moderne - ist ihr Scheitern. Zu einer Metatheorie des 21. Jahrhunderts, unveröffentlichter Artikel, 2013

Winkler, Jürgen: Kulisse Berg, in: Berg 2008. Alpenvereinsjahrbuch, München, 2008, S. 52-57

Wörer, Simone: Gaben-Los? Grundrisse einer patriarchatskritischen Theorie der Gabe, in: Projektgruppe “Zivilisationspolitik” (Hrsg.), 2011, S. 179-202

Wörer, Simone: Homo transformator und die Krise der Weiter-Gabe, in: Behmann/Frick/Scheiber/Wörer, 2013, S. 207-226

Würtl, Walter: Menschen im Hochgebirge. Die Entwicklung, Ausprägung und räumliche Verteilung menschlicher Betätigung im Hochgebirge am Beispiel der Ostalpen Österreichs, Innsbruck, 2002

Zebhauser, Helmuth: Vom Unsinn des Bergsteigens. Schamlose Betrachtung des Alpinismus, München, 1985

Ziak, Karl: Der Mensch und die Berge. Eine Weltgeschichte des Alpinismus, Salzburg/Stuttgart, 1956

Zucca, Michela: In the evening around the fire: seven days of alpine civilization. A direct initiative of human ecology, Report N. 3 des Centro di Ecologia Alpina, Trento, 1995

Zucca, Michela: Hexen, Ketzerinnen, Kriminelle: Berge und Rebellinnen, in: Centro di Ecologia Alpina (Hrsg.), 1998

Zucca, Michela: Mothers and Madonnas of the mountains, in: Zucca (Hrsg.): Matriarchy and the mountains 3, Report N. 23 des Centro di Ecologia Alpina, Trento, 2000, S. 44-62

Zucca, Michela: Witches and sciamans. Women's religion from Lapland to the Alps, in: Michela Zucca (Hrsg.): Matriarchy and the mountains 4, Report N. 27 des Centro di Ecologia Alpina, Trento, 2002, S. 46-68

Zucca, Michela (Hrsg.): Matriarchy and the mountains 5, Report N.34 des Centro di Ecologia Alpina, Trento, 2005

Zucca, Michela: The Alps. The People, Report N. 36 des Centro di Ecologia Alpina, Trento, 2006

Zucca, Michela: Grotto Madonnas, in: Michela Zucca (Hrsg.): Matriarchy and the mountains 6, Report N.37 des Centro di Ecologia Alpina, Trento, 2007, S. 64-105

Zeitschriften / Magazine / Zeitungen

bergundsteigen, 2/06, Innsbruck, 2006

brennstoff, Nr. 10, Wien, 2007

CIPRA INFO, Nr. 86, Schaan, 2008

„Der Berg ruft! Um Hilfe." Broschüre Alpen, Bündnis 90/Die Grünen Bundestagsfraktion (Hrsg.), Berlin, ohne Jahresangabe

Die andere Realität, Ausgabe Februar 2013: Patriarchale Alchemie und matriarchale Alchemie. Interview mit Prof. Dr. Claudia von Werlhof, Gladbeck, 2013

Die Bahnen – Journal der Bergbahnen Sölden, II/08, Bergbahnen Sölden (Hrsg.), Sölden, 2008

Die Bahnen – Journal der Bergbahnen Sölden, Ausgabe 5, Jänner 2010, Bergbahnen Sölden (Hrsg.), Sölden, 2010

Die Bahnen - Journal der Bergbahnen Sölden, Ausgabe 7, Jänner 2011, Bergbahnen Sölden (Hrsg.), Sölden, 2011

Die Bahnen – Journal der Bergbahnen Sölden, Ausgabe 11, Jänner 2013, Bergbahnen Sölden (Hrsg.), Sölden, 2013

Die Bahnen – Journal der Bergbahnen Sölden, Ausgabe 12, Juli 2013, Bergbahnen Sölden (Hrsg.), Sölden, 2013

Die Bergbauern, Zeitschrift der Österreichischen Bergbauernvereinigung, Nr. 185, Wien, 1994; sowie: Ausgabe Nr. 193/194, Wien, 1995; Nr. 218/219, Wien, 1997; Nr. 226/227, Wien, 1997

Koryphäe. Medium für feministische Naturwissenschaft und Technik, Ausgabe 32/02: Alpiner Alltag. Frauen und die Berge, Verein FLuMiNuT (Hrsg.), Wien, 2002

Magazin Greenpeace, Nr.4, 2011

Moment, Sonderbeilage Tiroler Tageszeitung, Nr. 262-BG, 23. September 2011, S. 4

Profil. Das unabhängige Nachrichtenmagazin Österreichs, Nr.22, 26.Mai 2003, Wien, 2003

Pro Vita Alpina – Informationen, Bädergeschichten vom alten Bauernbadl in Längenfeld bis zur Tirol Therme Aqua Dome, Nr. 92, Pro Vita Alpina (Hrsg.), Längenfeld, 2005

Pro Vita Alpina - Information, Nr. 103, Pro Vita Alpina (Hrsg.), Längenfeld, 2007

Oberländer Rundschau, 19./20. September 2012, S. 20

oew-Rundbrief, Mai/Juni 2013, Brixen, 2013

oya. anders denken. anders leben, Nr.05, November/Dezember 2010, Klein Jasedow, 2010

Saison, Tourismusmagazin der Tirol Werbung (Hrsg.), Nr. 2/2013, Innsbruck, 2013

Seilbahnen International, April 2010, 29. Jhg., Eugendorf, 2010

Sölden – Hotspot der Alpen, Ausgabe 01, Jänner 2011, Innsbruck, 2011

Südwind. Magazin für internationale Politik, Kultur und Entwicklung, Nr. 1-2, Februar 2011

Szene Alpen. Das Themenheft der CIPRA, Nr. 91, Schaan, 2009

Szene Alpen. Das Themenheft der CIPRA, Nr. 92, Schaan, 2009

Tiroler Tageszeitung, 21. Oktober 2008, S. 31

Tiroler Tageszeitung, 21. Februar 2010, S. 18

Tiroler Tageszeitung, 24. September 2010, S. 27

Tiroler Tageszeitung, 29. Oktober 2010

Tiroler Tageszeitung, 11. Februar 2011, S. 27

Tiroler Tageszeitung, Artikel: „Skulptur gewordene Müll-Berge“, 10. November 2010

Tiroler Tageszeitung, 8. Oktober 2011, S. 31

Tiroler Tageszeitung, 31. August 2012

Tiroler Tageszeitung, 9. November 2012, S. 4

wissenswert. Magazin der Leopold-Franzens-Universität Innsbruck, Nr. 5, Innsbruck, 2009, S. 9

Wege für eine bäuerliche Zukunft, Zeitschrift der ÖBV-via campesina, Nr. 4, Wien, 2007

Wege für eine bäuerliche Zukunft, Zeitschrift der ÖBV-via campesina, Nr. 320, Wien, 2011

Internetquellen

www.ag-friedensforschung.de/regionen/Chile/gold2.html (Abrufdatum: 30.08.12)

www.agrar.de/agenda/agd21k13.htm (06.09.10)

www.area47.at (06.04.12)

www.artcircolo.de/calling_the_glacier/D/Calling_Projekt.html (27.12.12)

www.aqua-dome.at (27.12.11)

www.aqua-dome.at/xxl/_lang/de/_area/home/_subArea/510669/_subArea2/511267/_articleId/528093/index.html (27.12.11)

www.diebergkomter.nl/wp-content/uploads/2011/09/Bergen-in-Zee_EN.pdf (27.12.11)

www.dietiwag.org (30.09.13)

www.gen-ethisches-netzwerk.de/gid/195/benner/radikale-technikkritik (30.09.10)

http://geocities.com/Proto-language (23.7.08)

www.ide-snowmaker.com (30.09.09)

www.kleinezeitung.at/freizeit/aktivwellness/2367216/rekordjagd-oetztal-neue-outdoorpark-area-47.story (16.05.12)

www.krone.at/Tirol/Die_Area_47_Park_der_Superlative_im_Oetztal_eroeffnet-Endlich_fertig!-Story-200978 (06.04.12)

www.kunstnet.or.at/chobot/04_01_14.html (21.11.07)

www.kurzentrum.com (27.12.11)

www.kurzentrum.com/umhausen-im-oetztal/umhausen-im-oetztal.html (27.12.11)

http://maurmair.com/news/monsexmachina_news/ (30.08.11)

http://maurmair.com/works/installation/mons-ex-machina/ (30.08.11)

www.naturpark-oetztal.at/natur-kultur/der-mensch/die-besiedelungsgeschichte.html (18.05.12)

www.naturpark-oetztal.at/natur-erlebnis/hot-spots-kultur/jaegerlager-hohler-stein.html (18.05.12)

www.naturpark-oetztal.at/natur-erlebnis/hot-spots-kultur/am-beilstein.html (18.05.12)

www.news.admin.ch/message/?lang=de&msg-id=29485 (6.11.09)

www.pbme-online.org (Zugriffsdatum: 03.03.11)

www.pitztaler-gletscher.at (30.09.09)

www.pitztaler-gletscher.at/service/news/index.htm?id=986 (30.09.09)

www.oetztal.com (23.10.08)

www.oetztal.com/main/DE/WI/news_events/events/fis_skiweltcup/index.html (23.10.08)

www.oetztal.com/main/DE/SD/WI/Skigebiet/Skigebietsinfo/BIG3/BIG3_Plattformen/index.html (30.08.11)

www.schlagintweit.de/brueder.htm (24.05.12)

www.snow-dome.de (01.09.12)

www.soelden.com (30.08.11)

www.sonnenseite.com/Aktuelle+News,Alpen+verlieren+immer+schneller+ihre+Gletscher,6,a18062.html (31.01.2011) www.taz.de/4/reise/europa/oesterreich/der-berg-ist-wieder-in/ (28.12.11)

www.technoalpin.com/Faszination_Technik/Schneeerzeuger/Propellermaschinen/MTS.html (08.02.2013)

www.tt.com/%C3%9Cberblick/5336315–6/das-kurhotel-will-aufstocken.csp (01.09.12)

http://tvthek.orf.at/programs/70023-Tirol-heute (9.11.12)

www.vent.at/main/DE/VE/SO/orte/geschichte/index.html (18.05.12)

www.welt.de/reise/article7907229/Area-47-die-neue-Adrenalin-Tankstelle-im-Oetztal.html (06.04.12)

www.wwf.at/kaunertal-erklaerung (18.04.2012)

Beiträge zur Dissidenz

Herausgegeben von Claudia von Werlhof

Band 1 Renate Krammer: Frauenpolitik. 1996.

Band 2 Doris Miller: Über – Gänge. Ein Plädoyer gegen die gespaltene Existenz der Menschen und für eine abenteuerliche Reise in eine bewegte Welt. 1996.

Band 3 Alex Fohl: Gratwanderungen. Autonomie und Pathologie. 1996.

Band 4 Sibylle Hammer: Humankapital. Bildung zwischen Herrschaftswahn und Schöpfungsillusion. 1997.

Band 5 Doris Schober: Angst, Autismus und Moderne. 1998.

Band 6 Michael Stark: vom Grund. 1998.

Band 7 Gerhard Diem: Über die Melancholie. In der Spannung von Last und List, Apokalypse und Aufklärung. 1999.

Band 8 Renate Genth: Frauenpolitik und politisches Handeln von Frauen. Ein Versuch im Licht der Begrifflichkeit von Hannah Arendt. 2001.

Band 9 Michaela Moser: Drogen und Politik. Dionysische Welten und die gereinigte Gesellschaft. Überlegungen zur staatlichen Heroinabgabe anhand von Erfahrungen aus Tirol. 2001.

Band 10 Renate Genth: Über Maschinisierung und Mimesis. Erfindungsgeist und mimetische Begabung im Widerstreit und ihre Bedeutung für das Mensch-Maschine-Verhältnis. 2002.

Band 11 Jürgen Mikschik: Wider die Metaphysik. Patriarchale Leibes-, Lebens- und Liebesvorstellungen und ihre gesellschaftspolitische Wirksamkeit. 2002.

Band 12 Elisabeth Sorgo: Die Brüste der Frauen. Ein Symbol des Lebens oder des Todes? Brustkrebs als Ausdruck der "Kränkung" von Frauen im Patriarchat. 2003.

Band 13 Barbara Thaler: Biopiraterie und Indigener Widerstand. Mit Beispielen aus Mexiko. 2004.

Band 14 Irene Mariam Tazi-Preve: Mutterschaft im Patriarchat. Mutter(feind)schaft in politischer Ordnung und feministischer Theorie – Kritik und Ausweg. 2004.

Band 15 Markus Walder: Die Diskussion um erneuerbare Energien in der Politik. Ist die Nutzung erneuerbarer Energien nur noch eine Frage des politischen Willens? 2004.

Band 16 Johannes Eder: Die Villgrater Kulturwiese. Von der Schwierigkeit des *Anderssein-Wollens* im Dorf. 2004.

Band 17 Ines Caroline Zanella: Kolonialismus in Bildern. Bilder als herrschaftssicherndes Instrument mit Beispielen aus den Welt- und Kolonialausstellungen. 2004.

Band 18 Franco Ruault: „Neuschöpfer des deutschen Volkes". Julius Streicher im Kampf gegen Rassenschande". 2006.

Band 19 Verena Oberhöller: WasserLos in Tirol. Gemein – öffentlich – privatisiert? 2006.

Band 20 Andrea Salzburger: Zurück in die Zukunft des Kapitalismus. Kommerz und Verelendung in Polen. 2006.

Band 21 Eva-Maria Loidl: Risiken und Nebenwirkungen von Gender Mainstreaming. Am Beispiel der *Offenen Jugendarbeit*. 2006.

Band 22 Sibylle Auer: „Heiliges Land Tirol“? Enteignung, Zerstörung und Umwandlung von alten Baum-, Stein- und Quellkulten. Sakrale Spuren in der Landschaft. 2009.

Band 23 Projektgruppe „Zivilisationspolitik“ (Hrsg.): Aufbruch aus dem Patriarchat – Wege in eine neue Zivilisation? 2009.

Band 24 Claudia von Werlhof / Mathias Behmann: Teoría Crítica del Patriarcado. Hacia una Ciencia y un Mundo ya no Capitalistas ni Patriarcales. 2010.

Band 25 Christoph Furtschegger: Grüne Gentechnik als Krieg gegen Mensch und Natur. Zur Bedrohung von Ernährungsgrundlagen durch Konzerninteressen – und die Alternativen. 2011.

Band 26 Claudia von Werlhof: The Failure of Modern Civilization and the Struggle for a "Deep" Alternative. On "Critical Theory of Patriarchy" as a New Paradigm. 2011.

Band 27 Projektgruppe "Zivilisationspolitik" (Hrsg.): Kann es eine "neue Erde" geben? Zur „Kritischen Patriarchatstheorie" und der Praxis einer postpatriarchalen Zivilisation. 2011.

Band 28 Simone Wörer: Politik und Kultur der Gabe. Annäherung aus patriarchatskritischer Sicht. 2012.

Band 29 Ursula Scheiber: BERGELEBEN. Naturzerstörung – der Alptraum der Alpen. Eine Kritik des Tourismus im Tiroler Öztal. 2015.

www.peterlang.de